重大建筑工程施工技术与管理丛书

超大型钢结构高科技电子洁净厂房关键建造技术

Key Construction Techniques for Ultra Large Steel Structure High-tech Electronic Clean Factory Building

主　编：王西胜　马小波

副主编：卜延渭　李　林　王瑜辉　郭卫平

中国建筑工业出版社

图书在版编目（CIP）数据

超大型钢结构高科技电子洁净厂房关键建造技术 = Key Construction Techniques for Ultra Large Steel Structure High - tech Electronic Clean Factory Building / 王西胜，马小波主编；卜延渭等副主编. — 北京：中国建筑工业出版社，2023. 11
（重大建筑工程施工技术与管理丛书）
ISBN 978-7-112-29178-6

Ⅰ. ①超… Ⅱ. ①王… ②马… ③卜… Ⅲ. ①电子工业－洁净室－钢结构－工程施工 Ⅳ. ①TU271. 1

中国国家版本馆 CIP 数据核字(2023)第 180910 号

近年来，随着我国超大规模集成电路产业发展迅猛，尤其是芯片和面板产业飞速发展，生产芯片、面板的电子洁净厂房也如雨后春笋般快速、大量地拔地而起，洁净厂房的建设越来越多，行业对空气净化需求不断提高，净化级别越来越高、净化面积越来越大、建设方对周期要求越来越短。

本书总结了超大型钢结构高科技电子洁净厂房的建造技术，包括钢结构洁净厂房的特点及设计概述、总承包管理、钢结构施工技术、混凝土结构施工技术、模块化预制安装技术、洁净安装技术、数字化建造技术及实际案例等方面。

责任编辑：朱晓瑜
责任校对：张　颖

重大建筑工程施工技术与管理丛书
超大型钢结构高科技电子洁净厂房
关键建造技术
Key Construction Techniques for Ultra Large Steel
Structure High-tech Electronic Clean Factory Building
主　编：王西胜　马小波
副主编：卜延渭　李　林　王瑜辉　郭卫平
*
中国建筑工业出版社出版、发行（北京海淀三里河路 9 号）
各地新华书店、建筑书店经销
北京红光制版公司制版
北京中科印刷有限公司印刷
*
开本：787 毫米×1092 毫米　1/16　印张：24　字数：520 千字
2024 年 2 月第一版　2024 年 2 月第一次印刷
定价：**120.00** 元
ISBN 978-7-112-29178-6
（41904）

本 书 编 委 会

主 编 单 位： 陕西建工集团股份有限公司

参 编 单 位： 陕西建工机械施工集团有限公司
陕西建工第六建设集团有限公司
陕西建工第十一建设集团有限公司
陕西建工安装集团有限公司
陕西华山路桥集团有限公司
陕西建工装饰集团有限公司
陕西古建园林建设有限公司

策　　划： 刘明生

主　　编： 王西胜　马小波

副 主 编： 卜延渭　李　林　王瑜辉　郭卫平

主要起草人： 冯　璐　孙　强　李海鹏　王　佳　葛鸿志
解崇晖　张　浩　刘　娟　范永辉　薛治平
张长利　张　涛　任发平　杨石彬　张嘉辰
贾子文　解智勋　张　鼎　王　伟　周　力
安　军　张　旭　寇建国　董连东　董　庆
王世宏　马晓宝

主要审查人： 刘明生　时　炜　李存良　王巧莉　杨　斌
刘晓光　张雪娥　程建峰　马小瑞　曹　刚
郭峰祥　荣学文　何党辉　俱军鹏　弓国涛
帖　秋　刘　勇　侯春轩　余科峰　许　韬
周　拓　马　锋　岳建兵

前言

近年来，随着我国超大规模集成电路产业发展迅猛，尤其是芯片和面板产业飞速发展，生产芯片、面板的电子洁净厂房也如雨后春笋般快速、大量地拔地而起，洁净厂房的建设越来越多，行业对空气净化需求不断提高，净化级别越来越高，净化面积越来越大，建设方对周期要求越来越短。超大型电子洁净厂房的投资与建造规模已发生巨大变化，常规电子工业厂房已经不能满足高科技产品生产的工艺要求，特别是单体厂房遵循的生产环境、建筑功能、精度控制等技术标准更加严格，由此提出超大型钢结构高科技电子洁净厂房概念。

本书总结了超大型钢结构高科技电子洁净厂房的建造技术，包括钢结构洁净厂房的特点及设计概述、总承包管理、钢结构施工技术、混凝土结构施工技术、模块化预制安装技术、洁净安装技术、数字化建造技术及实际案例等方面。

第 2 章介绍了超大型洁净厂房实施总体部署中的组织管理、技术管理、进度管理、质量管理、安全管理、商务管理及绿色文明施工的相关思路。

第 3 章介绍了超大平面多层钢桁架钢结构梯次安装、预制钢柱杯口内免限位安装、超长超宽无缝钢框架结构合龙、钢框架结构安装标准化安全防护、大型钢结构电子厂房吊装流水段划分与设备选型、超长大面积金属夹芯板墙面、超大面积钢结构屋面等内容。

第 4 章介绍了超长无缝混凝土结构、高精度华夫板、超大面积钢承板、矩形截面钢管柱高抛自密实混凝土、混凝土冬期施工、可移动轻型布料机、装配式女儿墙等内容。

第 5 章介绍了多层封闭式管廊管道、大直径超长无接头电力电缆敷设、管道预制装配式、群体多间配电室等模块化预制安装施工技术等内容。

第 6 章介绍了 CFD 气流模拟、洁净系统、洁净地面、洁净电气系统、洁净管道施工等内容。

第 7 章介绍了数字化建造技术。

第 8 章介绍了相关的工程案例。

本书编写过程中，编写人员结合工程案例，搜集和整理了大量的项目实践资料，较为系统全面地进行了分析和研究总结，可为从事相关专业的一线工作人员提供参考借鉴，为我国高科技电子行业的发展做一份贡献。虽然各位编写者努力向读者奉献一本既有一定理论水平又有较高实用、使用价值的“有用”专业书籍，但是受制于理论水平和实践经验所限，不妥或错误、疏漏之处在所难免，恳请广大读者提出宝贵的意见。

本书编委会

2023 年 5 月

目录

第1章

超大型钢结构洁净厂房建造技术综述

1.1　洁净厂房的发展及研究意义

1.1.1　洁净室的发展历史

洁净厂房也叫无尘车间、洁净室（Clean Room）、无尘室，是指将一定空间范围内空气中的微粒、有害空气、细菌等污染物排除，并将室内温度、湿度、洁净度、室内压力、气流速度与气流分布、噪声振动及照明、静电控制在某一需求范围内，不论外在空气条件如何变化，其室内均能维持原先所设定要求的洁净度、温湿度及压力等性能。“洁净室”洁净等级按照空气中悬浮粒子的浓度来划分，可分为十万级、万级、千级、百级、十级等，一般来说，数值越小，净化级别越高。

洁净室这个名词和概念起源于18世纪60年代的欧洲医学，当时的认识仅限于处置室、手术室等灭菌处理的工作环境，可以控制喷洒消毒后伤口的感染率。现代洁净室工程虽然沿用了这个名字，但它的定义和内涵与最初的概念有着根本的不同。

第一次世界大战后，美国的陀螺仪制造工业最先提出了环境净化问题，试图消除空气中重粉末对航空仪表小轴承与齿轮的污染，建造了最原始洁净厂房。

第二次世界大战与第一次世界大战相隔20年，军事科学技术突飞猛进，美国某公司曾经发现，普通车间内装配惯性制导用陀螺仪平均10个产品就要返工120次。当在控制空气中的尘埃污染的环境中装配后，返工率可降低至2次；在无尘与将空气有尘埃粒达1000pc/m^2（平均直径为3μm，pc为粒子个数的缩写）的环境中装配的陀螺仪轴承进行对比，产品使用寿命竟相差100倍。原子弹、计算机、晶体管等制造，对空气污染控制提出了更高的要求。

第二次世界大战后，美国制定了宏大的火箭发展计划，经过科学家反复摸索，高效过滤器诞生了，高效过滤器主要用于捕集0.5μm以下的颗粒灰尘及各种悬浮物，超高效过滤器能做到净化率99.9995%，标志着洁净技术取得了突破，取得了空气净化技术的首次飞跃。

之后，净化车间净化工程的建设在英国、日本、苏联、中国展开，中国在20世纪60年代发射的卫星、氢弹的部分精密部件便是在洁净车间洁净工厂中生产的，20世纪五六十年代，英国、日本、苏联和中国先后建造了洁净厂房，并编制了洁净厂房设计建造规范，对空气净化及建筑材料、装修材料、人对厂房的污染提出了严格的要求。

洁净厂房的设计、建造经过了多年的发展，已经广泛应用于机械、仪表、电子、航天、光学、制药、化学、食品工业和医学实验室，从100级到100000级洁净厂房不等。

1.1.2 洁净技术在国内的发展

中国洁净技术的发展大致可分为以下几个阶段：

1. 20世纪60年代开始——服务于三线建设——初始发展阶段

20世纪50年代中期到60年代中期，主要借鉴苏联的技术服务于国防、航天、原子能工业和科学研究。与现代洁净技术相比，在厂房、设备、气流组织等方面都显得较为原始粗糙，属于起步阶段。

2. 20世纪70~80年代——服务于大规模集成电路会战——首次大普及

20世纪60年代中期到70年代后期，由于国内外各种原因，主要靠自力更生发展。当时，参照美国和日本的标准和技术，逐渐研制出高效过滤器和纳焰法试验台、洁净工作台、粒子计数器、装配式洁净室和其他洁净室工程设备（空气喷淋室、传递窗、余压阀等），并编制了《空气净化技术措施》，奠定了中国洁净技术的基础。

20世纪70年代末至80年代末，由于国家改革开放政策的实施，发达国家的技术和设备开始进入中国市场，现代洁净技术在大规模集成电路、光导纤维、彩色显像管、液晶显示屏等工业洁净领域发展迅速。成功研制了配备0.1μm高效过滤器的10级净化小室和无隔板过滤器。同时，在医疗、制药、生物、化妆品和食品行业的生物洁净室中也得到了应用。一些制药厂在原有空调系统的改造中开始采用生物洁净技术。医院采用简易的水平“单向流”洁净室和装配式无菌病房。生物安全工作台和细菌采样仪研制成功。1982年，公布中国医药行业GMP；1983年，成立中国电子学会洁净技术分会；1985年，颁布《洁净厂房设计规范》GBJ 73—1984①，中国的洁净技术进入稳步发展阶段。

3. 20世纪80年代中期至今——服务于医药行业生产环境的现代化（GMP、洁净手术室建设等）——第二次大普及

20世纪80年代末至今，大规模集成电路领域全面引进外资、技术和设备，形成了一批国际知名品牌企业。洁净室的规模越来越大，风机过滤机组（FFU）和微环境技术得到了应用和推广。洁净技术在医药领域趋于成熟和标准化，生物安全技术发展迅速。与洁净室工程相关的技术装备，包括微环境、密褶型无隔板高效过滤器、微计算机控制过滤器性能测试台等，基本可以在国内制造，0.1μm光刻机及相关环境的研制也已经开始。

---

① 本标准已作废，被《洁净厂房设计规范》GB 50073—2013代替。

1.1.3 洁净厂房的研究意义

近年来，虽然我国超大规模集成电路产业发展迅猛，尤其是芯片和面板产业飞速发展，但是每年仍需大量进口，根据数据统计，2018年中国芯片进口金额为3121亿美元，2019年中国芯片进口金额为3040亿美元，我国也成为全球最大的芯片进口国以及芯片消耗国，“缺芯少屏”的现状仍在持续。因此，国家出台了《国务院关于印发新时期促进集成电路产业和软件产业高质量发展若干政策的通知》《新型显示产业创新发展行动计划》等众多文件，通过财政和税收两大政策来鼓励国内电子产业发展，提出强化产业有序布局，加快关键共性和前瞻性技术突破，完善产业配套体系，支撑推动新一代信息技术产业创新发展。在这种背景下，生产芯片、面板的电子洁净厂房也如雨后春笋般快速、大量地拔地而起，洁净厂房的建设越来越多，行业对空气净化需求不断提高，净化级别越来越高、净化面积越来越大、建设方对周期要求越来越紧迫。近年国内大型电子厂房建设情况如表1-1所示。

近年国内大型电子厂房建设情况表（部分） 表1-1

序号	项目名称	投资额	建筑面积（m^2）	结构形式
1	合肥京东方第10.5代面板生产线	400亿元	128万	钢-混组合结构
2	武汉京东方第10.5代面板生产线	460亿元	142万	钢-混组合结构
3	重庆惠科液晶面板第8.5代生产线	120亿元	74万	钢-混组合结构
4	咸阳彩虹第8.6代面板生产线	280亿元	71万	钢框架结构
5	西安三星半导体存储芯片项目	270亿美元	90万	钢-混组合结构
6	滁州惠科第8.6代面板生产线	240亿元	63万	钢-混组合结构
7	深圳华星光电第11代面板生产线	426亿元	91万	钢-混组合结构

由此可见，超大型电子厂房的投资与建造规模已发生巨大变化，常规电子工业厂房已经不能满足高科技产品生产的工艺要求，特别是单体厂房遵循的生产环境、建筑功能、精度控制等技术标准更加严格，由此提出超大型多层钢结构高洁净厂房建筑概念。

洁净厂房有其独特的特点：建筑设计需考虑布局的灵活性，在平面和空间上灵活分割，需采用大空间及大跨度柱网；洁净区及辅助区做不同分隔，内隔墙多采用轻质隔墙，门窗多；围护结构材料要求保温、隔热、防火、防潮性能高，有防爆要求的外墙需采用轻质材料，以满足泄爆要求；洁净厂房严格控制变形缝数量，以保证满足洁净要求；洁净区一般上部空间设置上夹层，用于设置各机电管线，夹层可上人，利于检修。

钢结构与钢筋混凝土结构相比，有其特殊的优点：

（1）钢结构能够满足洁净厂房工艺布置及建筑设计的要求，柱网布置灵活，跨度最大可达30～50m，根据相关规程，纵向温度区段长度不大于300m，横向温度区段长度不大于150m，同时也符合洁净厂房不设变形缝的要求。

（2）钢结构厂房自重轻，本身具有较好的延性，故能够充分耗散地震能，并且由于钢结构重量轻，可节省对建筑物基础的投资；但对防微振要求高的洁净厂房，钢结构由于刚度原因，需作特殊处理。

（3）屋面桁架结构形成的坡屋面下方空间较大，可作为厂房技术夹层，满足布置各种管线的要求，充分利用建筑空间。

（4）钢结构可工业化大规模生产，提高了建筑构件加工精度，使不同材料、不同外形和不同制造方法的建筑构配件具有一定的通用性和互换性。同时钢结构建筑的工厂集约化生产和现场组装，机械化生产程度高，确保质量的同时加快了施工速度。

（5）原材料可以循环使用，有助于环保和可持续发展。

1.2　洁净厂房特点

电子工厂如大规模集成电路（LSI）、超大规模集成电路（VLSI）等微电子（IC）工厂；液晶显示器（LCD）、彩色薄膜液晶显示器（TFT－LCD）、等离子显示器（PDP）以及发光二极管（LED）、有机电致发光显示器（OLED）、高分子有机电致发光显示器（PLED）等光电子工厂都离不开洁净的生产环境。生产所要求的环境不仅仅有：建筑围护、结构、空气、水以及气体、溶剂等原材料，而且还有声、光、电、磁、振等各种环境。例如：建筑的形式和层高、结构的承重、围护结构的装修材料；环境空气的洁净度、温湿度、静压力；水和气体的纯度，粒子、重金属的含量以及环境的噪声、照度、静电、电磁屏蔽、微振等。总的来说，电子工厂生产工艺对环境的要求可用大、净、严、快、多五个字来形容。

大：一是投资规模大，意义深远，一般投资电子厂房项目需数十亿元至数百亿元，带动上下游千亿级的产业链，多为省级重点项目，肩负着振兴当地电子产业的重任，对于壮大电子信息产业、加快结构性改革和推进、促进产业转型升级具有重要意义。二是建筑规模大，以某项目为例，总建筑面积71万m^2，共需钢材13.5万t、混凝土41.5万m^3、钢筋5.2万t、钢管7170km、模板19万m^2、大型机械130台，如此庞大的资源量当地很难在短时间内全部供应，需要在全国范围内进行调配。

净：电子工厂，尤其是微电子（IC）前工序和光电子（TFT-LCD）前工序的洁净室对环境洁净度的要求越来越高。例如，12英寸晶圆片超大规模集成电路前工序光刻间的洁净度要求高达1级（0.1μm），也就是每立方英尺空气中≥0.1μm的粒子数不能超过1个。同时生产工艺要求洁净室的面积越来越大，以面板生产用洁净室的面积来说，5代TFT生产用洁净室的面积约28000m^2，6代TFT洁净室的面积约40000m^2，到了8代TFT

生产用单间洁净室的面积达到80000m^2，相当于洁净室内可停放20多架波音747飞机。

严：电子工厂生产工艺对环境空气温、湿度的控制精度要求越来越高，温度精度为±0.1℃，相对湿度的精度为±3%。不仅对环境的洁净度，及温、湿度有严格的要求，同时对环境的声（噪声）、光（照度）、电（静电）、磁（电磁场屏蔽）、振（微振）等都有严格的要求。尤其微电子生产，对环境的分子污染提出了新的严格的要求。分子污染是指环境空气中要严格控制例如钠（Na）元素、碳（CO_x）元素、硫（SO_x）元素、NO_x元素等对半导体工艺有害的元素。因此，在处理空气时还要用淋水（淋自来水、淋纯净水）来吸收室外空气中的有害分子和用化学过滤器来吸附新风中的有害分子。

快：电子科学技术的不断发展，促使电子产品更新换代速度逐步加快，电子产品生命周期越来越短，要求厂房建设速度与之赛跑。一般来讲，电子厂房建设的时间周期多为18～24个月，这要求资源调配必须跟上需求，施工组织必须科学合理，过程管理必须严控节点。

多：作为超大型电子厂房，项目建设过程组织管理十分繁杂，专业协同多，涉及土建、钢结构、机电安装、洁净安装、室外工程等数十家施工单位与业主单位的对接、与各相关部门的协调、与厂房相关工程的对接协调，以及项目内部各设计单位、监理单位、众多施工单位相互间的协调配合，错综复杂，十分困难。

1.3 洁净厂房设计概述

建设设计内容包括工艺设备、工艺服务系统、公用动力系统、消防系统、管理服务设施以及相应的建（构）筑物与室外工程。

设计指导思想为：

1）以备案申请信息为基本依据，根据实际需要，严格控制建设规模和建设内容，保证工程建设速度，尽早发挥投资效益。

2）以生产厂房为核心，同时注重环境设计，塑造高科技企业形象。

3）合理进行总体布局，交通组织顺畅；各建筑内部功能分区明确、工艺设备先进、工艺流程合理、生产效率得到提高。各动力配套系统高效可靠，确保生产正常运行。

4）满足环境保护、职业卫生、安全、消防等国家规范和标准要求，积极采用新技术，积极采取措施节约能源。

1.3.1 工艺设计协作关系

生产设备按生产大纲的生产能力进行配置，工作时间为除检修时间外的连续工作时间。

1. 生产设备选型原则

生产设备选型应满足技术要求、节省建设投资和保证生产线稳定可靠运行等。

1）生产设备以性能价格比高、先进适用且运行稳定可靠为原则，并满足生产大纲要求；

2）保证生产装备的先进性和配套合理性，并满足适时增加新工艺、新技术加工的要求；

3）引进具有国际先进水平的生产设备及仪器，满足先进生产线生产技术要求；

4）参考以往生产线成功案例，使用运行评价及生产商服务评价；

5）为有效地对产品质量进行控制及进行企业管理，生产线应配备计算机及软件生产管理系统；

6）根据设备供应商分布情况，生产线设备将全球采购。

2. 协作关系

工艺生产用化学品设置集中供应系统，有机类输送系统设置于化学品供应站内，酸碱类输送系统设置于主生产厂房的化学品供应间。

工艺生产用大宗气体由大宗气体站供应，经大宗气体纯化间后送至主生产厂房内。

工艺生产用特殊气体由特气供应站供应。

工艺生产用超纯水由纯水站预处理后送至主生产厂房的抛光站，经处理后送至使用点。

工艺真空由各生产厂的真空站通过管网送至使用点。

工艺生产中产生的废液经管网排放到化学品供应站的废液回收间进行集中回收。废水经管网、收集罐收集，由加压泵送至废水站集中处理，达标后排入市政污水管道。

1.3.2　总图设计

1. 规划指导思想

坚持贯彻可持续发展的原则，在合理利用、节约土地的前提下，考虑近、远期发展，合理预留发展用地。

根据工艺流程的需要进行功能分区，因地制宜，合理布置，提高土地利用效率。

明确人流、物流流线特征，从生产、运输、物流等需求出发，合理组织人、物动线，建立安全、通畅、便捷的交通体系。

注重外部空间环境的设计，创造具有特色且富于变化的外部空间，在相互衬托、相互呼应中达到与周围环境的和谐、统一。

2. 总平面规划布置

根据工艺生产流程、生产特点及发展需求，将生产关联的建筑整体布置，满足产品及物料的最短运输线路；同时考虑将动力中心靠近负荷中心（主生产厂房）。总体规划布置上分为生产区、动力区、办公区、配套区、停车区、预留区六大功能区。

生产区：主生产厂房呈矩形状，根据内部工艺流程及生产特点采用大跨度钢结构，建筑立面简洁大方、线条流畅，展现高端、高效的现代电子企业形象。

动力区：由动力中心、废水站、化学品供应、特气供应、硅烷站、甲类库房、冷库、变电站、大宗气体站及柴油罐区等组成，动力区紧靠生产区布置，各类动力管线通过室外管架铺设，最大效率减少能耗损失，提高动力效能。

办公区：办公区结合主生产厂房设计，有效利用既有空间，并结合厂前区绿化景观设计，利于展现企业形象。

配套区：配套区主要为就餐区，为员工服务的餐厅靠近主要员工工作区，方便员工就近用餐。

停车区：根据内部管理需要采用集中停车方式，整个厂区主要小车停车区集中布置在厂区一侧；同时根据需要在办公区前设少量公车车位，满足访客及贵宾的停车需求；大巴停车位设置在小车停车位，靠近生产区主要人流入口。

预留区：根据未来市场及发展情况提供预留生产用地。

厂区整体规划中考虑主导风向、工艺生产流程、人员及物料流线、动力供应最接近负荷中心等原则，各功能区分工明确又紧密联系，共同形成有机整体。

3. 交通组织和道路

考虑厂区内物流高效、通畅运行及满足消防需求，主要厂房四周设有环形道路。厂区主干路宽度为10~12m，路缘石转弯半径采用12~15m；次干路宽度采用8m，路缘石转弯半径采用9~12m；支路宽度采用6m，路缘石转弯半径为6~9m；其他辅路及建筑入口引道宽度根据实际需要设置，路缘石转弯半径采用2~6m。

厂区道路路面面层以沥青混凝土路面为主，卸货区、化学品装卸区等采用混凝土面层加环氧涂覆形式，小车停车场停车位采用透水砖铺地，通道采用沥青混凝土路面。

厂区内所有架空管道和连廊距地面的净空高度不小于4.5m，以满足消防车辆和物流车辆需要。

停车区设置围栏和道闸，与生产区分隔。

4. 竖向设计

结合周围城市道路标高和场地现状地形，采用平坡式和台地式相结合的竖向设计方式，减少土方工程。竖向设计综合考虑市政道路标高、场地内的自然标高、场地地势、防洪要求及场地土方平衡等因素，并在此基础上确定建筑室内地坪标高。

场地雨水排放通过雨水口收集，采用暗管系统有组织地就近排入市政雨水系统。道路横坡采用1.5%，纵坡不小于0.2%。

1.3.3　建筑设计

建筑设计贯彻以人为本、形式跟随功能的思想。整体建筑造型简练开阔，体现高科技的企业形象；洁净生产区及辅助动力区充分满足工艺需求；办公区空间灵动、光线充足，创造人性化的内部格局以及舒适的工作环境。

1. 平面设计

建筑核心区域即生产区共四层，竖向分为两个典型的生产层，一层、二层为第一个生产层；三层、四层为第二个生产层。一层和三层均为生产层的下技术夹层，用作回风和管道层；二层和四层为洁净生产层。下技术夹层考虑微振等要求，设计成密集柱网的形式，保证工艺生产防微振的需求。

2. 围护结构

外墙采用岩棉夹芯板（自洁型），配套金属龙骨；内衬洁净室专用金属壁板墙。屋面采用钢屋架+压型钢板复合保温防水卷材外露式屋面，屋面坡度为3%。地面采用结构地坪，筏板基础，局部化学品配送区及废水废液收集区采用结构地坪。

3. 门窗

外门大多采用钢质保温门。空调机房、变电站等房间外门为防火门，耐火时间不低于规范要求。除开向洁净室的防火门外，所有开向楼梯间的门扇均设置防火玻璃视窗。设备装卸平台处设置电动卷帘门。

窗及通风口采用烤漆铝合金隐框幕墙窗及铝合金百叶窗。窗的形式以固定窗、上悬窗为主，部分为推拉窗。

玻璃采用反射玻璃或Low-E镀膜玻璃，玻璃系统设计能抗击风（吸、压）荷载（静荷载与活荷载）。防雨百叶设不锈钢防虫网。主厂房部分女儿墙顶设装饰百叶。

4. 室内装修

地面：洁净生产区采用导（防）静电环氧自流平地面。

密封吊顶系统：上静压箱顶板采用耐火极限为1h的岩棉夹芯壁板，其余吊顶采用FFU格栅吊顶体系，吊顶与FFU、照明灯具、消防喷头密切配合。各层吊顶与洁净室金属壁板墙体系统紧密连接、密闭。吊顶龙骨构件涂有环氧粉末涂层或透明阳极涂层。吊顶为可上人吊顶系统。

墙体系统：有耐火要求的防火隔墙采用不同厚度的岩棉夹芯壁板，其余洁净室墙体采用铝蜂窝壁板。玻璃面积在法规允许的最大范围内采用安全钢化玻璃，与工艺生产相邻的壁板板面采用防静电涂层。门采用与墙体材料一致的金属壁板门。

1.3.4 结构设计

1. 基础设计

主生产厂房、动力中心多采用桩基础。核心生产区采用结构地坪，下设地坪桩，辅助生产区地坪为建筑地坪，地坪下采用素土或灰土换填，其中地面荷载较大或有较大设备的区域采用素土挤密桩（或CFG桩）进行地基处理。

废水站多采用筏板基础，筏板基础下采用素土挤密桩（或CFG桩）进行地基处理，提供地基承载力。

变电站多采用柱下钢筋混凝土条形基础，地下室用混凝土加防水剂防水。

化学品供应站、特气供应站、硅烷站、库房、门卫多采用柱下独立基础，独立基础下采用灰土挤密桩进行地基处理。

大宗气体站的气罐及装置区、柴油罐区为室外罐区，采用建筑地坪，地坪下采用素土（或灰土）换填，对较大地面荷载处采用素土挤密桩进行地基处理。

管廊多采用管桩基础。

2. 上部结构设计

1）特点

由于生产工艺和车间净化要求，整栋建筑不设缝；建筑单体规模大，施工工期短；柱网尺寸及柱距、跨度大，各个分区内较规则；楼层的使用荷载（设备荷载）大；建筑层高较高，双向跨度大。

根据以上特点，结构一般采用框架结构。框架柱采用钢管混凝土柱；核心区框架梁双向均采用钢桁架；辅助生产区框架梁双向采用钢梁。生产区楼板由于工艺要求采用现浇钢筋混凝土华夫板，其余楼板为现浇钢筋混凝土板（以 DECK 板作为底模）。

2）结构超长无缝控制

超大型电子洁净厂房一般长度超过 300m，且由于生产工艺和车间净化要求，整栋建筑不设缝，结构上可采取如下措施：

主体采用钢结构；核心区施工阶段采用分区跳仓施工工艺以控制施工阶段变形，核心区一、二层使用阶段为恒温状态，温度计算时，主要计算升温状态；核心区三、四层稍后使用，温度计算时，按年度升温降温计算温度应力；辅助生产区使用阶段按年度升温降温计算温度应力；核心区生产层楼板不设缝，辅助生产区的钢筋混凝土楼板可按 40～60m 设置控制缝；加强墙体及屋面的保温隔热措施。

3）防微振设计

（1）防微振措施

核心区采用大厚度筏板基础；楼板采用大厚度楼板；工业管道吊挂在梁、板上时，采取有效的减振措施；工艺设备必须配置高效减振器，以减少垂直方向的振动影响。

（2）防微振测试

防微振测试需要进行三次测试。

第一次测试为场地环境微振动测试，在开工前进行，测试场地自身的微振动条件、四周道路车辆行驶和场地周围环境的振动影响，为防微振设计提供可靠的参数。

第二次测试在建筑物土建工程（含楼面）完工后、工艺设备安装前进行，测试楼面和工艺设备台座在所有动力设备处于停机状况下的微振动条件。

第三次测试在工艺设备安装后进行，测试工艺设备台座在所有动力设备处于开机状况并使搬运装置也处于开启状态的微振动参数，是否满足工艺设备的防微振条件。

（3）废水池抗渗要求

建筑措施：加强墙体及屋面的保温隔热措施。

施工阶段的措施：整体结构及水池结构均采用抗渗混凝土（P8）并内掺抗裂纤维，每 30～40m 设置一道后浇带，减少施工阶段温度应力产生的微裂缝。

其他措施：水池内侧应增设钢筋网片，以减少混凝土收缩产生的微裂缝，提高水池结构抗腐蚀能力。

1.3.5　给水排水设计

1.3.5.1　给水系统

1. 系统组成

1）室外给水系统

室外绿化带，道路灌溉用洒水栓、给水阀门、管道系统。

2）室内生活给水系统

生活水箱、生活供水恒压变频加压泵组、水位及水泵自控装置、阀门、管路系统。

3）室内生活热水给水系统

电热水器、电开水器、水位及水泵自控装置、阀门、管路系统。

4）室内生产给水系统

生产水池、回用水（中水）水池、生产供水恒压变频加压泵组、水位及水泵自控装置、阀门、管路系统。

2. 系统原理

1）室外自来水给水系统

城市自来水经计量后送至动力中心内的生产水池，同时在室外形成环状给水管网送至厂区内各栋建筑室内一层至二层生活、生产给水点使用。

2）室内生活给水系统

建筑室内一层~二层生活用水采用市政直供；二层以上的生活用水采用生活水箱+生活供水恒压变频加压泵组的加压供水系统，需要设置生活给水加压系统。

在化学品贮存区、纯水站和废水站等使用化学药剂的场所，设置一定数量的紧急淋浴及洗眼器。

3）室内生活热水给水系统

建筑洗手用生活热水，由设置在洗手使用点附近的容积式电热水器提供。

4）室内回用水（中水）系统

室内回用水（中水）系统主要用于冷却塔、洗涤塔等设备的补水。其水源来自于纯水制备过程中产生的反渗透浓缩水和空调系统中产生的冷凝水。室内回用水（中水）系统采用中水水池+冷却塔补水泵和中水水池+洗涤塔补水供水恒压变频加压泵组的加压供水两套系统，为各个使用点提供用水。

1.3.5.2 超纯水系统

超纯水制备系统和回用水处理系统设置于主生产厂房、动力中心。

1. 管道材料

所有 UPW 管道应采用下列材料，管路施工和清洗完成后不产生任何气体和滤出物。

UPW 供回水：Clean PVC *PN*10；

DIW 供回水：CPVC *PN*10；

RO 补水至新风机组（MAU）、锅炉：PP 或 PVC *PN*10；

高压 RO 水：304L 不锈钢；

超滤排放水及 PCW 补水：PP 或 PVC *PN*10。

2. 阀门

<2in：隔膜阀，内衬 EPDM 橡胶（化学品系统内衬 Viton）；

>2in：蝶阀，内衬 EPDM 橡胶（化学品系统内衬 Viton），316SS 阀板，手柄开闭，带自锁装置。

1.3.5.3　常温循环冷却水系统

常温循环冷却水系统为开式循环系统。

冷冻机和空压机用循环冷却水系统合为一个系统，冷却塔均设于动力中心的屋顶。经过冷却塔降温后的冷却水，由循环冷却水泵加压后，供给中温冷冻水冷水机组、低温冷冻水冷水机组、热回收冷水机组和空压机中间冷凝器，回水再经冷却塔降温后作下一次循环使用。

为冷冻机服务的每台循环冷却水泵与冷水机组一一对应；冷却塔、循环冷却水泵按 $N+1$ 配置；为空压机服务的循环冷却水泵设置采用母管制，按 $N+1$ 配置。

单冷型冷水机组的冷冻水系统的废热单独由冷却塔带走。

热回收冷水机组在热回收模式运行时，设置旁通阀，只有热回收系统剩余的废热才通过冷却塔带走。

为保证水质，在循环冷却水系统中设置旁滤装置和化学加药装置。其中旁滤装置能保证常温冷却水系统中 5% 的水量进行循环处理，以去除系统中的悬浮物颗粒；化学加药装置通过向常温冷却水系统添加适量的药剂，来控制水中的 pH、藻类和细菌，以保护系统中的金属设备。

为保证系统的正常运行，在常温冷却水系统中设置旁路措施。通过调节旁路上的电动调节阀的开启度，来控制回水温度不低于 25℃，以保证冷冻机的进水温度不得低于冷冻机启动所需的最低温度。

1.3.5.4　工艺循环冷却水系统

工艺循环冷却水系统为工艺设备提供 18～23℃冷却水，维持工艺设备的正常运转。

工艺循环冷却水系统采用 12.5～19.5℃的中温冷冻水为冷源。

大部分工艺循环冷却水系统采用闭式系统，少量系统采用开式系统。闭式工艺循环冷却水由膨胀水箱、循环水泵、板式换热器、滤芯式过滤器及供回水管道组成。开式工艺循环冷却水由回水箱、循环水泵、板式换热器、滤芯式过滤器及供回水管道组成。

工艺循环冷却水循环泵、过滤器及换热器按 $N+1$ 设置。

膨胀水箱设置位置应保证设备的背压不超过0.25MPa。

PCW循环泵采用变频控制，所有水泵同时运行（含备用泵），根据工艺冷却水干管末端的压力传感器调节水泵变频器，保证末端供水压力。站房内供回水管设压差调节阀，保证供回水管压差恒定。

根据工艺冷却水的温度调节板式换热器供水侧冷冻水供水管上的气动调节阀，保证工艺冷却水的供水温度。

管道材质采用304不锈钢管道。

阀门口径<2in时，采用内衬EPDM、304不锈钢球阀，法兰连接；口径>2in时，采用内衬EPDM、304不锈钢蝶阀，全凸耳型，阀门操作手柄可锁定在开启或关闭位置。小口径蝶阀可采用半凸耳型。

1.3.5.5 排水设计

排水系统包括：生活污水系统、一般废水系统、生产废水系统。

1. 生活污水系统

室内洗涤盆、洗手盆等一般生活排水与卫生间排出的粪便污水分管路排放，并在粪便污水管路系统中设置环形通气管。粪便污水经化粪池处理后接入厂区室外一般排水管网。食堂含油废水经隔油池处理后排入厂区室外一般排水管网。

2. 一般废水系统

含油废水：主要是考虑柴油贮罐区漏油，遇到下雨的情况，此部分含油雨水不能直接排入雨水系统，必须先经过就地设置的隔油池处理，最终排入城市污水处理厂处理。

高温废水：锅炉废水用管道收集后，送至废水站放流池内，与处理后达标的生产废水混合后，排至室外一般排水管网。

空调冷凝水：属于洁净排水，其水质优于或等同于雨水，直接接入雨水系统。

MAU的空调冷凝水用管道收集后，送至中水（回用水）水池，作为中水水源。

冷却塔溢流排水、排污排水以及砂滤器的反洗排水均用管道收集后，排至室外一般排水管网。

化学品装卸区设置表面防腐处理的卡车停车区和溢漏收集地沟和集液坑，同时还包括一个普通的隔离阀（用于化学品卸载时隔离）及其操作系统，阀门上面配有装置指示其所在位置；没有化学品运送时阀门通常是打开的，这样收集到的地沟和收集池内的雨水可以直接排入雨水管路系统；有化学品运送时手动关闭阀门，待卸载完成后，且经检测停车区、地沟和集液坑内无泄漏液后，打开阀门，使该区域收集无污染的雨水直接排入厂区雨水管网；该区域漏液和被化学品污染的雨水均经地沟和集液坑收集后，通过泵提升后运出场外。

紧急冲身淋浴洗眼器排水用管道收集后，通过泵提升后送至废水站。

喷淋系统消防废水排水，水质优于或等同于雨水，直接接入雨水系统。

3. 生产废水系统

生产废水有两种：不可回收的废水和可回收的废水。

可回收废水经过收集、检测，确认满足回收需求后，进入纯水系统的回收水中继槽或中水池等继续使用。

不可回收废水包括含磷废水处理系统、含氟废水处理系统、含铜废水处理系统、CF高浓度有机废水处理系统及不可回收有机废水系统、废水中和系统排出的各种废水。

1）含氟废水处理系统

含氟废水处理系统采用混凝沉淀法处理工艺。含氟废水由管道收集后经水泵加压输送至废水站的含氟废水处理系统的均和池进行均质均量，再由水泵提升至第一级反应槽，在该反应槽调节 pH 并投加 $Ca(OH)_2$使之生成沉淀后重力流进入第二级反应槽，在该反应槽中将废水调节至沉淀反应所需的最佳 pH，同时投加混凝剂（PAC）帮助矾花的生成，充分反应后的废水再流入絮凝槽，在絮凝槽内投加絮凝剂（PAM），使矾花继续变大，再流入沉淀槽进行泥水分离，溢流出的清水流入第三级反应槽，在该反应槽调节 pH 并投加 $CaCl_2$、$Ca(OH)_2$，和 PAC 进一步使残留的氟离子生成氟化钙沉淀后重力流进入第二级絮凝槽，在絮凝槽内投加絮凝剂（PAM），使矾花继续变大，再流入第二级沉淀槽进行泥水分离，溢流出的清水流入出水槽，经水泵加压后输送至中和废水处理系统进一步处理达标后排放。

沉淀下来的污泥送入污泥浓缩槽浓缩，再由污泥泵送至压滤机进行脱水，脱水后的污泥为含水率30%~40%的泥饼，再运出厂外交由专业承包商进行处置。沉淀槽内污泥由污泥液位计控制水泵自动输送至污泥浓缩槽。

2）含磷废水处理系统

含磷废水处理系统采用混凝沉淀法处理工艺。含磷废水由管道收集后经水泵加压输送至废水站的含磷废水处理系统的均和池进行均质均量，再由水泵提升至 pH 调节槽，在该反应槽调节 pH 并投加 $Ca(OH)_2$ 使之生成沉淀后重力流进入第一级反应槽，在该反应槽中将废水调节至沉淀反应所需的最佳 pH，同时进一步投加 $Ca(OH)_2$ 帮助矾花的生成，充分反应后的废水再流入第二级反应槽，在该反应槽调节 pH 并投加 $CaCl_2$、$Ca(OH)_2$，进一步使残留的氟离子生成氟化钙沉淀后重力流进入絮凝槽，在絮凝槽内投加絮凝剂（PAM），使矾花继续变大，再流入沉淀槽进行泥水分离，溢流出的清水流入出水槽，经水泵加压后输送至中和废水处理系统进一步处理达标后排放。

为了加强第二级反应槽的反应效果，将沉淀槽污泥部分回流至第二级反应槽。

其余沉淀下来的污泥送入污泥浓缩槽浓缩，再由污泥泵送至压滤机进行脱水，脱水后的污泥为含水率30%~40%的泥饼，再运出厂外交由专业承包商进行处置。沉淀槽内污泥由污泥液位计控制水泵自动输送至污泥浓缩槽。

3）含铜废水处理系统

含铜废水处理系统采用混凝沉淀法处理工艺。含铜废水由管道收集后经水泵加压输送至废水站的含铜废水反应池，在该反应池内投加 $NaHSO_3$ 去除 H_2O_2 后，重力流进入均和池进行均质均量，再经水泵提升至第一级反应槽，在该反应槽调节 pH 并投加 $Ca(OH)_2$，使之生成沉淀后重力流进入第二级反应槽，在该反应槽中将废水调节至沉淀反应所需的最佳 pH 值，同时投加 $Ca(OH)_2$ 及混凝剂（PAC）帮助矾花的生成，充分反应后的废水再流入絮凝槽，在絮凝槽内投加絮凝剂（PAM），使矾花继续变大，再流入沉淀槽进行泥水分离，溢流出的清水流入出水槽，经水泵加压后输送至不可回收有机废水处理系统进一步处理达标后排放。

沉淀下来的污泥送入污泥浓缩槽浓缩，再由污泥泵送至压滤机进行脱水，脱水后的污泥为含水率30%~40%的泥饼，再运出厂外交由专业承包商进行处置。沉淀槽内污泥由污泥液位计控制水泵自动输送至污泥浓缩槽。

4）CF 高浓度有机废水处理系统

CF 高浓度有机废水处理系统采用混凝沉淀法处理工艺。CF 高浓度有机废水由管道收集后经水泵加压输送至废水站的 CF 高浓度有机废水处理系统的均和池进行均质均量，再由水泵提升至 pH 调节槽调节 pH 后重力流入第一级反应槽，在该反应槽将废水调节至沉淀反应所需的最佳 pH 同时投加混凝剂（$FeCl_3$）使之生成沉淀后重力流进入第二级反应槽，在该反应槽中投加混凝剂（$FeCl_3$）帮助矾花的生成，充分反应后的废水再流入絮凝槽，在絮凝槽内投加絮凝剂（PAM），使矾花继续变大，再流入沉淀槽进行泥水分离，溢流出的清水流入出水槽，经水泵加压后输送至不可回收有机废水处理系统进一步处理。

5）不可回收有机废水系统

不可回收有机废水系统采用生物接触氧化法处理工艺。不可回收有机废水由管道收集后经水泵加压输送至废水站的不可回收有机废水处理系统的均和池进行均质均量，再由水泵提升后进入生化处理装置进行处理。生化处理装置采用缺氧（A）\ 好氧（O）\ 缺氧（A）\ 好氧（O）的处理工艺，通过微生物在缺氧 \ 好氧条件下不仅分解消化废水中的有机物，同时也将废水中氨氮通过硝化 \ 反硝化的过程去除。

生化处理装置的出水再经二次过沉淀池处理，上清液重力流进入中和反应槽后再至放流槽经检测达标后排放入厂区污水管网并最终进入城市污水管网。污泥输送至污泥浓缩池浓缩处理后经污泥泵加压送至污泥脱水机脱水处理。脱水后的泥饼作为一般废物和生活垃圾一起填埋处置。

如果沉淀池出水经检测不能达到排放标准，则打开应急水槽进水阀，将该部分废水由放流槽引入应急水槽暂时贮存，然后用水泵将该废水打回不可回收有机废水处理系统再次进行处理直至达标排放。

6）废水中和系统

本系统分别收集的纯水站排出的离子交换树脂再生废水、纯水站排出的反洗废水、回用废水处理系统排出的废水（如果回用废水处理系统检修时，未经处理的回用废水也须排入该系统处理）以及其他经处理合格的废水均集中于该系统进行处理。该系统由三个中和反应槽、一个出水检测槽和三个应急水槽构成。酸碱废水自均和槽依靠重力流过中和反应槽、出水检测槽，并在出水检测槽中在线连续检测 pH 和其他控制排放的特征污染物浓度，如果水质检测达到废水排放标准，出水直接排入室外排水管网；如果水质检测没达到废水排放标准，则关闭排水阀并打开应急水槽进水阀，将不达标废水引入应急水槽暂时贮存，然后用水泵将该废水打回酸碱废水中和反应槽再次进行处理直至达标排放。

中和药剂的投加均由 pH 计控制电磁阀自动投加，化学药剂的输配管路采用环状管路。化学药剂输送泵为磁力离心泵。为保证废水在各中和反应槽中与处理药剂均能得到有效混合，各中和反应槽均装有空气搅拌装置。

1.3.5.6　节能措施

50% 工艺清洗水经处理回用到纯水制造装置的前工序；25% 工艺清洗水经处理作为中水回到动力中心地下回收水水池里，为冷却塔、洗涤塔等设备提供补水。

纯水制造装置中排出的反渗透浓水用于过滤器的反洗。

生产和动力设备的冷却水全部采用循环系统，水的回用率可达 90%。

冷却塔和洗涤塔的补水采用中水，在中水水源不足的情况下，才用自来水补充。

绿化树种选用耐旱树木、花卉，减少草坪。使用喷灌节水灌溉方式，以提高绿化用水的利用率，减少水资源的浪费。

充分利用雨水资源，草坪绿地设计低于路面，增加雨水的渗入，厂区内广场及停车场铺设透水砖、渗水砖减少地面硬化。

1.3.6　空调净化、通风设计

1.3.6.1　空调及净化系统

1. 洁净室新风系统

为补偿排风、保持室内正压、控制室内湿度及满足工作人员卫生新风要求，设置洁净室 MAU。

为去除室外新风中大部分的 NH_3、SO_2 及其他化学污染物，MAU 设置了喷淋室及湿膜加湿器，采用 RO 水洗涤，并设置化学过滤器。

MAU 为洁净室提供经过过滤及温湿度处理后的空气。

2. 洁净室循环风系统

洁净室循环风系统通过吊顶上的高效过滤器（HEPA）送入洁净室内，维持洁净室内的洁净度。新风与回风混合后，经干盘管冷却，通过调节干冷却盘管的送风温度控制洁净室内温度。

净化区采用 FFU + 干冷却盘管系统。

3. 一般空调系统

为非净化区提供经过温湿度处理的循环空气，满足室内人员最小卫生新风量的要求；为化学品仓库及化学品、气体的分配区域提供经过温湿度处理的室外空气，保证换气次数，以避免危险及有害气体在室内积聚，控制室内有害气体浓度在安全范围内。

1.3.6.2 通风系统

酸性排风包含所有酸性化学品工艺排风；通过排风管道收集工艺设备排出的含酸性废气，经湿式洗涤塔处理，达到国家排放标准后排放。

碱性排风系统通过排风管道收集工艺设备排出的含碱性废气，经湿式洗涤塔处理，达到国家排放标准后排放。

高沸点有机排风包含来自工艺设备的腐蚀性气体，通过排风管道收集工艺设备排出的含碱性废气，首先经洗涤分离，去除大部分高沸点物质后，再经湿式洗涤塔处理，达到国家排放标准后排放。

有机废气系统通过排风管道收集工艺设备排出的溶剂废气，经 VOC 处理装置处理，达到国家排放标准后排放。有机废气处理系统进出口均设置有机物含量及流量监测。

一般排风系统通过排风管道收集工艺设备排出的热和水汽废气，其中不含任何化学品，不需要进行任何处理，直接排入大气。

1.3.7 气动及化学品供应设计

设计范围包括冷冻水供应系统、热水供应系统、压缩空气系统、工艺真空系统、大宗气体系统、特种气体系统、化学品供应及废液回收系统、天然气系统、柴油系统。

1.3.7.1　冷冻水供应系统

1. 系统说明

冷冻站设在中央动力站，向用户提供（6℃/13℃）低温冷冻水和（12.5℃/19.5℃）中温冷冻水，冷冻水分别用管道输送到厂房、纯水站、废水站、特气供应、化学品供应和办公区等使用点。

冷冻水系统分低温和中温闭式循环系统。低温系统冷冻水供/回水温度为 6℃/13℃；中温系统冷冻水供/回水温度为 12.5℃/19.5℃，低温冷冻水和中温冷冻水由不同的冷冻机制取。

低温冷冻水供空调机组、新风机组、风机盘管使用，中温冷冻水供新风机组、工艺真空泵、干盘管、工艺冷却水、纯水所需冷负荷。

冷冻水系统采用冷冻水一次泵及冷冻水二次泵系统。一次泵系统按泵与冷水机组一一对应方式进行设计，保证冷冻机稳定的供水量。所有一次泵与冷水机组均按变流量运行设计。

2. 系统控制简述

冷冻水系统通过中央监测控制系统（FMCS）监视。就地 PLC（可编程逻辑控制器）控制系统根据温度传感器及流量传感器的信号对末端冷负荷进行计算，根据计算结果确定冷冻机启停数量。

二次泵的启停及变频根据压力传感器信号控制。

FMCS 与冷水机组连接并接收下列信号：冷冻机起动（指令）、冷冻机停止（指令）、冷冻机状态（例如待机、停机等）、冷冻机常见故障报警。

3. 环保与节能

冷水机组选择使用 R134a 冷媒或其环保冷媒。

选用低噪声、低振动设备，设备基础采用隔振垫，设备与管道之间采用柔性连接，以减少噪声和振动传递。

系统运行为中央监控，只需定期去现场巡视。

冷冻水二次泵采用变频泵，有利于系统的节能。

冷水机组的冷却水循环使用有利于节水。

1.3.7.2　热水供应系统

1. 系统说明

锅炉采用天然气作为主要燃料，柴油作为备用燃料，锅炉供回水温度为 90℃/70℃。

中温热水系统：UPW 生产用热及办公楼空调用热系统供/回水温度为 60℃/45℃，锅炉房换热站利用锅炉高温热水（90℃/70℃）将热水回水从 45℃ 加热至 60℃ 后送往 UPW 生产及办公楼空调热水系统各使用点。热水泵循环采用变频泵。

热回收热水系统：利用中温冷水机组进行热回收，提供 38℃/31℃ 中温热水，通过管道送至各新风机组和 UPW 系统，热回收冷水机组无备用，利用 60℃/45℃ 中温热水作为备用热源。

各热水系统分别设置相应的膨胀水箱定压。

2. 系统控制简述

系统设置变频水泵，变频泵流量根据各热水系统供回水管道上的压差进行控制。

3. 环保与节能

选用高效节能设备，热水循环采用变流量泵，有利于系统节能。

1.3.7.3 工艺真空系统

1. 系统说明

真空系统设备配置于各生产厂房辅助区域，由真空泵、真空储罐、油气分离器、真空管道系统等组成。

真空泵采用水冷，气体排除前经油气分离器后排至室外。

真空系统接紧急电源。

2. 设计准则

拟采用有油螺杆真空泵，利用 12.5℃/19.5℃ 冷冻循环水作为冷却水带走真空泵热量。

1.3.7.4 压缩空气供应系统

1. 系统说明

压缩空气供应系统主要满足工艺设备及仪表控制设备对压缩空气的需求。

空气经压缩机压缩冷却后进入储气罐，经干燥机和过滤器去除空气中的湿气、粉尘颗粒及油雾，处理后的压缩空气露点温度低于 -72℃；压缩后空气压力须达 0.85MPa，以保证工艺设备使用点接口处 0.70MPa 的压力需求。干燥器采用压缩热再生的形式。

压缩空气站设置在动力站，设有压缩空气机、缓冲罐、后冷却器、干燥器和过滤器去除压缩空气中的水分、粉尘颗粒及油滴后，经室外管道进入各生产厂房。

管道在生产厂房内采用环状布置。有特殊品质要求的使用点安装相应的颗粒及化学过滤器，再通过管网送至各使用点。

2. 设计准则

压缩空气系统的可靠性是全厂生产运行的关键。空压机和干燥机均设置备用机组，当其中 1 台设备故障停机时，备用设备能自动启动，维持系统压力恒定。2 台空压机和干燥机需配备紧急电源。

3. 系统控制简述

每台空压机自带完善的控制系统。

整个空压系统通过中央监测控制系统（FMCS）监视。就地 PLC 控制系统根据压缩空气压力传感器的信号确定空压机运行数量。

FMCS 与空压机、干燥机连接并接收下列信号：空压机及干燥机起动（指令）、空压机及干燥机停止（指令）、空压机及干燥机状态（如待机、停机等）、空压机及干燥机常见故障报警。

4. 环保与节能

选择水冷无油空压机，减少废油排放，冷却水循环使用，减少废水排放量。

选用低噪声、低振动设备，设备基础采用隔振垫，设备与管道之间采用柔性连接，以减少噪声和振动的传递。

运行为中央监控，只需定期进行现场巡视。

选用节能设备；设置两台变频空压机，有利于系统的节能；空压机冷却水循环使用有利于节水。

1.3.7.5　大宗气体供应系统

1. 系统说明

大宗气体包括 GN_2（氮气）、PN_2（高纯氮气）、GO_2（氧气）、PH_2（氢气）、PAr（氩气）、PHe（氦气）等，所有大宗气体由大宗气体站供应。

大宗气体站提供具有一定纯度的 N_2、O_2、H_2、Ar、He，再经纯化器移除气体中的不纯物后，供应高纯度气体生产或厂务系统使用。

假定项目制氮能力为 15000Nm^3/h，设置两套氮气生产系统，一套采用低温空气分离技术，以空气为原料，经预处理、精馏、纯化等工艺处理后，制取氮气；一套以液氮为原料，经汽化、纯化、过滤等工艺处理后，输送氮气给客户；氮气生产过程中产生少量液氮储存入液氮储罐，大部分液氮外购存入液氮储罐。

液化氮气供应系统与空分制氮气供应系统互为备用关系，制氮系统检修时，切换用液氮系统。

氩气、氧气、二氧化碳系统采用外运液氩，低温液体储罐储存，经气化后输送至使用点。

厂房内 GN_2 管网采用环状布置，其他气体供应系统采用树枝状布置，氢气管道在生产厂房通过阀门箱供气。

2. 环保及安全

GN_2、PN_2、PO_2、GO_2、PH_2、PAr、PHe、GCO_2 制备过程中不会产生废酸、废碱、废气排放。

氢气主干管进入下技术夹层后先进入阀门箱（VMB）再送至各工艺设备，内设有自动紧急切断阀，若工艺设备出现事故，可自动切断气源。所有阀门箱及氢气管道沿程布置有氢气浓度报警探头。

1.3.7.6 特气系统

1. 系统说明

特气系统设置在特气供应站和硅烷站内。

气体供应间根据气体的性质进行房间布置，设有惰性气体间、腐蚀性气体间、毒性气体间、自燃气体间。其中 SiH_4 采用独立半敞开式布置，位于独立的硅烷站。有爆炸危险性的气体供应间根据国家现行规范进行防爆设计。

根据气体用量不同，1% PH_3/H_2、Cl_2、NF_3、SF_3 等采用 Y 瓶供气，NH_3 采用 ISO Trailer + T 瓶供气，N_2O、SiH_4 采用鱼雷车系（ISO Trailer）供气，BCl_3 采用气瓶柜和 Y 瓶供气。

易燃易爆腐蚀性气体是由特气供应站通过管道将气体传送至阀门箱，再由分配管线传送至使用点。惰性气体是由特气供应站通过管道将气体传送至阀门盘（VMP），再由分配管线传送至使用点。

危险气体的气瓶柜、BSGS 供气柜及 VMB 吹扫所产生废气需接入就地洗涤塔处理后，再排至中央废气处理系统进一步处理，达到国家排放标准后方可排入大气。

就地洗涤塔设计原则如下：可燃气体采用电热燃烧干式系统，腐蚀性气体采用干式系统。VMB 吹扫产生的废气接入工艺设备附近就地洗涤塔处理。

2. 环保及安全

有毒有害气体需经就地洗涤塔和中央处理系统处理，达到国家安全排放标准后可排入大气。

硅烷站为独立的建筑，房间考虑外墙泄压，泄压面积满足现行规范要求。

各特气房间内设有气体浓度报警探头、事故排风和一般排风系统。所有气柜内和排风管内设有浓度报警探头，排风机连续运行。

有毒及自燃性气体管道采用双层管，气体管道进入下技术夹层后先进入阀门箱（VMB）再送至各工艺设备，阀门箱（VMB）内设有自动紧急切断阀，若工艺设备出现事故，可自动切断气源。沿所有气体管道和 VMB 中布置气体浓度报警探头。

1.3.8　化学品供应及废液系统

1. 系统说明

化学品供应系统为工艺辅助系统，以中央供应方式提供工艺生产过程中所需的化学品。

根据工艺生产中化学品用量的不同，用量大的系统采用槽车供应系统，用量小或量产前采用桶装供应。桶装化学品置于化学品柜，利用供液泵将化学品原液或混合液输送至供液罐，再经供液泵或压力罐将化学品输送到工艺设备前的阀门箱。槽车供应系统包括化学品储液罐、快速接管箱，并采用桶装化学品供应模块作为备用。

根据化学品的特性和功能的不同，分为有机、无机、显影液等。所有化学品供应系统分别置于专属的化学品供应间内。

2. 设计准则

有爆炸危险的化学品应符合国家现行的防爆设计要求。

每种化学品的输送/供应系统应包括输送化学品所必需的供液泵、过滤器等。

化学品储罐的总容量应保证至少能维持 3d 的生产最大使用量。

化学品供应主管末端应预留扩展用末端阀门箱，以满足工艺设备扩容的需要。

三通阀门箱和阀门箱应预留扩充阀，以利于生产工艺调整和扩容。

稀释系统须提供必要的 pH 计、相对密度计、电导度计或自动滴定仪等浓度分析仪器，以作为浓度品质控制与管理。

系统管道和阀门材质的选用应保证不造成化学品中不纯物的增加。酸碱以及腐蚀性溶剂，采用双层管道（PFA/CPVC）；易燃易爆溶剂采用不锈钢管。

站内所有废液集中收集后排至废液处理站，然后运至专业处理厂统一处理。

3. 环保及安全

有爆炸危险的化学品设置在独立房间，房间考虑外墙泄压，泄压面积满足现行规范要求，与其他房间相邻的墙为防爆墙，房间内设有气体浓度报警探头和事故排风与一般排风系统。所有化学品柜内和排风管内设有浓度报警探头、排风风机。排风风机连续运行。

大宗化学品储罐设有围堰以防止化学品溢出。

为防止化学品泄漏以及符合现行消防规范，所有腐蚀性化学品从储罐到工艺设备前的阀门箱采用双层管，易燃性/可燃性化学品采用金属管，分支管与使用端设三通阀门箱。

在化学品桶槽储存区，化学品输送柜底部以及每个阀门箱（含三通阀门箱）的最低处设置泄漏侦测系统。易燃性废化学品还应设火警系统与气体侦测系统。

每种化学品供应系统具有独立的控制与监测系统，采用 PLC 控制，能够由屏幕显示系统目前状态、操作参数，并具有警报功能。

1.3.9 电气设计

1.3.9.1 供电

1. 用电负荷

超大型厂房特点为用电量大，用电可靠性要求高，停电将造成巨大的损失，故用电负荷的性质主要为一、二级。除办公类负荷为三级外，主要用电设备有生产工艺设备、支持生产工艺设备正常运行的辅助动力设备、消防设备、通信及安全设备等。

特别重要用电负荷设备除两路正常市电供电外还将接入工厂自备柴油发电机供电系统，以确保市电停电时在 15～30s 内恢复供电。

对上述特别重要用电负荷中只允许中断供电时间为毫秒级以下的设备还将配置静态不间断电源装置（UPS）对其供电。

2. 供配电系统

110kV 配电系统拟采用双母线带联络的接线方式。110kV 电源经主变降压后，20kV、6kV 出线采用电缆沿管架架空方式引至动力站及生产厂房变电站，除 6kV 空压机及冷水机组直接配电外，其余负荷经各低压成套电站供电。

为满足上述用电设备的用电需求，在低压成套变电站内设 20kV/0.4kV、20kV/0.46kV、20kV/0.21kV 三相变压器，各成套变电站内的低压变配电装置均采用“双终端”结构，两台终端配电变压器容量均为 100% 备用（按照强迫风冷条件下），每两台变压器在低压侧设联络通道。正常时，两台变压器分列运行，当一台变压器检修或故障，通过闭合联络开关保证两台变压器所带全部负荷的用电，以进一步提高配电的可靠性及灵活性。

低压成套变电站内各变压器低压侧集中设置无功功率自动补偿装置，补偿后各变压器高压侧平均功率因数达 0.92 以上。

3. 无功功率补偿

无功功率补偿采用高压、中压、低压集中就地补偿方式，采用带自动投切功能的无功功率补偿装置，补偿后负荷高峰期 110kV 侧的功率因数可达 0.95 以上。

4. 过电压保护及接地装置

为防止过电压的损害，于 20kV 及 6kV 母线上及变压器高压侧装设避雷器、低压侧装设电涌保护装置。为防止真空断路器断开时产生的瞬时操作过电压引起故障，在真空断路器的负荷侧设氧化锌避雷器保护。低压配电系统在可能产生危险过电压处，如屋顶上的冷却塔风机等用电设备，一般在动力配电箱处设低压电涌保护装置。

1.3.9.2　电力、照明

1. 电力

1）工艺设备配电

工艺设备配电基本按区域及工段配电，一个工艺配电箱尽量不跨越不同的工艺流程。工艺机台主辅机上游同电源，便于检修和改造。

工艺设备 800A 及以下回路采用电缆配电，800A 以上采用母线配电。

工艺配电箱直接放置在生产区内，出线开关采用热拔插式开关，便于今后工艺设备的增减和变更时不影响其他工艺设备的正常运行。

所有的母线、电力干线和开关至少留有 10% 的裕量。

2）冷冻机空压机配电

冷冻机组、空压机组为 6kV 中压供电，由变配电站内中压柜直接引入，机组均自配有起动、控制装置。

3）电动机负荷配电

在电动机负荷较多的站房内设置 MCC 电动机控制中心。MCC 由抽屉式开关柜组成，MCC 电动机控制中心采用断路器对出线回路进行短路和过载保护，电动机回路设交流接触器和热继电器对其进行控制和过载保护。

37kW 及以上的电动机采用星 - 三角降压起动，75kW 及以上的电动机采用软启动，断路器采用电动机保护型。

远离配电柜/箱或 MCC 的用电设备设置就地隔离开关。

变频器配置无源滤波器，380V 电源总线上的总谐波电压畸变率 THD 限制在 5% 以内，各次谐波电流限值满足国标要求。

55kW 以上电机回路均设有电流检测装置。

4）动力和插座配电

动力配电原则：尽量按系统配电，把单个 MCC 柜断电对整个系统的影响降到最小。重要的控制电源不过分集中，尽量分散到不同干线，以降低停电或故障造成的风险。动力站主、辅机电源由同一电源配电。

厂房内办公区采用配电总箱带分配电箱方式，总箱采用落地式配电箱，分箱采用嵌墙式小型动力配电箱配电。配电箱内设断路器对出线回路进行短路和过载保护。配电箱进线主断路器只起隔离作用，断路器应具有隔离功能。

所有用于消防负荷配电线路的断路器均为单磁脱扣型断路器，过载只报警不动作。

5）浪涌保护

在电缆线路由室外引入建筑内的入户配电柜/箱，引至室外设备的配电柜/箱、配电总箱处装设Ⅰ级试验的电涌保护器；大型动力设备配电箱、电梯配电箱、机房配电分箱处装设Ⅱ级试验的电涌保护器。

2. 电气照明

1）照度

各主要场所的照度要求见表 1-2。

2）灯具和光源

厂房生产区采用嵌入式 LED 龙骨灯，光敏工艺区域采用黄光灯具，对应的下技术夹层区域也采用黄光灯具。

各主要场所的照度要求　　表 1-2

平均照度（lx）	房间名称
300	净化室（白光）
300	净化室（黄光）
150	下技术夹层
75	上技术夹层
150	搬送通道
100	仓库
150	装卸区（室内）
100	装卸区（室外）
300	会议室、复印室
300	值班室、一般控制室
500	数据中心、主控制室
200	餐厅
300	大厅
200	门卫室

续表

平均照度（lx）	房间名称
200	发电机房、电气间
100	空调机房、泵房、锅炉房
150	冷冻站、空压站、纯废水站
150	电梯间
100	走廊
150	厕所
15	室外和人行道

办公区域采用 LED 灯具。

净化室上、下技术夹层与机械区等采用荧光线槽灯具或吸顶荧光灯。

有吊顶的其他生产区根据情况选用吸顶或嵌入式荧光灯。

有防爆要求的区域采用相应防爆级别的荧光灯，有腐蚀性的区域用防腐型荧光灯或金卤灯。

荧光灯管选用高效节能三基色 T8 荧光灯管，所有荧光灯均带电子镇流器，金属卤素灯均配专用节能镇流器并带补偿电容。所有场所工作区的照度均匀度，均不小于 0.7。

所有灯具功率因数均不低于 0.9。

3）配电设备的选择及正常照明、应急照明等的装设及控制方式

照明配电分为普通和应急两种系统，建筑普通照明及应急照明各设置配电总箱，根据需要设置照明分箱；总箱采用落地式照明配电箱，分箱采用嵌墙型或明装型小型照明配电箱，配电箱均采用断路器作线路的短路及过载保护。

洁净厂房设置备用照明，备用照明为正常照明的 20%，采用双路 N 电源，带互投装置。

洁净生产区和下技术夹层设置供人员疏散的应急照明，应急照明为正常照明的 5%，采用 UPS 供电。

非净化区设置应急照明，应急照明为正常照明的 5%～10%，采用双路 N 电源，带互投装置。

重要房间如变电站、IT 室、CIM、FMCS 及消防值班室、消防水泵房、排烟机房等发生火灾时仍需正常工作的房间，其应急照明配置满足正常照明的照度值；采用双路 N 电源，带互投装置，并设置 50% 的灯具自带 90min 蓄电池。

建筑出入口、疏散走道、楼梯间、电梯间、主要通道等处采用应急诱导标志灯，所有的疏散指示灯、安全出口指示灯光源采用 LED，寿命长，免维修，带有 90min 后备电池。疏散指示及安全出口灯的位置应考虑不被其他设备遮挡而影响可视性。净化室黄光区疏散照明需要采用黄光光源。

办公区、独立房间和动力区照明均由就地开关分散控制；净化区域照明在配电箱上集中控制；楼梯间照明采用红外线感应控制；回风夹壁单独设计开关控制。

黄光与白光交接区域如果无建筑隔墙，黄光灯具向白光区延伸2m。

照明电线电缆、线路敷设方式选择原则同电力部分。

1.3.9.3 自动控制

设置全厂动力设施监控系统（FMCS），采用PLC分布式控制系统结构，对全厂环境、动力、能源等设备群进行集中监视、控制和管理。

1. 主要控制内容

洁净室的空气净化系统包括MAU、循环空调器（RAU）、FFU、干盘管（DC）、带化学过滤器的风机单元（CFU）等。

工艺排风系统包括普通风机、各种废气处理装置（废气处理塔、风机、给液泵和循环泵）等。

非净化区普通空调系统包括MAU、RAU、风机盘管（FCU）、一般排风系统等。

动力站主要控制系统包括冷冻机组、冷冻水一次泵、冷冻水二次泵、冷却水泵、热回收水、CDA、柴油配送系统、天然气系统、给水排水系统等。

办公区、食堂主要控制系统：空调系统包括MAU、RAU、FCU、一般排风系统、给水排水系统等。

2. 控制系统方案和构架

监控系统主要包括工程师站、多用户终端站、服务器和网络设备；系统软件、图控软件、用户软件等；打印机；现场控制子系统的软件及硬件；PLC（含软件和硬件）；现场仪器、仪表；控制盘；连接电缆；气控管路及控制执行元件。

多个PLC控制子系统可以通过以太网连接到FMCS系统。至FMCS系统的操作界面为一个高水平的数据采集与监控系统（SCADA）。中央控制室设在动力中心FMCS中央控制室内，内设多用户显示操作终端、工程师站、数据服务器及打印机。正常工作为全自动模式，同时根据工作人员权限可在控制台手动干预，以便系统调试、检修以及紧急状态时手动控制。

PLC系统供电电源采用带保护的24VDC。各建筑的网络线采用光缆穿钢管保护沿建筑之间的综合管桥敷设。

3. SCADA系统描述

监视控制与数据采集系统包括基于运行监视控制与数据采集系统软件的个人计算机所组成的网络，多个操作员可以同时浏览图形、趋势、报告、警报等。

操作者通过监视控制与数据采集系统可以监控整个工厂和控制系统。

系统需要有不同使用权限的限制。

功能包系统的厂家根据操作要求提供自己的监控和数据采集设备。这些系统可以在各自系统控制室或 FMCS 控制分站内放置各自的终端，并与 FMCS 集成。

通信采用光纤的架构。

4. 控制器

工业级别的可编程控制器（PLC）用于下列系统工程：新风空调、净化空调、洗涤塔、冷冻机、冷却塔、普通排风系统、工艺排放系统、工艺真空和清扫真空、纯水和废水处理及其他重要系统。

5. 现场控制子系统

现场控制子系统既可对控制对象进行独立控制，又可在 FMCS 的指挥下协调控制。所有现场控制子系统均采用国际通用现场总线标准，并同时支持 Prifibus TCP/IP 协议，与 FMCS 的管理控制及数据采集操作软件兼容。

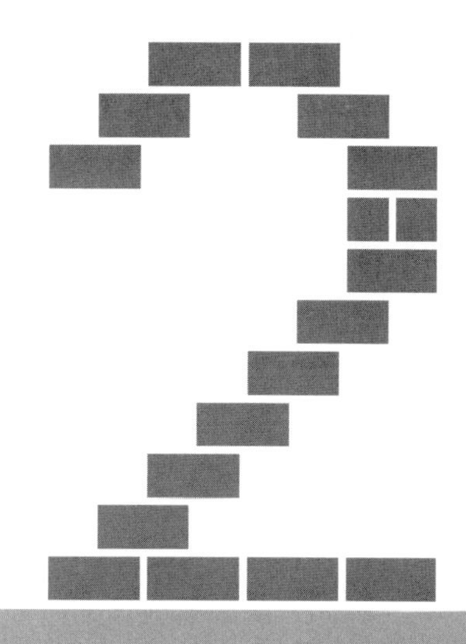

第 2 章

总承包协同管理

2.1　研究背景

我国建设工程施工总承包管理实施经过了二十年的时间，已取得了令人瞩目的成果，从几千平方米的住宅到几十万平方米的国家大型公共建筑，施工企业从几百人的劳务公司到数十万人的建设集团，对施工总承包管理的理论研究和工程实践，在很多方面均有大而全的发展，特别是施工总承包的管理在国内诸多大型企业得到了丰富的尝试体验，积累了丰富的管理经验。对于目前主要采用的施工总承包模式主要有两种：

一是项目部总承包模式，针对有些工程，总承包管理部门组建项目经理部直接面向社会选择能力强的专业公司或劳务公司进行施工总承包管理。

二是管理总承包模式，对于特殊的政府公建工程或以集团企业子公司直接参与投标的工程，由总承包管理部门组建“项目管理部”代表集团公司对工程实施管理总承包，承担对业主承诺的合同义务，不承担工程成本盈亏指标，仅仅收取业主支付总承包的管理费用。

两种方式各有利弊，超大型钢结构高科技电子洁净厂房项目由于其超大的规模和独特性，不能完全照搬现有的管理经验，必须在管理模式、管理重点和管理措施上有一定创新和改革，才能满足工程施工的需求。

项目施工总承包业务范围包含：工程建设阶段的所有管理责任及竣工验收后的维保责任，在工程实施管理中就质量、工期、安全和文明施工等对发包人负总责，承担整个工程施工的总管理、总控制和总协调任务，管理、协调、监督和控制各分包单位的所有业务活动，包括施工风险管理、进度管理、质量管理、技术管理与协调、信息及工程档案管理、商务管理、会议管理、定期工作报告及工程统计、安全文明施工管理控制、工程施工考核验收、协助验收、临时场地和设施管理、界面管理等。

2.2　管理组织机构部署

组织机构的设置是施工总承包单位实施管理的基础，合理的组织机构可以提升总承包管理的效率。在施工项目中组织机构总体框架设置基本相同，在大型建设项目中往往需要根据所承担的施工项目进行职能部门的调整。在超大型钢结构高科技电子洁净厂房项目中，组织机构的设置同样是区别于常规项目的。

2.2.1　工程总体运行模式

根据业主招标内容以及施工总承包商的管理范围，设计、监理、总承包、分包等参建各方的工作协作关系如图2-1所示。在所有分包中，分为业主指定分包、业主直接分包以及总承包自行分包。其中，总承包与业主的指定分包主要体现为合同关系，总承包具有指令和管理的权力。总承包与业主的直接分包主要体现为协作关系，总承包主要体现为协调，管理权力比较微弱。

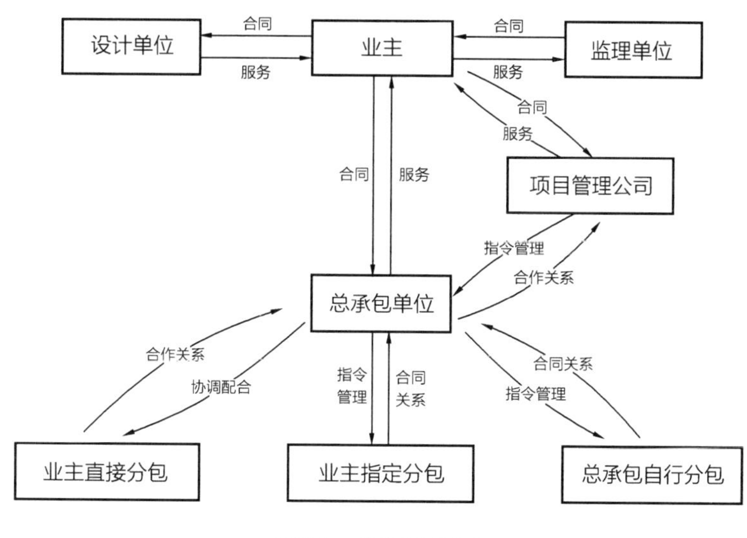

图2-1 总体运行模式

2.2.2 管理模式选择

目前，国内施工总承包模式大多数是由中标单位组建工程项目部，由项目部代表公司履行施工合同，项目部自行组织施工建设，公司总部进行管理。电子洁净厂房这种超大型工程如果采用这种模式，会给集团公司带来较大负担，一般采用工程总承包管理部+子公司组建区域施工分部+劳务分包的管理模式，具体对比如表2-1所示。

管理模式对比　　表2-1

管理模式	特点
集团公司自行组建项目部	权力集中，管理人员业务水平较高，工作效率高，资金雄厚，能够更好地与业主、政府管理部门协作，更好地完成合同内容。但是要求管理人员多，管理人员至少300名，组建如此庞大的项目部，会给集团其他多方面的工作带来巨大的影响
委托某一子公司组建项目部代表集团公司	子公司一般情况下管理人员充沛，便于项目的调配。可以选择长期合作的劳务队，合作较多，管理顺畅。但是子公司高端管理人才较少，经验不足，代表集团公司履行合同，可能造成集团公司不能全盘详细掌握信息，给集团公司带来负面影响，甚至影响工程的总体交工
工程总承包管理部+子公司组建区域施工分部+劳务分包	工程管理指挥权力集中，便于发挥集团总体优势；施工总承包集中少量高端管理人才进行总体指挥把握，工作效率高，人员配置数量可以大大减少。能够更好地与业主协作，更好地完成合同内容。由子公司一般管理人员进行技术、劳务等末端管理，降低人力资源的浪费

2.2.3　组织机构设置

总承包管理部团队机构在企业保障及专家顾问组支持下按不同职能划分进行设置，设置项目经理，下设技术经理、安全经理、商务经理、质量经理、生产经理等，分管各施工分部，每个施工分部设置若干职能部门，包括技术部、工程部、物资部、质量部、安全部、商务部等，具体参见图2-2。

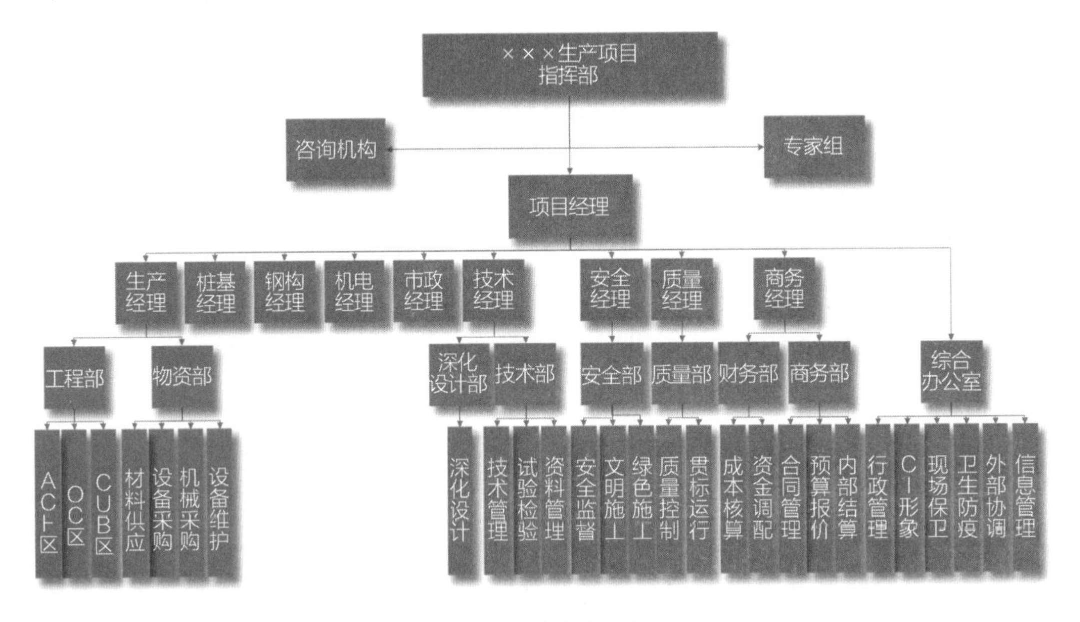

图2-2　组织机构设置

2.2.4　管理职能

1. 总承包管理部的职能

根据项目的特点，由公司总部负责组建总承包管理部，选择经验丰富、综合业务能力强的管理人员，总承包管理部围绕进度、质量、成本三大管理目标实施管理。同时，对项目的技术、安全、后勤等诸多方面开展施工组织的统一管理。在施工总承包管理中，由总承包管理部负责处理对外的协作关系，包括与业主指挥部、项目管理单位、设计单位、监理公司以及政府主管部门等。在管理内部，总承包管理部对自主选择的施工分部和施工分包拥有高度指挥权力，包括生产指挥、人员调配、资金支付等，施工分部无条件服从总承包的统一施工部署，在施工进度和质量方面对总承包负责。在总分包合同中，必须明确分包所承担的施工任务和管理的义务，如业主专业分包单位在各个施工分部作业时，各个施工分部有义务全力配合。集团公司组建总承包管理部后，应授权其一定的权力方便实施总承包管理：

（1）项目管理自主权：委派的项目经理享有完全的项目管理权力，也是项目管理的第一负责人，包括总承包管理部的组建安排、施工组织部署和实施等。集团公司各个职能部门作为总承包管理部的保障部门，提供技术服务、管理指导、管理监督。

（2）项目人员自主权：总承包管理部的人员由项目经理组织配备，特别是与项目经理工作密切配合的项目领导班子成员，由项目经理直接挑选，集团公司有参与建议权。同时，总承包管理部作为员工的基层管理单位，有权对员工的工作态度、业务能力给予评价考核。

（3）自主选择各个分包：由总承包自行组织施工的部分，集团公司授权总承包管理部自主择优选用施工队伍，例如施工分部的选择。

（4）资金使用自主权：总承包管理部代表集团公司履约合同，需与集团公司签署管理目标合同书，明确项目必须达到的管理目标，特别是经营目标。签署责任状之后，资金的使用作为财务管理的重要内容由总承包管理部全权负责，项目经理为第一负责人，对工程款的支付、管理费的上缴、员工的福利等实施监管。

（5）项目经营自主权：在集团公司授权范围内，总承包管理部代表集团公司与业主、分包商谈造价、变更、工程款的支付等商务事宜，特别是成本管理由总承包管理部自身负责。

2. 施工分部的性质与任务

施工分部在施工管理上受总承包管理部统一指挥协调管理，同时配合其他分包的施工作业。各个区域的集团子公司根据所承揽区域的结构特点和施工项目，各自组建施工分部项目部，与总承包管理部签署扩大劳务分包合同。施工分部自主选择作业队，对区域施工的进度、质量和成本负责，并对总承包负责。各个施工分部服从总承包管理部的施工部署安排，在各个区域内各自独立自主地开展施工作业。

2.3　技术管理

在普通工程项目管理中对施工技术要求不高，施工工艺简单，现场生产人员往往不看图纸，凭经验就可以指挥生产，技术管理工作往往得不到重视。但是对于工程体量大、参建单位多、施工进度快的工程项目，技术管理一旦出现滞后或者差错，往往易造成工期延迟、物资损失等。

2.3.1 施工图纸管理

总承包管理部负责接收业主提供的工程施工图纸和电子图纸，各分部施工图纸的接收、复制和分发由资料管理人员专人负责，建立台账。在施工过程中，若因施工需要而变更修改细节，或设计方进行设计变更通知时，必须办理“设计变更、技术核定单记录”作为施工图纸的补充。

2.3.2 工程资料管理

施工技术资料是评价施工单位的施工组织和技术管理水平的重要依据之一，是评定工程质量、竣工核验的重要依据，是工程竣工档案的基本内容，也是对工程进行检查、维护、管理、使用、改建和扩建的依据。

工程的施工技术资料管理工作，均实行各施工分部技术总工负责制。各分部按照各自的管理模式，在各级相关职能部门中建立健全技术资料管理岗位责任制，指定专人负责管理技术资料工作。工程资料要保证做到“及时整理、真实齐全、分类有序”，逐级建立和健全技术资料管理体系，并按有关规定建立资料室。其管理的程序为：资料的建立→收集→审查→整理→存档→验收→移交。

2.3.3 工程测量管理

测量人员必须坚持建筑工程测量工作程序。施工前要认真熟悉图纸，根据移交的测量资料做好复测工作；施工中要严格进行测算工作，步步有校核，控制测量精度；完工后，做好竣工测量，及时准确地提出测量成果。测量工作必须做好原始记录，施测人员要坚持复核和签字制度，不得随意涂改和损坏，工程测量原始资料和测量成果资料妥善归档保管，装订成册。

2.3.4 施工方案管理

施工组织设计和施工方案由总承包管理部组织编写，施工分部参与讨论会商。由于前期各个专业分包一般尚未确定，总体施工组织设计中对专业分包的施工项目作概括性表述。总体施工组织设计编写完成且监理、业主审批通过后，各个施工分部负责编写区域内独立的施工方案指导现场施工。对于区域内特殊施工方案，由施工分部自行编写，总承包管理部审核签字报送监理审批后实施。

关于技术交底，其分为多个类别，对于施工组织设计、大型方案、新技术交底由总承包管理部组织，施工分部的技术、生产等负责人参加，由编制人员进行交底；对于施工分部的施工方案由施工分部自行组织，编写人员向各部门和劳务分包管理人员进行交底。

2.3.5　创新技术研发及应用

面对超大型项目，如何通过技术创新又快又好地推进施工进度，同时提升管理人员的业务水平，从而带动企业技术的发展，这既是机遇，又是挑战。

在工程开工初始，根据结构特点和施工图纸，针对工程施工可能遇到的技术难题，列出项目需解决的关键技术，列入课题攻关计划，指定负责人。制定研究方法与思路，明确研究的难点，制定试验计划，明确需要达到的目的或者效果。总承包管理部负责组织协调，各施工分部内部分工，相互协作，必要时聘请行业专家，联系外部单位比如科研机构、大学实验室等共同完成任务。

在实施过程中，各施工分部配合总承包管理部对实验参数、实验报告，特别是关键过程的实验记录以及影像资料进行收集和整理。否则，项目一旦结束，资料不全，甚至课题负责人或实施人都找不到，课题成果无法形成。

课题研究结束之后，总承包管理部对研究情况及时做出总结，编写技术研究报告，阐明该创新技术的性能指标，通过成果鉴定或科技检索查新，明确其先进性、创新性。依据成果资料编制出新技术的工法、工艺标准，申报专利，形成总结论文，一旦成果达到一定先进性，申报科学技术奖。通过技术总结，完善技术的合理性、准确性，从而提升技术管理水平。

2.4　进度管理

根据合同工期要求，总承包管理部编制项目施工进度总控制计划，确定工程总工期，将其分解，确定阶段性控制节点工期，各专业项目部根据主控节点、目标导向，倒排工期计划，细化分解到工序节点，落实到日进度。总承包管理部严控主控节点，实行“后门关闭”原则，主控节点只能提前不可逾越。工序节点，实行“日问责”制度，未能按期完成的，责任单位要找出原因，制定追赶计划和措施，落实到人，确保工程在有序高效的管理下如期高质量完成。

2.4.1 制定进度计划

施工进度管理的关键点就是进度计划的管理，因此，完善的计划保证体系显得尤为重要。进度计划可分为总控进度计划、分部进度计划、月进度计划周进度计划、日进度计划，并由此派生出相关专业部门的工作计划。具体内容如图2-3、表2-2所示。

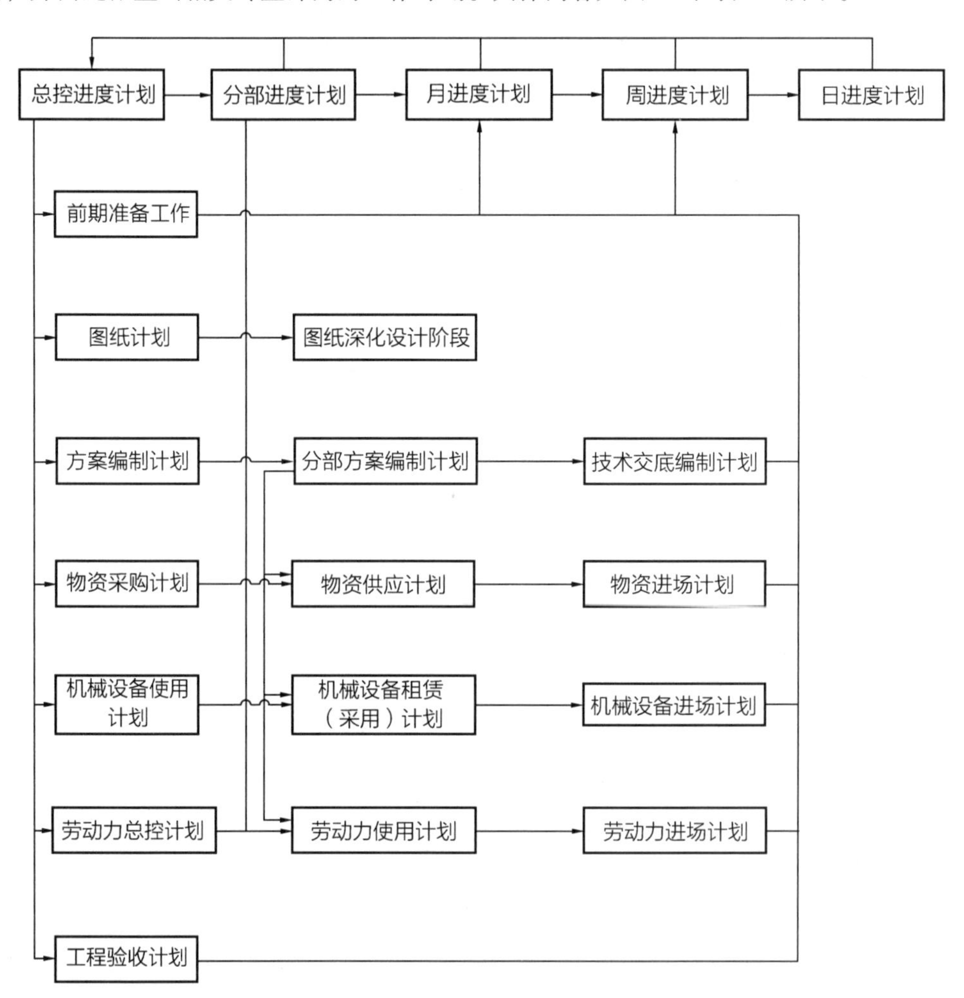

图2-3 进度计划管控图

分级进度计划 表2-2

分级计划	具体内容
一级总体控制计划	由总承包负责组织编制一级总体控制计划。明确工程总体工期的控制目标，明确主要阶段节点工期的控制目标，如主体结构完成时间、屋面工程完成时间等；总进度计划是总承包单位进行工程总体部署安排的重要依据，也是业主了解监控施工进度的重要文件

续表

分级计划	具体内容
二级进度控制计划	总承包管理部组织施工分部和各个专业分包编制二级进度控制计划，以阶段节点工期为控制目标，将该阶段的施工程序、施工步骤进行详细安排
三级进度控制计划	各施工分部和专业分包在二级进度控制计划的基础上细化，编制三级进度控制计划。分为月、周、日进度计划，内容可细化为材料的进场计划、设备的安装计划、每个区域的施工计划、每个部位的施工验收计划等。三级进度控制计划主要作为生产部门工厂管理人员指挥控制现场需要
制定派生计划	根据工程三级进度控制计划，商务部门制定专业分包招标计划，技术部门制定方案编制计划，材料部门制定物资采购计划、供应计划，质量部门制定质量检验验收计划等一系列保障计划

2.4.2　主要措施

1. 放远眼光，全国范围内调配资源

工程资源消耗量极大，短时间内本地区的合作供应商无法满足全部需求，并且风险较大，因此，重要资源将在全国范围内寻找大型供应商进行合作。选取大型、值得信任的合作方能极大降低工期风险。

2. 改变复杂工序，降低施工难度

秉承设计优化是节约工期的重要组成部分，项目部在正式出图之前，与设计单位多次沟通协调，在不明显增加造价的前提下，变更部分区域的施工工艺，有效降低施工难度，从而缩短工期。如采用华夫板代替传统的SMC模具、格构梁体系，钢承板代替传统的脚手架支撑，轻钢龙骨代替砖砌体，采用预制桩、预制胎模、预制女儿墙等，节约了相当可观的工期。

3. 采用创新技术，提高工作效率

技术创新、工艺创新是推进施工进度的一个非常有效的措施。如针对钢结构安装，研发出“一种超大平面多层钢桁架电子厂房钢结构的梯次安装方法”发明专利，在系统内形成流水，提高工期抗风险能力；针对电子厂房通透、冬季难以施工的问题，借鉴地辐热工艺，研发了“内置循环水管养护法”，确保混凝土在短时间内达到标准强度。

4. 增加人力物力的投入，加快施工进度

此项措施是加快工期最普遍的做法，也是最有效的做法，但是一般存在投入高、浪费严重等问题。项目通过制定科学合理的进度计划，根据计划在不同阶段投入不同的人力、物力，并利用信息化管理平台协同管理，提高效率，减少浪费。

5. 穿插作业尽可能提前

解决好各专业间的穿插配合，尽可能地提前下一道工序以达到节约工期的作用。在主体阶段，利用 Synchro 软件进行虚拟建造，通过多次模拟找到钢结构和土建搭接施工的最佳方式，如图 2-4 所示。在二次结构阶段，装饰装修与机电安装之间的穿插作业，是工程施工中工序穿插矛盾、问题最多的施工阶段，同样利用 BIM 技术进行碰撞检查，服从“宁可局部浪费，确保关键工序”的原则，尽可能提前选择机电工程插入时机，虽然有时会使部分装饰或某一个专业遭受一定的损失，甚至是完成后需要拆除返工一部分项目，但是如能对工期有较大的推进也是该做出牺牲的。

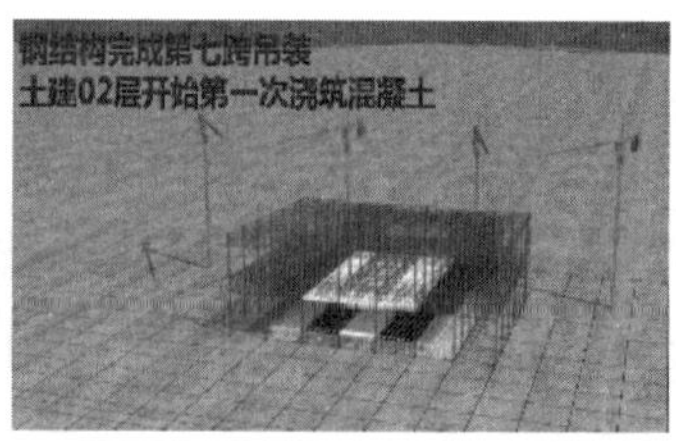

图 2-4　土建与钢结构搭接

6. 重视施工接口的管理

作为总承包协调工作的重点之一就是施工接口的管理，接口有专业之间的接口、部门之间的接口、单位之间的接口等，具体如表 2-3 所示。

若干施工接口的重点管理　　表 2-3

接口	重点管理
不同专业系统施工	提前了解专业交叉的内容和范围；了解制定施工接口的时间；制定工序的交接面；制定交接面的成品保护责任和措施等
技术与施工	设计交底是否完成，参建各方是否已经明白设计意图；施工方案是否编制完成并获得审批，设计资料和技术交底是否交付，特别是专业分包系统，总承包单位对其技术信息、工艺流程不能完全把握的情况下，专业分包的工程方案介绍是很有必要的

续表

接口	重点管理
供货与施工	所有设备材料运输至现场的时间、材料的进场检验时间、施工过程中出现与产品质量有关问题的处理对进度的影响、采购变更对施工进度的影响等。特别是大型工程的物资采购，往往一家供应商很难满足要求，在商品采购之前，充分考虑加工时间、运输时间、材料复试时间、不利天气带来的影响等
施工与调试	施工计划与调试计划不一致时对进度的影响，调试过程中出现施工问题的处理时间对工程总进度的影响等

7. 加强对各施工分部、分包的管理

（1）争取选择分包时的话语权。总承包对市场的把握了解要远远超过业主，本着对工程负责、对业主负责的原则，可以积极参与，为业主单位出谋划策，选择经验丰富、实力强的企业，降低业主的合同风险，同时也是降低总承包管理的风险。

（2）采取有效的合同约束。合同中明确分包关于进度方面应该无条件服从总承包的协调管理要求之外，还应明确关于进度管理的奖罚要求，同时总承包和业主签署的合同中关于进度的条款，在分包合同中也体现出来，这样可以转移部分总承包承担的风险。

（3）以工程款支付为杠杆推动进度。服务协调是促进进度管理的前提，利用工程款的支付作为杠杆可以更有效地控制分包单位，督促其按照进度计划施工。因此，在分包单位合同签署时，总承包单位必须提出工程款支付的要求，业主单位不能跨越总承包向分包直接付款，只有这样才能更好地服务于工程施工建设。

2.4.3 进度控制与调整

施工进度计划在执行中总会出现种种情况导致进度滞后或提前，因此，计划必须时刻进行调整，才能确保最终目标的顺利实现。工程在进度管理中，实施全面的计划管理模式，阶段施工节点确定之后，任何原因、任何因素都不得修改，因为最终的工期目标是不可更改的，在日常管理中每日一更新、每周一汇报。用周进度计划来确保月进度计划，用月进度计划来确保季度进度计划，依次类推来确保总工期目标。

进度计划的落实需要做好统筹管理工作，首先从制度上确定每周必须召开生产进度会议，各个施工分部要汇报上周进度执行情况和下周的进度计划，实际施工进度情况要说明与进度计划相比是提前还是滞后，如滞后必须分析查明原因，并提出解决的措施和方案。作为总承包单位，必须认识到该工序的滞后，是否带来更多的不利因素，是否会导致其他专业工序无法施工，如影响就必须在后续工作中尽力挽回工期损失，根据实际重新调整进度计划，重新部署施工任务。

2.5 质量管理

质量管理是施工总承包管理的重要组成部分，也是关系到项目乃至企业的根本。对于超大型电子洁净厂房，施工质量与投入生产后产品的优良率息息相关，关乎着是否能建立其品牌，十分重要。

2.5.1 实施创优策划

工程的质量管理目标是“鲁班奖”“詹天佑大奖”，工程建设初期的创优策划至关重要，通过科学的策划管理达到工程领域的领先。

创优策划的内容包括管理目标、管理措施、创优方法、实施时间、实施负责人以及创优亮点等，明确工程质量管理做到高标准，并严格进行质量控制验收。工程从以下三点入手：①人员管理的策划即为创优意识的策划，向参建的管理人员、劳务作业人员灌输打造精品工程的理念；②过程管理的策划主要体现为全面质量管理、全过程的质量管理，把质量控制贯穿于整个施工流程中，贯穿于各个工序、各个节点中；③细部亮点策划就是对精细节点做好处理，大面处理好的同时，对点和线做好优化。

2.5.2 强化管理流程，抓住重点控制环节

在工程建设初期，总承包管理部从项目质量管理的策划阶段、实施阶段以及交付后维修阶段来确定质量管理。在质量策划阶段，总承包、施工分部和专业分包分别制定质量管理计划，施工分部和专业分包的管理计划符合总承包质量管理的统一要求，并经过总承包的审批。在项目质量控制阶段，检验批验收、分项工程验收以及分部工程验收，均由施工分部和专业分包自行组织验收，合格后报总承包管理部验收，总承包验收合格后才可申请工程监理或业主验收。在项目交付后维修阶段，针对出现的问题实时总结，作为今后施工过程中质量管理的重点来控制。

对于不同性质、不同技术水平的分包可以采用相同的管理程序，但是对于质量控制的重点也有所侧重。对于实力强、管理能力强的分包或劳务队，可以侧重于对施工结果的检查，及分项工程完成后报检验收，过程中进行抽查；对于实力较弱、缺乏管理的分包或劳务队，必须注重全过程的检查，发现问题及时责令整改，否则一旦形成不可调整的局面将导致返工，甚至是质量事故。

2.5.3 加强对分包质量管理的风险控制

总承包管理部的质量管理人员是有限的，不可能时刻关注到施工现场每个部位的施工质量，日常的施工质量检查与控制工作必须由分包单位完成，总承包管理部以质量监管为主。主要措施有：要求指定分包单位必须配备足够的质量管理人员和质量检查人员；监督指定分包单位严格按照合同约定履行质量检查和验收程序等。

应着重加强对部分业主指定分包工程的质量检查，如做消防工程的分包单位往往与消防部门常年打交道、关系良好，自身施工比较随意，对总承包管理有一定抵触心理。这种情况，如果总承包管理部不加强控制，那么分包单位就会随意施工，不仅给工程评优造成不良影响，而且一旦消防验收出现问题，可能会导致其他工程的大面积拆改，带来巨大的损失。

2.5.4 质量管理措施

具体参见表2-4。

质量管理措施 表2-4

措施	具体内容
质量管理体系	完善的质量管理体系是确保工程施工质量的关键所在，从大的管理层面来分，以总承包管理部为一级质量管理，施工分部和专业分包为二级质量管理，作业班组为三级质量管理。质量管理全过程体现，包括施工前期策划准备、施工过程工序控制验收，以及竣工移交之后的质保期内的质量管理
质量管理制度	在确定项目质量管理目标之后，总承包管理部牵头，具体拟定相应的管理制度，将质量管理目标细化，包括样板管理制度、质量奖罚制度、原材检验制度、质量验收制度、创优培训制度、质量分析会制度以及质检设施工具管理制度等
质量管理责任制	在施工生产中，实施质量管理责任制。每一个工序均有责任人，通过对责任人的培训教育，使责任人认识到质量控制的要求标准，以及如何按照标准去操作。质量管理实施逐级负责，作业人员对班组负责，班组对劳务队负责，劳务队对施工分部或专业分包负责，而施工分部和专业分包对总承包负责，进行全方位的质量控制
加强工序质量控制	各个工序按照国家现行施工规范操作实施，管理人员按照规范的标准来检查验收。在质量控制中实施两个标准化：操作标准化，即按集团公司的施工工艺标准精细化作业；管理程序标准化，即严格按照集团公司的质量管理工作的各种流程认真执行。针对施工难点或关键部位，制定QC课题，开展QC小组活动，提前策划，重点实施，细致检查，总结改善，提高重难点部位的施工质量
质量分析例会制度	众多施工单位自身管理水平参差不齐，相互竞赛是督促质量落后单位的有效措施之一。总承包管理部在质量分析例会上进行质量点评和交流，通过图片、数据的对比，使各单位学习先进的管理经验，借鉴好的创优做法

续表

措施	具体内容
实施样板制度	样板制度是提高施工质量、创优水平的一项重要措施。在样板计划中，列举样板区位置及样板的实施时间、实施部位、工艺标准等。样板确定后，由总承包单位组织共同参观，并作技术交底和质量标准交底，施工中严格按照样板的标准来检查验收

在华夫板施工中，重中之重是表面平整度，这直接影响设备安装，因此，现场搭设1:1的样板区，实体模拟演练。施工过程中对标高全程监测控制：施工前将模架基础处理平整并验收，然后对首道双钢管主龙骨挂线抄平；二道方木次龙骨采用精密水准仪抄平；模板采用高质量的镜面胶合板，利用激光水准仪校正模板平整度，奇氏筒安装完毕后，再次利用精密水准仪对奇氏筒标高进行全数检查，并形成验收记录。混凝土浇筑研发压筒器，避免奇氏筒偏移影响混凝土平整度，在混凝土收面过程中，同样做到精细控制，严控每道工序的时间切入点与作业要求，保证清水混凝土效果，外光内实。

2.6 安全管理

如何把分包单位的安全管理纳入总承包单位的安全管理范畴内，如何做好分包单位的安全管理，建立完善的、能够适应工程特点的安全管理制度和方法，是项目需要重点解决的难题。

2.6.1 强化总承包管理部的职能和权力

集团公司已分类建立合作伙伴资料库，有非常完善的管理模式来收集和建立分包单位的资料，其中包括该企业的资质、安全许可证、专业化程度、人员配置情况、机械设备配置情况、业绩和过去几年的安全施工情况等，利用大数据管理合作单位。

与施工分部、施工分包签订合同时，在承诺给予分包单位的工程款中，规定一定比例的资金作为安全管理的准备金，如果分包单位出现没有按照约定履行安全管理责任的行为，总承包单位有权按照法律程序规定，利用这笔准备金投入分包单位所负责部分的安全管理工作，提高分包单位施工的安全性。

2.6.2 明确双方安全责任

总承包管理部负责工程项目的安全总体控制，成立安全工作领导小组全面领导安全工作，主要职责是带领开展全体教育，贯彻宣传各类法规，通报上级部门的文件精神，制订管理条例。总承包管理部派专人负责联系各分包单位，监督其执行安全规定的情况，共同做好安全事故的预防工作。而施工分部、施工分包要以安全管理小组的方式，将专职的安全管理人员分派到工程每道工序当中，将工程安全管理工作落实到位。

2.6.3 重视安全与协调工作

在对项目分包安全的研究中，安全专家 Hinze 发现，安全主要受到五大类变量的影响，按照其对安全影响的降序排列为：项目压力、项目协调、强调安全、关注员工和安全标准。项目压力对分包安全绩效的影响最大，其中包括总承包单位的项目主管判断的项目压力，如果他们认为项目存在巨大压力（更多关注进度、利润等）时，分包商的安全记录一般很差；另外，总承包单位协调工作所付出的努力与分包单位的安全状况直接相关，当其具有良好的项目协调能力时，分包单位就会有很好的安全记录。而影响总承包单位协调效果的因素很多，包括项目的规模、复杂程度等，同时项目中分包单位的数量也影响安全，随着分包单位数量的增加，事故率随之上升，特别是在分包单位数量超过 50 个以后，事故率明显增加。

鉴于此，总承包管理部着重加强以下管理：强调进度的同时，必须把安全放在第一位；利用信息化等多种手段加强协调工作；委派若干名全职的项目安全员；所有员工必须参加班组安全会议；在各方协调会议上讨论安全；考核追踪项目和项目经理的安全绩效；高层领导在视察现场时强调安全等。

2.6.4 重视安全生产中人的因素

完善的安全管理制度、先进的安全技术、智能的设备，需要依靠总承包单位和分包单位的自觉遵守和正确使用，对管理人员和作业人员，安全生产具体措施如表 2-5 所示。

安全生产具体措施　　表 2-5

措施	具体内容
1	加大对劳务公司资质的评审力度，通过提高劳务公司参与分包工程的门槛，将非稳定性的施工队伍排除在外，促使劳务公司加大内部员工安全技术、安全知识、安全管理等的针对性培训工作力度
2	落实进场教育、项目部教育、班组教育的三级安全教育工作，结合施工现场的安全管理制度落实情况、施工现场环境特点等，找出现场施工可能存在的不安全因素，针对性开展教育培训
3	在每一个关键性阶段，定时开展安全教育工作，加强领导层的安全理念和提高基层职工的安全意识，譬如施工现场的临时安全活动会议、班前活动安全交底等
4	建立安全施工绩效考核制度，考核主体分施工分部、作业班组、作业人员等，定时抽查安全管理任务的完成情况，作为月度考核依据，与考核对象的薪资挂钩

2.6.5 加大科学技术投入力度，推行安全管理标准化建设

安全管理标准化建设可使施工总承包项目的安全生产更有保障，通过安全管理标准化建设，加大对新技术、新设备及“互联网+”的投入力度，重点防范坍塌、机械设备、高处坠落、触电等易发事故；应用可视化监控系统、塔式起重机操作防碰撞系统等新技术和信息化手段，规范施工作业的安全管理，推进安全生产标准化建设，从源头上解决安全管理问题。

针对工程超大体量钢结构的安装，将安全防护标准化，该系统包括钢平台、爬梯和水平生命线，将钢平台、爬梯与钢柱进行连接，水平生命线立柱和钢梁上翼缘连接，布置灵活，安、拆、调整便捷。针对平面尺寸大、专业协作多的特点，利用信息化管理手段，如专门的大屏监控室、EBIM平台、鲁班平台等对现场实施动态管理，及时发现解决安全隐患。

2.7 商务管理

相对于生产活动及其管理，商务活动的管理，由于其对象、对象活动性质的不同，管理手段、方法、策略也都相应的不同，主要包含以下几个方面。

2.7.1 投标管理

在编制投标文件之前，主要围绕以下几方面做了大量细致的工作：①熟悉招标文件，深入现场进行调查研究；②了解招标单位情况和资金来源情况；③了解竞争对手的情况；④项目的质量约定标准；⑤评标办法等，做好投标准备工作，不打无准备之仗。

报价时合理利用不平衡报价，如早日收款结账的价高、后期项目适当降低；设计图中后期增加量大的价高、减少的价低；无工程量的价高；允许调价的宜报低价等，综合分析，统筹考虑，合理利用，使业主能接受，中标后又能获取更多的利润。

2.7.2 合同管理

合同签订是由总承包管理部与业主单位签订建设工程施工合同，统一交底，合同履行过程中使用唯一的合同条款，对外口径一致。分包合同可统一使用集团公司合同示范文

本，分类别管理，采用统谈分签的模式。

签订合同后，详细分析合同，根据分析结果进行合同交底，使工程活动有计划、有秩序地按合同实施，将合同目标、要求和合同双方的责权利关系落实到具体活动上。如果出现合同签订时未预计到的问题和情况，或者合同中并未明确规定或已超出合同的范围，为了避免损失和争执，可进行特殊分析。

2.7.3 成本管理

1. 方案优化

在施工前期，成本管控前置到技术方案阶段，华夫板高精度施工关键技术、可移动式布料机应用、矩形截面钢管柱高抛自密实混凝土施工技术、混凝土冬季低温不间断施工技术、装配式女儿墙施工技术等，提前比选方案，选择最优施工方案，为项目总成本的节约创造前提条件。

2. 大宗材料采购

材料集中采购量大、构件加工周期短、现场安装工期紧、大型吊机用量多，多个供应商同时生产才能满足现场安装进度需求。针对项目采购特点，分供采购招标分为三种模式：大宗材料（设备）采购采取统谈分签模式；劳务分包采取自行招标采购；其他采购实行全场最高控制价模式。分供采购招标采用合格供方管理，应在集团公司集采平台上进行合格供方选择。

3. 税务筹划

营改增后，进项税额的抵扣成为大型项目成本管理和财务管理的难点，在《国家税务总局关于进一步明确营改增有关征管问题的公告》（国家税务总局公告2017年第11号）文件发布前，项目为了保证“合同流、资金流、发票流”一致，采取的税务筹划方式为：施工单位向总承包企业开具发票，再由总承包企业向发包方开具发票、收取工程款。

2.7.4 变更管理

在总承包管理部和施工分部的双重管理模式下，总承包管理部和施工分部均会提出工程变更，有的变更因清单报价引起，有的变更因图纸问题引起，有的则是现场实际情况引起，性质各有不同，有的存在共性即工程整体性，有的则是区域内发生且与外部不发生关系。遵循以下原则：

（1）总承包管理部和施工分部均可提出变更，但施工分部提出的变更需提前提交总承包管理部审核。

（2）变更内容如涉及其他区域或者其他专业分包的内容，办理变更之前，总承包管理部必须统一沟通协商，避免造成不必要的麻烦。在办理工程变更时总承包管理部需协调考虑各个施工分部和专业分包的利益，必要时召开专题会议协商解决。

（3）所有变更由总承包管理部统一管理，发放给相关单位，并由总承包管理部负责向各个区域施工分部或专业分包进行技术交底。区域内发生的变更，由施工分部办理完成后自行实施，但文档需交给总承包管理部统一管理。

2.7.5　预结（决）算管理

作为项目，如何在各种预结（决）算工作中找到一个清晰的思路，避免工作中的错误、疏漏、重复，经实施总结，有以下几点需要明确：

（1）明确管理过程：商务部牵头进行，其他部门配合，这样不仅能够在制度上对施工过程进行合理约束，还可以根据出现的问题采取相应的措施、手段，督促预结（决）算管理工作的实施。

（2）建立健全台账：在项目实施过程中，往往忽视台账的建立，这其实是非常错误的。合理设置台账的科目、完整的台账明细，对预结（决）算工作极其重要。

（3）建立管理体系：全面的预算管理体系，预结（决）算人员可以依据体系进行规范的工作，同时成果文件亦能良好地进行管理。

2.8　绿色文明施工

工程绿色文明施工目标为“住房和城乡建设部绿色施工科技示范工程”“陕西省文明工地”，全力打造绿色建造、文明建造。

2.8.1　绿色施工原则

技术先行，过程管控，因地制宜，节约减排。绿色施工是对施工全过程的管理，从施工策划开始，技术先行，进行总体施工方案优化，充分考虑绿色施工的总体要求，通过引进和推广使用新技术、新工艺、新材料、新机具，为绿色施工提供基础条件。在施工过程中从材料采购、现场施工、工程验收等各阶段加强管理和监督。结合工程项目自身特点创新思维，因地制宜地开展材料、资源、能源的节约、回收再利用，减少施工过程中气、液、声、渣等污染物的排放，保护施工用地及周围环境。

绿色施工总体框架由施工管理、环境保护、节材与材料资源利用、节水与水资源利用、节能与能源利用、节地与施工用地保护六个方面组成（图2-5）。这六个方面涵盖了绿色施工的基本指标，同时包含了施工策划、材料采购、现场施工、工程验收等各阶段指标的子集，并且将鼓励创新内容融入各个环节，提倡在施工管理过程中利用管理创新提高管理人员工作效率，同时降低人员工作强度，通过技术创新，对施工过程实时优化，最终实现施工现场的“四节一环保”。

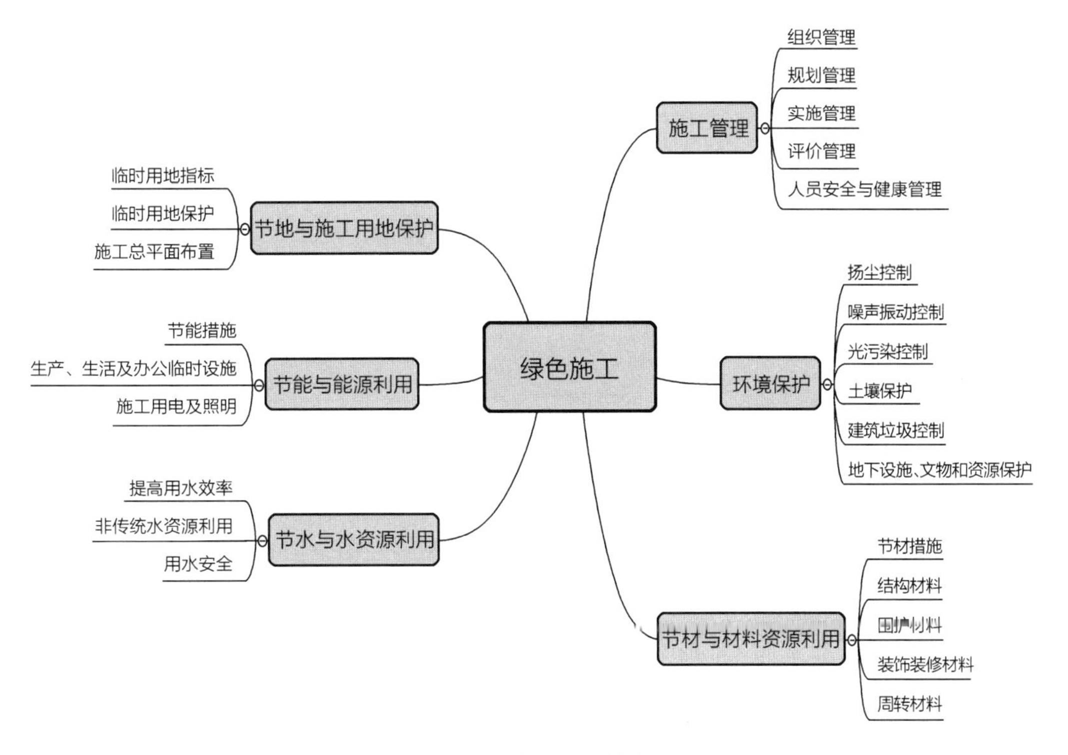

图2-5 绿色施工总体框架

2.8.2 绿色施工管理

（1）组织管理：集团公司建立以总经理为第一责任人的绿色施工指导小组，项目部建立以项目经理为第一责任人的绿色施工领导小组。

（2）规划管理：在设计时，工程始终围绕“全生命周期的绿色建造”这一核心，细节中大量采用环保节能理念和措施，力保在设计阶段重视绿色建材的应用，引领后续绿色施工的实施；施工时坚持策划先行、过程管控、因地制宜、节能减排的原则，对总体施工方案进行优化，充分考虑绿色施工的总体要求；并制定大量管理制度及措施，为现场绿色施工提供制度支持。

（3）实施管理：对整个施工过程实施动态管理，加强对施工策划、施工准备、材料采购、现场施工、工程验收等各阶段的管理和监督；加强现场绿色施工和环境保护的宣传力度，提高施工人员的认识，并落实各项措施；定期收集绿色施工各项数据，并分析、总结、比对，发现问题，落实责任人，持续改进。

（4）评价管理：成立绿色施工自评小组，结合工程特点，对绿色施工实施效果及新技术、新设备、新材料与新工艺使用情况，以及项目当月各项绿色施工措施落实情况进行自我评估。

（5）人员安全与健康管理：定期对从事有毒有害作业人员进行职业健康培训和体检，指导操作人员正确使用职业病防护设备和个人劳动防护用品；高温作业时，施工现场配备藿香正气水、绿豆汤等防暑降温用品，合理安排作息时间；设立医务室，配备药箱、常用药品及绷带、止血带、颈托、担架等急救器材；设置室内体育馆和室外运动场，可通过开展乒乓球、羽毛球、篮球比赛等娱乐活动，丰富员工业余生活。

2.8.3 “四节一环保”措施

2.8.3.1 环境保护

项目部采取大量措施控制扬尘；通过建立制度措施、设计优化，对垃圾减量化控制，并对垃圾分类收集、回收再利用，减少垃圾产生；水污染控制方面，污水必须经过处理，并对水质进行检查；现场控制有毒有害气体排放，并制定一定措施减少光污染；噪声控制方面，利用智能环境监测仪进行检测，并采取措施减少噪声产生；对于危险品，单独设置库房存放，并制作工具化支架、吊笼，规范气瓶搬运。

2.8.3.2 节材与材料资源利用

钢材全部采用成品钢材，并利用 EBIM 云平台全程追踪，其中约 60% 直接运至拼装平台，40% 运至堆场区域，二次倒运后再进行吊装。钢筋大量应用高强钢筋、定尺钢筋、直螺纹套筒连接，减少钢材损耗；混凝土方面，采用自主研发布料机减少浇筑过程中的抛洒；并针对筏板面、华夫板面平整度要求高的特点，减少二次打磨损耗；二次结构做好排版优化；周转材料重复使用，节省材料。

2.8.3.3 节水与水资源利用

签订绿色施工协议，纳入考核；节水设备配置率达到 100%，利用雨水等非传统水源，并采用塑料薄膜覆盖养护，节约用水。

2.8.3.4 节能与能源利用

节能设备配置率达到100%，合理安排大小机械设备吊装顺序，使其最大效能化，并采用内置循环水管加热养护，有效节约能源。现场临建设施大量采用工具式材料，节能降耗。

2.8.3.5 节地与施工用地保护

现场进行动态布置，减少多余设施用地；现场道路按照永临结合原则设置。

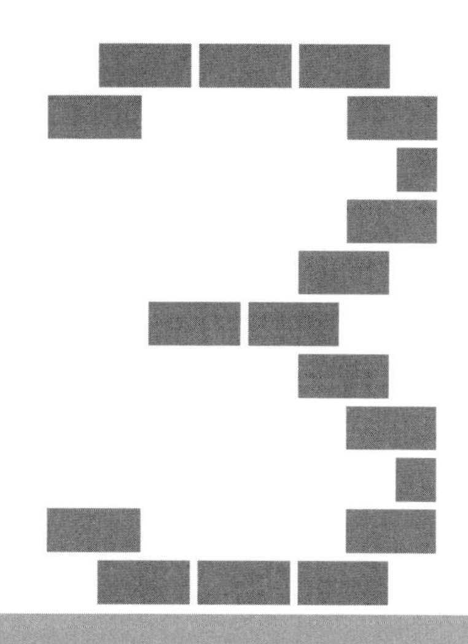

第3章

超大面积钢结构建造技术

3.1　超大平面多层钢桁架钢结构梯次安装技术

3.1.1　概况

1. 厂房一设计概况

工程结构主体为钢结构，核心区为六层钢桁架结构，支持区为多层框架结构。结构尺寸为：长478m、宽258.6m、总高度42.47m，核心区柱网间距为：18.6m×16.8m、24.6m×16.8m，高度方向二层楼面为华夫板，三、四层为桁架及主次梁，五、六层为桁架及主次梁、屋面支撑，五层下挂吊顶檩条，六层上设置屋面檩条；支持区柱网间距为：9.3m×9.9m、9.3m×8.1m、9.3m×9m。其剖面布置如图3-1所示。

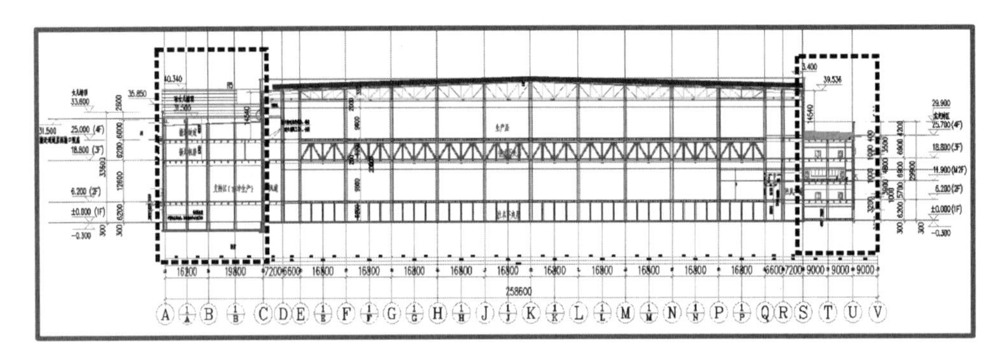

图3-1　厂房一剖面图

2. 厂房二设计概况

工程结构主体为钢结构，核心区为五层钢桁架结构，支持区为多层框架结构。结构尺寸为：长249.6m、宽227.4m、总高度31m，核心区柱网间距为：16.8m×16.8m、19.8m×16.8m、22.8m×16.8m，高度方向二、三层为桁架及主次梁，四、五层为桁架及主次梁、屋面支撑，四层下挂吊顶檩条，五层上设置屋面檩条；支持区柱网间距为：8.4m×9m。其剖面布置如图3-2所示。

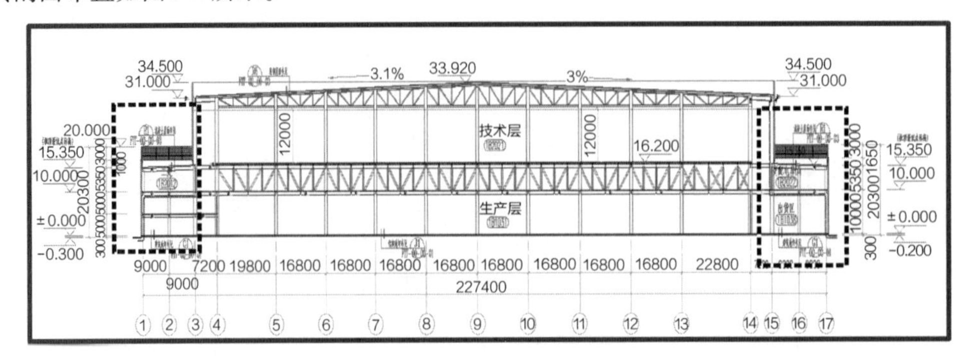

图3-2　厂房二剖面图

3.1.2　主要特点、难点

3.1.2.1　特点

1. 结构柱距大、层高高

结构需要满足使用的特殊性，核心区柱距达到 16.8m 以上，生产层层高最低为 9.6m，技术夹层（桁架层）层高 6.2m。

2. 构件分类沿高度、平面梯次变化明显

钢结构构件形式及重量分布在高度方向上形成鲜明的分级变化（柱—桁架—屋面梁—檩条），在同一跨中平面内分布也形成鲜明的分级变化（主桁架—次桁架—次梁）。结构构件（钢柱、钢桁架、钢梁、屋面梁、檩条等）重量相差大，单根钢柱重量 23t、单根桁架重量 45t、单根楼层梁重量 13.2t、单根檩条重量 100kg。

3. 现场安装工期紧

厂房一总重量 9.7 万 t，构件 23789 根；厂房二总重量 3.8 万 t，构件 10136 根；工期要求 100d。

3.1.2.2　难点

1. 工作分区的合理划分

根据各种构件的吊装效率，按照现有工期，合理划分平面工作分区。

2. 各类构件梯次安装的时间与对应设备选择

根据各类构件的重量及统一性，将分区内的不同类别构件在不同的时间阶段安装，配以不同的吊装设备与吊装方法，并考虑与土建施工的相互制约及影响，形成梯次作业。

3. 各吊装作业的模拟分析

各分区、各类构件吊装时设备的站位、周围已安装构件、其他设备的影响等均需要前期作缜密的分析与可视化模拟。

工程中可将构件平面分布和竖向分布与选取的吊装设备性能及效率紧密结合，将传统单一设备顺序吊装构件拆分为多台设备梯次进行同类构件的吊装，极大提高了吊装设备的利用效率及结构的安装速度。引入梯次安装概念，该技术达到国内领先水平。

3.1.3　多层钢结构施工技术

3.1.3.1　横向分区

将各种因素综合考虑，进行模拟运算，形成最优工作面、工序搭接时间，最终将厂房一和厂房二均按照平面划分为12个施工平面区域，其中支持区均划为单独施工区域。结构沿纵向分为两个大的施工区域，核心区及通风廊道沿横向每3跨划分为一个区域。模拟过程如图3-3所示，横向分区断面如图3-4所示。

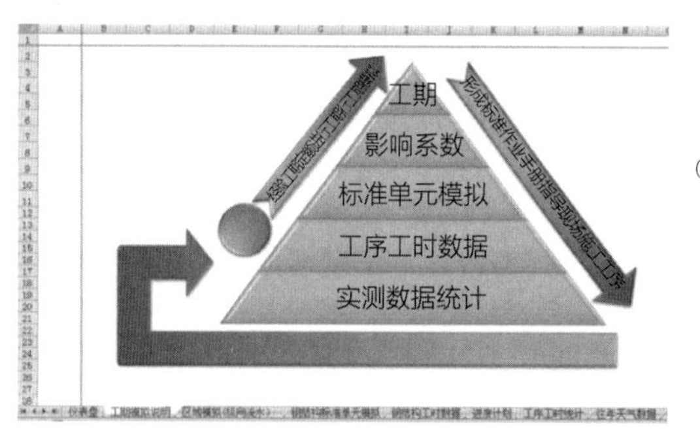

ACF厂房施工情况一览表

ACF预计工期(d)	88	劳动力情况（计划值800）	802	场内车辆数量（参考值200）	300.00
ACF工效统计	100.00%	机械设备情况	48	雨雪影响系数（往年88.04%）	88.04%
现场构件储备量(10000～14000t)	13000t				
正在运输量(参考值2500t)	1500t				
加工厂构件成品量(参考值6000t)	5500t				
储备劳务资源	300		状态	5日可到位	
储备机械资源	10		状态	3日可到位	
储备加工厂剩余产能(t/月)	5000		状态	15日出库	
备注栏	突发性事件				

图3-3　各种因素对工期的影响模拟

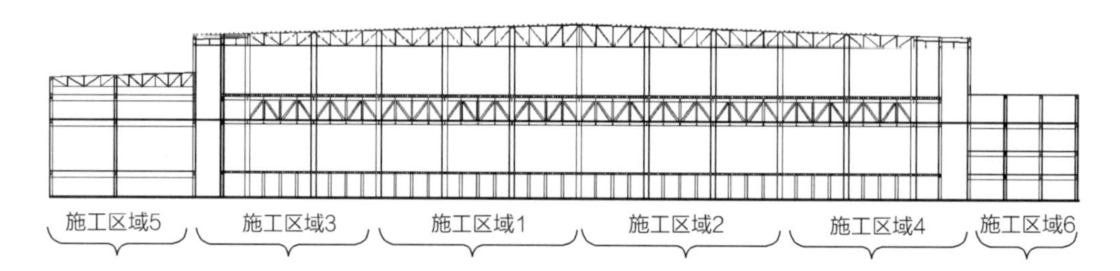

图3-4　厂房一横向分区断面图

3.1.3.2　分级梯次安装

在各区纵向方向上，分别统计钢柱、钢桁架、钢梁等所有大小构件的重量与数量分级变化，将构件分为多个种类梯次安装。在各区平面上，以“中心区域先安装，两侧区域紧随其后”地梯次推进。

核心区为：钢柱和钢桁架、楼层次梁、屋面次梁及檩条、屋面吊顶构件。对应配备的设备为：钢柱和钢桁架—履带式起重机、楼层次梁—汽车起重机，屋面次梁及檩条—卷扬机、屋面吊顶构件—升降操作平台。

支持区为：钢柱和主钢梁、次钢梁。对应配备的设备为：钢柱和主钢梁　履带式起重机、次钢梁—汽车起重机。

3.1.3.3　过程模拟

对各设备的实时工作状态及站位进行模拟，保证各设备能够有效、高效率地运转，相互干涉性最小化，验证方案的可行性。过程模拟结果如表 3-1 所示。

过程模拟图　表 3-1

施工模拟项	模拟结果
整体模拟	
钢柱桁架安装模拟	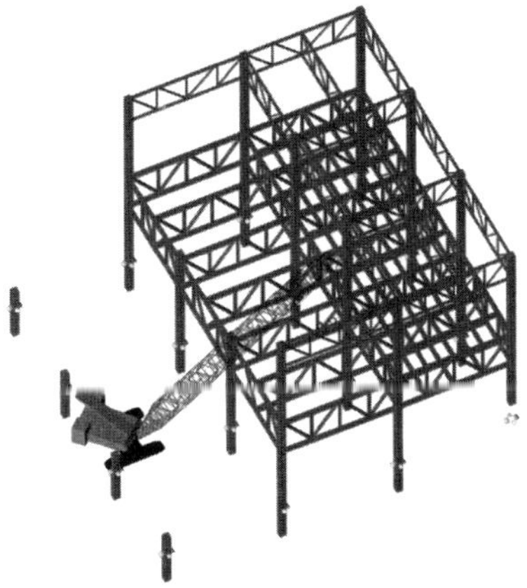
钢梁安装模拟	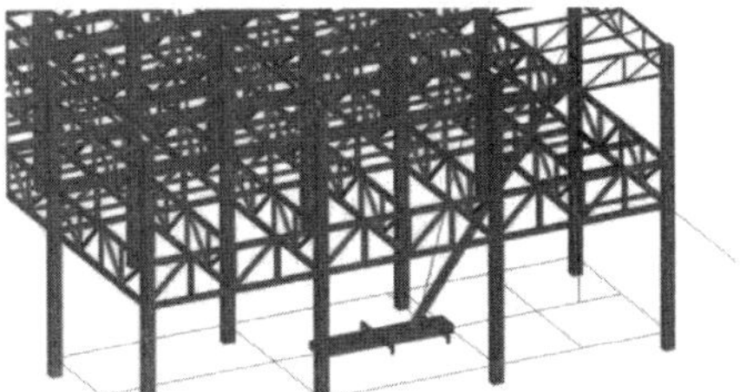

3.1.3.4 实施过程

1. 平面吊装区域及吊装单元的划分

厂房一和厂房二横向平面均划分为12个吊装区域，纵向按照轴线划分吊装单元。从中间向两边同时施工，其中厂房一和厂房二吊装分区及吊装方向如图3-5、图3-6所示，厂房一和厂房二配备吊装设备，见表3-2和表3-3。

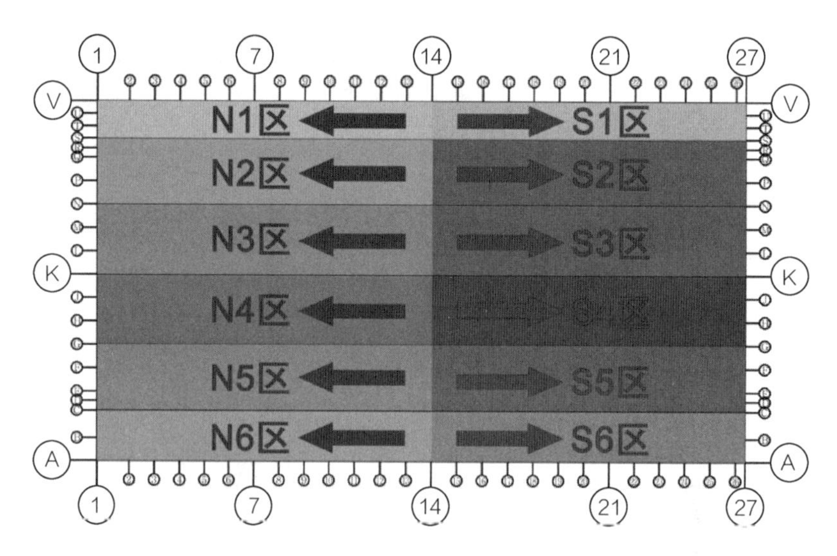

图3-5 厂房一吊装分区及吊车行走路线图

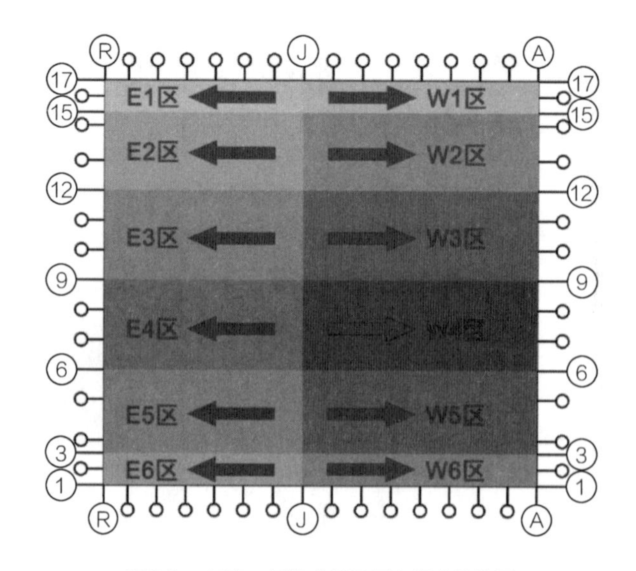

图3-6 厂房二吊装分区及吊车行走路线图

厂房一配备吊装设备 表 3-2

部位	设备	工作内容	数量	备注
核心区各区	260T 履带式起重机	钢柱、钢桁架	1	
	50T 汽车起重机	03 层、04 层钢梁	1	
	卷扬机	04 层、05 层钢梁、支撑	3 组	
	升降平台车	屋面吊顶构件	1	
	塔式起重机	屋面檩条	8	土建配置
东支持区	100T 履带式起重机	钢柱、主梁及上层次梁	1	
	50T 汽车起重机	下层次梁	1	
西支持区	100T 履带式起重机	钢柱、主梁及上层次梁	1	
	50T 汽车起重机	下层次梁	1	

厂房二配备吊装设备 表 3-3

部位	设备	工作内容	数量	备注
核心区各区	260T 履带式起重机	钢柱、钢桁架	1	
	50T 汽车起重机	02 层、03 层钢梁	1	
	卷扬机	03 层、04 层钢梁、支撑	3 组	
	升降平台车	屋面吊顶构件	1	
	塔式起重机	屋面檩条	6	土建配置
南支持区	70T 汽车起重机	钢柱、钢梁	1	
北支持区	70T 汽车起重机	钢柱、钢梁	1	

2. 一节框架柱的安装

每个区域第一单元采用履带式起重机快速完成一节框架柱的安装，并采用缆风方式校正，控制其轴线定位及标高，固定后柱脚杯口，及时浇筑灌浆料。安装的数量以不影响后续单元二节框架柱安装为前提。

工程采用的是插入式柱脚，施工采用杯口内免限位安装技术。

3. 二节框架柱及上层框架柱和主次桁架或主梁的安装

（1）每个区域每个单元依次吊装二节框架柱及上层框架柱，校正后依次焊接。

（2）每个区域每个单元依次吊装各节框架柱对应的主次桁架或主梁。依次完成节点连接。

（3）每个区域每个单元内吊装按照由远到近、由下到上、由两边到中部的次序进行。

（4）二节框架柱及上层框架柱和主次桁架或主梁的安装是在一节框架柱脚杯口浇筑完成且达到规定强度后进行。

4. 各层次梁的安装

（1）每个区域每个单元逐层自上而下安装次梁。

（2）安装次梁是在对应单元安装完毕后进行。

5. 屋面次结构的安装

（1）屋面结构包括支撑、系杆、屋面檩条系统、吊顶龙骨等。

（2）利用下部完成的楼面结构作为平台，采用卷扬机、塔式起重机、高空作业平台车进行安装。

通过实施，整个项目在规定工期内顺利完成，其中，厂房一主体安装工期为：93d，厂房二主体安装工期为：62d。过程实施照片见表3-4。

过程实施图 表3-4

项目	实施照片
一节钢柱前置安装	
钢柱吊装	
钢桁架安装	

续表

项目	实施照片
钢梁安装	
屋面钢梁安装	
屋面下吊顶构件安装	

3.2 预制钢柱杯口内免限位安装施工技术

3.2.1 概况

厂房一为钢框架结构，总用钢量 9.7 万 t，钢柱数量 900 根，全部采用杯口基础；厂房二为钢框架结构，总用钢量 3.8 万 t，钢柱数量 420 根，全部采用杯口基础。

3.2.2 主要特点、难点

工程钢柱全部采用箱形柱，基础全部为杯口基础（图 3-7），厂房一钢柱插入杯口深度为 2.5m、1.75m 和 1.5m 三种；厂房二钢柱插入杯口深度为 3m、2.4m、2m 和 1.5m 四种。

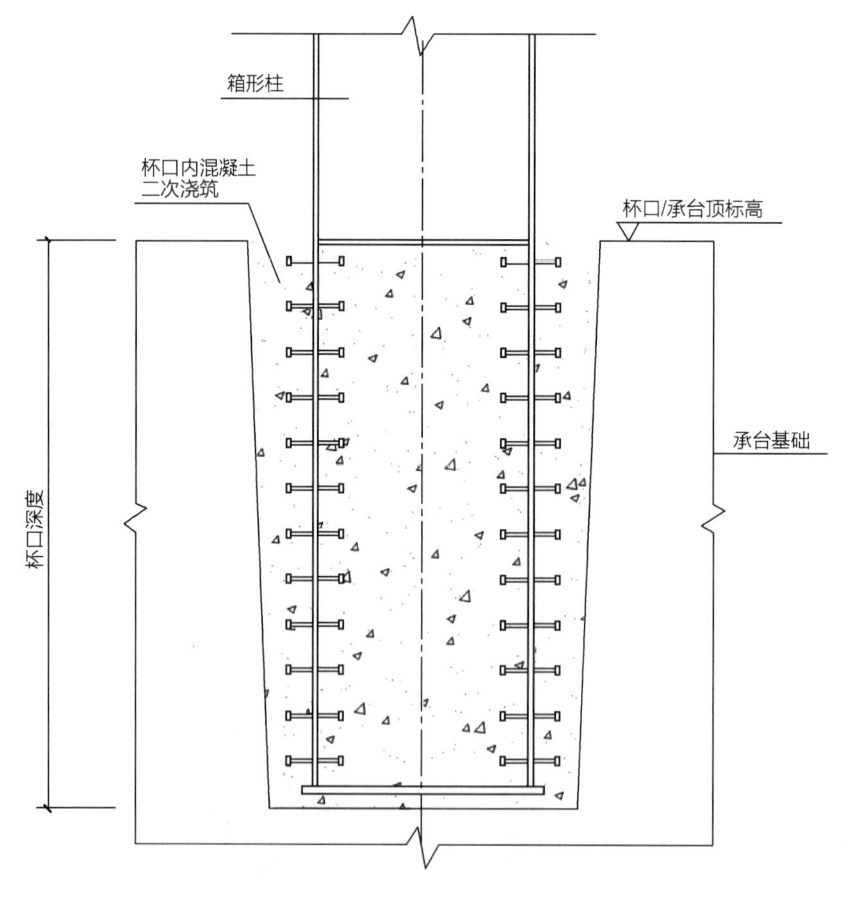

图 3-7 杯口形式大样图

（1）用杯口二次平台技术直接控制钢柱标高、轴线位置及钢柱扭转偏差；

（2）杯口内无限位措施，直接减少措施料的损耗。

3.2.3　预制钢柱杯口施工技术

采用杯口二次平台钢牛腿支撑技术，具体施工技术如下。

3.2.3.1　构件复核及精度要求

钢柱进场后，首先对钢柱截面、长度等按设计及规范要求复核，符合要求后根据表3-5中的参数进行后续施工。

构件复核规范表　　表3-5

项目	检验内容	检验手段	参检人员	检验时间	备注(依据)
构件复核	质量证明书、材质报告	用钢尺、游标卡尺、测厚仪检查，并取样送检	材料员 质检员	构件进厂后	《钢结构工程施工质量验收标准》GB 50205—2020
预埋件安装验收	标高、轴线	钢尺、线绳	质检员 技术员 班组长	杯口轴线测放完成后	标高偏差 <5mm；平面偏差 <10mm
钢柱安装验收	轴线、垂直度及钢柱扭转偏差	用全站仪/经纬仪、水准仪、塔尺、钢卷尺测量	项目总工 质检员 施工员 测量工	柱安装过程、安装完成后	柱高 $H \leqslant 10$m 时为 ±2mm；柱高 $H > 10$mm 时为 ±3mm，且不大于5mm；柱扭转偏差不大于3mm

3.2.3.2　预埋件施工及作用

1. 预埋件施工

预埋件应按图3-8所示的尺寸及位置施工，其平面位置偏差应小于10mm，预埋板面标高偏差应小于5mm。

2. 预埋件作用

1）承担钢柱荷载，保护成品混凝土面不受破坏；

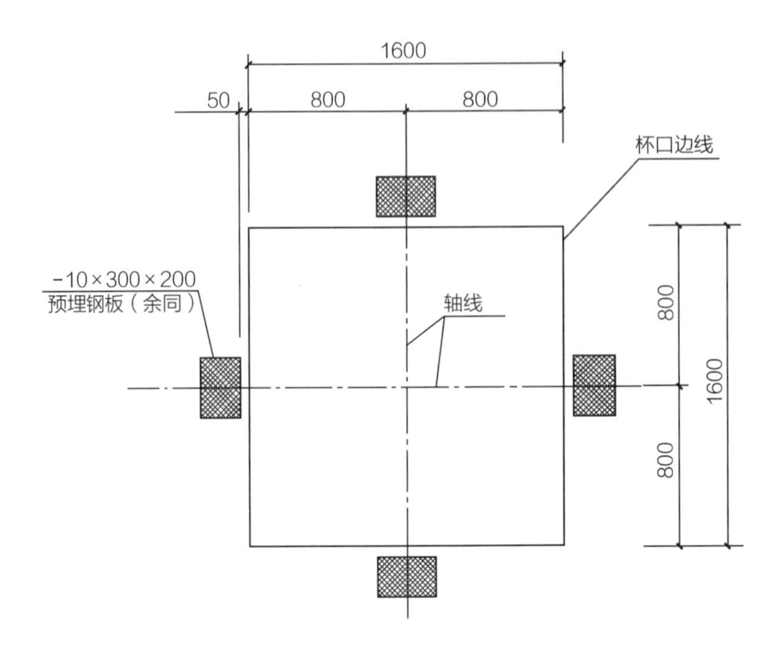

图 3-8　杯口四周预埋件平面示意图

2）固定钢牛腿。

3.2.3.3　轴线与控制线

通过全站仪及经纬仪在每个杯口顶面放样轴线及 4 条钢柱控制线，放线成果如图 3-9 所示。图中线 1~线 4 主要用于控制钢柱轴线偏差和扭转偏差。

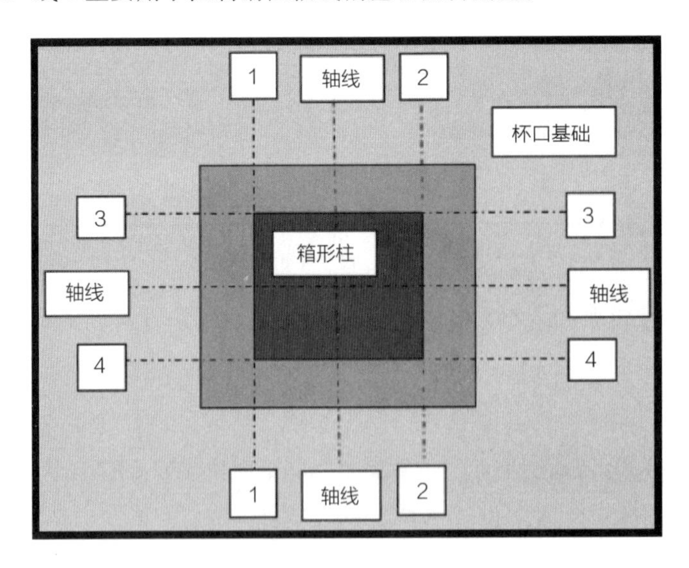

图 3-9　杯口控制线测放示意图

3.2.3.4　连接板与钢牛腿

1. 连接板定位

该连接板全部由工厂加工并焊接，具体定位见图3-10。

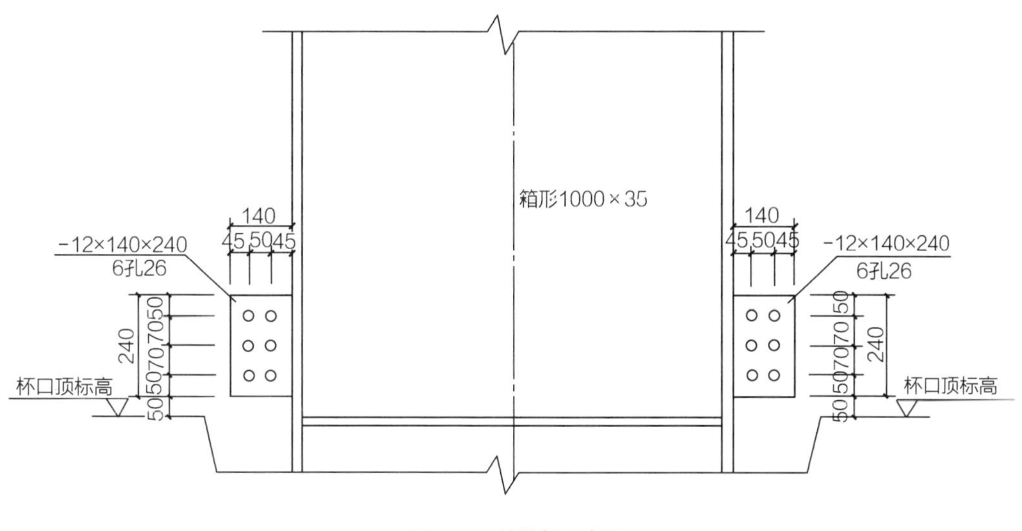

图3-10　连接板示意图

2. 钢牛腿施工

施工前，必须根据钢柱大小及重量计算所使用的钢牛腿是否满足荷载要求，并根据牛腿大小确定预埋件规格大小，经设计单位计算并统计得到表3-6，可对照选择牛腿规格及其他零配件的使用。

施工钢牛腿规格与钢柱重量对照表　　表3-6

序号	钢柱重量（t）	钢牛腿尺寸	螺栓规格/等级/数量	备注
1	10	I20a	M20，10.9s，4套	大六角螺栓
2	15	H300×200×8×10	M24，10.9s，6套	大六角螺栓
3	20	H350×200×10×14	M24，10.9s，6套	大六角螺栓

注：表中螺栓数量仅为单个钢牛腿螺栓使用数量。

将钢牛腿与连接板用高强度螺栓连接并紧固，同时，应使用微型钢楔或钢板垫实钢牛腿与钢柱之间的间隙（图3-11），最终钢牛腿安装完成见图3-12。

3. 钢牛腿作用

（1）承担整根钢柱荷载；

（2）将钢柱安装操作全部集中于杯顶面口。

图 3-11 钢牛腿安装过程示意图

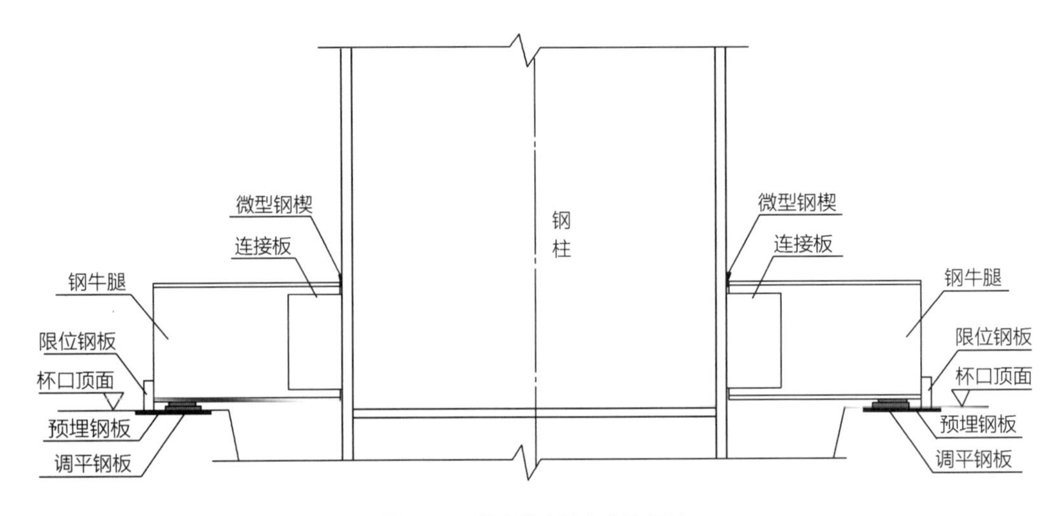

图 3-12 钢牛腿安装完成示意图

3.2.3.5 钢柱吊装

（1）钢柱安装前，应利用调节垫板（2mm、4mm、6mm、8mm 厚钢板）直接在预埋板上调平钢牛腿落点标高并点焊牢固。

（2）起重机械将钢柱缓慢提起至钢柱垂直于地面，并开始吊入杯口，过程中应有 2~4 名施工人员稳着钢柱对照控制线慢慢落位，即将落位时用钢尺测量，扭转偏差若大于 20mm，不能直接落位，应重新对照控制线慢慢落位至偏差小于 20mm。

（3）钢柱落位的同时，应有 2 名施工人员拉设缆风绳，2 名施工人员用千斤顶再次对钢柱轴线偏差和扭转偏差进行校正并调整至允许范围。

（4）利用手动葫芦和缆风绳调整钢柱垂直度至允许范围，并拉紧缆风绳，仪器复查无误后拆除千斤顶。如图 3-13、图 3-14 所示。

图3-13 千斤顶调整钢柱轴线示意图

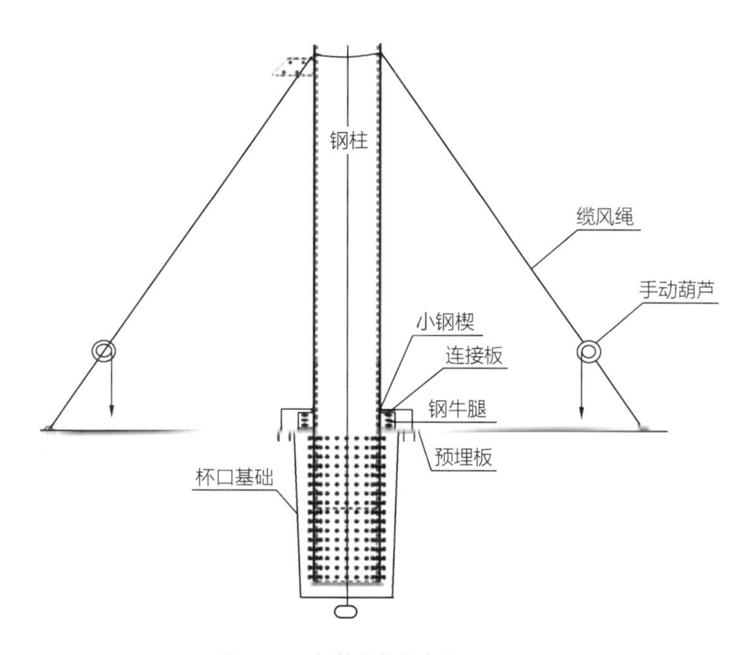

图3-14 钢柱安装完成剖面示意图

3.2.3.6 措施拆除

工程因工期及天气原因采用C60混凝土灌浆料，经核算该灌浆料浇筑完成12h后达到拆除缆风绳、钢牛腿等措施材料的条件。

3.3　超长超宽无缝钢框架结构合龙技术

3.3.1　设计概况

其设计概况分别如下：

（1）厂房一：工程共5层，总高42.470m，长478m，宽258.6m。在纵向9~10轴、17~18轴设置合龙段，在横向J~K轴设置合龙段，将整个结构分为6部分。合龙带分布如图3-15所示。

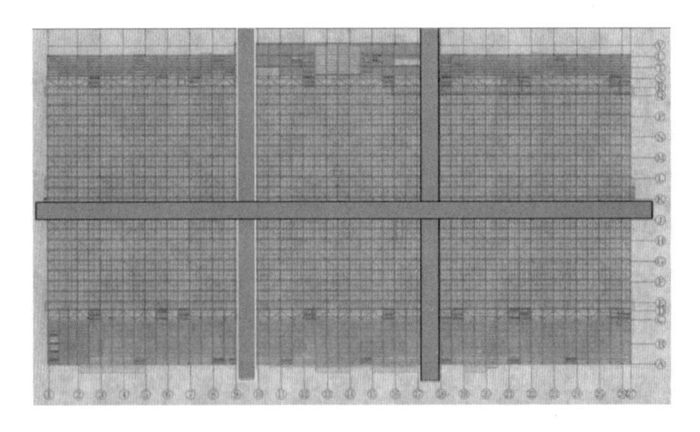

图3-15　厂房一合龙带分布图

（2）厂房二：工程共4层，总高31m，长249.6m，宽227.4m。在纵向H~J轴设置合龙段，在横向9~10轴设置合龙段，将整个结构分为4部分。合龙带分布如图3-16所示。

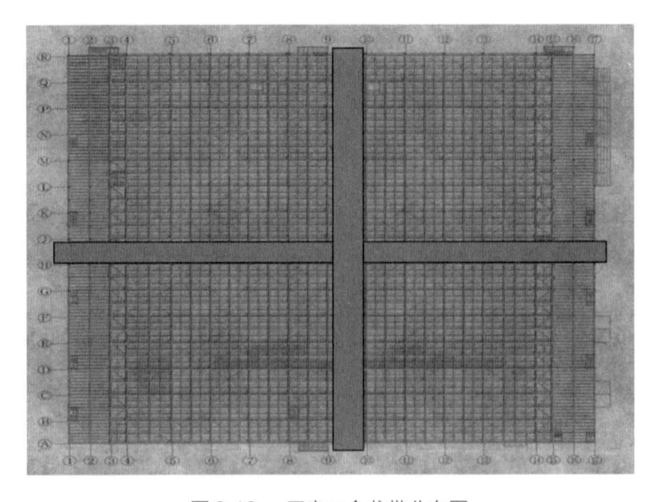

图3-16　厂房二合龙带分布图

（3）设计要求钢结构主体施工完成进行合龙，合龙基准温度为 15℃，合龙温度为 (15 ±2)℃。

3.3.1.1　合龙点平面分布形式

在平面分布上，合龙点存在的位置有：桁架与钢柱连接处、主次桁架连接处、主钢梁与柱连接处、次钢梁与桁架连接处。其中厂房一与厂房二的合龙点平面分布如表 3-7 和表 3-8 中的图示。

厂房一合龙点平面分布　　表 3-7

位置	分布	位置	分布
04 层合龙点分布（J~K 轴）	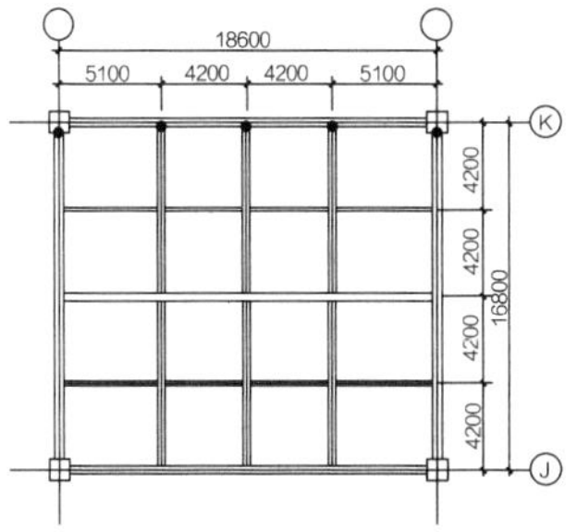 18600 5100 4200 4200 5100 K 4200 4200 4200 4200 16800 J	04 层合龙点分布（9~10 轴、17~18 轴）	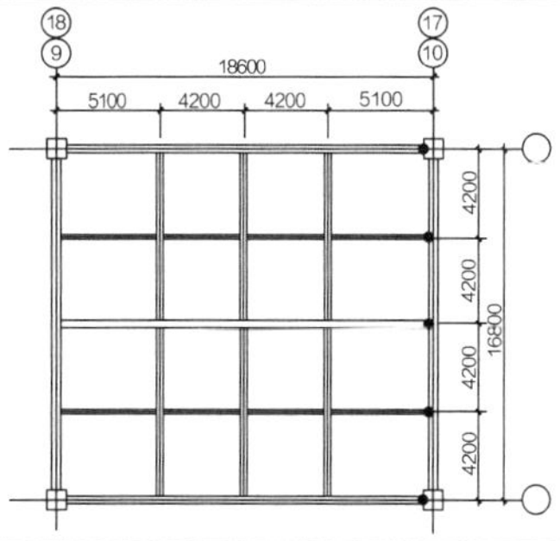 18 17 9 10 18600 5100 4200 4200 5100 4200 4200 4200 4200 16800
03 层合龙点分布（J~K 轴）	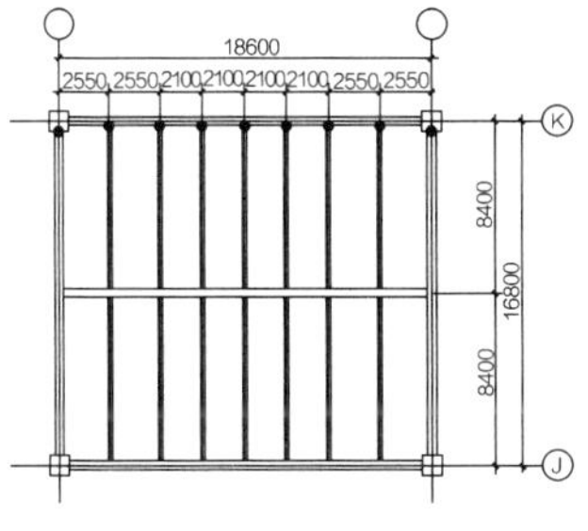 18600 2550 2550 2100 2100 2100 2100 2550 2550 K 8400 16800 8400 J	03 层合龙点分布（9~10 轴、17~18 轴）	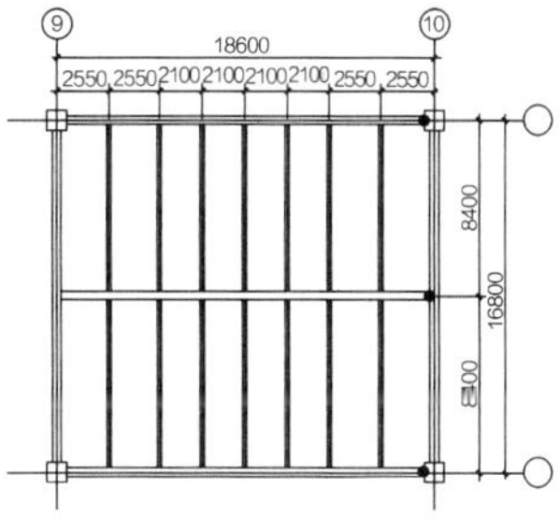 9 10 18600 2550 2550 2100 2100 2100 2100 2550 2550 8400 16800 8400

厂房二合龙点平面分布　　表 3-8

位置	分布	位置	分布
04 层合龙点分布（H~J 轴）	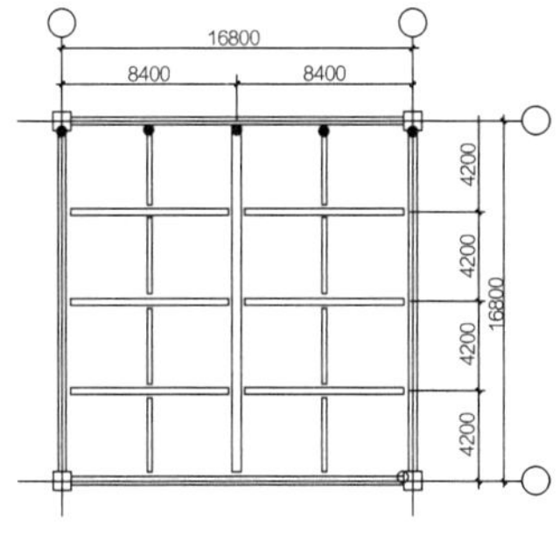 16800 8400 8400 4200 4200 4200 4200 16800	04 层合龙点分布（9~10 轴）	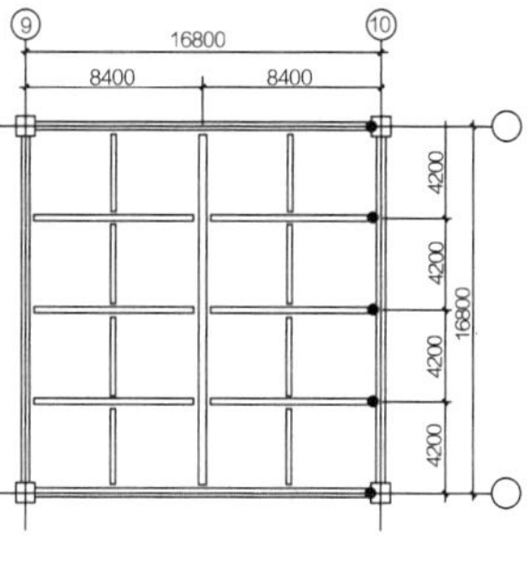 9 10 16800 8400 8400 4200 4200 4200 4200 16800

续表

位置	分布	位置	分布
03 层合龙点分布（H~J 轴）	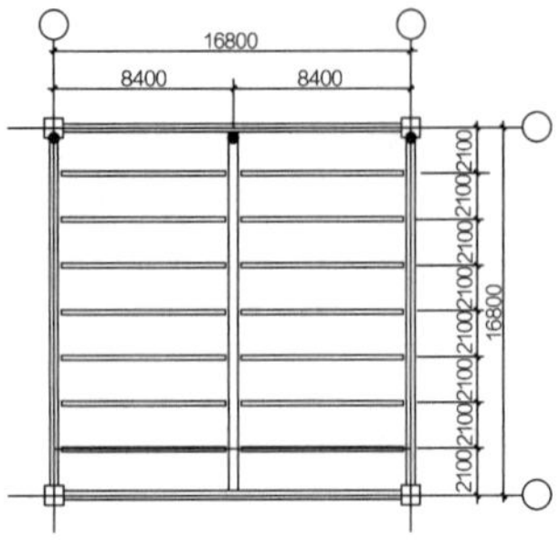 16800 8400 8400 2100 2100 2100 2100 2100 2100 2100 2100 16800	03 层合龙点分布（9~10 轴）	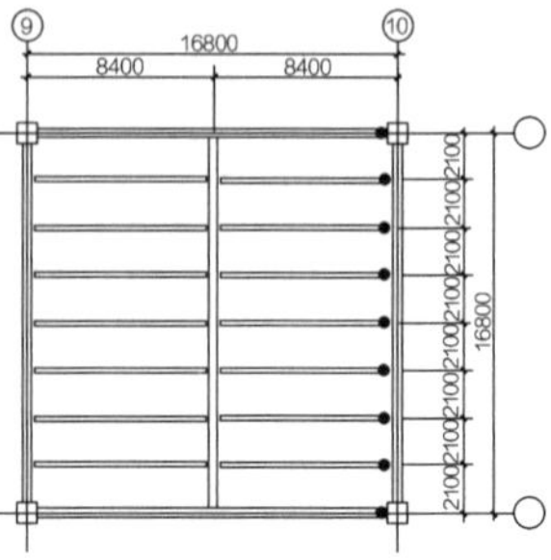 9 10 16800 8400 8400 2100 2100 2100 2100 2100 2100 2100 2100 16800

3.3.1.2 合龙点立面分布形式

在立面分布上，合龙点在桁架的上下弦及腹杆上，腹杆合龙点位置均分布在下弦杆处，以方便施工。其中厂房一与厂房二的合龙点立面分布如表 3-9 和表 3-10 中的图示。

厂房一典型合龙点立面分布　　表 3-9

位置	分布	位置	分布
J~K 轴钢柱间桁架合龙点分布图	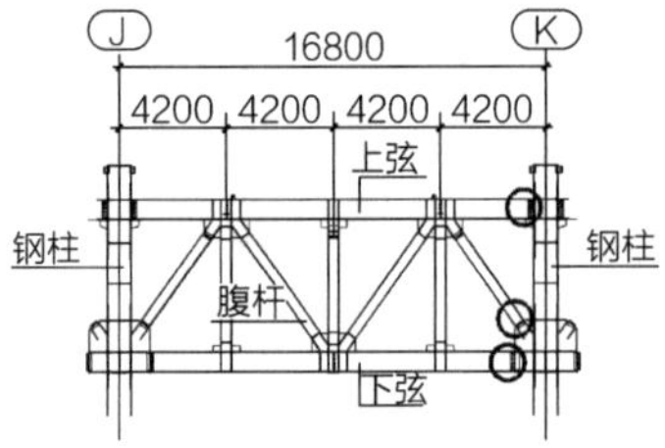 J K 16800 4200 4200 4200 4200 上弦 钢柱 钢柱 腹杆 下弦	J~K 轴桁架间钢梁合龙点分布	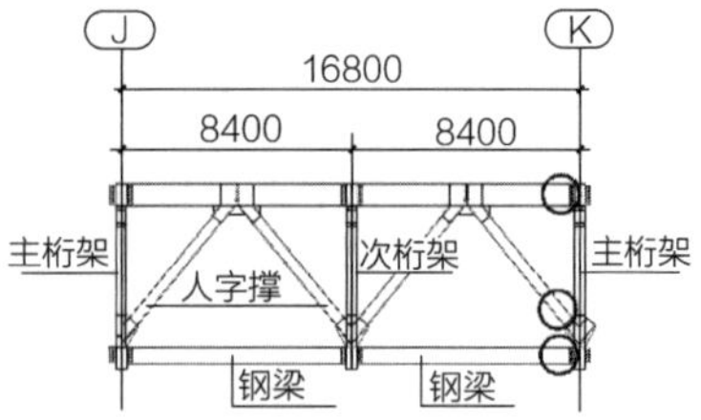 J K 16800 8400 8400 主桁架 次桁架 主桁架 人字撑 钢梁 钢梁
9~10 轴、17~18 轴钢柱间主桁架合龙构件分布图	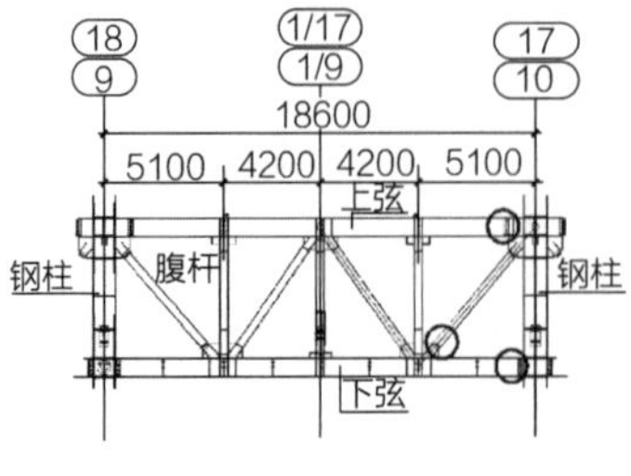 18 1/17 17 9 1/9 10 18600 5100 4200 4200 5100 上弦 钢柱 腹杆 钢柱 下弦	9~10 轴、17~18 轴次桁架合龙点分布图	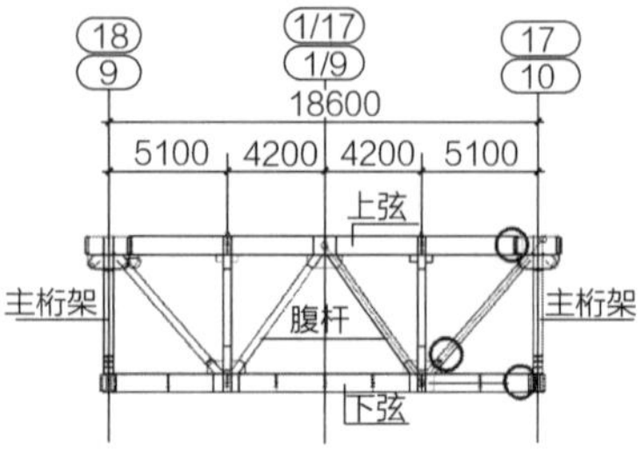 18 1/17 17 9 1/9 10 18600 5100 4200 4200 5100 上弦 主桁架 腹杆 主桁架 下弦

厂房二典型合龙点立面分布　　表3-10

位置	分布	位置	分布
9~10轴主桁架合龙点分布图	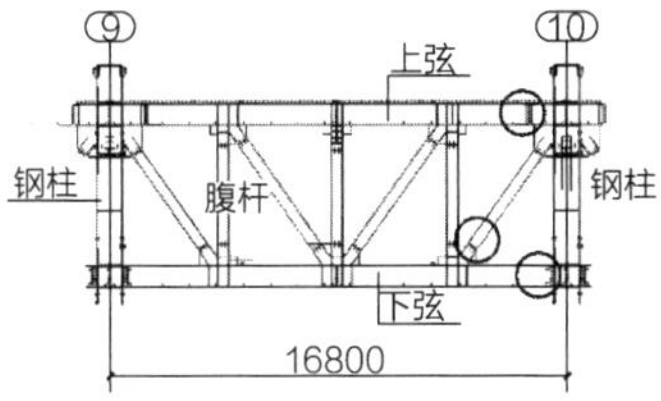	H~J轴主桁架合龙点分布图	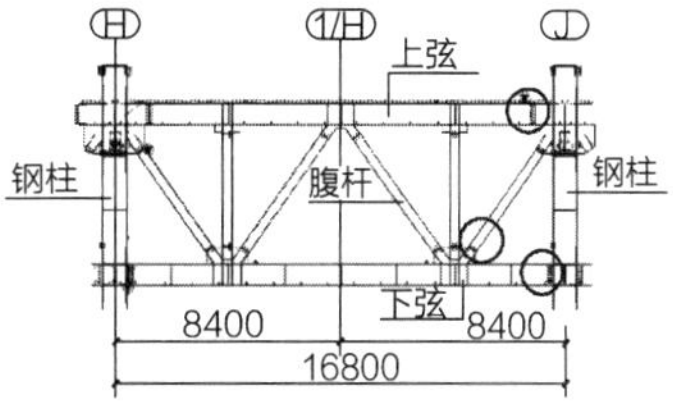
H~J轴次桁架合龙点分布图	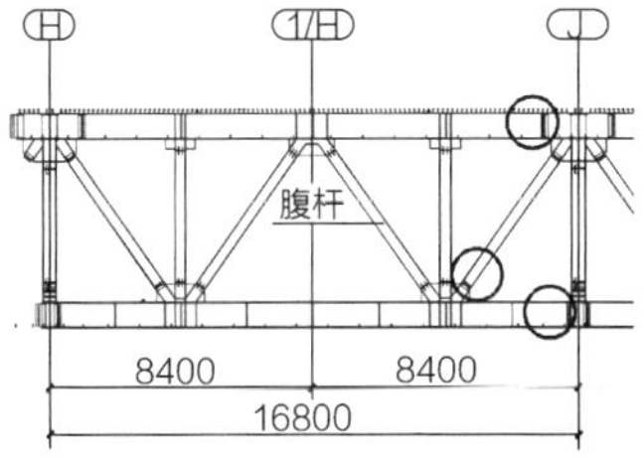		

3.3.1.3　合龙点连接形式

采用长条形高强螺栓孔进行安装阶段的结构临时固定，待整个结构施工完毕，达到合龙温度，采用焊接方式进行二次连接。其连接形式如表3-11中的图所示。

合龙点连接形式　　表3-11

部位	连接方式	部位	连接方式
桁架与柱节点	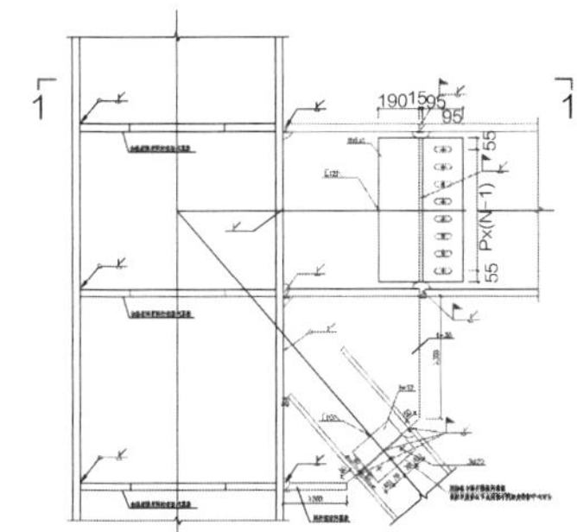 桁架弦杆与柱连接节点 类型A 用于合龙区段	主次桁架节点	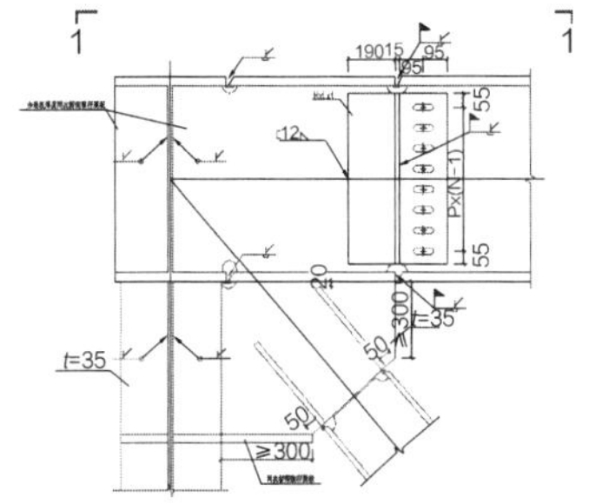 主次桁架连接节点 类型A 用于合龙区段

续表

部位	连接方式	部位	连接方式
梁柱刚接节点(一)	梁柱刚接节点 类型A 1:10 用于合龙区段	梁柱刚接节点（二）	梁柱刚接节点 类型B 1:10 用于合龙区段
梁梁铰接节点	梁梁铰接节点 类型A 用于合龙区段		

3.3.2　主要特点、难点

1. 合龙点分布多，同期合龙量大

原设计合龙点数量，厂房一共 124 个点，厂房二共 44 个点。其中一条最短合龙带上的点也有 16 个。

2. 合龙施工期间昼夜温差变化大，合龙窗口期时间短

要求一次组织焊接设备及人员多。根据日平均曲线图，每天符合合龙温度的时间最多只有 8 个小时。

3. 合龙点的预留数量及位置和施工时间制约整个工期

尤其是屋面合龙点的设置对屋面安装具有较大制约作用。

针对以上特点、难点，技术路线上要着重考虑以下事项：

（1）探讨减少合龙点的可能性

整个结构不同部位在结构计算中温差变化不一致，需要进行大量的计算，进一步分析不同位置合龙点的设置对结构的影响程度。

（2）寻求最合理的合龙顺序，减少结构内应力

结构合龙点平面分布有纵横方向构件，立面分布有上下弦及腹杆，平立面均有主次构件。需要进一步进行施工分析，寻求最合理的合龙次序。

（3）合龙时间的选择与温度监测，使合龙符合设计类型

整个结构平面面积大，选择合理的温度检测点，保证检测温度的可信度。也要提早做出温度预测检测，准确判断合龙窗口期，不浪费人力物力。

3.3.3　超长钢结构合龙施工技术

3.3.3.1　合龙分析与验算

建立厂房一和厂房二整体结构计算模型（图3-17、图3-18），采用MIDAS/GEN8.3对整个结构施工不同阶段、不同温度变化情况进行分析，提出建议并经设计复核认可实施：取消厂房一及厂房二屋面合龙带，将合龙基准温度由原来的15℃降至10℃。

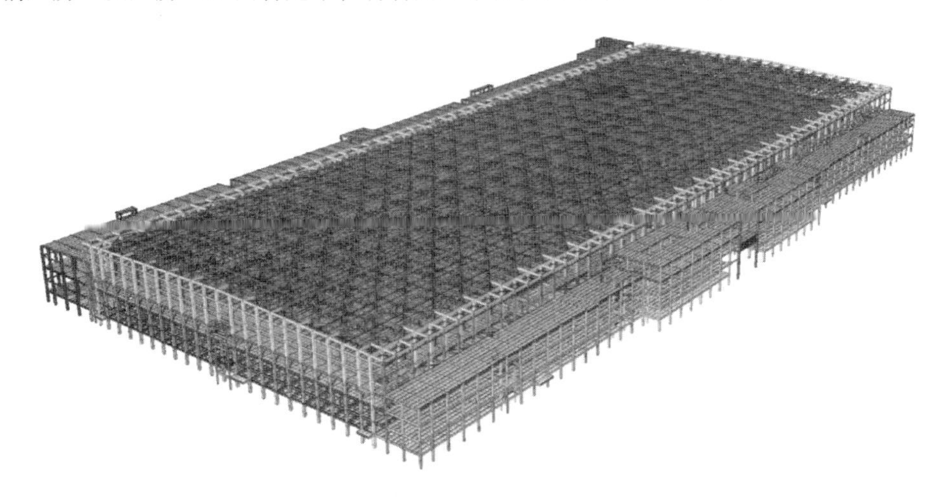

图3-17　厂房一整体结构计算模型

3.3.3.2　根据合龙分析结果，提出如下合龙带施工顺序

先纵缝后横缝，从中间向两边。

先主桁架，后次桁架（J~K轴为带人字撑梁），再钢梁。

先下弦，后上弦，再腹杆。

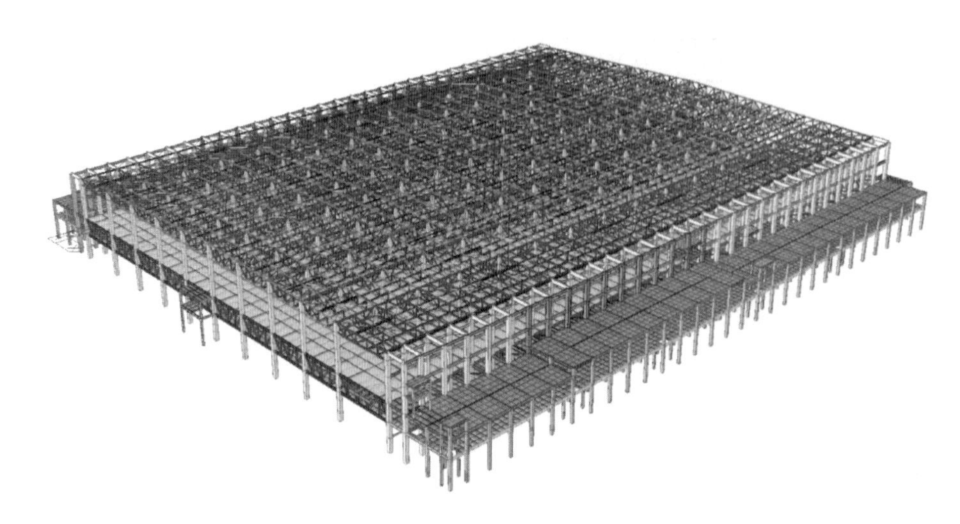

图 3-18　厂房二整体结构计算模型

3.3.3.3　设立温度检测点

在厂房一和厂房二相应位置设置测温点，测温点设置在两层合龙之间的钢结构腹杆和钢柱之上，反映构件的本体温度。其中厂房一设置 54 个点，厂房二设置 36 个点，位置分别如图 3-19、图 3-20 所示。

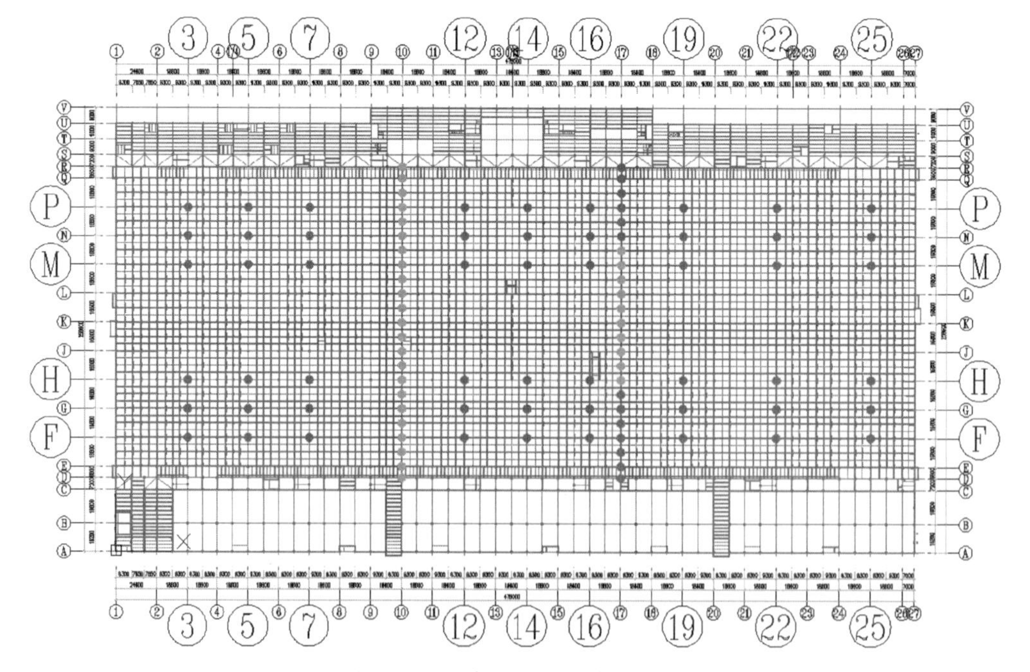

图 3-19　厂房一温度测量点分布图

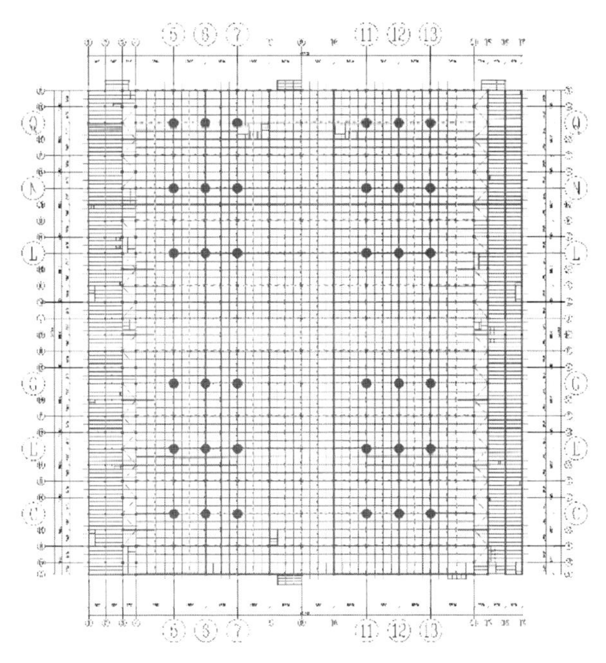

图3-20　厂房二温度测量点分布图

3.3.3.4　成立温度监测小组

成立8人测温小组，测温每1h进行一次，形成记录，测温设备采用红外线测温仪及传感测温相结合的方式进行。

工程超长超大，内部钢结构体表温度比外界温度要低，在外界温度达到设计基准温度时，进行温度检测并进行记录对比，结合近期天气预报，拟定合龙窗口期。期间分别统计出结构本体温度、环境温度及环境温度与本体温度的对比。合龙期间厂房一及厂房二测量结果见图3-21、图3-22。

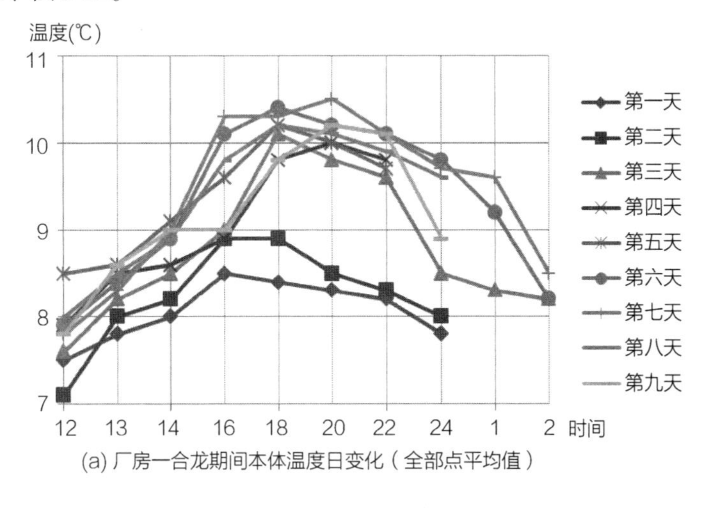

(a) 厂房一合龙期间本体温度日变化（全部点平均值）

图3-21　厂房一测温统计（一）

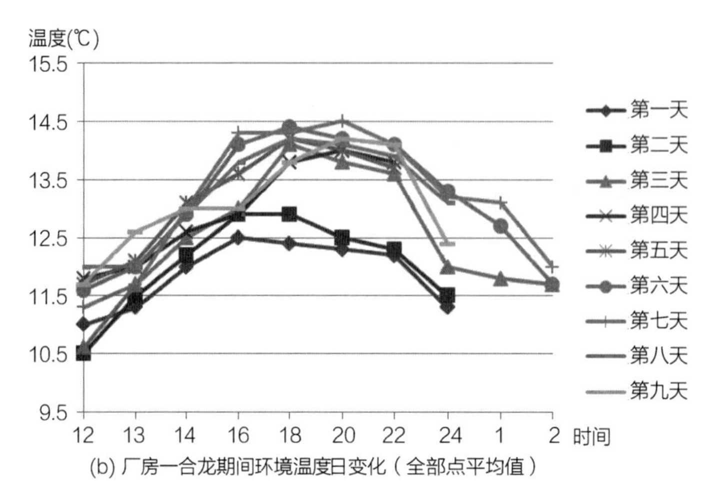

(b) 厂房一合龙期间环境温度日变化（全部点平均值）

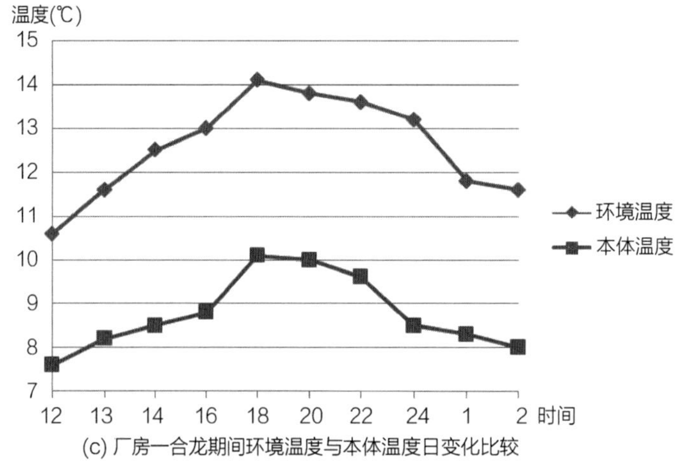

(c) 厂房一合龙期间环境温度与本体温度日变化比较

图3-21　厂房一测温统计（二）

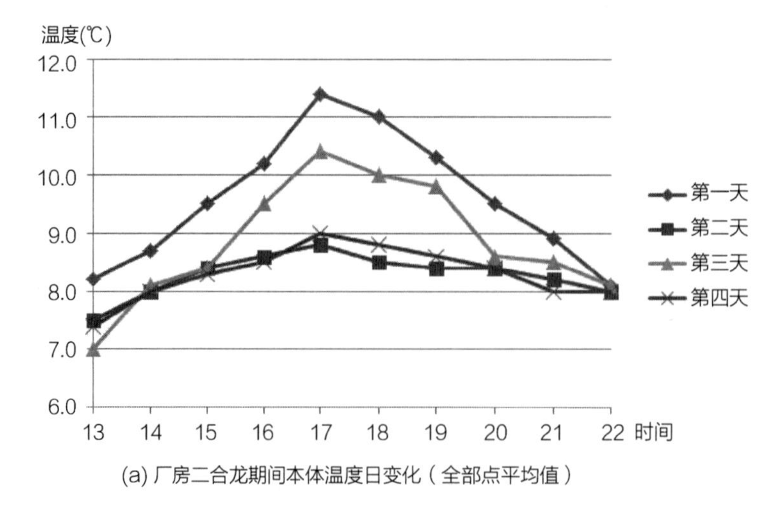

(a) 厂房二合龙期间本体温度日变化（全部点平均值）

图3-22　厂房二测温统计（一）

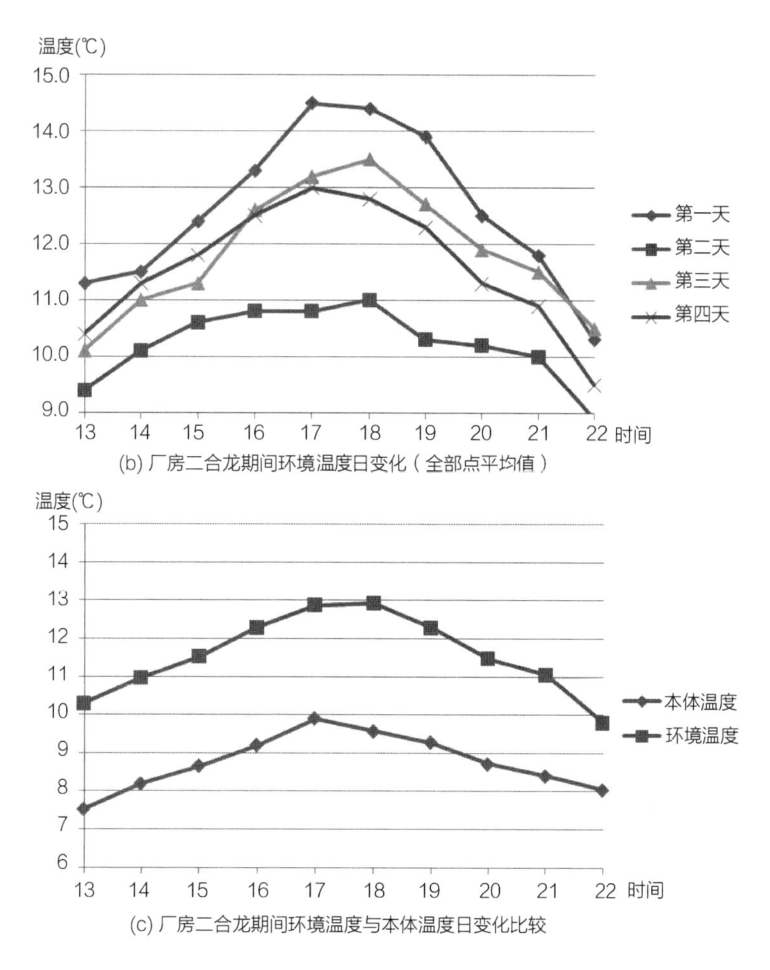

(b) 厂房二合龙期间环境温度日变化（全部点平均值）

(c) 厂房二合龙期间环境温度与本体温度日变化比较

图 3-22　厂房二测温统计 (二)

3.3.3.5　统一组织施工人员及设备

每次合龙作业完成一个合龙带的一层的作业量。根据温度测控预期，提前半天组织设备人员进场，做好合龙准备工作。

制定合龙计划，将合龙点与焊工对应起来，合龙前对人员到岗情况进行检查。

实施情况如表 3-12 和表 3-13 所示。

厂房一合龙实施统计　　表 3-12

序号	合龙时间	合龙位置	合龙人数
1	2017 年 3 月 25 日 14:30~23:00	J~K 轴下弦桁架梁和上弦梁	76
2	2017 年 3 月 26 日 14:00~23:30	J~K 轴上弦梁	76
3	2017 年 3 月 27 日 14:00~ 2017 年 3 月 28 日 3:00	J~K 轴桁架腹杆、部分次梁	76

续表

序号	合龙时间	合龙位置	合龙人数
4	2017 年 3 月 28 日 18：00~23：00	J~K 轴桁架腹杆、部分次梁	76
5	2017 年 3 月 29 日 10：30~17：00	合龙带剩余次梁	30
6	2017 年 4 月 4 日 16：00~ 2017 年 4 月 5 日 2：00	D~R/10 轴、D~R/17 轴下弦梁和上弦梁	92
7	2017 年 4 月 5 日 14：00~ 2017 年 4 月 6 日 2：00	D~R/10 轴、D~R/17 轴下弦梁和上弦梁	92
8	2017 年 4 月 6 日 13：30~22：00	D~R/10 轴、D~R/17 轴腹杆、部分次梁	92
9	2017 年 4 月 7 日 15：00~23：00	合龙带剩余次梁	46

厂房二合龙实施统计　　表 3-13

序号	合龙时间	合龙位置	合龙人数
1	2017 年 3 月 5 日 15：00~22：00	J 轴下弦桁架梁和 10 轴下弦桁架梁	44
2	2017 年 3 月 6 日 15：00~23：00	J 轴下弦桁架梁和 10 轴下弦桁架梁	44
3	2017 年 3 月 8 日 15：00~ 2017 年 3 月 9 日 3：00	J 轴上弦桁架梁和桁架腹杆、10 轴 上弦桁架梁和桁架腹杆、部分次梁	44
4	2017 年 3 月 9 日 15：00~18：00	合龙带剩余次梁	10

3.3.4 合龙数值模拟验算

3.3.4.1 屋面提前一次性合龙分析

1. 分析依据

按照实际合龙温度，以 10℃作为基准温度，考虑结构在使用和施工过程中各分区所能遇到的最高或最低温度，结构各区温度范围如图 3-23、图 3-24 所示。对各个阶段进行升降温分析。

2. 分析结果

对两种情况下的结构分别作分析，部分分析结果如表 3-14 所示。

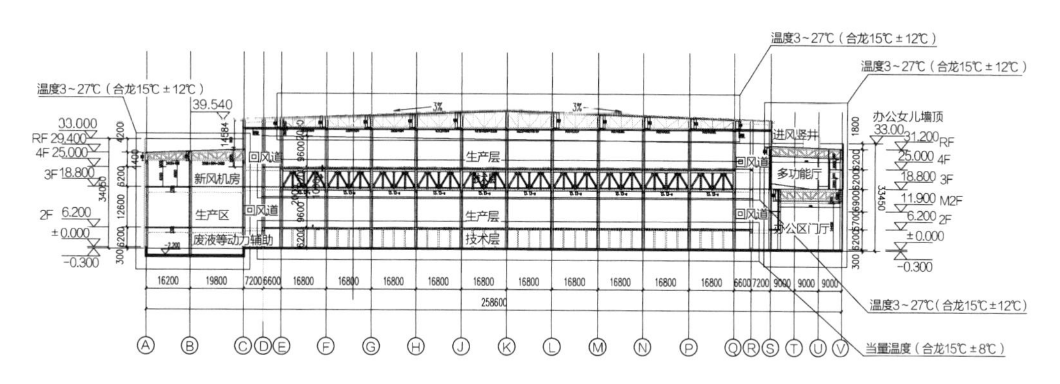

图3-23 屋面同下部结构设置合龙缝

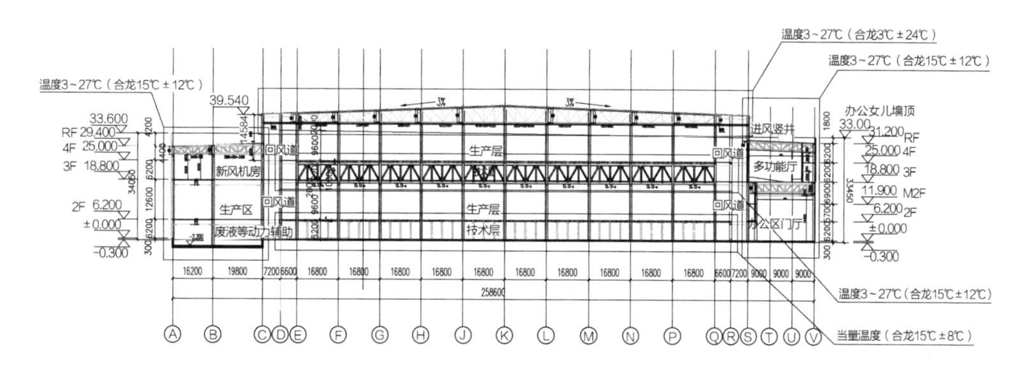

图3-24 屋面一次性施工不留合龙缝

两种合龙缝设置分析结果 表3-14

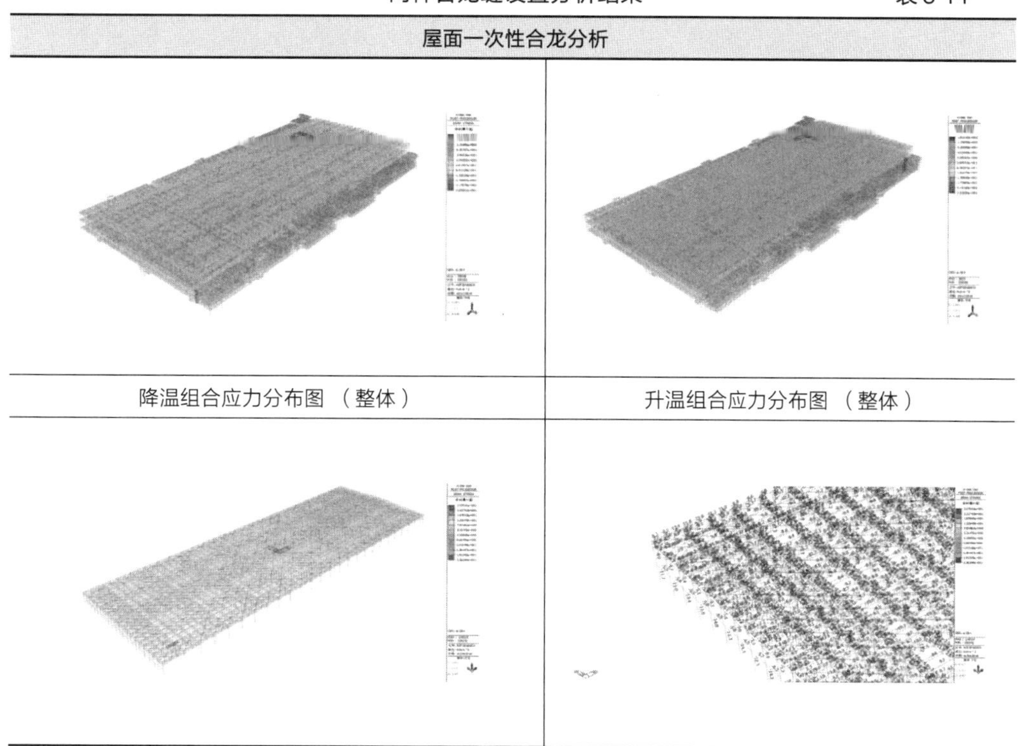

屋面一次性合龙分析	
降温组合应力分布图（整体）	升温组合应力分布图（整体）

续表

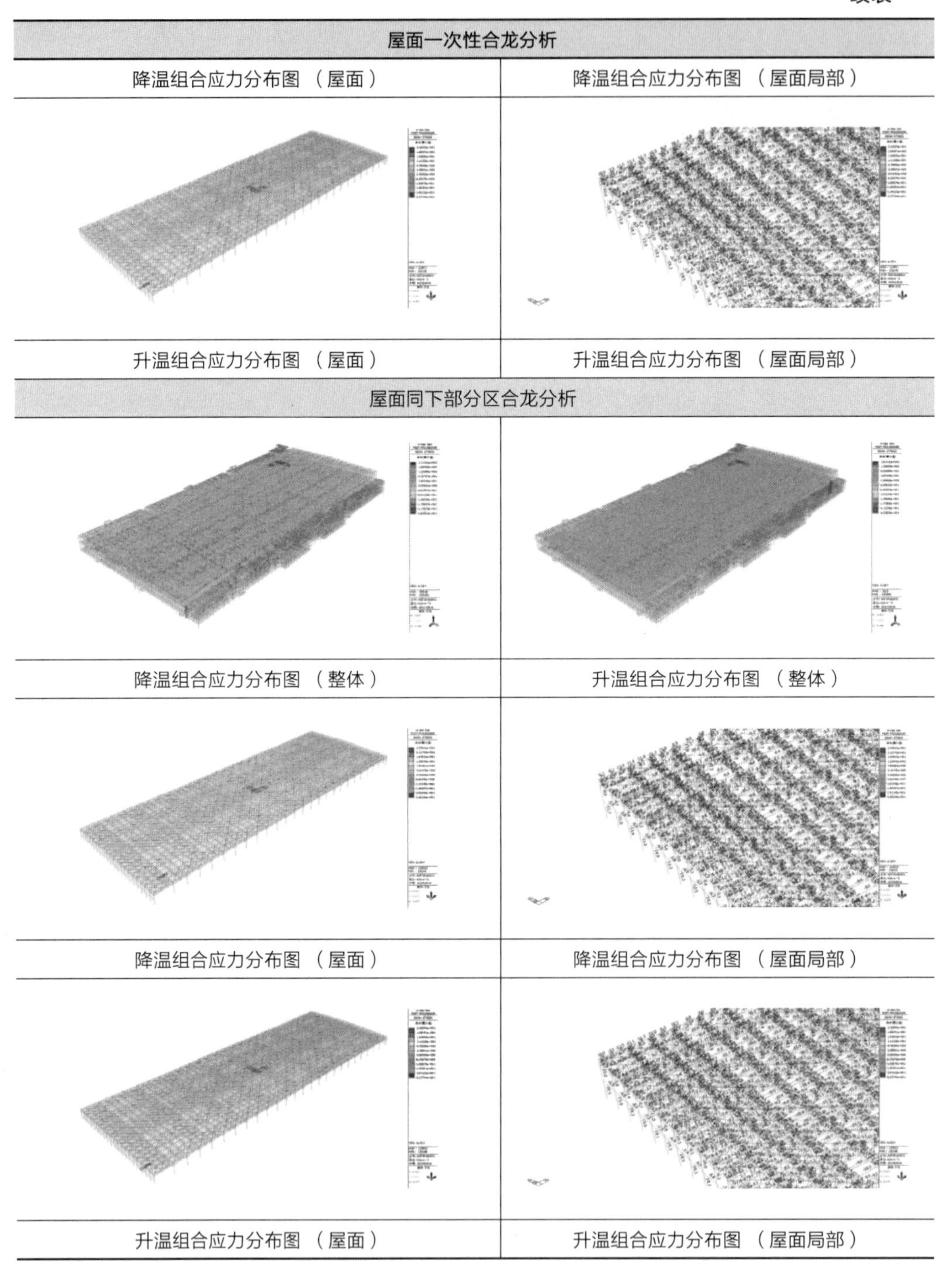

3. 计算结论对比（同一位置对比）

两种情况下的计算结果对比如表 3-15 所示。

两种合龙缝设置的计算结果对比 表3-15

位置	屋面提前一次性合龙	屋面同下部分区合龙
钢柱最大应力	-260MPa （降温）	-261MPa （降温）
	-254MPa （升温）	-253MPa （升温）
屋面结构最大应力	-61.9MPa （降温）	-23.5MPa （降温）
	-77.3MPa （升温）	-23.3MPa （升温）

4. 分析结论

在以上两种情况下，结构整体应力变化很小，屋面应力在两种情况下均较低，受温度影响小。因此，屋面钢结构可以提前合龙，不设置施工合龙带，以提高施工安装速度。

3.3.4.2 合龙施工顺序分析

1. 合龙顺序

温度区段划分后，合龙顺序也是温度对结构影响的一个重要因素。就像钢结构焊接要讲究合理的焊接顺序一样，如果采用不合理的合龙顺序，有可能会在结构中产生不利的残余应力和残余变形，给结构的正常使用阶段带来不利影响，降低结构可靠度。因此，对合龙阶段可能的三种合龙顺序进行了分析，选择对结构影响最小的合龙顺序。

由于合龙是一个过程，要经历一段时期，因此，在合龙过程中结构受到温度变化的影响。根据合龙发生的季节以及日温差，取合龙过程的温差为±8℃，进行分析的合龙顺序为如下三种：

（1）合龙顺序1的步骤：先合龙纵向三个温度区段的钢结构（1-1）；再合龙横向两个温度区段（1-2）；最后施工合龙段混凝土楼板。

（2）合龙顺序2的步骤：先合龙横向两个温度区段的钢结构（2-1）；再合龙纵向三个温度区段（2-2）；最后施工合龙段混凝土楼板。

（3）合龙顺序3的步骤：首先二层混凝土结构合龙施工完毕（3-1）；再合龙纵向三个温度区段的钢结构（3-2）；依次合龙横向两个温度区段（3-3）；最后施工合龙段混凝土楼板。

2. 不同合龙顺序的分析结果（部分）

以合龙顺序1的计算结果为例，其结果见表3-16。

合龙顺序的计算结果　　表 3-16

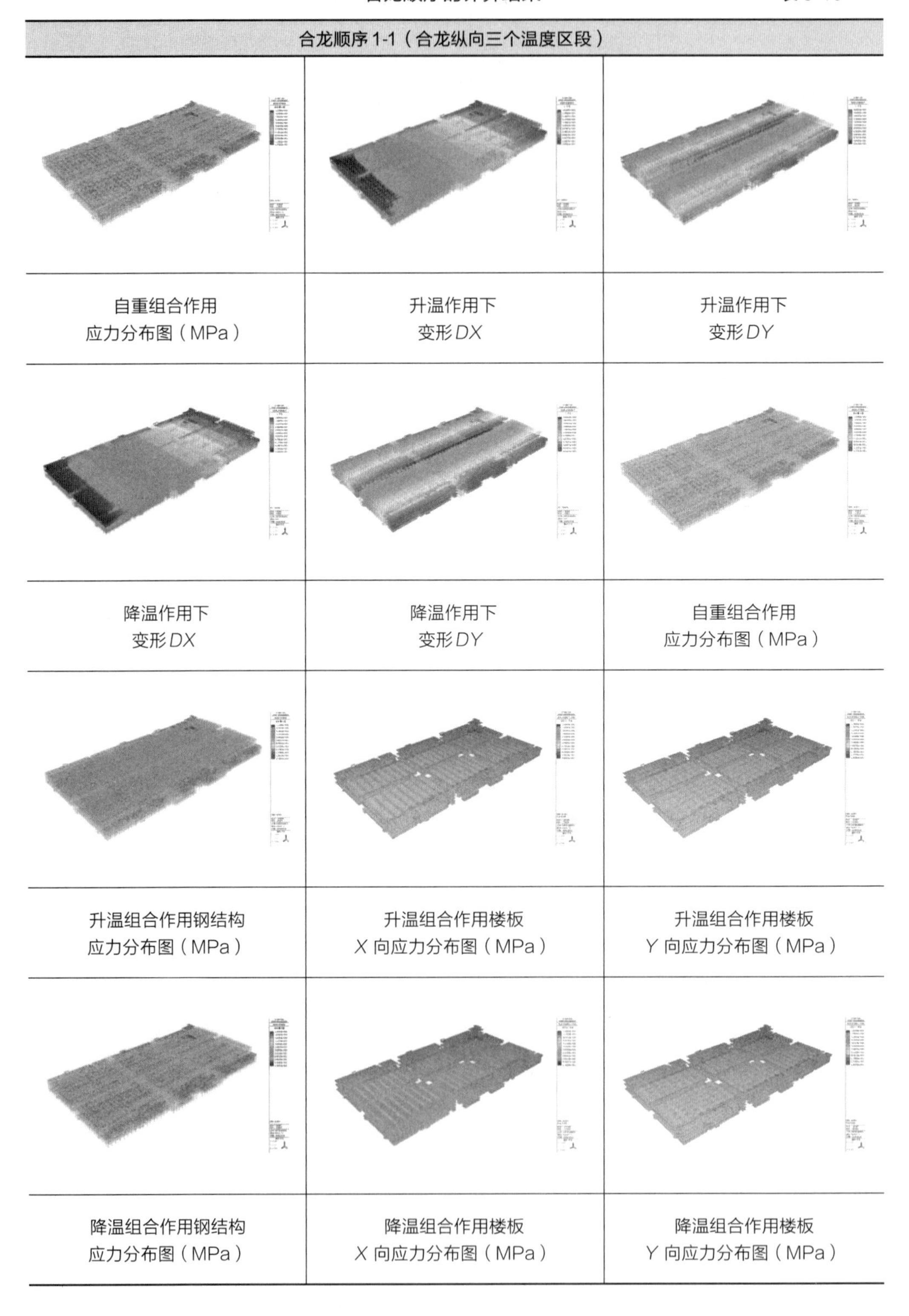

合龙顺序 1-1（合龙纵向三个温度区段）		
自重组合作用 应力分布图（MPa）	升温作用下 变形 *DX*	升温作用下 变形 *DY*
降温作用下 变形 *DX*	降温作用下 变形 *DY*	自重组合作用 应力分布图（MPa）
升温组合作用钢结构 应力分布图（MPa）	升温组合作用楼板 *X* 向应力分布图（MPa）	升温组合作用楼板 *Y* 向应力分布图（MPa）
降温组合作用钢结构 应力分布图（MPa）	降温组合作用楼板 *X* 向应力分布图（MPa）	降温组合作用楼板 *Y* 向应力分布图（MPa）

3. 计算结论对比

将三种合龙顺序下的计算结果进行列表对比，不同合龙顺序各阶段下的计算结果见表 3-17。

合龙顺序的计算结果对比 表 3-17

步骤	自重下 DZ（mm）	温度下 DX（mm）	温度下 DY（mm）	自重最大应力（MPa）	升温最大应力（MPa）	降温最大应力（MPa）
合龙 1-1	-20.4	19.1	6.0	-137.4	-218.4	220.1
合龙 1-2	-20.3	19.7	11	-138.0	-230.0	230.1
合龙 2-1	-20.3	7.7	11	-138.0	-159.0	-159.8
合龙 2-2	-20.3	19.7	11	-138.0	-230.0	230.1
合龙 3-1	-20.4	16.4	12.9	-137.3	-241.0	-240.7
合龙 3-2	-20.4	19.7	12.8	-137.4	-143.9	-244.6
合龙 3-3	-20.3	20.1	11.2	-138.0	-243.7	-244.2

4. 分析结论

通过合龙阶段三种合龙顺序的分析可以看出：采用合龙顺序 1 时，随着纵横向温度区段的合龙，厂房在两个方向上的温度变形依次增加，应力也逐渐增强；采用合龙顺序 3 时，二层混凝土结构先合龙完毕，此时在同样温差作用下，厂房在两个方向上的温度变形已接近结构全部合龙后的变形值，应力也是如此，再进行纵横温度区段的合龙时，在温差作用下厂房的变形和应力峰值变化不大。虽然两种合龙顺序都满足强度要求，但合龙顺序 3 先合龙二层混凝土结构，使整个厂房提前进入温差作用下的不利状态，因此不建议按合龙顺序 3 进行施工。采用合龙顺序 2 时，可以看出钢结构应力相比于横向温度区段合龙前反而有所减小，主要原因是：合龙前该处钢柱处于角部，受到纵横两个方向的温度变形的影响，较为不利，而横向温度区段钢结构合龙后，该处钢柱处于此边的中部区域，主要受到纵向一个方向的温度变形的影响，因此横向温度区段合龙后，此处应力反而有所下降。根据合龙顺序 2 的分析，钢结构可以先合龙横向温度区段，再合龙纵向温度区段，即先合龙横缝，后合龙纵缝。

3.3.4.3 实施验证

通过实施，整个项目合龙施工在严密的监测与控制下有条不紊地进行了实施，顺利完成合龙，部分实施过程照片记录见表 3-18。

实施过程照片记录　　表 3-18

项目	实施照片	项目	实施照片
传感测温		红外测温	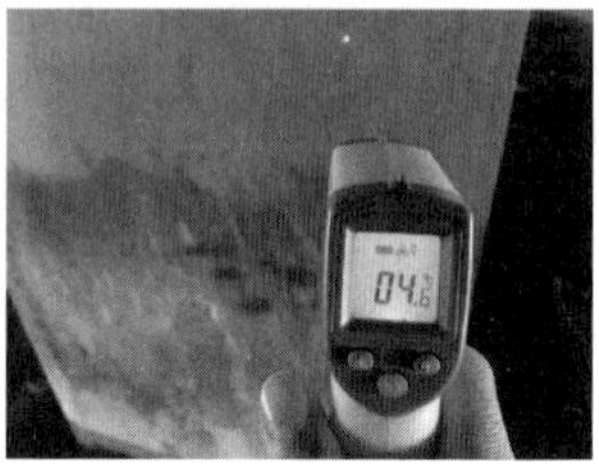
合龙前准备		桁架合龙	
钢梁合龙			—

3.4　钢框架结构安装标准化安全防护技术

3.4.1　概况

3.4.1.1　研究背景

本小节以钢框架结构安装标准化安全防护技术为研究对象，分别讨论了标准化安全防护技术的特点、重难点、设计指标及参数、BIM 技术辅助、社会经济效益分析和现场实践验证、设计施工方法和工程背景。

3.4.1.2　项目概况

厂房一与厂房二均为钢框架结构（图 3-25~ 图 3-27），主结构材质为 Q345B，钢结构总用钢量 13.5 万 t。厂房一长 478m，宽 258.6m，用钢量 9.7 万 t。分为四层；柱网间距为 18.6m × 16.8m 和 24.6m × 16.8m，钢柱最大截面为□1000mm × 35mm，屋脊钢柱高度 42.47m；桁架最大矢高 6.65m，最大跨度 24.6m。厂房二长 249.6m，宽 227.4m，分为核心生产区与南、北支持区，厂房二用钢量 3.8 万 t。分为三层；柱网间距 16.8m × 16.8m、19.8m × 16.8m 和 22.8m × 16.8m，钢柱最大截面为□1200mm × 32mm，屋脊钢柱高度 33.92m；桁架最大矢高 6.65m，最大跨度 22.8m。

图 3-25　厂房一与厂房二钢结构轴测图

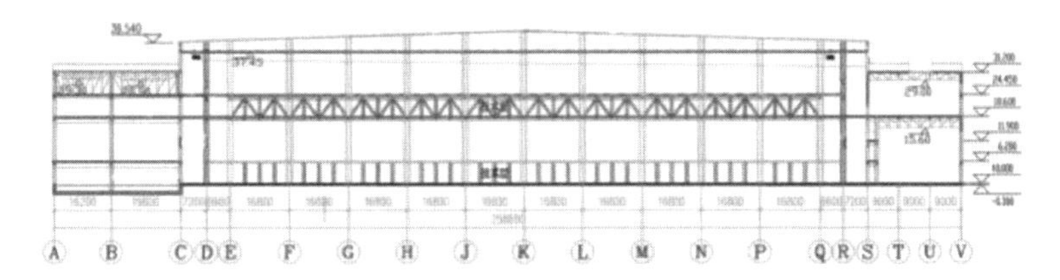

图 3-26　厂房一横向剖面图

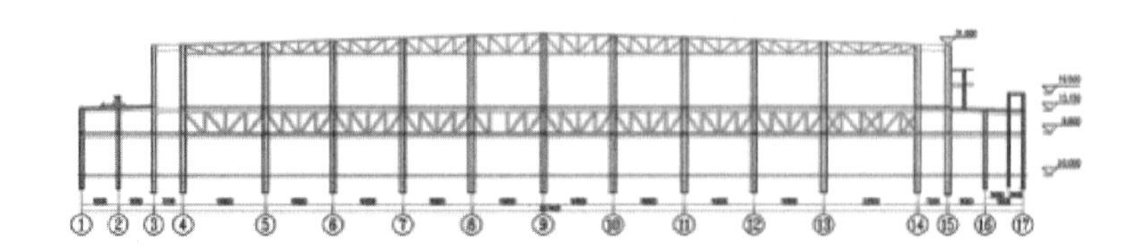

图3-27 厂房二横向剖面图

3.4.2 主要特点、难点

3.4.2.1 技术特点

（1）模块化设计、科学合理；

（2）材料优化、自重轻；

（3）传力明确、安全可靠；

（4）螺栓连接，布置灵活，安、拆、调整便捷，适应性强；

（5）周转使用，节材环保。

3.4.2.2 技术重点

1）施工安全防护设施钢平台、钢梯与钢柱深化设计预制连接板螺栓连接；

2）根据钢柱分段情况和结构安装顺序确定钢平台、钢梯预制连接板位置，连接板与钢柱同时加工；

3）钢平台、钢梯在钢柱起吊前安装就位，与钢柱同步吊装；

4）水平生命线立柱通过底座螺栓紧固于钢梁上翼缘板；

5）钢梁吊装前将水平生命线系统、吊笼安装就位，水平生命线通过立柱贯通整根钢梁，随钢梁同步吊装；

6）钢梁安装就位后，把水平生命线两端预留部分与钢柱连接，形成连续、完整的高空作业安全防护。

3.4.2.3 技术难点

1. 安全防护设施资源加工、安、拆、周转组织难度大

总用钢量13.5万t，施工工期仅有100d，高空作业量超大。施工高峰期仅钢结构劳动

力高达2000人，作业人员密度高，垂直交叉作业面多，平面交叉作业面密集。

2. 安全防护设施需求量大

施工高峰期现场各类起重机械多达234台，履带式起重机28台，最大为300t，汽车起重机79台，最大为240t；最大桁架重约45t，最大钢柱单段重约21t；结构安装总吊次多达33925吊。

3. 安全防护设施布设难度大

随结构安装进程推进，安全防护设施极易与结构构件产生碰撞，前期设计策划难度极大。

3.4.3 钢结构安全防护施工技术

3.4.3.1 设计指标和参数

1. 设计指标

（1）设施与结构连接可靠；

（2）设计安全防护设施配合双钩安全带、防坠器使用，实现双重防护；

（3）实用性好，避免设施与结构碰撞影响结构安装；

（4）成本低。

2. 设计参数

（1）钢平台、吊笼净宽度≥60cm，组件单重≤15kg，围护高度≥1.2m；

（2）钢梯宽度≥50cm，钢梯组合长度≤12m，踏步高度25cm；

（3）水平生命线立柱间距≤6m，高度≥1.5m，单件重量≤15kg；

（4）计算荷载取值根据设施使用工况考虑，水平生命线及立柱应考虑人员意外坠落产生的冲击荷载。

3.4.3.2 利用BIM技术辅助设计

1. 设施布设

安全防护设施在钢结构BIM 3D模型中布设，利用BIM技术4D模拟钢结构施工进程，反复检查修正钢梯、钢平台与结构杆件碰撞，优化确定钢梯、钢平台连接板位置，连接板与钢柱同时加工。

2. 材料优化

利用ANSYS等有限元分析软件，分别建立钢平台（图3-28）、钢梯、水平生命线系统及吊笼的有限元模型，结合施工工况分析优化材料选用。

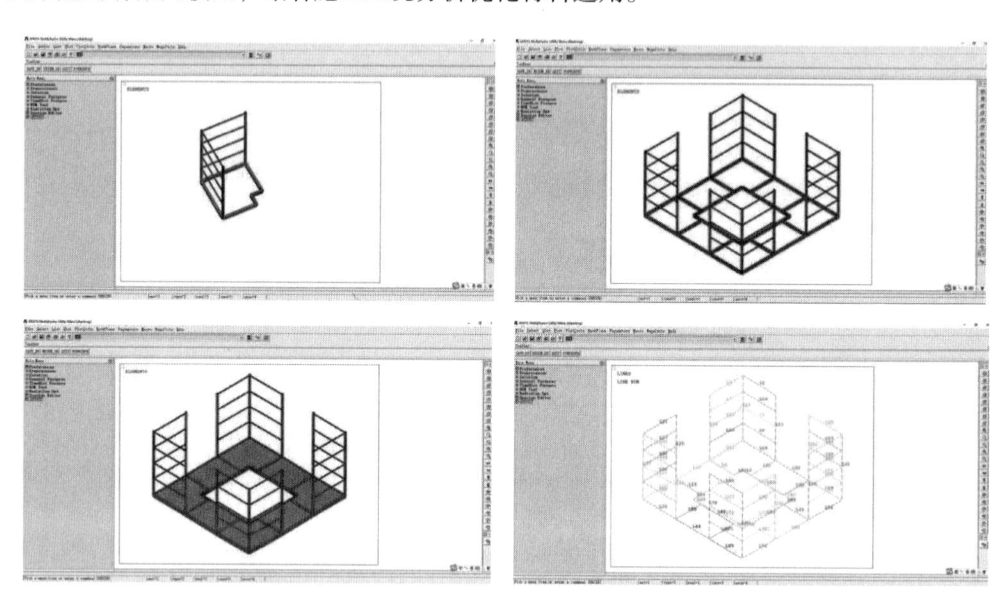

图3-28　钢平台有限元模型

3. 钢平台设计

钢平台采用模块化思路设计，由平台板和围护组成（图3-29、图3-30）。平台板由4

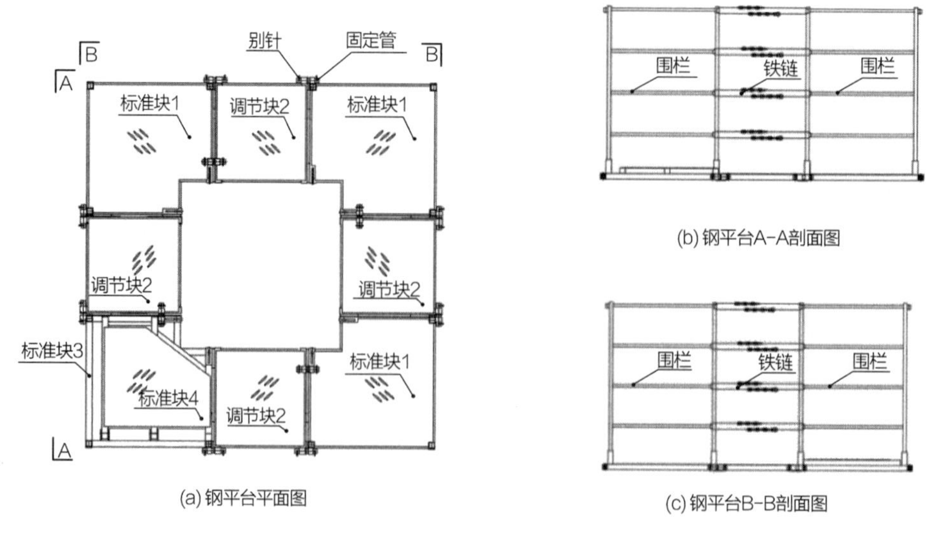

(a) 钢平台平面图　(b) 钢平台A-A剖面图　(c) 钢平台B-B剖面图

图3-29　施工钢平台平面、剖面图

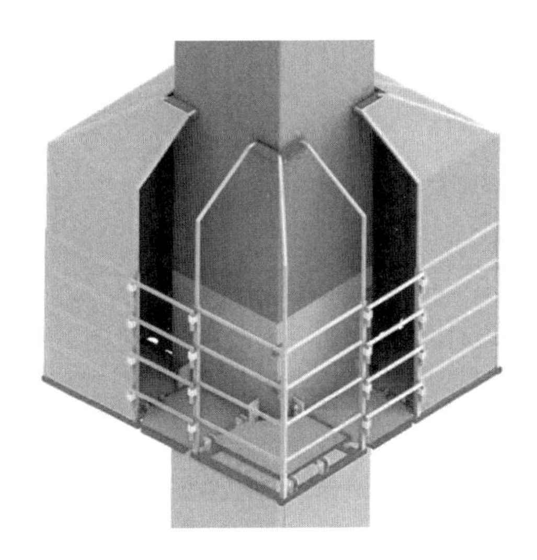

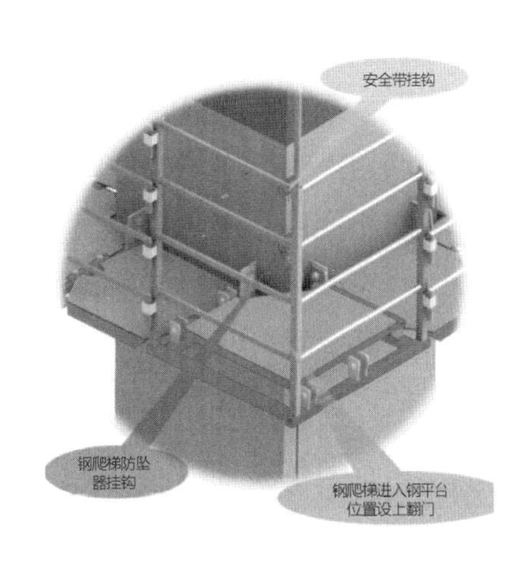

图3-30　施工钢平台轴测图

种模块组成，标准块1、标准块3通过螺栓与连接板连接；调节块2根据钢柱截面调节尺寸，与标准块1、标准块3销接；标准块4与标准块3组合，标准块4为平台出入口；钢平台围护：侧围栏由4块标准围栏模块和16条标准铁链组成，顶围栏由4块标准顶围栏模块组成。标准围栏模块由骨架和防火布组成。

4. 钢梯设计

钢梯设于钢柱阳角位置，避免穿越楼层时与楼层钢梁碰撞，梯段分5m、2m、1m三种标准段，根据钢柱长度组合安装，钢梯按每≤6m长度与预制连接板螺栓连接，在每个钢平台以上钢梯转角90°布置，钢平台兼作休息平台（图3-31），水平生命线系统主要由标准水平生命线和立柱装配组成（图3-32）。

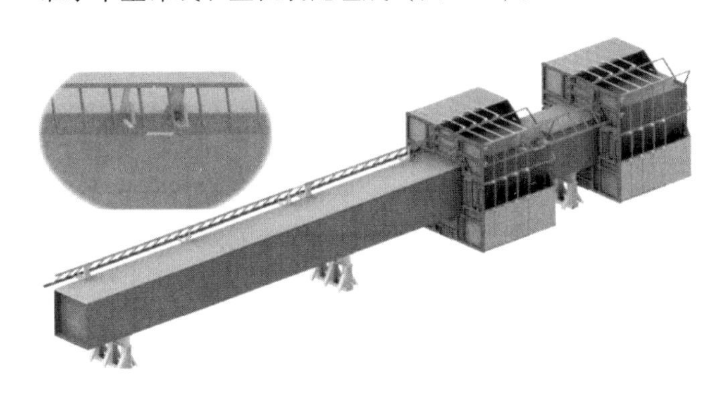

图3-31　施工钢平台与钢梯

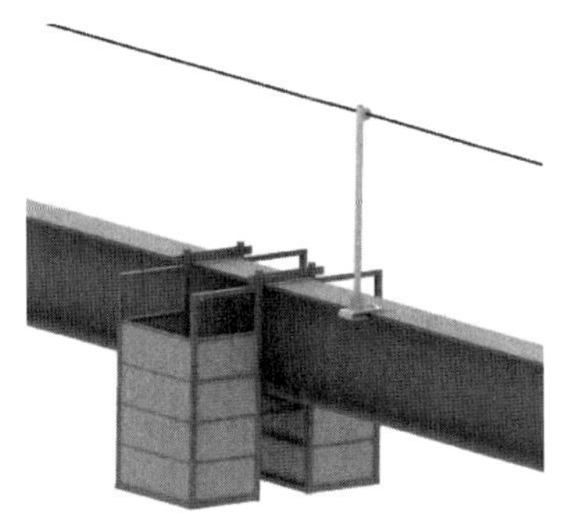

图3-32　水平生命线系统与吊笼

5. 吊笼设计

吊笼由薄壁型钢骨架与防火布围护装配组成（图3-32）。

3.4.3.3 安全防护设施加工

（1）编制专项加工方案，审核批准后组织实施；

（2）选用合格材料，钢材与紧固件复试合格后方可用于加工安全防护设施；

（3）严格按照设计图纸下料、制孔；

（4）根据加工图纸设置各模块组装胎模；

（5）首套安全防护设施制作完成后进行组装与拆除，检验各模块拼装契合度，修正问题后量产。

3.4.3.4 安全防护设施使用

1. 设施安装

进场检验：检验进场钢柱预制连接板位置、尺寸、焊缝质量；检验进场施工钢平台、钢梯、水平生命线立柱、吊笼及配件数量、质量。

钢平台安装顺序：标准块 1→标准块 4、标准块 3→调节块 2→围护。

钢梯安装顺序：钢梯组配拼接→钢梯安装→悬挂防坠器→翻开平台标准块 4 并固定→牵引防坠器钢丝绳至钢梯下端固定（图 3-33）。

钢梁起吊前安装水平生命线系统与吊笼：立柱→水平生命线→吊笼（图 3-34）。

图 3-33 钢柱起吊前安装钢平台、钢梯

图 3-34 钢梁起吊前安装水平生命线系统

2. 设施使用

钢平台、钢梯、水平生命线系统和吊笼安装完成后，经安全管理人员验收合格后方可使用。施工人员登高作业配备使用五点式双钩安全带，攀登钢梯时安全带挂钩挂于防坠器上，通过平台上翻门进入钢平台后将标准块 4 放下，安全带挂钩挂于作业点挂点上进行钢柱对接、钢梁安装焊接、索具解除作业（图 3-35）。安全带挂钩挂于水平生命线上进行水平移动、作业（图 3-36）。

图3-35　钢平台、钢梯使用

图3-36　水平生命线系统、吊笼使用

3. 拆除、周转

在楼层压型钢板铺设过程中同步展开安全防护设施拆除工作，拆除按照先装后拆、后装先拆、自上而下逐层拆除的总体顺序进行，利用滑轮组或高空作业平台车逐件放至地面。

3.4.3.5　质量、安全控制

安全防护设施安装、拆除前对作业人员进行安全技术交底；安装过程中安全员、质检员进行监督、检查，安装完成后验收并形成记录，合格后方可使用；钢梁安装就位后，水平生命线两端及时与钢柱连接贯通；使用时，对于结构构件安装需要临时解开安全铁链、拆除围栏及围护，且放置安全可靠，及时恢复，拆除作业时禁止高空抛物。

3.5 大型钢结构电子厂房吊装流水段划分与设备选型技术

3.5.1 概况

项目分为厂房一和厂房二，为目前国内最大全钢结构电子厂房，如图 3-37 所示。两个厂房平面功能划分均为超洁净核心生产区和两侧支持区。核心区结构全部为钢管混凝土组合柱，桁架梁体系，支持区为钢框架结构。钢结构总体效果图如图 3-37 所示。

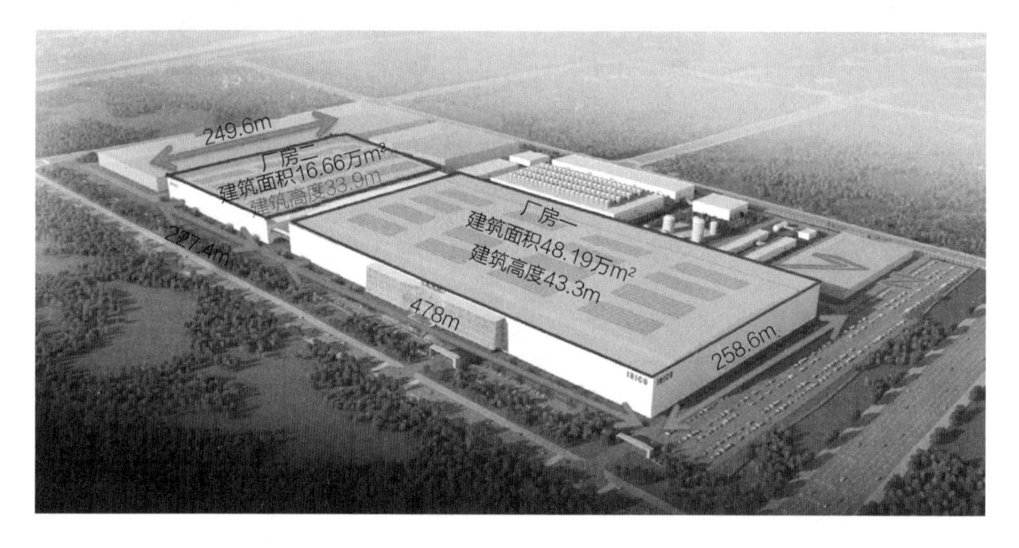

图 3-37　总体效果图

厂房一纵向 478m，横向 258.6m（其中核心区与回风廊 180m）。核心区分四层，02 层为华夫板混凝土结构，03 层和 04 层分别为主次钢桁架上下弦，桁架矢高 6.65m，桁架弦截面为 H800mm×400mm×20mm×28mm，主次桁架弦连接间梁截面为 700mm，纵横向长度分别是 15.782m 和 18.184m，最大重量 23t。屋面桁架矢高 2.8~5.32m，核心区柱网间距为 18.6m×16.8m 和 24.6m×16.8m。东支持区横向 27m，柱网间距 9.3m×9m，西支持区横向 36m，柱网间距 9.3m×（16.2+19.8）m，核心区钢柱截面均为 1000mm×1000mm×35mm，东支持区钢柱主要截面为 700mm×25mm。西支持区钢柱主要截面为 1000mm×35mm。

厂房二纵向 249.6m，横向 227.4m，厂房二核心区分三层，02 层为桁架结构，结构上为华夫板，03 层为屋面桁架结构。核心生产区尺寸 249.6m×191.4m，柱网间距 16.8m×16.8m、19.8m×16.8m 和 22.8m×16.8m。核心区钢柱最大截面为 950mm×950mm×35mm 和 1200mm×1200mm×32mm，桁架矢高 6.65m，桁架弦截面为 H800mm×400mm×25mm×30mm，次梁截面为 H800mm×400mm×22mm×28mm，北支持区（含办公区）长 249.6m，宽 18mm，柱网间距 8.4m×9m，柱截面主要为南支持区长 249.6m，宽 18m，柱网间距 8.4m×9m，柱截面尺寸主要为 800mm×25mm（图 3-38）。

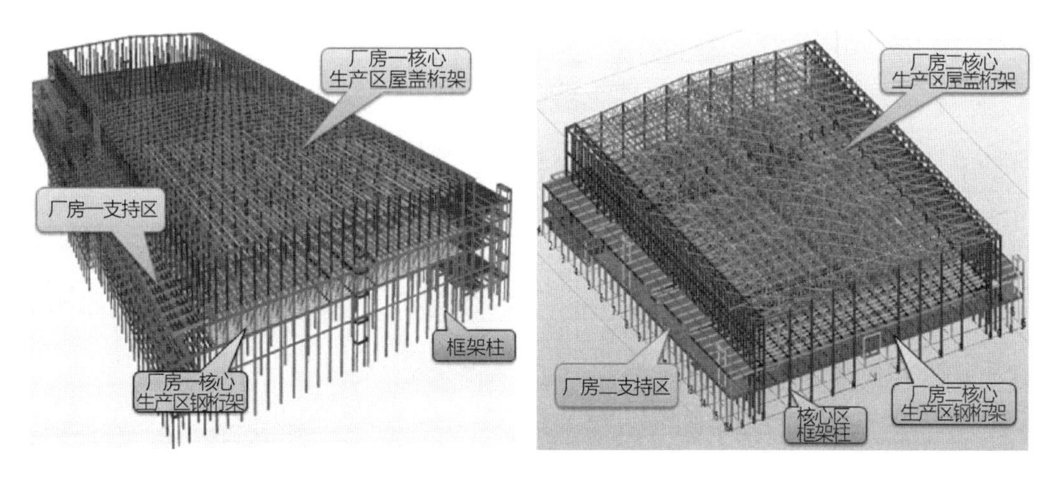

图3-38 厂房钢结构总体效果图

3.5.2 主要特点、难点

虽然工程体量大，构件数量多，但吊装次序、构件重量以及施工工艺基本相似，故现场技术层面的工作可以统一考虑，这是突出的特点。

(1) 桁架尺寸大，拼装分段多，精度要求高，拼装工作量大，桁架高度达6.65m，最大桁架重量达到45t；钢柱单根构件重量约21t，最大高度42m，安装过程影响因素多，安全风险大。

(2) 现场安装与土建等单位高密度交叉配合作业，筏板分区移交，吊机体型大，数量多，作业场地规划、构件运输、吊机行走、构件拼装场布置难度较大，构件堆放、工具及措施材料周转、交通组织及场地周转是现场生产的重点。

(3) 工程工期要求紧，主体要求90d完成，为土建及安装争取时间，场内场外同步拼装，突出一个“快”字。

(4) 楼地面混凝土平整度要求2mm/m，故对钢构件拼装、安装精度要求高。

(5) 高空作业卸钩作业时间长，桁架安装总必要时间持续长、效率低。

(6) 桁架现场以平拼为主，一次吊装到位，平拼胎膜流水作业交叉倒用，水平及竖向流水组织难度大。

(7) 土建与钢构专业技术间歇穿插施工复杂。

3.5.3 洁净厂房吊装施工措施

3.5.3.1 吊车选型

1. 吊装工况模拟

吊装工况模拟需考虑构件的运输限制、高度、重量、主臂角度及回转半径等因素。同时考虑是否杠杆，如：隔间下层次桁架吊装时，横向主桁架对吊臂的影响；隔间屋面次桁架吊装时，近吊车轴线三段柱高度对吊臂的影响。具体实例如图 3-39 所示。

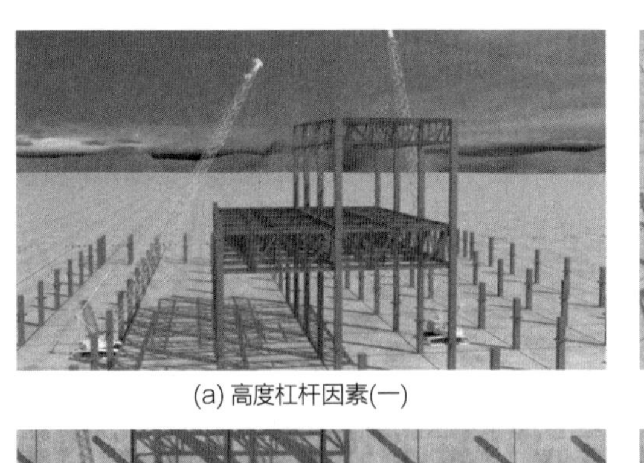

(a) 高度杠杆因素(一)

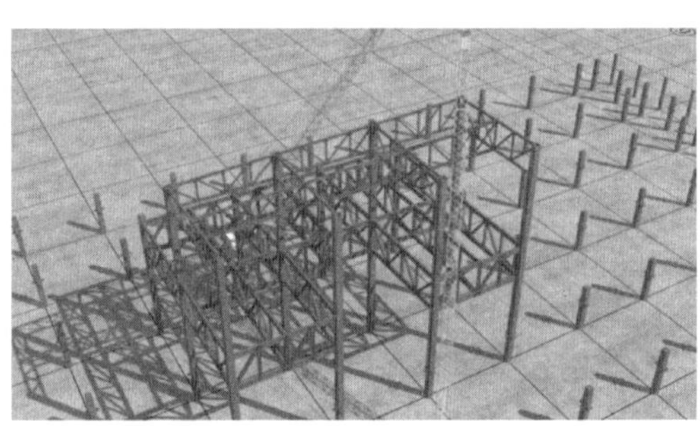

(b) 高度杠杆因素(二)

(c) 对应的左吊臂构件平面关系

(d) 对应的右吊臂构件平面关系

图 3-39 吊装工况模拟示例

核心区 260T 履带式起重机吊装工况统计表 表 3-19

主要代表构件	20.7t 柱	22t 柱	23.1t 柱	26.4t 桁架	16.2t 桁架	16.4t 桁架	45.1t 桁架
主臂长 (m)	62	62	62	62	62	62	62
半径 (m)	30	12	22	22	22	26	12

2. 吊车确定

根据吊装工况模拟，核心区主结构采用 260T 履带式起重机进行吊装（表 3-19）。根据图 3-40 可见，吊车性能完全满足吊装工况要求，且安全储备足够。

主臂(m) 半径(m)	62.0	65.0	68.0	71.0	74.0	77.0
12.0	76/12.2	70/12.7	64.8/13.2			
14.0	67.2	63.5	62.3	58.7	52.9/14.3	**46.2**
16.0	57.0	55.2	54.2	53.0	51.5	**45.6**
18.0	50.6	48.6	47.8	46.6	45.9	**44.4**
20.0	44.1	43.3	42.5	41.6	40.9	**40.2**
22.0	38.8	38.3	38.2	37.5	36.7	**36.1**
24.0	34.5	33.9	33.9	33.6	33.2	**32.6**
26.0	31.3	30.4	30.3	30.0	29.9	**29.6**
28.0	27.8	27.4	27.3	27.0	26.9	**26.8**
30.0	25.5	24.8	24.7	24.5	24.3	**24.2**
32.0	23.1	22.6	22.5	22.3	22.1	**22.0**
34.0	21.1	20.7	20.6	20.4	20.2	**20.1**

图3-40　核心区260T履带式起重机性能参数

3.5.3.2　流水段划分

根据难点分析，确定工程的重点区域为厂房核心区。施工平面布置、物料交通组织、吊装机械选择为重点，识别单日构件吊装数、单日运输量、单日拼装量以及钢构与土建专业技术间歇和步距，吊机的作业空间范围是影响施工流水段划分的关键因素。因此，针对性地设计并规划了施工区段划分、拼装场地安排以及吊装技术方案和吊车选型。

1. 吊装数量统计及策划

针对这个特点，按照建设方进度计划主体工期90d的要求，而且要充分考虑往年同期天气统计影响因素进行折减。加之厂房二由于筏板开工时间晚于厂房一20d，结合关键吊次统计和工序时间定额计算每天吊装量及工作面数量。选择每个厂房核心区8个工作面同时施工，支持区4个工作面部署吊装流水施工（表3-20、表3-21）。由此可知核心区二、三段钢柱及桁架安装为关键工作，应该重点控制这些工作的功效，一切生产组织工作必须以核心区桁架及二、三段钢柱安装为重点。

构件统计信息表　　表3-20

序号	类别	厂房一构件统计（件）	厂房二构件统计（件）	重量区间（t）	长度区间（t）	安装高度（m）
1	核心钢柱	1611	804	12.7～23.1	12～16.74	9.5～42.50
2	钢桁架	1570	980	5.7～45.1	15.8～18.2	24.5～42.5

续表

序号	类别	厂房一构件统计（件）	厂房二构件统计（件）	重量区间（t）	长度区间（t）	安装高度（m）
3	钢梁	21874	10530	—	—	—
4	外带件	87496	4360	—	—	—
5	合计	114548	17146	—	—	—

工时、工期分析表 表 3-21

构件	工序	做法	工程量	单位工时	工时（min/件）	工时（h）	关键工时（h）
桁架	拼装	下弦	1	20	20	0.33	8
		腹杆	7	20	140	2.33	
		上弦	1	40	40	0.67	
		焊 3 台机	10	30	300	5	
	吊装	翻身起吊	1	90	90	1.5	3
		垂直运输	1	30	30	0.5	
		螺栓初拧	1	60	60	1	
		焊 4 台机	2 +2	120	240	2	3
		高空就位	1	60	60	1	
钢柱	吊装	倒运就位	1	60	60	1	1
		高空焊接	1	240	240	4	

注：桁架拼装及地面焊接、钢柱高空焊接均不考虑占用关键工作时间。

2. 运输场地布置及流水方向确定

1）竖向流水根据前面构件特点及数量确定

以厂房一为例，考虑一节柱不占用关键工作时间，只计算二、三段柱吊装时间，钢柱吊数为 $1611 \div 3 \times 2 = 1074$ 吊次，并考虑次构件收尾吊装时间，故大构件吊装有效工期按照 80d 计算，每日仅二、三段钢柱及桁架吊次（$1074 + 1570$）$\div 80 \approx 40$ 次，按照总量和当日工作时间以及时间定额计算，每天仅能安装约 4 吊（约 2 榀桁架和 2 根钢柱），次构件安装显然不能满足工期要求，故主吊车只能安装桁架以及二、三段钢柱，一节柱和 03 层、04 层屋面必须增加吊装工作面，故确定了立体的三大吊车梯队竖向流水作业（图 3-41）。

核心区二、三段柱以及桁架使用 260T 履带式起重机吊装主框架构件，次构件（包括次梁、压型楼承板等）采用 50T 汽车起重机进行吊装；支持区结构采用 150T 履带式起重机进行吊装。拼装平台拼装吊车采用 50T 履带式起重机进行拼装，并配备一台 25T 汽车起重机配合；倒运吊车采用 100T 履带式起重机；拼装实际使用 70T 以上轮式汽车起重机，考虑转场少，同样回转半径内起重量大，以提高工作效率为主要衡量指标，这里不再叙述。

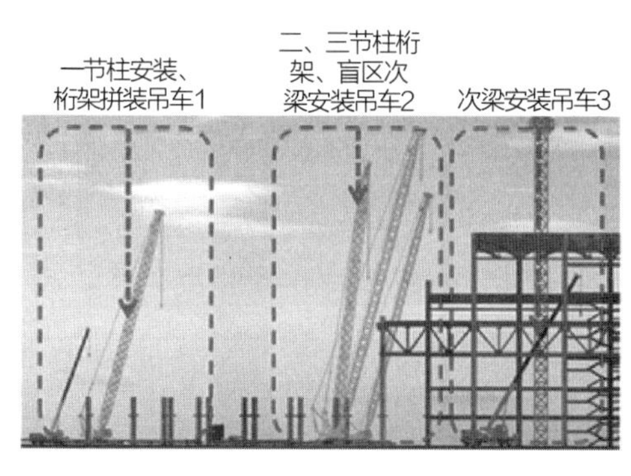

图3-41　竖向流水吊车梯队示意图

2）平面流水确定

以厂房一核心区为例，纵向26间吊装作业区，若90d工期大约3d完成一间，除起步单元外，其他核心区标准单元钢柱不含一节柱，6吊钢柱，12榀主桁架，6榀次桁架吊装，不考虑次桁架焊接占用关键工作时间，完成基本单元构件吊装。根据时间定额计算需要$6\times1+12\times6=78h$，考虑夜间焊接加班，吊机有效安装时间按照13h计算，得出标准单元完成时间需要约6d，两倍于计算工期3d的要求，通过增加吊装作业面数量，确定从中间向两边同时施工增加一倍的工作面。施工作业段划分及流水方向布置如图3-42所示。

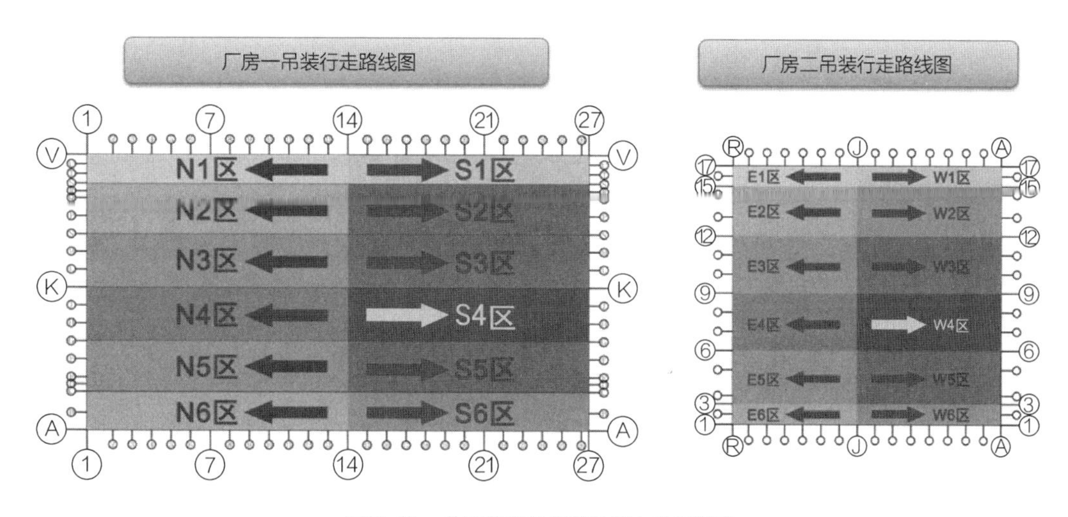

图3-42　施工作业段划分及流水方向布置

为了有效利用现场场地，减少构件堆放和二次倒运，所有构件均按现场施工进度配套生产、配套发货；其中每榀桁架构件根据现场安装要求当天配套发货，桁架构件从运输车上直接吊到胎架上组装、焊接，节省人力物力。

按照吊装总体思路，在核心区以各工作面的吊装区域作为拼装构件堆放场地，以厂房一进行策划布置，见图3-43、图3-44。

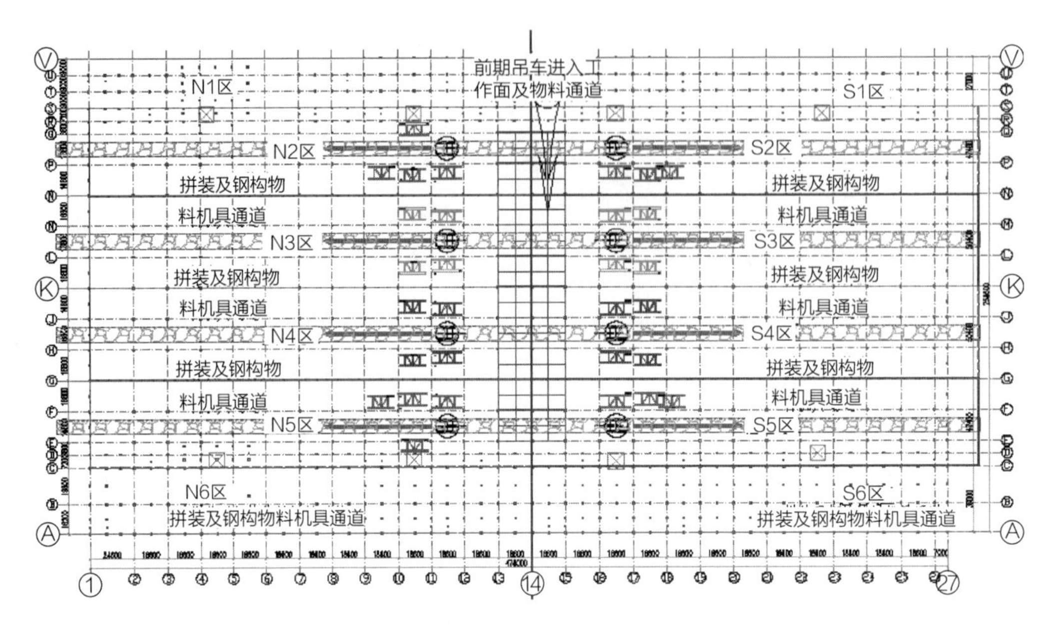

图 3-43　厂房一各施工段划分及拼装场地布置策划图

图 3-44　厂房一 14 ~27 轴现场平面图

吊装区域的拼装场地根据安装流水，减少运输中间环节，拼装工作面至少前置吊装工作面一个节间。

吊装节间未进行工作时，现场拼装平面见图 3-45（以厂房一为例）。

吊装节间开始工作后，每空出一个平台，将此平台转移到后一节间。往复进行，完成拼装场地的转换。

3）土建与钢构技术间歇和步距平面流水确定

图3-45　现场拼装平面

现场安装与土建等专业交叉配合作业，底板分区移交钢结构，工作面仅限移交区域。然而工程构件截面较大、数量较多，吊机体型大，数量多，在有限的场地进行场地规划、构件运输、安排吊机行走路线、布置构件拼装场地难度较大。

土建各层工序与钢构专业各工序流水间歇考虑材料周转和安全间隔一个节间（一个柱距），也满足5d一个单元的步距要求（图3-46）。

图3-46　土建与钢构技术间歇示意图

3.6　超长大面积金属夹芯板墙面施工技术

3.6.1　概况

厂房一长478m，宽258.6m，檐口高43.4m，外墙面面积6.5万m^2；厂房二长249.6m，宽227.4m，檐口高34.5m，外墙面面积3.6万m^2；两个厂房之间的连廊外墙面面积0.2万m^2。

外墙面围护系统主要由墙柱及墙面檩条系统、外金属墙夹芯板、收边系统组成。

墙柱及墙檩：采用矩形冷弯空心型钢，□250mm×150mm×5mm、□200mm×150mm×5mm与□150mm×150mm×5mm三种截面搭配组合使用，材质为Q345B。

金属墙夹芯板：上下企口，100mm厚岩棉复合夹芯板，金属板外侧板为纯平板，外板厚度为0.8mm，金属板上下榫接口为硬质PIR封边，收边与墙面板相配套。

3.6.2 主要特点、难点

1. 安装质量要求高

项目为电子厂房，对安装精度要求高，埋件施工、结构施工及外墙金属板的施工均为高空作业，因此施工难度较大，对施工工人的技术水平有非常高的要求。

2. 细部构造复杂

墙体外立面复杂，既有高低跨结合、夹芯板墙面与幕墙结合、楼梯井道、顺风竖井，又有屋凸结构等，设计节点复杂繁多。

3. 安全管理难度大

安全风险高，交叉作业、高空作业导致安全隐患突出，安全管理工作难度大。

3.6.3 金属夹芯板面墙施工技术措施

3.6.3.1 做好材料安装、运输的管理

电子类厂房的施工特点是施工场地紧张，物流空间有限，建筑物周边无法堆放，工期紧，对材料水平运输、垂直运输、空间运输及吊装等方面都存在着很大的难度，各专业衔接交叉复杂，尤其是设备搬入口的位置，因此必须制定合理、高效的物流及吊装管理措施，不但要保障外墙项目的正常运行，同时也保障其他交叉作业的相关承包商正常施工。该项目从进场开始每日派专人参加管理方组织的物流协调会，通过物流协调会做好与各承包商的充分沟通，并提前办理“吊车作业许可证”及“施工临时道路占用申请表”“作业许可证”，制定切实可行的材料进场及安装计划：

（1）工程的后置埋件进场后人工卸车堆放在指定堆场，由施工人员采用人工拖车拉至现场进行安装，实行当天安装多少进入现场多少，如出现当天未安装完的后置埋件，施

工人员下班统一收回至堆场。

（2）檩条实行按作业面需求进场，在不影响道路畅通和其他单位作业，并严格服从总包管理的情况下，卸车时直接放置在即将进行檩条安装的外墙周边。

（3）岩棉夹芯板采取按计划提前进场，采用叉车或吊车卸至指定堆场，根据现场作业面用量需求，用叉车或载重汽车将板材拉至安装地点，尽量做到当天进入施工现场的板材当天安装上墙。

（4）与室外（小市政）工程的交叉协调管理：外墙与室外工程的交叉作业最频繁，交叉量最大，受影响最为严重且直接影响工期。鉴于此，项目部在项目管理过程中遇到交叉作业时，有针对性地制定了多种方案进行施工，不局限于既定方案，根据现场实际情况及时调整，有选择性地组织急需的材料或构配件并安排进场顺序，保证施工进度。

3.6.3.2　材料及构配件的提前加工

鉴于该项目工期紧、体量大、专业交叉多的特点，及早开始并尽快完成图纸深化。依据项目进度情况，组织专职人员分批转化为下料加工任务单，然后进入原材料的采购、车间生产加工程序。鉴于该项目工期紧迫性，事先协调好加工单位的生产车间预留一整条生产线，24h 倒班制加班加点，项目专职人员全程监督生产加工和运输环节，依据现场交接的工作面，统筹协调车间加工顺序，具备安装条件的工作面，构件先行加工，先行运输，先行安装，每天必须保证 5000m^2 的成品板材出厂，保证现场施工的有序持续进行。

3.6.3.3　现场加大施工投入

构件进入现场（图 3-47），按部位分轴线码放，由于该阶段是整个工程保质保量、按

图 3-47　现场施工照片

期完成的关键，充分考虑到影响工期等因素，加强与土建及其他专业的配合施工，把握好交叉作业的时间安排；准备充足的劳动力与施工设备，制定了突击施工作业、轮班作业、夜间施工三套方案。将施工现场细化为8个作业面，调配了320名高空作业人员陆续进场，按工作面分为20个高空安装班组，夜间2个倒运班组进行抢工，配备了40台高空吊篮、25辆汽车起重机、16部钢质井字梯、60部卷扬机配合安装。通过以上措施，最终在建设方要求的节点工期前完成了外墙面的安装工作，为下一步工序即建设方设备的如期搬入及调试创造了有利条件。

3.6.3.4 使用榫接插口墙面夹芯板损坏处理的新技术

1. 传统更换损坏墙板方案

在电子厂房施工过程中，由于高密度的交叉作业以及个别分包商的成品保护意识不够，经常会对已安装的墙板造成局部的破损，如图3-48所示，传统的换板方式是从最顶部的板子拆起，一直拆到底部墙板损坏位置，更换后再重新安装到顶部，费时费力，造成很大的经济浪费。因此，这种切实可行的换板方案，对损坏的墙板进行局部拆除，既节约了施工时间，又最大限度地节约成本，有效避免造成不必要的经济损失。

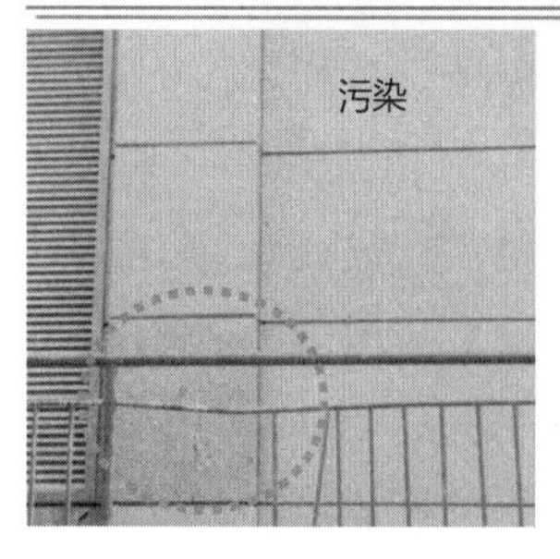

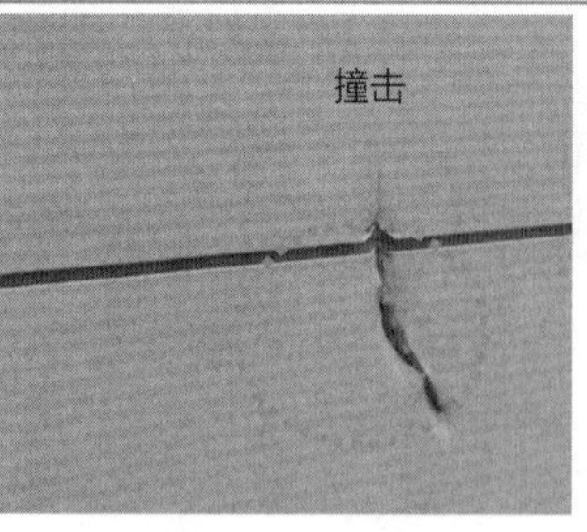

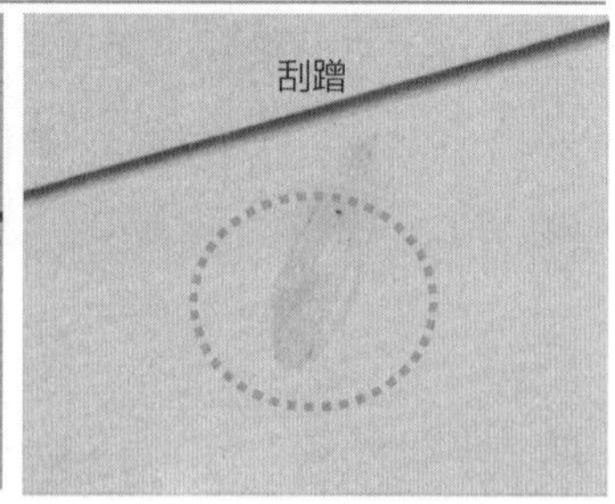

图3-48 墙板损坏类型

2. 新型墙板更换方案

（1）将损坏的墙板A进行破坏性拆除。

(2) 同时保护性拆除相邻（上部或下部）一块墙板 B。

(3) 墙板 B 连同新换的墙板 C 采用 V 字形的方式由外向内水平推入。

新型墙板更换方案如图 3-49 所示。

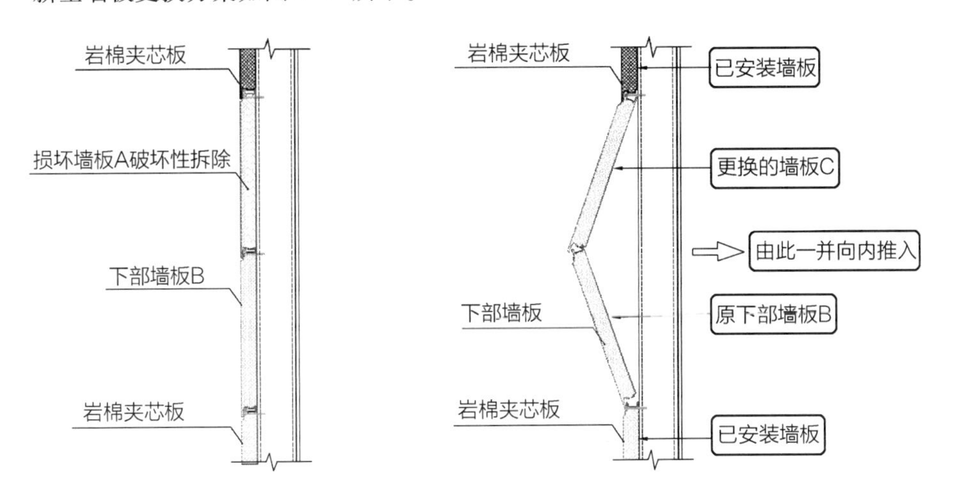

图 3-49　新型墙板更换方案

3.6.3.5　可拆卸搬入口施工的新技术

1. 新型可拆卸搬入口构造

可拆卸洞口包含结构构造和围护构造两部分，即可拆卸式檩条和可拆卸式墙板。

(1) 可拆卸式檩条：在预留洞口上下部位各增设横向檩条，左右两侧增设竖向立柱，形成“口”字结构，并与墙面檩条系统固定连接。预留洞口较宽需增设临时竖向檩条时，应采用螺栓连接（利用角码）与横向檩条固定，以便日后拆卸。

(2) 可拆卸式墙板：可拆卸式墙板从下至上开始安装，安装到最后一块（最上面一块）时，按照预留洞口尺寸将多余的墙板上部切除，并用 0.6mm 厚金属 U 形槽将外露岩棉包裹并固定。与上面相邻墙板留 20mm 缝隙，塞入岩棉块，并用铝压条压紧固定，如图 3-50 所示。

2. 可拆卸洞口拆除工序

(1) 首先要拆除洞口的铝压条外槽扣件，松开自攻钉，然后再拆除内槽扣件。

(2) 墙板由上至下进行保护性拆除。

(3) 墙板拆除完毕后通过拆除连接件进行檩条的拆除。

(4) 檩条拆除完毕后即达到设备搬入要求。

(5) 设备搬入完成后按相反工序进行檩条与墙板的安装，方案演示如图 3-51 所示。

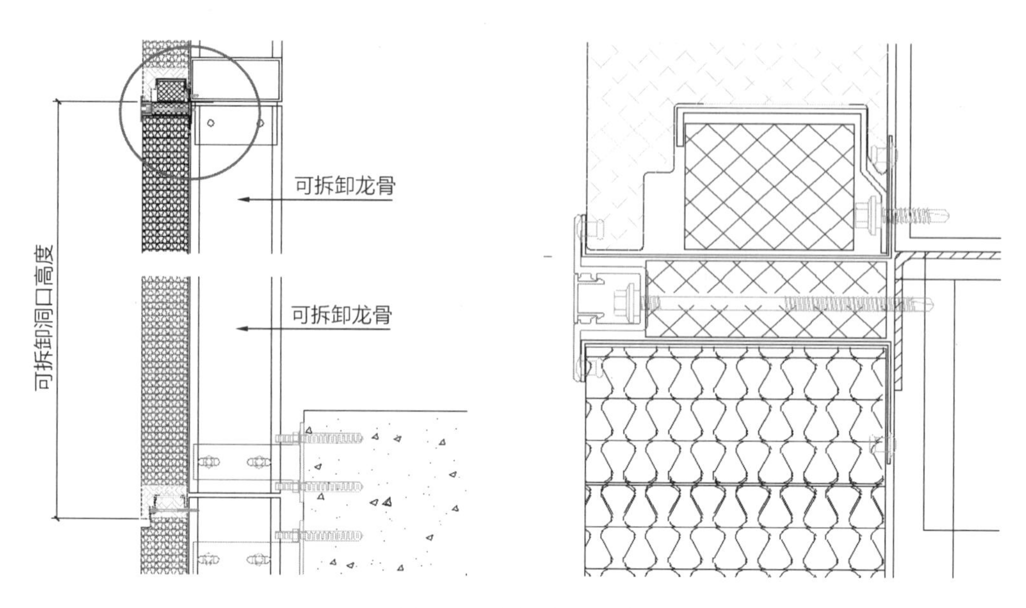

图3-50 可拆卸式墙板节点

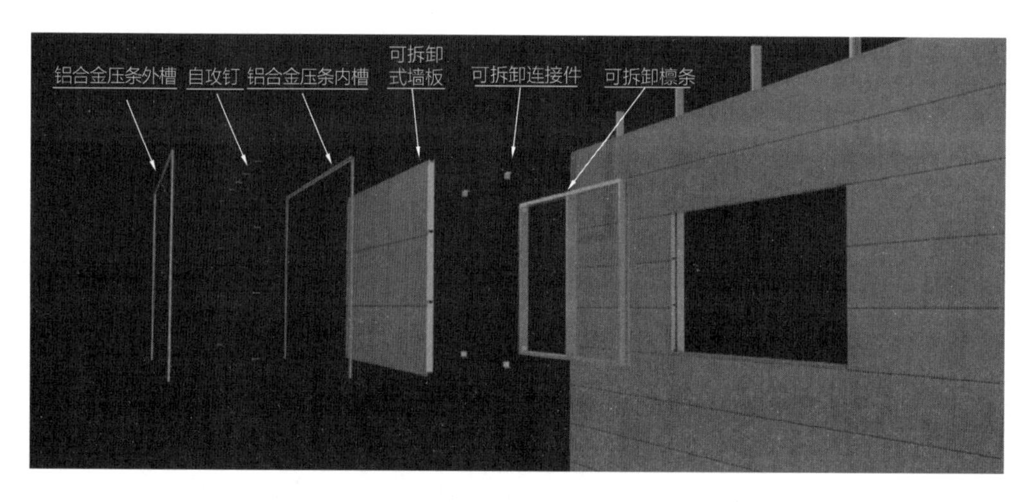

图3-51 可拆卸式洞口方案演示

3.6.3.6 节点防水处理新技术

1. 窗口节点防水处理技术

外墙施工中，窗口位置是漏水频发点，因此通过合理的节点处理，特别是对容易引起漏水的外露明钉进行处理，有效解决了该部位的漏水隐患（图3-52）。

2. 对接缝节点防水处理技术

竖向对接缝处通过铝合金压条内衬防水丁基胶带实现防水（图3-53），可有效避免墙

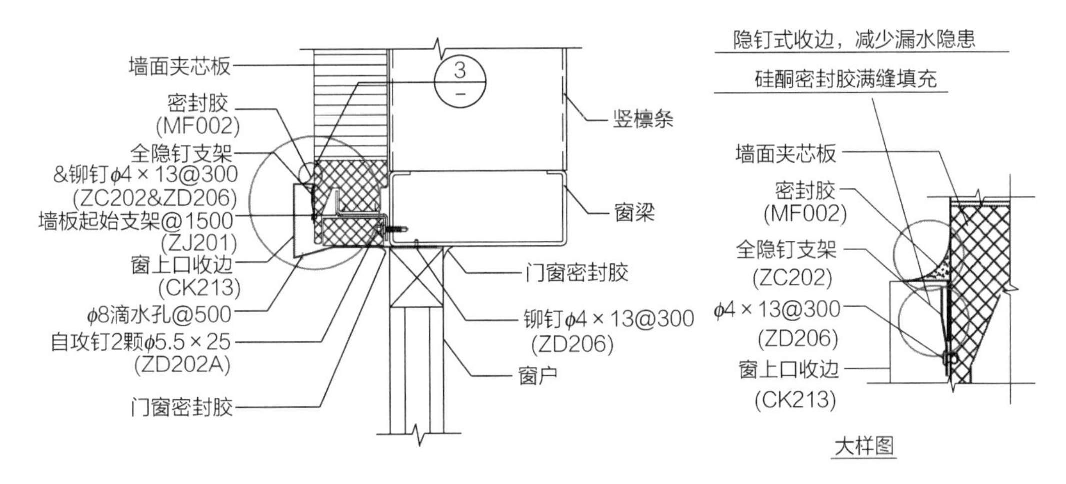

图 3-52　窗口节点防水处理

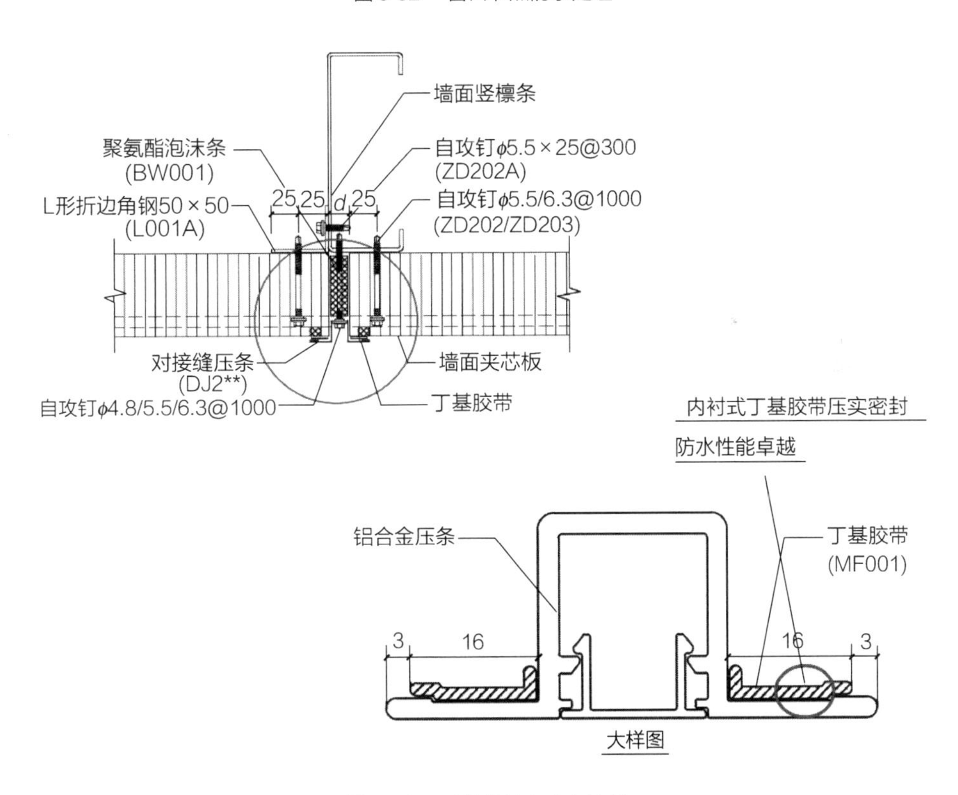

图 3-53　对接缝节点防水处理

面竖缝处产生漏水隐患，丁基橡胶防水密封粘结带是由丁基橡胶与聚异丁烯等主要原料共混而成，按照特殊的生产配方，采用最新专利技术，选用优质特种高分子材料，经过特殊的工艺流程生产出来的环保型无溶剂密封粘结材料。

以上节点防水处理的优点：

（1）优异的机械性能：粘结强度、抗拉强度高，弹性、延伸性能好，对于界面形变和开裂适应性强。

（2）稳定的化学性能：具有优良的耐化学性、耐候性和耐腐蚀性。

（3）可靠的应用性能：其黏结性、防水性、密封性、耐低温性和追随性好，尺寸的稳定性好。

（4）施工操作工艺简单。

3.7 超大面积钢结构屋面施工技术

3.7.1 概况

工程柔性轻钢防水屋面总面积共计14.2万m^2。其中厂房一檐口高43.4m，长478m，宽195.6m，面积9.4万m^2；厂房二檐口高34.5m，长249.6m，宽191.4m，面积4.8万m^2；施工构造包含屋面防水层、保温隔热层、隔汽层及承重层四个部分。具体做法如图3-54所示。

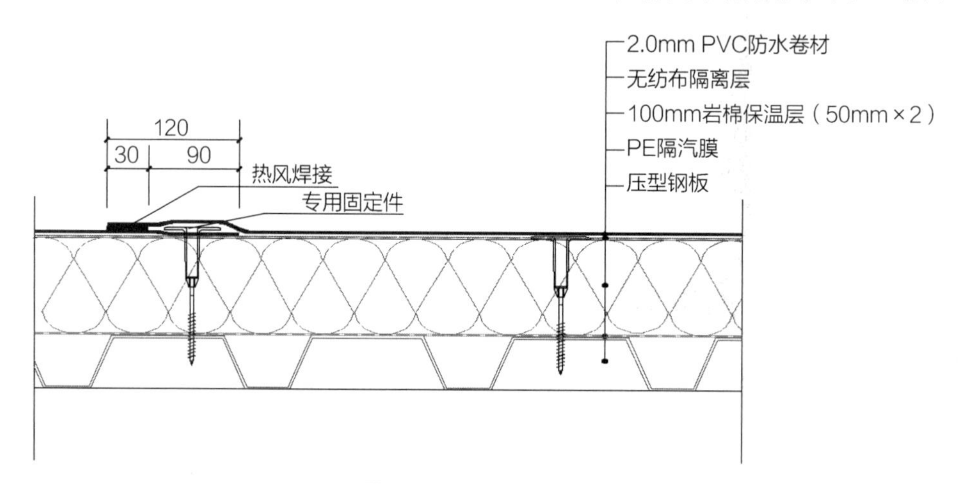

图3-54 屋面设计构造图

施工方法为机械固定法。PVC防水系统将以机械固定的方式固定在压型钢板上。PVC卷材的搭接采用热风焊接的方式，焊缝的强度、使用年限与母材性能完全一致。

3.7.2 主要特点

3.7.2.1 防水要求高

工程为超洁净电子厂房，厂房内的生产设备造价昂贵，产出的产品价值高，设备及产品都不能见水，因此要确保防水效果，不能出现任何差错。

3.7.2.2　单体面积大

单体面积大，施工必须分段分面完成，各个施工面的协调与衔接必须做好，特别是细部做法，每个环节都不得有瑕疵。

3.7.2.3　施工周期短，短期投入大

现场施工周期短，施工量大，需要调动的资源多，原料采购、加工、运输、安装等方面对施工单位都要求相当高，必须有充足的资金、强大的生产能力、充足的劳动力供应和高效的组织协调及管理能力。

3.7.3　技术难点

3.7.3.1　原材料质量要求高

超洁净电子厂房必须绝对确保防水效果，所选用的材料要求高。底板镀锌含量高，要求双层镀锌量≥275g/m^2，需要提前定制；岩棉保温板，燃烧等级A级，密度为180kg/m^3，压缩强度（压缩比10%）≥60kPa，点荷载强度（变形5mm）≥500N，需要提前定制；防水卷材，使用2.0mm厚紫外线反射性玻璃纤维内增强型PVC防水卷材，该材料是一种高品质、高分子防水片材，经PVC树脂加入增塑剂、抗紫外线剂、抗老化剂、稳定剂等加工助剂，通过挤出法生产成型的高分子防水卷材，项目使用的卷材需要提前定制。原材料采购难度大，需要统筹安排。

3.7.3.2　施工质量要求高

超洁净电子厂房内的生产设备及产出的产品全部不能见水，否则损失极大，施工方无法承担因此造成的损失，因此要确保绝对防水效果。

3.7.3.3　组织协调难度大

原料采购、加工、运输、施工等方面要求相当高，必须有充足的资金、强大的生产能力、充足的劳动力供应和高效的组织协调及管理能力。

3.7.3.4　工期短，存在交叉作业

电子厂房工序多，须在短时间内完成的施工内容多，各个工序都需要在规定的工期内完成施工内容，因此施工中存在多专业同时施工。屋面系统施工受下部施工影响，要确保下部施工人员安全，沟通协调有难度，也存在降效因素。

3.7.3.5 安全管理难度大

安全风险高，交叉作业、高空作业导致安全隐患突出，安全管理工作难度大。

3.7.4 屋面施工措施

3.7.4.1 材料提前采购及加工

鉴于该项目工期紧、体量大、材料要求高的特点，由项目部生产部门制定详细的材料进场计划，商务部根据材料进场计划严格开展原材料的采购工作。能提前进行的工作尽量提前，为现场施工提供充分的原料。

屋面防水卷材需要进口，项目钢结构刚开始安装的时候就开展采购工作，使材料在指定节点前就已经通关进入国内的指定仓库。

屋面的底板提前采购好钢卷，把压板设备放置在工地就近的工厂进行压制成型，派专人驻场对日加工量进行统计，确保日加工量满足现场施工需要并有储备量。

保温岩棉选择国内岩棉生产规模大的企业进行调研，在了解各企业的产能和生产任务、计划安排后，最后确定能满足项目供货要求的著名大企业供应。

3.7.4.2 材料的进场与垂直运输

材料进入现场，不同材料按部位分轴线堆放，充分考虑到影响工期等因素，加强与其他专业的配合施工，把握好交叉作业的时间安排。力争使进场材料从运输车辆上直接吊运到屋面作业面上，减少中间环节，节约现场空间，节约时间并提高效率。

3.7.4.3 劳动力组织

项目分为厂房一、厂房二两个施工组，每个施工组单独配备足够的作业人员，并留一定的预备人员，若有一个施工组的人员出现不足，立即从预备人员中给予补充。实际施工中，在铺底板时，计划的劳动力与实际需求出现差异，项目部立即组织 80 多人的队伍，对屋面底板作业进行了人员加强，确保了在短期内把底板全部铺完，为后续工序提前提供了充分的工作面。

3.7.4.4 做好压型钢板底板铺设中的细节控制

屋面底板为压型钢板，其铺在屋面檩条上必须顺坡搭接，搭接位置应在檩条上，搭接长度应大于 80mm，用紧固螺钉固定在屋面檩条上，打钉的位置应在波谷处。需要强调的是，作为屋面防水系统的承重层，底板必须与屋面结构（檩条）连接牢固。

3.7.4.5 做好岩棉保温层铺设中的细节控制

PE膜铺设完毕后，开始铺装岩棉保温板。岩棉保温板作为屋面保温层，兼有防火功能，同时也是屋面荷载传力层和防水基层，因此必须铺设连续、固定牢靠。为减少接缝，尽量用标准整块，不足整块须裁剪时，先弹线用小刀将岩棉保温板裁剪整齐。岩棉保温板上下两层板缝相互错开1/3板宽。自攻钉安装前，应先弹出控制线，保证自攻钉均在压型钢板的波峰上且间距为300mm。项目岩棉保温板规格为1200mm×600mm，每块岩棉保温板专用固定件不少于2个。

3.7.4.6 做好防水层铺设中的细节控制

防水层施工是项目的重点，必须确保施工质量，做好以下方面的细节。

（1）大面要求：铺设顺直、平整。卷材的铺设方向应垂直于压型钢板长边方向，平行于屋脊的搭接缝，且顺流水方向搭接。施工时，首先要弹线再进行预铺，把自然疏松的卷材按轮廓布置在基层上，平整顺直，不得扭曲，并进行适当剪裁。

（2）搭接宽度要求：卷材搭接边宽度为120mm，手动焊接，焊接宽度大于等于25mm。先焊长边搭接，后焊短边搭接，焊接时不得损坏非焊接部位。

（3）接缝要求：每条焊缝必须通过手工检测，即用平口螺丝刀，稍微用力，沿焊缝移动，无漏焊、跳焊为合格；必要时，可采用剥离实验。需要粘结的部分按用胶量0.4kg/m^2，分别在PVC卷材表面和基层用胶辊涂刷一层胶剂，半干燥且不粘手时，使预粘面合龙，压辊压实。然后再把另外没有折叠的部分折叠起来，继续从折叠处操作，如前所述，依次类推，最后施焊。焊接表面要求：无水露点，无油污及附着物，擦拭干净。

（4）卷材之间采用自动焊机热风焊接（图3-55），焊接时，要不时地检查焊机及其操作程序，焊接方向需要人工控制，焊机压力为500~550N，温度为460~500℃，焊接速度为1.8~2.6m/min。具体情况视现场的温度、湿度而定。

（5）进行细部收口处理（手动焊接），先预热约4min，焊枪温度控制在250~450℃，焊接速度为1.0~1.5m/min，焊接时用手动压辊压实，随焊随压。

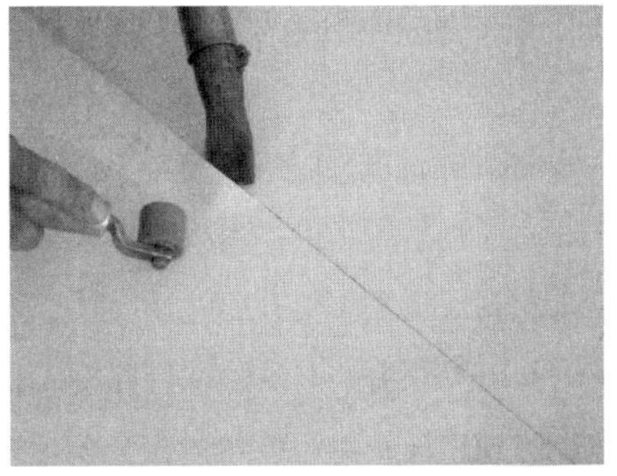

图3-55 防水层铺设焊接

（6）阴阳角处焊接补丁，女儿墙落水口等细部节点必须按规范要求处理。

3.7.4.7 紧固件的正确使用

紧固件是结构件，对建筑物的安全起着至关重要的作用，其造价占建筑总造价的比例远不足 5%，却承担建筑 80% 的安全责任，还应与建筑物的设计和使用寿命相同，另外对建筑物的美观起着重要作用。

首先，施工中应使用与项目相匹配的紧固件，以确保建筑物的安全性，尽量减少额外的高维修更换费用。项目采用专用于防止冷凝、腐蚀发生的紧固件，如图 3-56 所示。

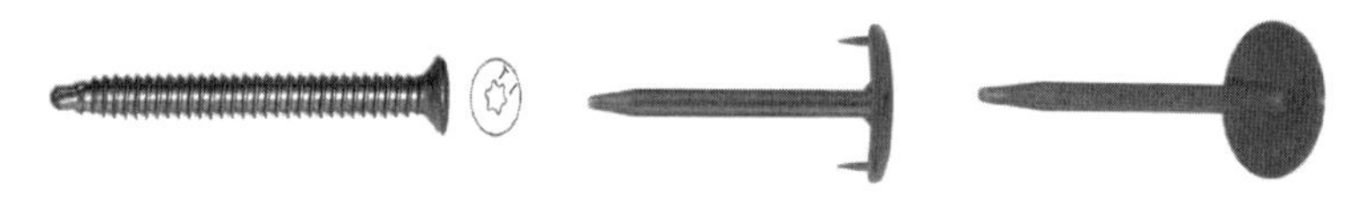

图 3-56 专用螺钉、套筒

其次，紧固件的使用位置与使用数量，必须进行计算，严格按照计算的结果实施。

3.7.4.8 成品保护

项目在施工完成后仍然存在其他多个专业施工，屋面会受到电焊、物理穿刺等破坏，将严重影响整个项目的屋面防水系统，造成渗漏，所以屋面完成后的保护责任重大。

为此，应明确上到屋面后的成品保护责任，并在上屋面的通道口竖立警示牌。具体的保护措施有以下几点：

（1）进入屋面区域走人行走道，没有人行走道的屋面分散行走，不要集中行走。另外，进入 PVC 屋面不得穿钉鞋、高跟鞋，以免穿破卷材。

（2）成品屋面禁止电气焊作业，防止焊渣烫伤防水层。如需焊接，应预先铺设麻袋等保护措施，麻袋用水喷湿，周围做好围挡防止焊渣四溅烫伤防水层，施工完毕仔细检查是否有破坏点。

（3）避免外力刺破或管道穿破 PVC 防水层，若因安装设备必须穿破 PVC 防水层等，应共同商定穿破 PVC 防水层的施工方案，并在安装完毕后，立即进行 PVC 防水层的修复工作。

（4）屋面不得放置硬质尖锐物体，如检修设备等放置硬质物品时注意对防水层提前做好防护设施（较厚的麻布、木板确保无钉）。

（5）避免其他施工单位在 PVC 屋面上进行施工，若需施工应铺设防护层，一旦发生 PVC 破损现象切勿隐瞒，应及时进行修复工作。

（6）应清理屋面杂物，保持屋面天沟落水口通畅，防止堵塞。

（7）经过培训合格的防水施工人员用相同材质材料和专用工具进行修补。

3.8　超大型厂房钢结构施工过程力学分析

3.8.1　概况

超大型钢结构洁净厂房长、宽均超限，施工过程中结构受力复杂，受外界因素影响较大（特别是温度影响），因此，需对钢结构安装过程进行全过程力学模拟分析，跟踪结构在施工过程中内力及变形的变化和发展，采取适当措施，抑制不利因素的影响，保证结构在施工过程中的安全。

施工过程中为避免温度应力的累积，释放温度应力，将整个结构分为六部分，在纵向设置2个合龙段，在横向设置1个合龙段。整个施工顺序为从中部向两端进行安装。根据施工方案，对结构建立整体有限元模型，采用MIDAS/GEN进行施工过程的力学模拟和分析。

3.8.2　算法及荷载概述

根据施工顺序，采用MIDAS/GEN进行施工阶段模拟分析，计算模型为一整体模型，按照施工步骤将结构构件、支座约束、措施构件、荷载工况划分为多个组，按照施工步骤、工期进度进行施工阶段定义，程序按照控制数据进行分析。在分析某一施工步骤时，程序将会冻结该施工步骤后期的所有构件及后期需要加载的荷载工况，仅允许该步骤之前完成的构件参与运算。例如第一步骤的计算模型，程序冻结了该步骤之后的所有构件，仅显示第一步骤完成的构件，参与运算的也只有第一步骤的构件；计算完成显示计算结果时，同样按照每一步骤完成情况进行显示。计算过程采用累加模型（分步建模多阶段线性叠加法）的方式进行分析，得到每一阶段完成状态下的结构内力和变形，在下一阶段程序会根据新的变形对模型进行调整，从而可以真实地模拟施工的动态过程。

主体结构采用梁单元，结构整体计算模型如图3-57所示。

施工过程初步分析的计算荷载主要考虑结构自重和温度的影响。计算变形时采用的是各荷载工况的标准值组合，计算应力和内力时采用的是各荷载工况的设计值组合，具体的

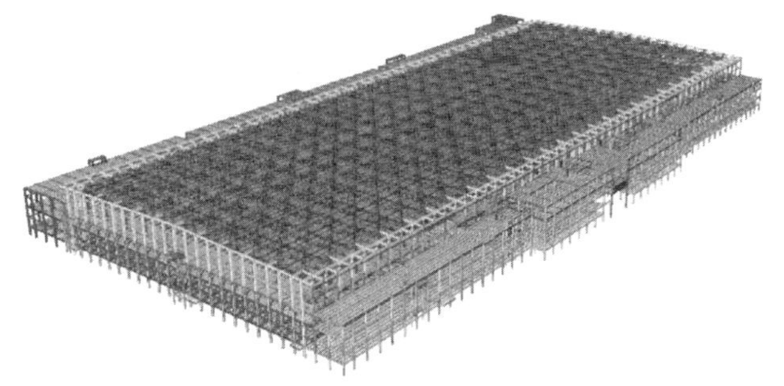

图3-57　结构计算模型（整体图）

荷载组合如表 3-22 所示。

荷载组合　　表 3-22

荷载组合	恒 (CD)	温度 (CL)	γ_0
SLCB1 (CD 控)	1.35	—	1.0
SLCB2 (变形)	1.0	—	1.0
SLCB3 (升温)	1.2	1.4	1.0
SLCB4 (降温)	1.2	1.4	1.0

3.8.3 合龙方式 1 分析

合龙方式 1 的步骤：先合龙纵向三个温度区段的钢结构；再合龙横向两个温度区段；最后施工合龙段混凝土楼板。

3.8.3.1 合龙 1-1 状态 （合龙纵向三个温度区段钢结构） 分析

1. 变形分析

变形分析如图 3-58 所示。

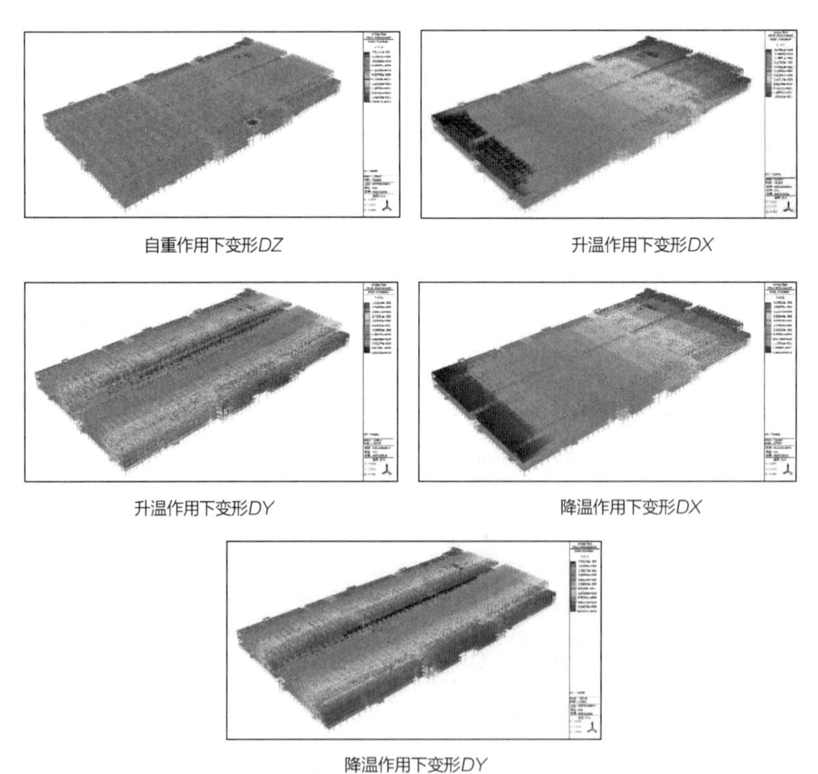

图 3-58　合龙 1-1 状态变形分析

在自重作用下 Z 向最大位移为 -20.4mm，位于东侧；温度作用下 X 方向最大变形为 19.1mm，Y 方向最大变形 DY 为 6.0mm。

2. 应力分析

应力分析如图 3-59 所示。

自重组合作用应力分布图（MPa）

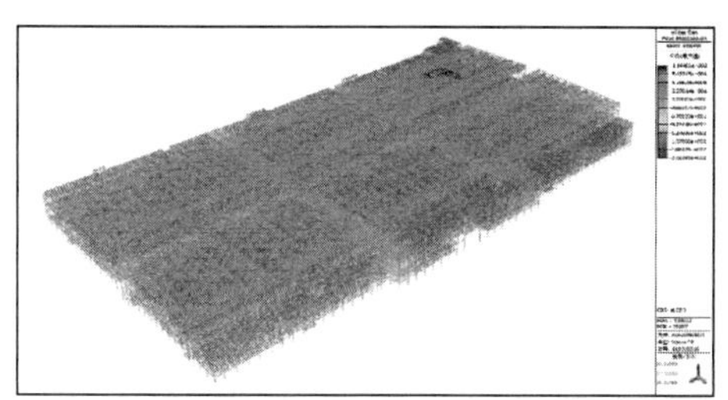

升温组合作用钢结构应力分布图（MPa）

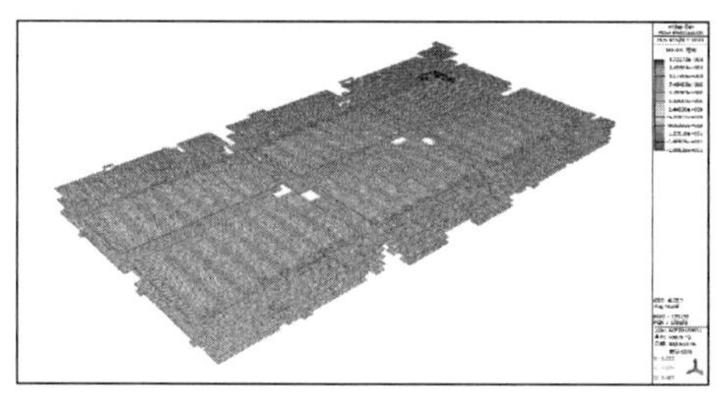

升温组合作用楼板X向应力分布图（MPa）

升温组合作用楼板Y向应力分布图（MPa）

降温组合作用钢结构应力分布图（MPa）

降温组合作用楼板X向应力分布图（MPa）

降温组合作用楼板Y向应力分布图（MPa）

图 3-59　合龙 1-1 状态应力分析

自重组合作用下结构最大应力为 -137.4MPa（正号为拉应力，负号为压应力）。升温组合作用下钢结构最大应力为 -218.4MPa；楼板 X 向最大压应力为 -19.0MPa，最大拉应力 17.4MPa；楼板 Y 向最大压应力为 -18.0MPa，最大拉应力为 17.9MPa。降温组合作用下钢结构最大应力为 220.1MPa；楼板 X 向最大压应力为 -11.6MPa，最大拉应力为 13.4MPa；楼板 Y 向最大压应力为 -18.5MPa，最大拉应力为 18.3MPa。由以上分析可以看出钢结构应力相比较于纵向温度区段合龙前有所增加，强度满足要求。

3.8.3.2 合龙 1-2 状态（合龙横向两个温度区段钢结构）分析

1. 变形分析

变形分析如图 3-60 所示。

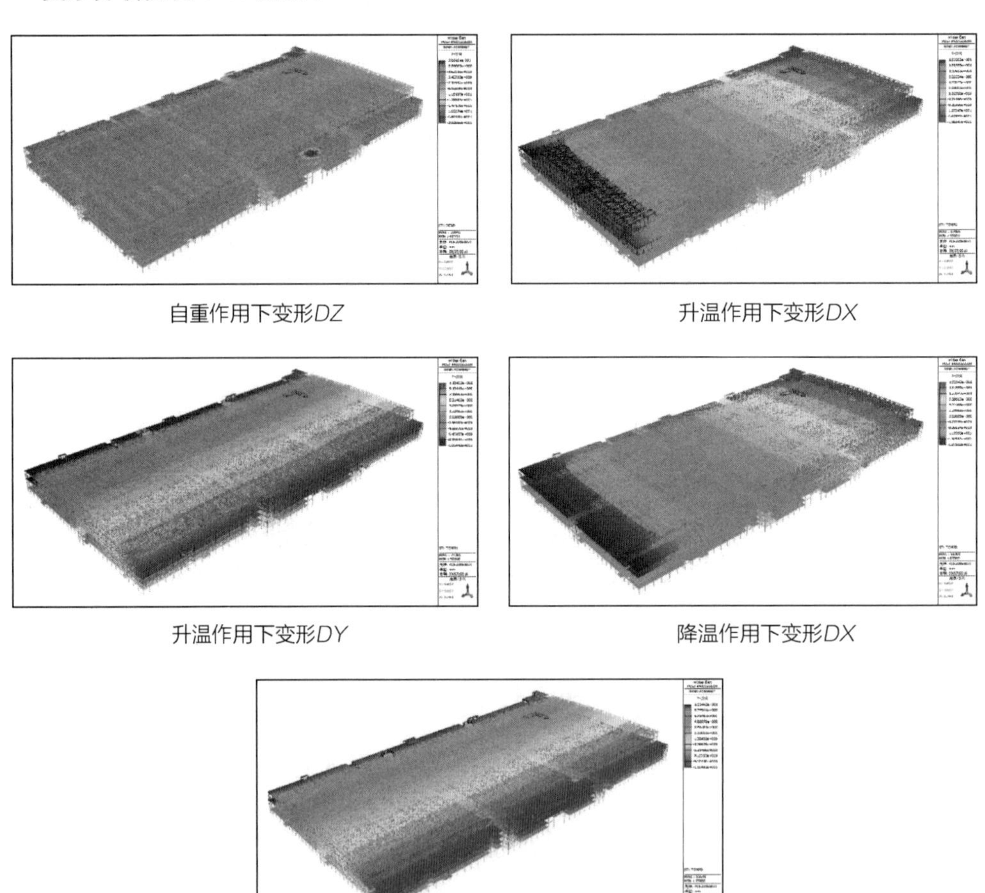

自重作用下变形 DZ

升温作用下变形 DX

升温作用下变形 DY

降温作用下变形 DX

降温作用下变形 DY

图 3-60 合龙 1-2 状态变形分析

在自重作用下 Z 向最大位移为 -20.3mm，位于东侧；温度作用下 X 方向最大变形为 19.7mm，Y 方向最大变形 DY 为 11mm。

2. 应力分析

应力分析如图3-61所示。

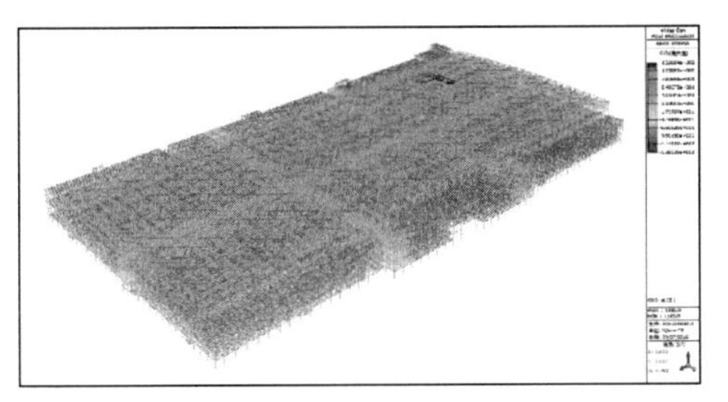

自重组合作用应力分布图（MPa）

升温组合作用钢结构应力分布图（MPa）

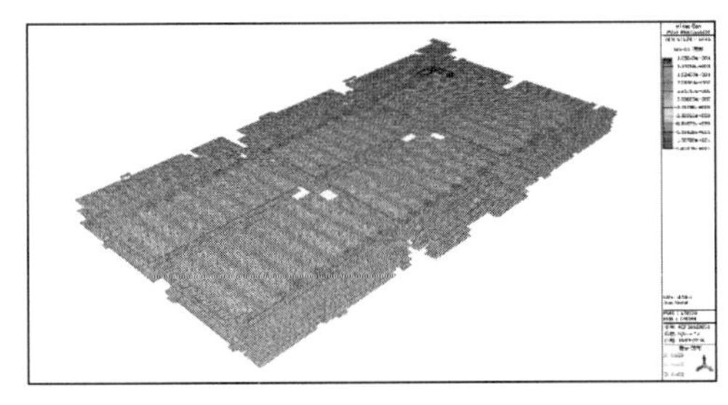

升温组合作用楼板X向应力分布图（MPa）

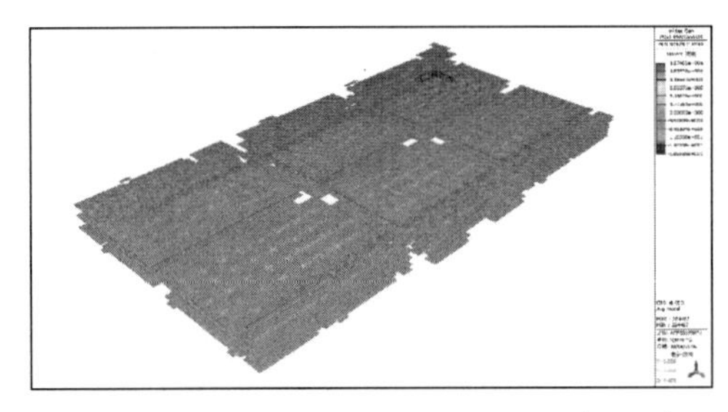

升温组合作用楼板Y向应力分布图（MPa）

降温组合作用钢结构应力分布图（MPa）

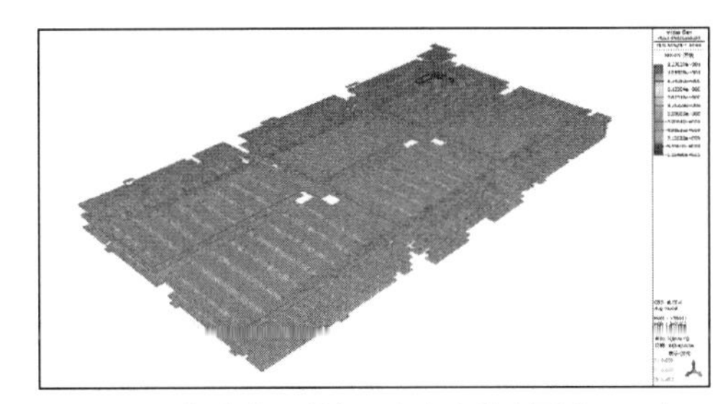

降温组合作用楼板X向应力分布图（MPa）

降温组合作用楼板Y向应力分布图（MPa）

图3-61 合龙1-2状态应力分析

自重组合作用下结构最大应力为－138.0MPa（正号为拉应力，负号为压应力）。升温组合作用下钢结构最大应力为－230.0MPa；楼板 *X* 向最大压应力为－18.2MPa，最大拉应力为16.6MPa；楼板 *Y* 向最大压应力为－18.6MPa，最大拉应力为18.7MPa。降温组合作用下钢结构最大应力为 230.1MPa；楼板 X 向最大压应力为 -11.5MPa，最大拉应力为 12.8MPa；楼板 Y 向最大压应力为 -17.9MPa，最大拉应力为 17.4MPa。由以上分析可以看出，钢结构应力随着合龙阶段的进行逐渐增加，强度满足要求。

3.8.4 合龙方式 2 分析

合龙方式 2 的步骤：先合龙横向两个温度区段的钢结构；再合龙纵向三个温度区段；最后施工合龙段混凝土楼板。

3.8.4.1 合龙 2-1 状态（合龙横向两个温度区段钢结构）分析

1. 变形分析

变形分析如图 3-62 所示。

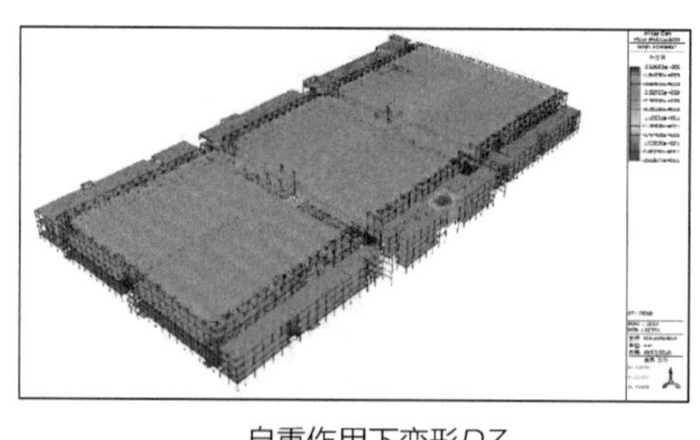

自重作用下变形 DZ

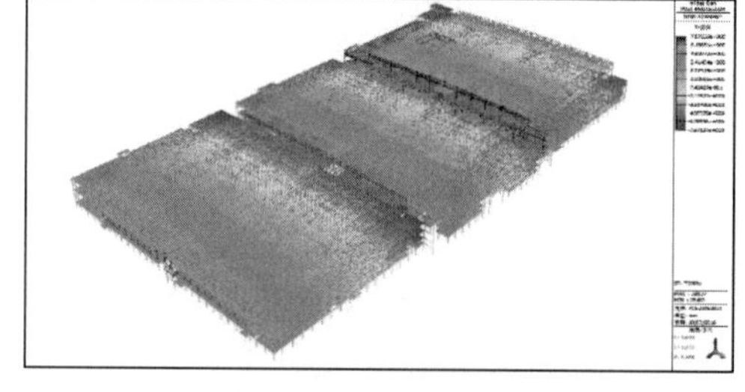

升温作用下变形 DX

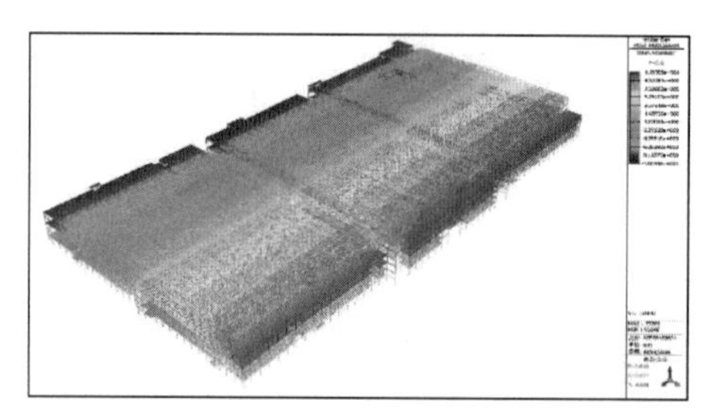

升温作用下变形 DY

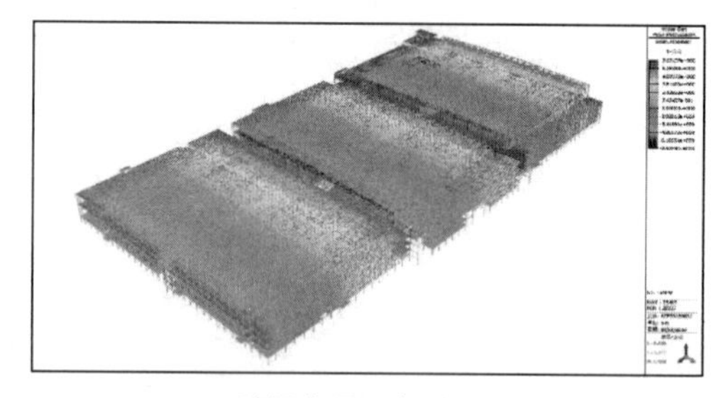

降温作用下变形 DX

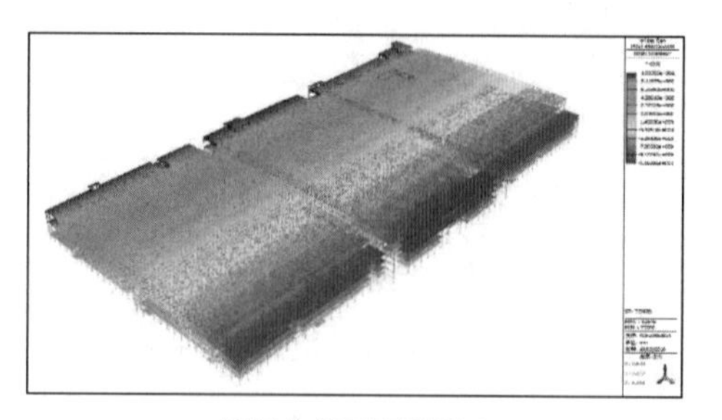

降温作用下变形 DY

图 3-62 合龙 2-1 状态变形分析

在自重作用下 Z 向最大位移为 -20.3mm，位于东侧；温度作用下 X 方向最大变形为 7.7mm，Y 方向最大变形 DY 为 11.0mm。

2. 应力分析

应力分析如图 3-63 所示。

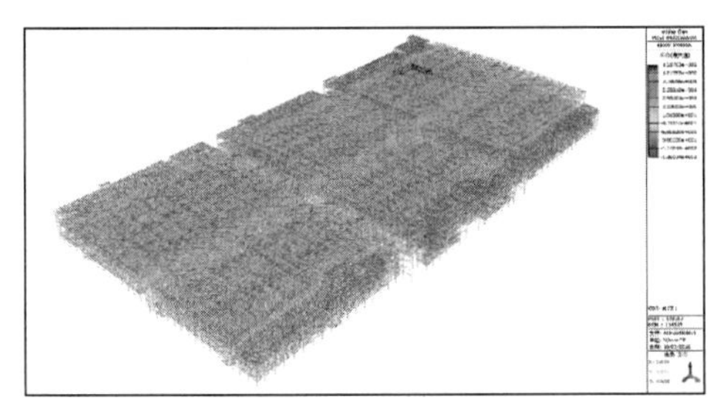

自重组合作用应力分布图（MPa）

升温组合作用钢结构应力分布图（MPa）

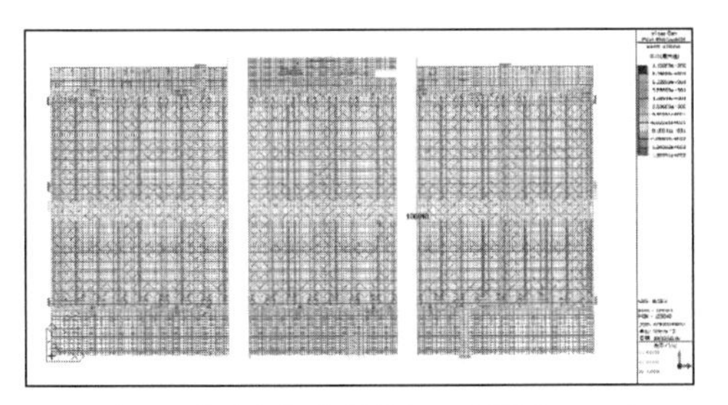

升温最大应力钢构件位置示意图（MPa）

升温组合作用楼板X向应力分布图（MPa）

升温组合作用楼板Y向应力分布图（MPa）

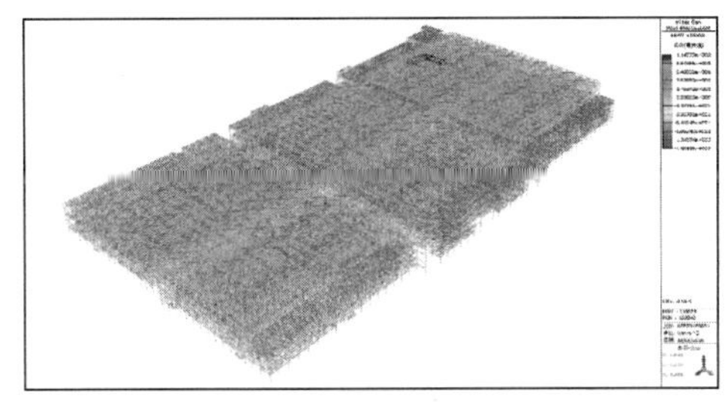

降温组合作用钢结构应力分布图（MPa）

降温组合作用楼板X向应力分布图（MPa）

降温组合作用楼板Y向应力分布图（MPa）

图3-63 合龙2-1状态应力分析

自重组合作用下结构最大应力为 - 138. 0MPa（正号为拉应力，负号为压应力）。升温组合作用下钢结构最大应力为 - 159. 0MPa，出现在右下温度分区的左上角的钢柱脚处；楼板 X 向最大压应力为 - 12. 5MPa，最大拉应力为 10. 9MPa；楼板 Y 向最大压应力为 - 18. 9MPa，最大拉应力为 18. 9MPa。降温组合作用下钢结构最大应力为 - 158. 9MPa；楼板 X 向最大压应力为 - 12. 4MPa，最大拉应力为 10. 8MPa；楼板 Y 向最大压应力为 - 17. 6MPa，最大拉应力为 17. 2MPa。由以上分析可以看出钢结构应力相比较于横向温度区段合龙前反而有所减小，主要原因是：合龙前该处钢柱位于角部，受到纵横两个方向的温度变形的影响，较为不利，而横向温度区段钢结构合龙后，该处钢柱处于此边的中部区域，主要受到纵向一个方向的温度变形的影响，因此横向温度区段合龙后，此处应力反而有所下降。强度满足要求。

3.8.4.2 合龙 2-2 状态（合龙纵向三个温度区段钢结构）分析

1. 变形分析

变形分析如图 3-64 所示。

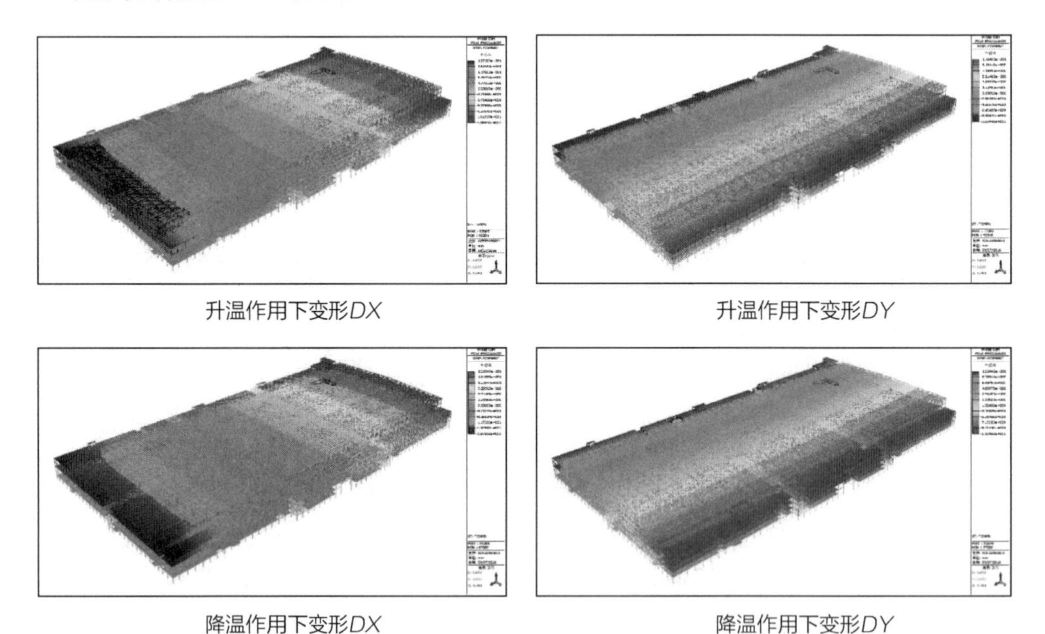

图 3-64 合龙 2-2 状态变形分析

在自重作用下 Z 向最大位移为 - 20. 3mm，位于东侧；温度作用下 X 方向最大变形为 19. 7mm，Y 方向最大变形 DY 为 11mm。

2. 应力分析

应力分析如图3-65所示。

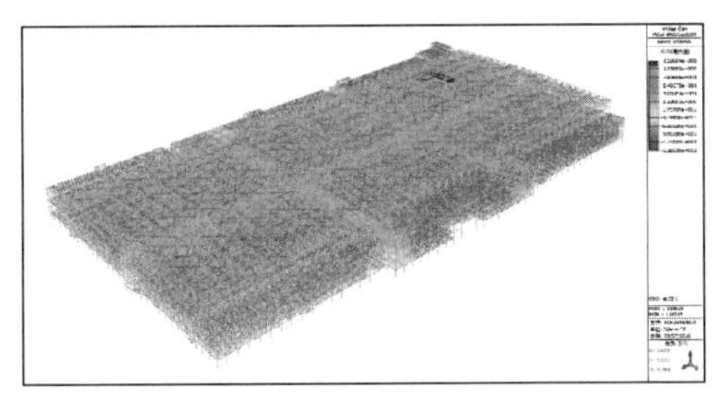

自重组合作用应力分布图（MPa）

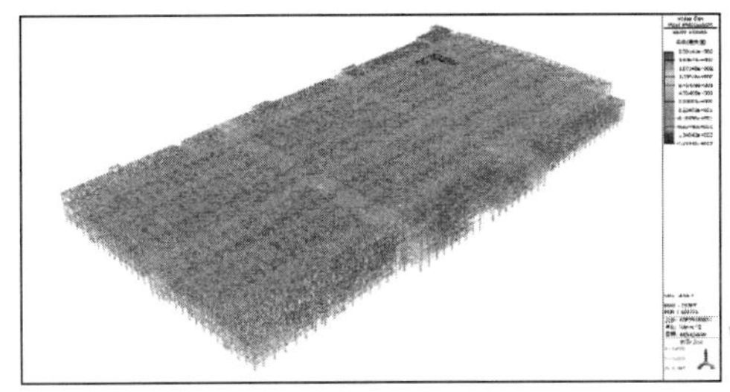

降温组合作用钢结构应力分布图（MPa）

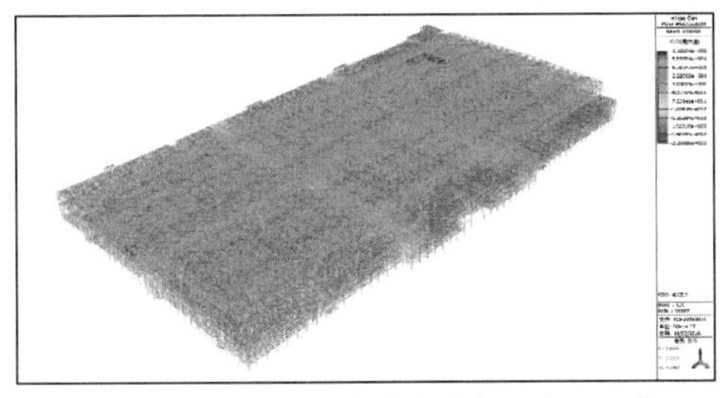

升温组合作用钢结构应力分布图（MPa）

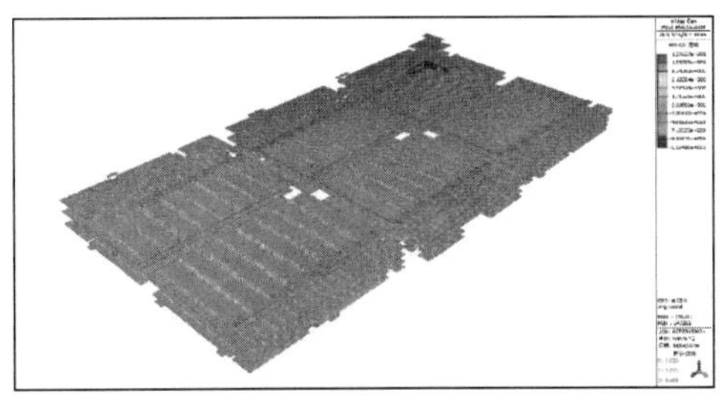

降温组合作用楼板X向应力分布图（MPa）

升温组合作用楼板X向应力分布图（MPa）

降温组合作用楼板Y向应力分布图（MPa）

升温组合作用楼板Y向应力分布图（MPa）

图3-65　合龙2-2状态应力分析

自重组合作用下结构最大应力为-138.0MPa（正号为拉应力，负号为压应力）。升温组合作用下钢结构最大应力为-230.0MPa；楼板X向最大压应力为-18.2MPa，最大拉应力为16.6MPa；楼板Y向最大压应力为-18.6MPa，最大拉应力为18.7MPa。降温组合作用下钢结构最大应力为 230.1MPa；楼板 X 向最大压应力为 -11.5MPa，最大拉应力为 12.8MPa；楼板 Y 向最大压应力为 -17.9MPa，最大拉应力为 17.4MPa。由以上分析可以看出，钢结构应力随着合龙阶段的进行逐渐增加，强度满足要求。

3.8.5 合龙方式 3 分析

合龙方式 3 的步骤：首先二层混凝土结构合龙施工完毕；再合龙纵向三个温度区段的钢结构；依次合龙横向两个温度区段；最后施工合龙段混凝土楼板。

3.8.5.1 合龙 3-1 状态（二层混凝土结构合龙施工完毕）分析

1. 变形分析

变形分析如图 3-66 所示。

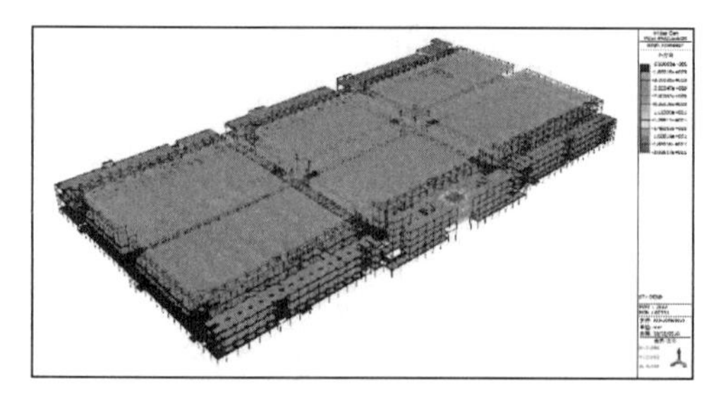

自重作用下变形DZ

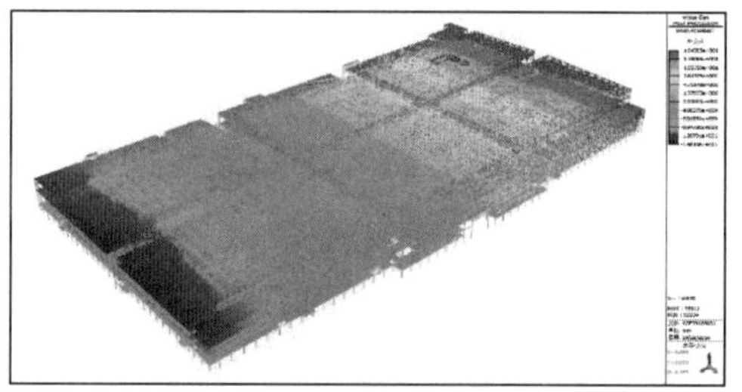

降温作用下变形DX

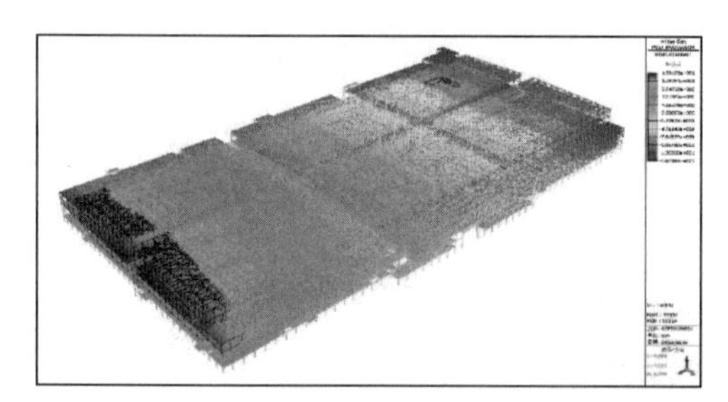

升温作用下变形DX

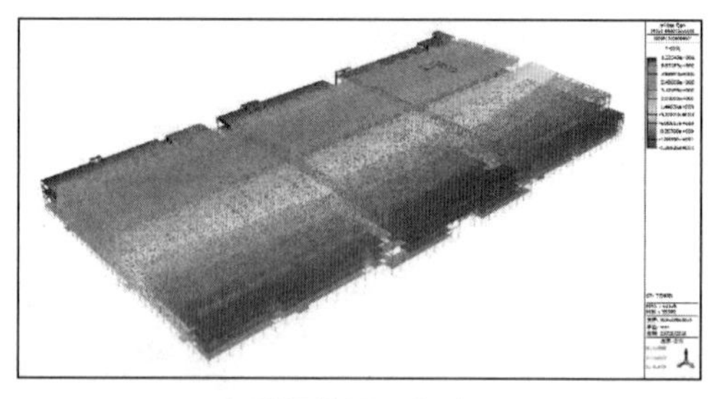

降温作用下变形DY

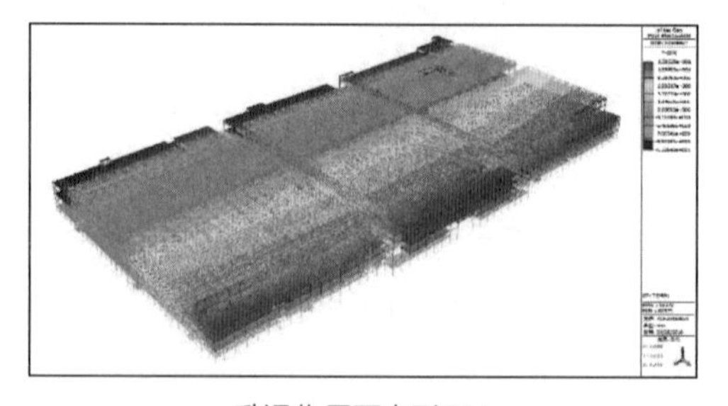

升温作用下变形DY

图 3-66 合龙 3-1 状态变形分析

在自重作用下 Z 向最大位移为 -20.4mm，位于东侧；温度作用下 X 方向最大变形为16.4mm，Y 方向最大变形 DY 为12.9mm。

2. 应力分析

应力分析如图3-67所示。

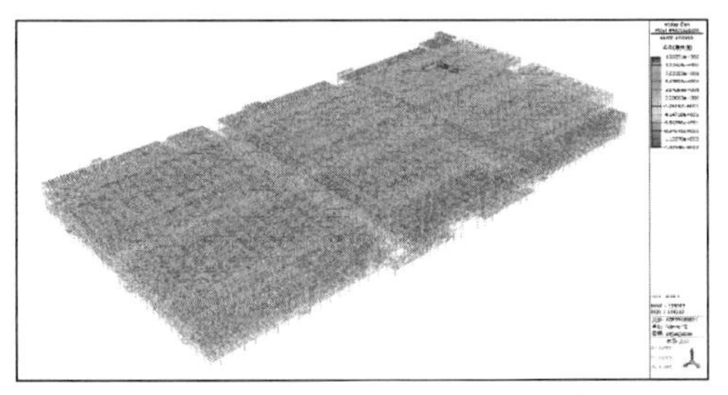

自重组合作用应力分布图（MPa）

降温组合作用钢结构应力分布图（MPa）

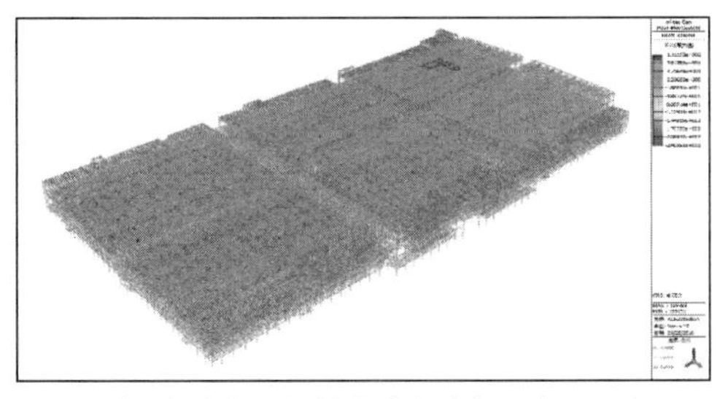

升温组合作用钢结构应力分布图（MPa）

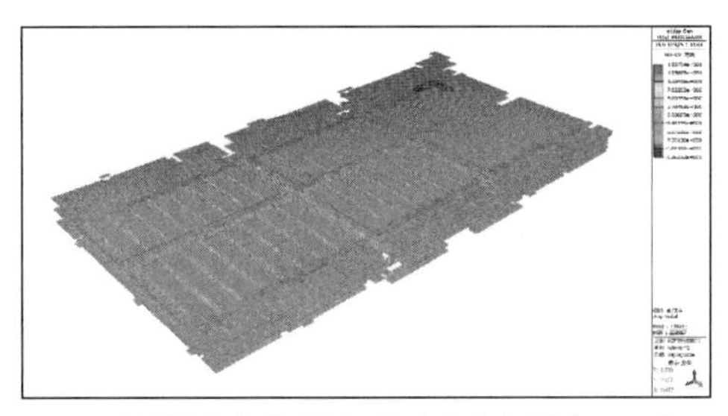

降温组合作用楼板X向应力分布图（MPa）

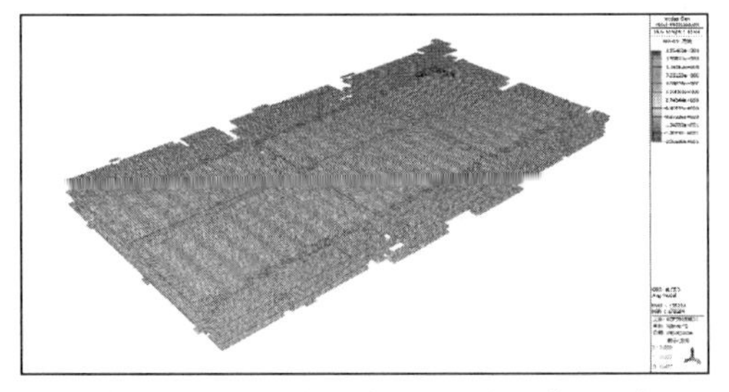

升温组合作用楼板X向应力分布图（MPa）

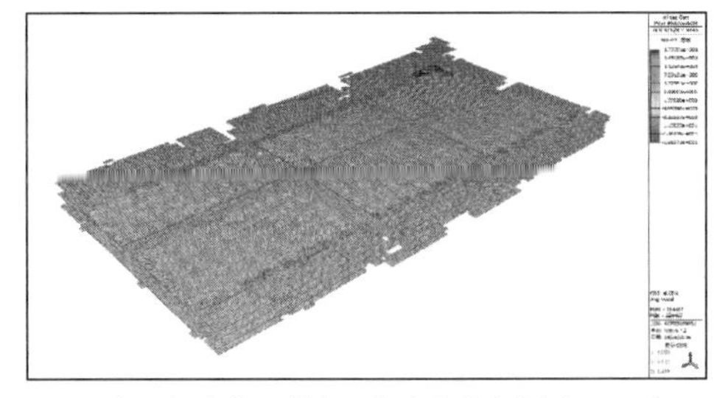

降温组合作用楼板Y向应力分布图（MPa）

升温组合作用楼板Y向应力分布图（MPa）

图3-67　合龙3-1状态应力分析

自重组合作用下结构最大应力为 -137.3MPa（正号为拉应力，负号为压应力）。升温组合作用下钢结构最大应力为 -241.0MPa；楼板 X 向最大压应力为 -20.6MPa，最大拉应力为 18.6MPa；楼板 Y 向最大压应力为 -18.4MPa，最大拉应力为 18.4MPa。降温组合作用下钢结构最大应力为 -240.7MPa；楼板 X 向最大压应力为 -12.6MPa，最大拉应力为 15.1MPa；楼板 Y 向最大压应力为 -18.1MPa，最大拉应力为 17.8MPa。由以上分析可以看出，由于二层混凝土提前合龙，端部钢柱脚处的最大应力增长较多，已接近结构完全合龙后在 ±8℃作用下的最大应力。

3.8.5.2　合龙 3-2 状态（合龙纵向三个温度区段钢结构）分析

1. 变形分析

变形分析如图 3-68 所示。

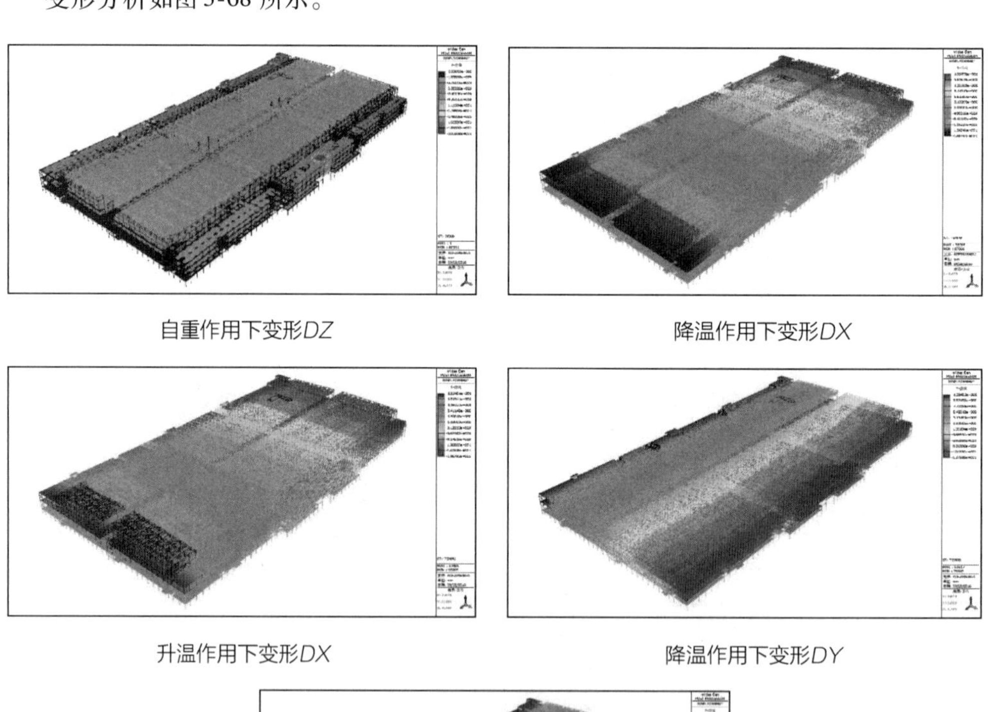

自重作用下变形DZ　　降温作用下变形DX

升温作用下变形DX　　降温作用下变形DY

升温作用下变形DY

图 3-68　合龙 3-2 状态变形分析

在自重作用下 Z 向最大位移为 -20.4mm，位于东侧；温度作用下 X 方向最大变形为 19.7mm，Y 方向最大变形 DY 为 12.8mm。

2. 应力分析

应力分析如图 3-69 所示。

自重组合作用下结构最大应力为 -137.4MPa（正号为拉应力，负号为压应力）。升温组合作用下钢结构最大应力为 -243.9MPa；楼板 X 向最大压应力为 -22.0MPa，最大拉应

自重组合作用应力分布图（MPa）

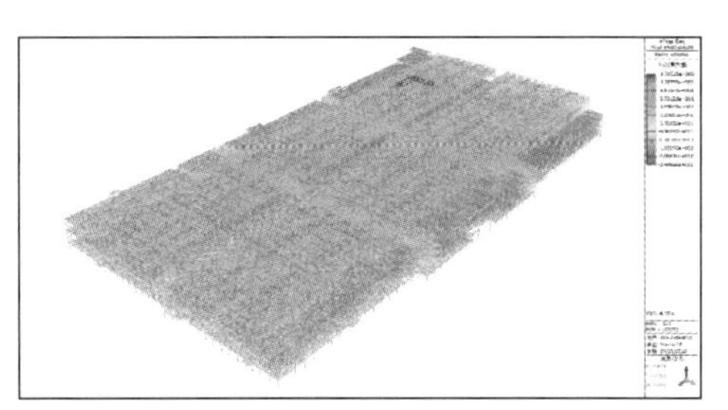

降温组合作用钢结构应力分布图（MPa）

升温组合作用钢结构应力分布图（MPa）

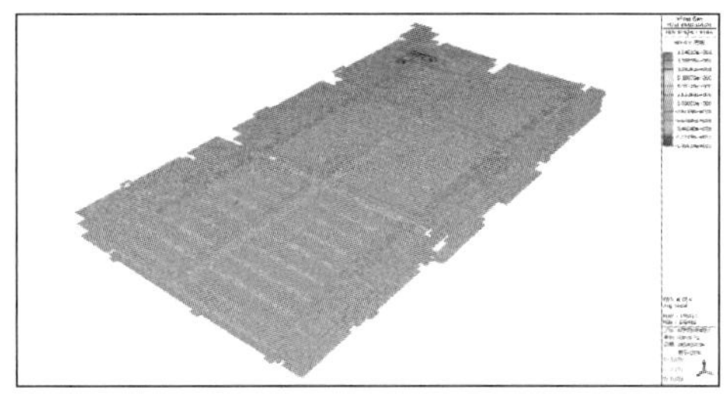

降温组合作用楼板X向应力分布图（MPa）

升温组合作用楼板X向应力分布图（MPa）

降温组合作用楼板Y向应力分布图（MPa）

升温组合作用楼板Y向应力分布图（MPa）

图 3-69　合龙 3-2 状态应力分析

力为19.9MPa；楼板 Y 向最大压应力为 -18.2MPa，最大拉应力为18.3MPa。降温组合作用下钢结构最大应力为 -244.6MPa；楼板 X 向最大压应力为 -14.0MPa，最大拉应力为16.5MPa；楼板 Y 向最大压应力为 -18.3MPa，最大拉应力为17.9MPa。由以上分析可以看出，钢结构应力随着合龙阶段的进行逐渐增加，强度满足要求。

3.8.5.3　合龙3-3状态（合龙横向两个温度区段钢结构）分析

1. 变形分析

变形分析如图3-70所示。

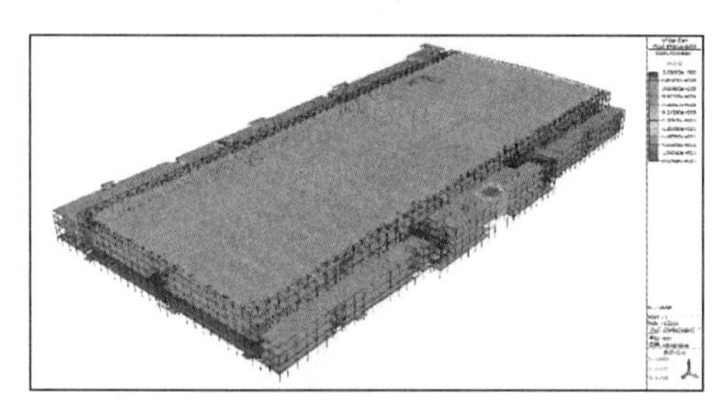

自重作用下变形 DZ

降温作用下变形 DX

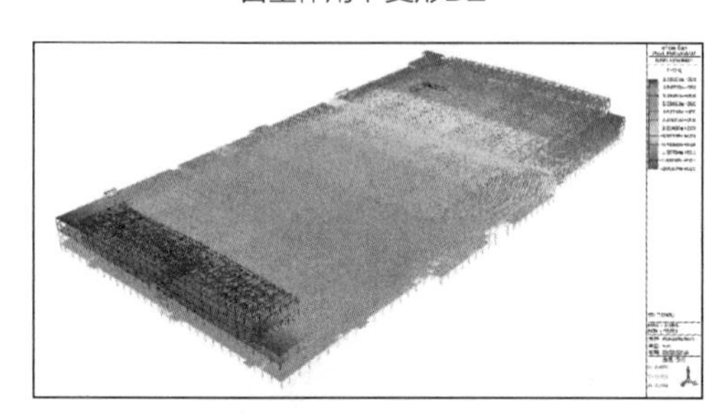

升温作用下变形 DX

降温作用下变形 DY

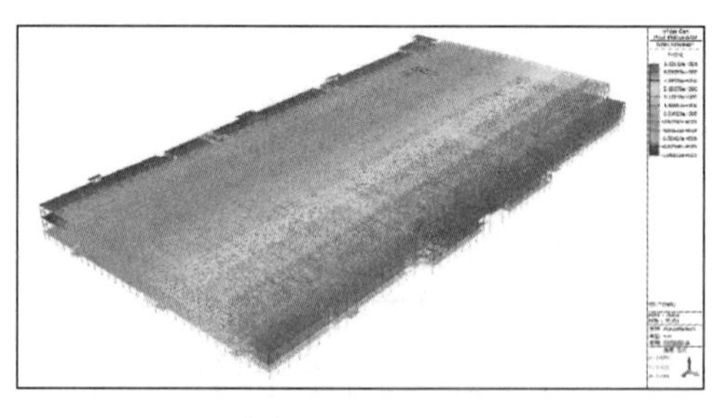

升温作用下变形 DY

图3-70　合龙3-3状态变形分析

在自重作用下 Z 向最大位移为 -20.3mm，位于东侧；温度作用下 X 方向最大变形为20.1mm，Y 方向最大变形 DY 为11.2mm。

2. 应力分析

应力分析如图 3-71 所示。

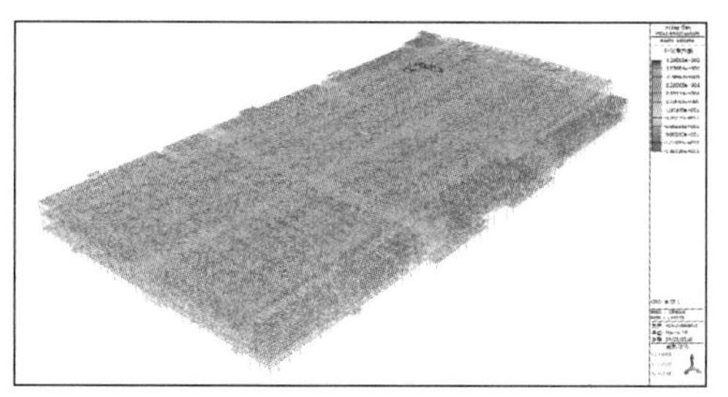

自重组合作用应力分布图（MPa）

降温组合作用钢结构应力分布图（MPa）

升温组合作用钢结构应力分布图（MPa）

降温组合作用楼板X向应力分布图（MPa）

升温组合作用楼板X向应力分布图（MPa）

降温组合作用楼板Y向应力分布图（MPa）

升温组合作用楼板Y向应力分布图（MPa）

图 3-71　合龙 3-3 状态应力分析

自重组合作用下结构最大应力为 -138.0MPa（正号为拉应力，负号为压应力）。升温组合作用下钢结构最大应力为 -243.7MPa；楼板 X 向最大压应力为 -22.0MPa，最大拉应力为 19.8MPa；楼板 Y 向最大压应力为 -17.9MPa，最大拉应力为 17.8MPa。降温组合作用下钢结构最大应力为 - 244.2MPa；楼板 X 向最大压应力为 - 14.1MPa，最大拉应力为 16.6MPa；楼板 Y 向最大压应力为 - 18.6MPa，最大拉应力为 18.3MPa。由以上分析可以看出，此阶段钢结构应力相比上一阶段变化不大，强度满足要求。

3.8.6 考虑屋面合龙先后影响分析

3.8.6.1 屋面提前一次性合龙分析

1. 整体应力分布图

如图 3-72 所示。

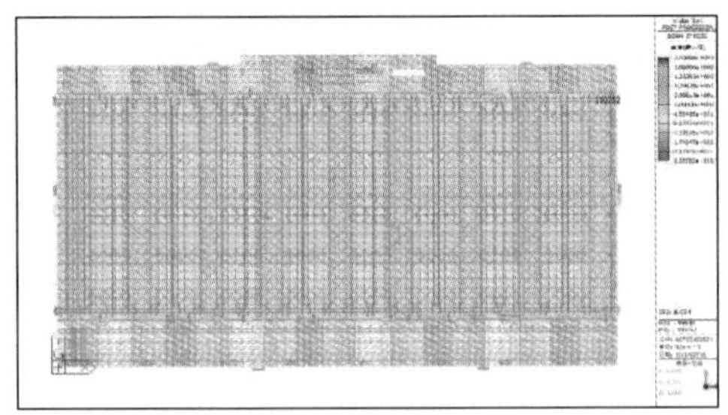

降温组合应力分布图1-整体（MPa）

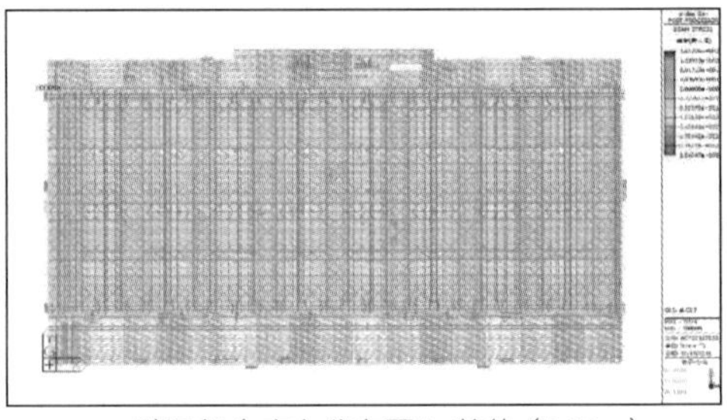

升温组合应力分布图1-整体（MPa）

降温组合应力分布图2-整体（MPa）

升温组合应力分布图2-整体（MPa）

图 3-72 整体应力分布图一

2. 屋面层应力分布图

如图 3-73 所示。

屋面提前一次性合龙情况下，结构降温时整体最大应力为 - 260MPa，升温时整体最大应力为 - 254MPa，均出现在边缘钢柱处；结构降温时屋面最大应力为 - 61.9MPa，升温时屋面最大应力为 - 77.3MPa，均出现在屋面边缘水平梁处。屋面应力值偏小，受温度影响较小。

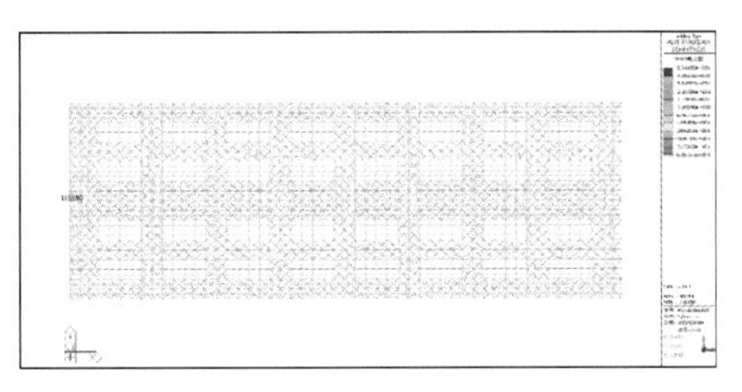

降温组合应力分布图1-屋面（MPa）

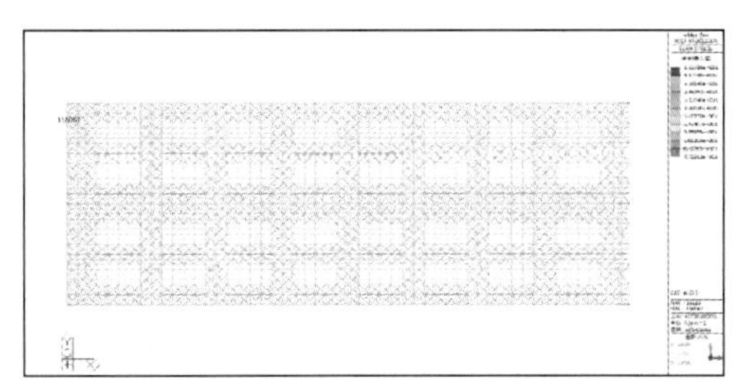

升温组合应力分布图1-屋面（MPa）

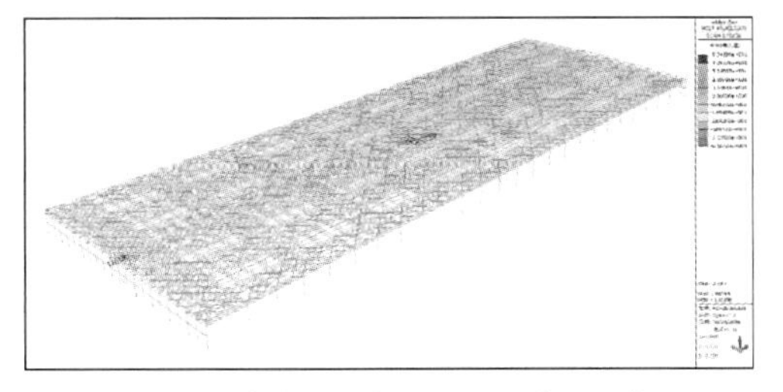

降温组合应力分布图2-屋面（MPa）

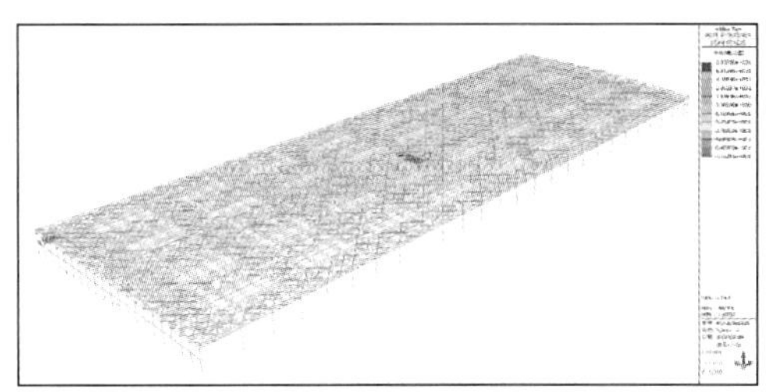

升温组合应力分布图2-屋面（MPa）

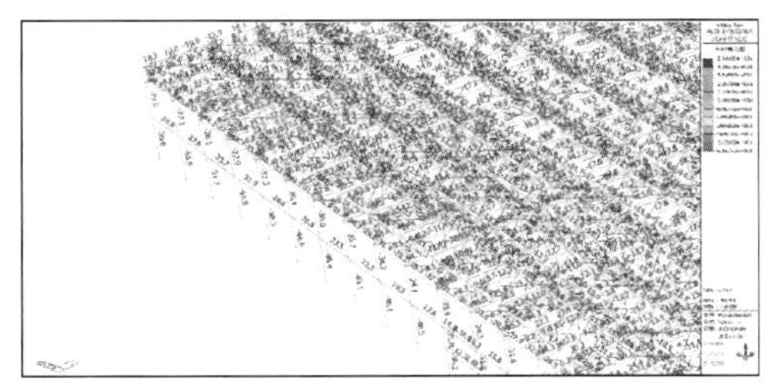

降温组合应力分布图3-屋面（MPa）

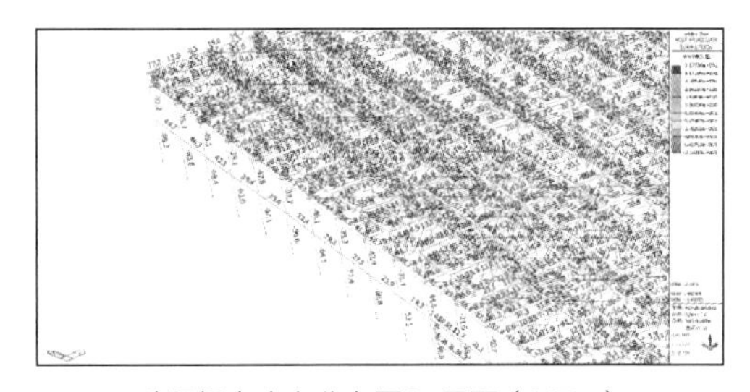

升温组合应力分布图3-屋面（MPa）

图 3-73 屋面层应力分布图一

3.8.6.2 屋面同下部分区合龙分析

1. 整体应力分布图

如图 3-74 所示。

2. 屋面层应力分布图

如图 3-75 所示。

屋面同下部分区合龙情况下，结构降温时整体最大应力为 -260.8MPa，升温时整体最大应力为 -252.9MPa，均出现在边缘钢柱处；结构降温时屋面最大应力为 25.8MPa，升温时屋面最大应力为 24.2MPa，均出现在屋面边缘水平梁处。屋面应力值偏小，受温度影响较小。

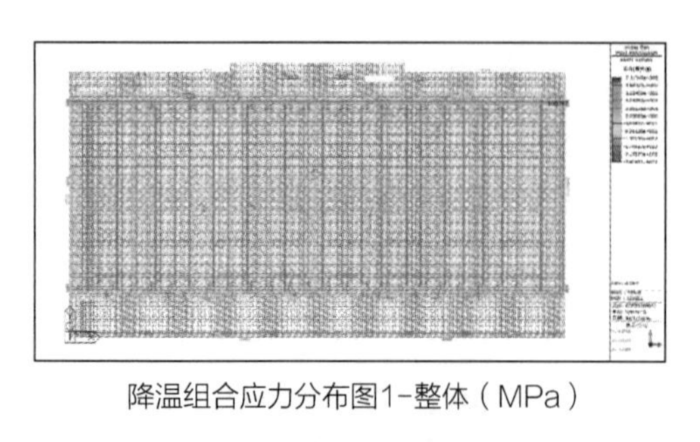

降温组合应力分布图1–整体（MPa）

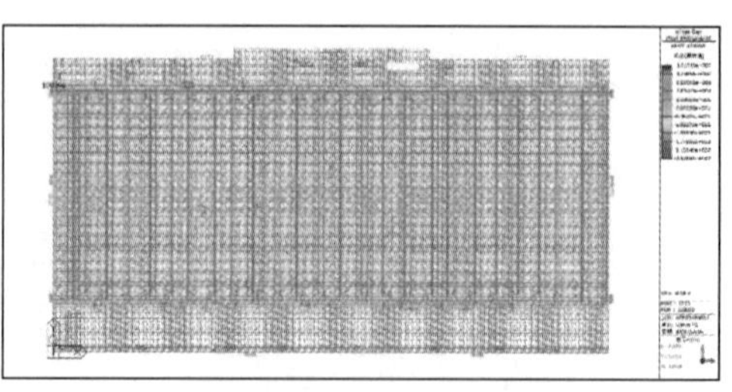

升温组合应力分布图1–整体（MPa）

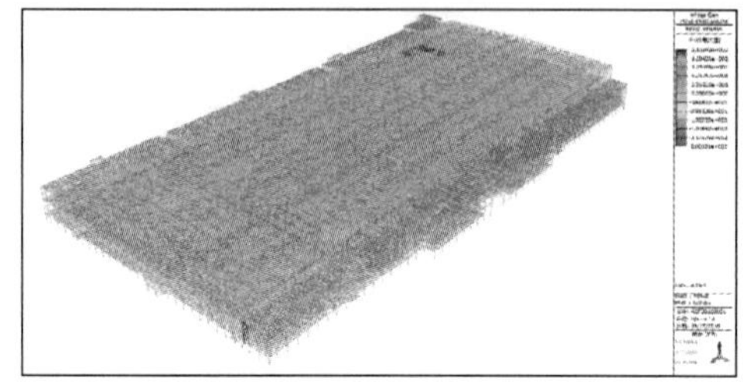

降温组合应力分布图2–整体（MPa）

升温组合应力分布图2–整体（MPa）

图 3-74 整体应力分布图二

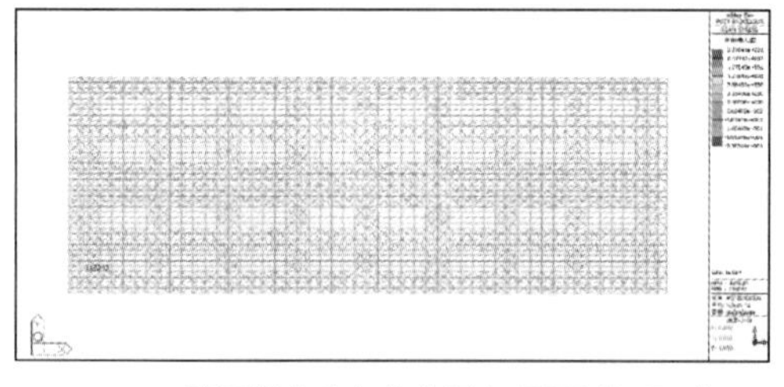

降温组合应力分布图1–屋面（MPa）

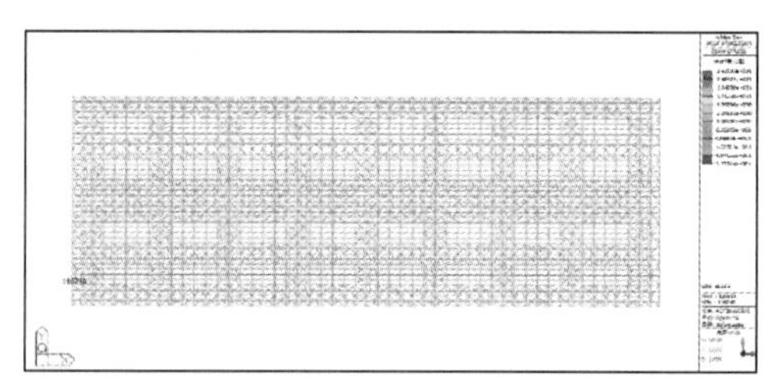

升温组合应力分布图1–屋面（MPa）

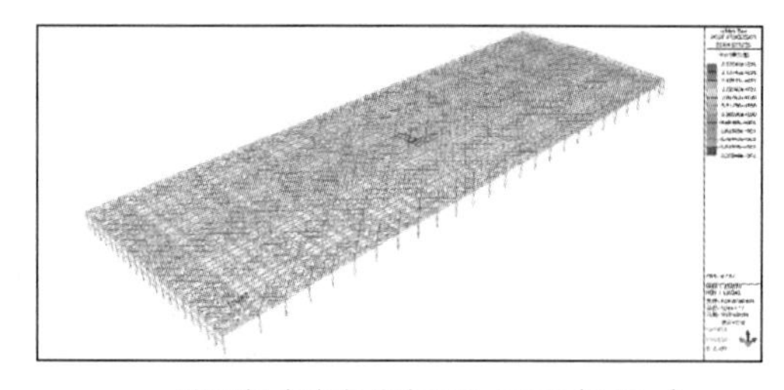

降温组合应力分布图2–屋面（MPa）

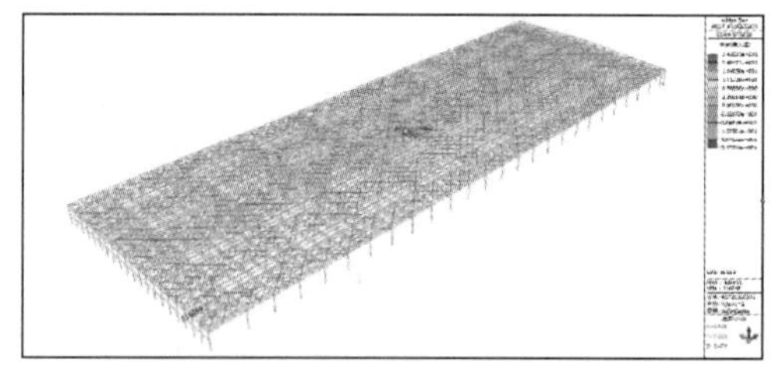

升温组合应力分布图2–屋面（MPa）

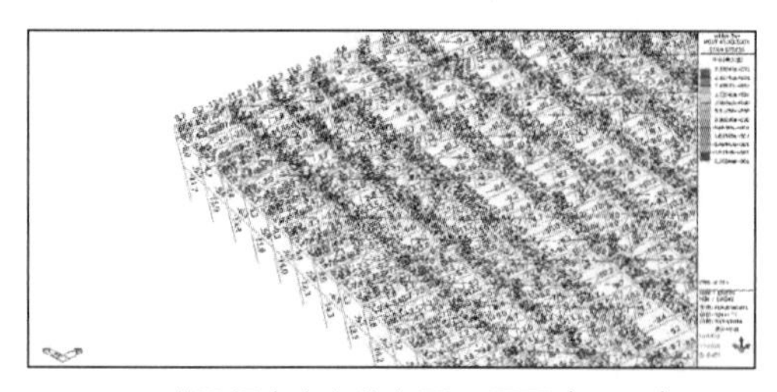

降温组合应力分布图3–屋面（MPa）

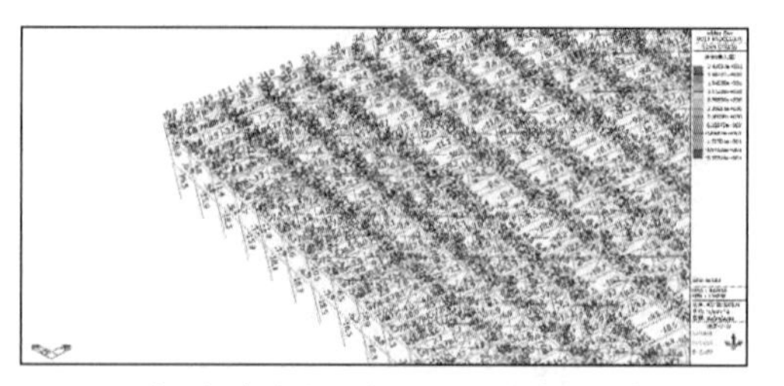

升温组合应力分布图3–屋面（MPa）

图 3-75 屋面层应力分布图二

3.8.6.3　小结

由以上分析可知，屋面提前合龙和屋面同下部分区合龙两种情况下，结构整体应力变化很小，屋面应力在两种情况下均较低，受温度影响小。综上所述，建议屋面钢结构可以提前合龙，不设置施工合龙带，以提高施工安装速度。

3.8.7　结论

通过以上分析可以看出，纯钢结构施工下变形及应力比较小，随着混凝土的施工，主要是施工阶段的温度变化对结构的影响会越来越大。采用分区段施工可以有效缓解温度应力对结构的影响，但在施工过程中仍需注意温度变化，特别是结构合龙后的温度变化必须控制在设计要求的范围内。结合合龙前分区段施工时温差 8℃ 和 15℃ 的分析结果，建议合龙前施工温差不超过 10℃；合龙后需满足设计对温差的要求，不超过 8℃，4 层及以上部分的局部升温不超过 15℃。

在施工阶段，钢管柱在不灌注混凝土的情况下，其强度和稳定性均满足要求。和纯钢管柱相比，钢管混凝土柱主要是大大增加了轴向抗压承载力，对于温度引起的侧向力的抵抗贡献不多。因此，在安装钢结构时，由于结构自重较轻，可不灌注混凝土。但当施工混凝土楼板时，竖向荷载开始有较大增加，建议在施工楼板前灌注下部钢柱，使其形成组合结构共同受力。

通过合龙阶段三种合龙方式的分析可以看出：采用合龙方式 1 时，随着纵横向温度区段的合龙，厂房在两个方向上的温度变形依次增加，应力也逐渐增强；采用合龙方式 3 时，二层混凝土结构先合龙完毕，此时在同样温差作用下，厂房在两个方向上的温度变形已接近结构全部合龙后的变形值，应力也是如此，再进行纵横温度区段的合龙时，在温差作用下厂房的变形和应力峰值变化不大。虽然两种合龙方式都满足强度要求，但合龙方式 3 先合龙二层混凝土结构，使整个厂房提前进入温差作用下的不利状态，因此不建议按合龙方式 3 进行施工。采用合龙方式 2 时，可以看出钢结构应力相比于横向温度区段合龙前反而有所减小，主要原因是：合龙前该处钢柱位于角部，受到纵横两个方向的温度变形的影响，较为不利，而横向温度区段钢结构合龙后，该处钢柱处于此边的中部区域，主要受到纵向一个方向的温度变形的影响，因此横向温度区段合龙后，此处应力反而有所下降。根据合龙方式 2 的分析，建议钢结构的温度区段合龙可以先合龙横向温度区段，再合龙纵向温度区段。通过对屋面提前合龙和屋面同下部分区合龙两种情况的分析，结构整体应力变化很小，屋面提前合龙对结构受力影响小，建议屋面钢结构可以提前合龙，不设置施工合龙带，以提高施工安装速度。

经过对合龙前整体结构施工过程进行力学模拟分析，其在施工阶段的变形和应力均较小，满足要求。和不考虑施工过程影响的分区合龙前状态相比，应力和变形略有变化，但幅度很小，说明施工过程对结构受力影响不大。此外，要注意门厅吊柱所吊钢梁的 Y 向（横向）位移，在没有浇筑楼板前，此处侧向刚度较弱，钢结构施工时应在楼板平面内采用临时支撑限制其侧向位移。

第4章

超长混凝土结构建造技术

4.1 超长混凝土结构无缝施工技术

4.1.1 概况

项目核心区为4层结构：地坪板为500mm厚钢筋混凝土筏板，02层板为600mm厚华夫板，03层板为200mm厚钢波纹板+钢筋混凝土组合楼板，04层板为550mm厚华夫板。支持区大多为5层结构，钢柱柱网间距9.3m×8.4m；H型钢梁、钢波纹板+钢筋混凝土组合楼板，板厚分别为200mm、170mm。厂房一柱网示意图如图4-1所示。

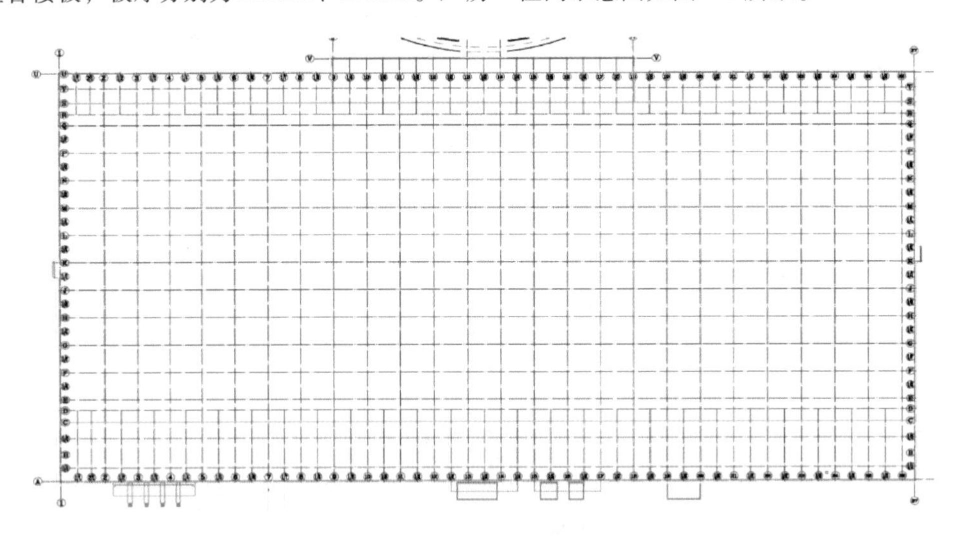

图4-1 厂房一柱网示意图

原设计在地坪板、02层板、03层板核心区（C～S轴）双向超长混凝土纵横向中间一跨位置设置第一条后浇带，其余后浇带（图4-2）按照柱网间距每隔两跨（横向37.2m、

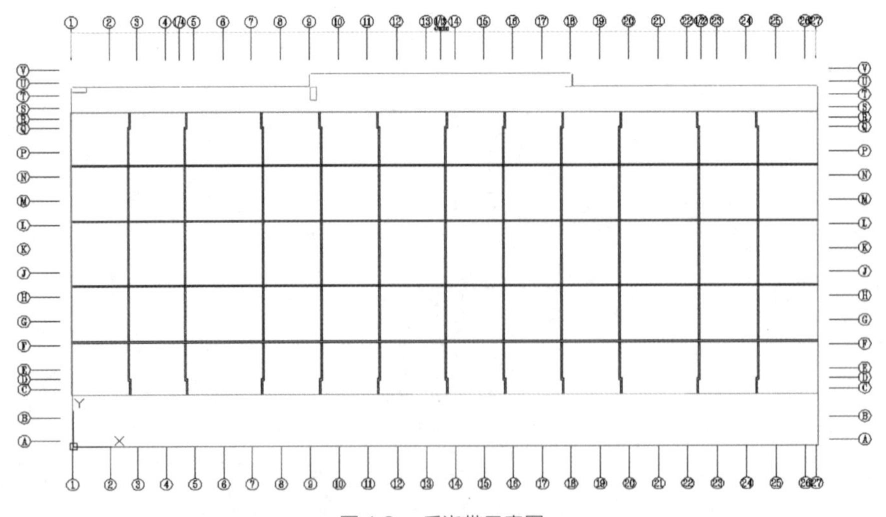

图4-2 后浇带示意图

纵向 33.6m）分别设置后浇带。

原设计合龙带（图 4-3）在每层钢结构的 10 轴北侧和 17 轴南侧、K 轴西侧设置"草"字头的合龙带，在气温（15±2）℃时合龙。

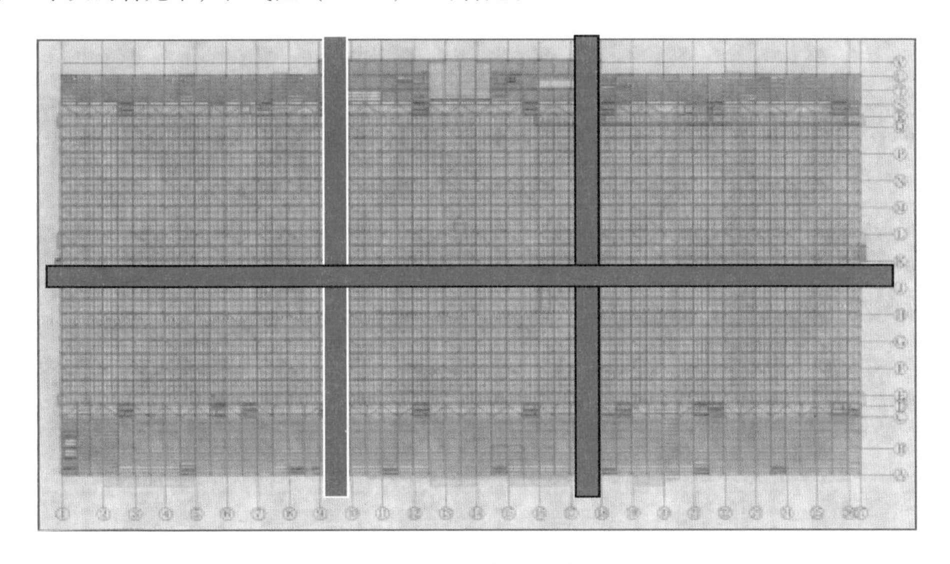

图 4-3　合龙带设置示意图

4.1.2　主要特点、难点

4.1.2.1　施工特点

1. 施工作业面大，工期紧

厂房一投影面积 123610m^2，属于超大面积混凝土施工，筏板施工 14d；主体 02 层板、03 层板、04 层板土建施工仅 52d。单层面积大，施工必须分段分面来完成，各分部分项工程的协调与衔接必须做好，每个环节都要有序衔接方能保证工期。

2. 板面厚度大

筏板厚度 500mm，02 层板华夫板厚度为 600mm、04 层板华夫板厚度为 550mm，应采取措施避免混凝土收缩、温度收缩带来的板面裂缝。

3. 质量要求高

核心生产区为超洁净区域，需安装曝光机等重大设备，按功能要求不允许产生裂缝。

4.1.2.2 施工重难点

（1）跳仓法、连续式膨胀加强带、分仓法（后浇带、施工缝、伸缩缝）等施工方法的选择。

（2）采用分仓法施工时，分仓整体布局及土建施工流程的确定。

（3）分仓法施工时纵横向每隔多少间距进行分仓可保证不产生裂缝。

（4）分仓处后浇带、施工缝、伸缩缝确保质量的节点部位做法。

（5）如何进行配合比优化设计来控制大面积混凝土裂缝的产生。

4.1.3 主要施工技术及措施

针对工程的上述特点，需要对原设计的后浇带及合龙带进行优化，以便在最短时间内给现场让出更多的工作面，尽量做到施工全面开花，实现厂房全面移交洁净包的最终工期目标。国内目前针对超长超大混凝土施工通常采用的方法包含：①跳仓法；②连续式膨胀加强带；③分仓法（后浇带、施工缝、伸缩缝）。

为了最大限度地展开全面施工并严格控制裂缝的产生，通过方案对比分析，择优选择分仓法施工：故此应在原设计纵、横方向的后浇带内再增设施工缝进行分仓法施工以满足全面展开施工、控制裂缝的需要。

4.1.3.1 方案对比分析

1. 跳仓法

原理：跳仓法是充分利用了混凝土在5～10d期间性能尚未稳定和没有彻底凝固前容易将内应力释放出来的“抗与放”特性原理，将建筑物地基或大面积混凝土平面机构划分成若干个区域，按照“分块规划、隔块施工、分层浇筑、整体成型”的原则施工，其模式和跳棋一样，即隔一段浇一段。相邻两段间隔时间不少于7d，以避免混凝土施工初期产生剧烈温差。

以基础为例进行施工模拟，厂房一施工区域划分如图4-4所示。以K轴与14轴为施工区域划分依据，共分为A、B、C、D四个区域。

厂房一基础阶段按照跳仓法施工顺序进行施工：

第一阶段基础施工如图4-5所示。

A1→A3→A5；B2→B4→B6；C1→C3→C5；D2→D4→D6区域为流水施工作业面，各工序应严格按照施工顺序开展施工，由中线向两侧依次开挖。相邻两侧区域作为混凝土结构施工通道。

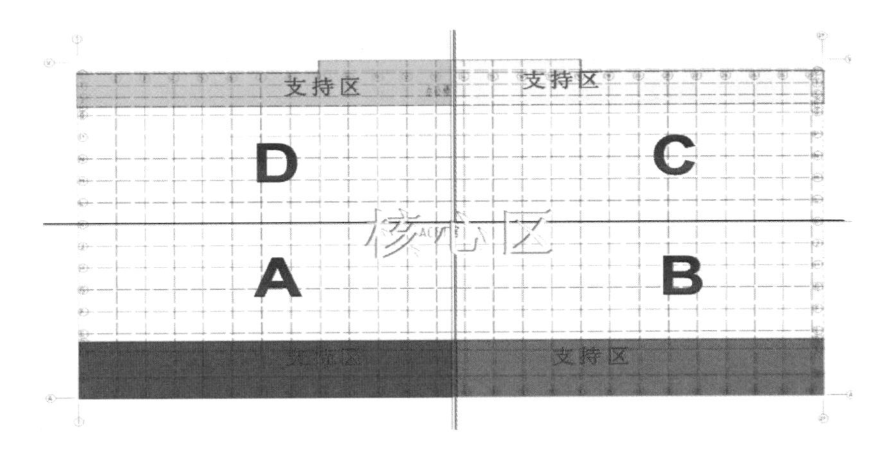

图4-4　厂房一施工区域划分

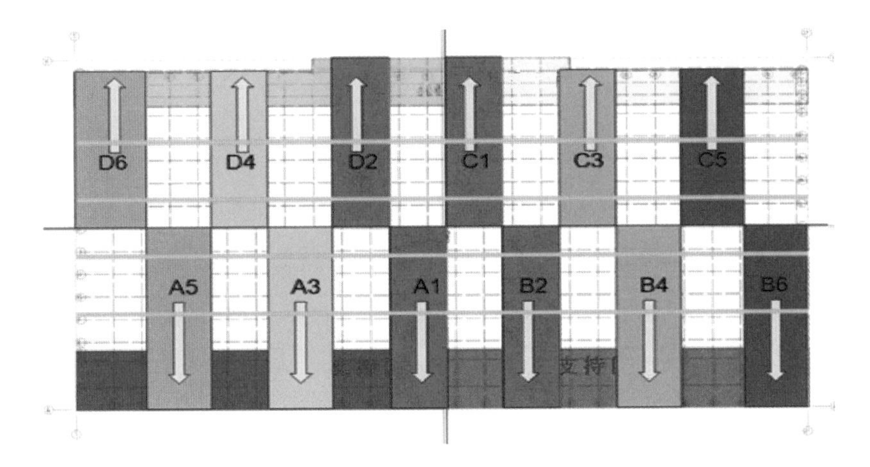

图4-5　跳仓法施工第一阶段

第二阶段混凝土施工如图4-6所示。

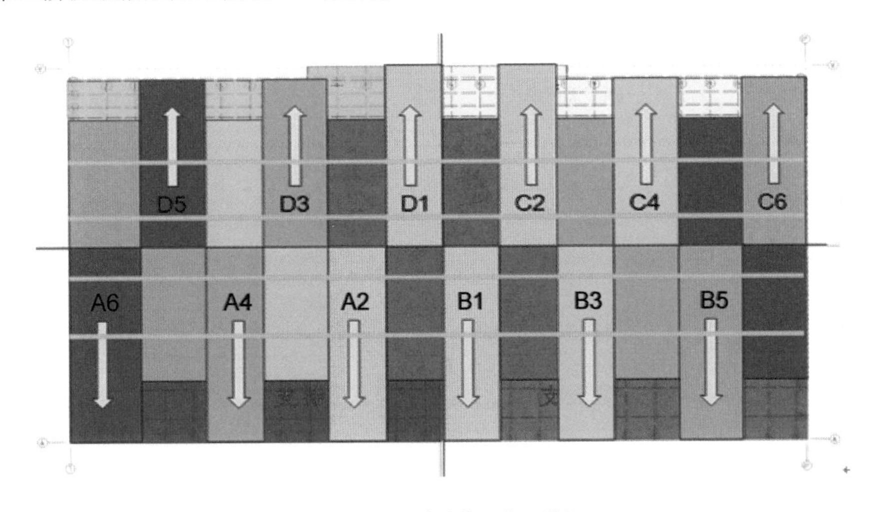

图4-6　跳仓法施工第二阶段

第二阶段施工区域同样按照施工进度计划流水施工，在作业面条件允许的情况下，可两仓同时施工。但第二阶段开始施工时，不能影响相邻施工区域的混凝土浇筑。第二阶段施工区域混凝土浇筑时，必须保证相邻施工区域混凝土浇筑养护达到7d以上。施工通道为第一阶段施工区域，但必须保证第一阶段施工区域筏板混凝土强度达到75%以上，并满面覆盖多层板作为混凝土面层成品保护。

优缺点：跳仓法浇筑综合技术措施是在不设缝情况下解决了超长、超宽、超厚的大体积混凝土裂缝控制和防渗问题，可避免设置后浇带；工程03层板为钢承板，02层板、04层板为华夫板，为确保工期节点，需02层板、03层板同时施工，且应在03层板混凝土强度达到70%及以上时方能搭设04层板模架，在03层板混凝土达到100%后，才能浇筑04层板华夫板混凝土，而且工程主体钢结构复杂，采用跳仓法浇筑混凝土时泵管布置难度大，增加了混凝土的浇筑次数，工期相对延长。

经济性：可不设变形缝和后浇带，并且不加任何膨胀剂，成本较低。

2. 连续式膨胀加强带

依据工程由中间向两侧施工的特点，宜采取连续式膨胀加强带施工工艺。

原理：连续式膨胀加强带是指膨胀加强带部位的混凝土与两侧相邻混凝土同时浇筑；是在带内混凝土中掺加适量膨胀剂，通过水泥水化产物与膨胀剂的化学反应，使混凝土产生适量膨胀，在钢筋和临位混凝土的约束下，在混凝土结构中建立0.2～0.7MPa预压应力，这一预压应力可大致抵消混凝土在硬化过程中产生的收缩拉应力，使结构的收缩拉应力得到大小适宜的补偿，从而防止或减少混凝土收缩开裂。

如图4-7所示：以14轴为中线分别向两侧流水施工浇筑混凝土，膨胀加强带的构造为带宽2m，带宽两侧固定$\phi8@100$的钢筋网片，并满挂密纹钢丝网片$\phi1@15\times15$，以此

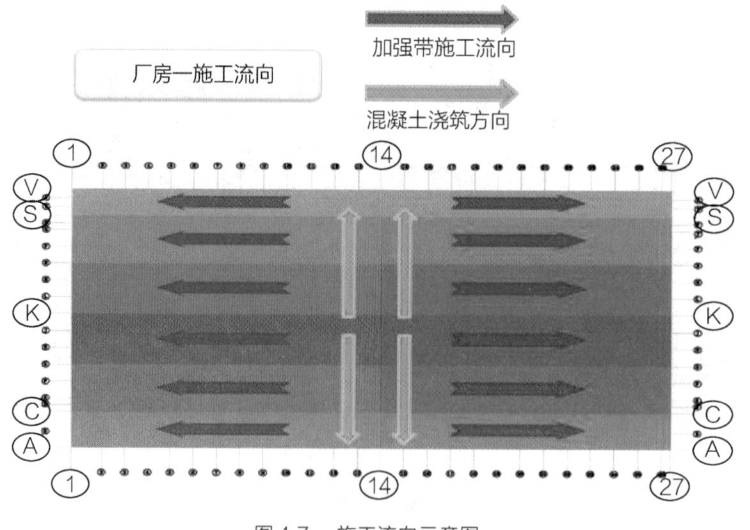

图4-7　施工流向示意图

将带内和带外混凝土分开。膨胀加强带两侧采用掺10%膨胀剂的膨胀混凝土，膨胀加强带采用内掺12%膨胀剂的膨胀混凝土，其强度等级比先浇混凝土高一等级。

优缺点：采用膨胀加强带，可以连续施工，超长混凝土结构不留缝且不裂，减少了分缝处理带来的麻烦，大大缩短了工期。但应注意，膨胀加强带的位置应设置在结构温度应力集中部位，并应制定严格的技术保障措施，保证混凝土原材料的质量和微膨胀剂的配合比准确；施工质量不太容易确定，风险相对较高。

经济性：膨胀加强带混凝土需掺入适量膨胀剂（例如，高效混凝土膨胀剂UEA、CEA、AEA、FEA等）且混凝土需提高一个强度等级，成本高。

3. 分仓法（后浇带、施工缝、伸缩缝）

原理：建筑施工中为防止现浇钢筋混凝土结构由于温度、收缩不均产生有害裂缝，按照设计或施工规范要求，在基础底板、墙、梁相应位置留设临时施工缝，将结构暂时划分为若干部分，经过构件内部收缩，在若干时间后再浇捣该施工缝混凝土，将结构连成整体。

如图4-8所示：钢结构工程在纵向由14轴向1轴和27轴两侧同时延伸，在横向是核心区C~S轴每完成一跨的全部钢结构后再向1轴或27轴方向前进一跨；土建工程以14轴为界线分为南北两个施工区，紧跟钢结构提供的工作面从中间向两侧进行，并采取02层、03层上下同时施工的状态。

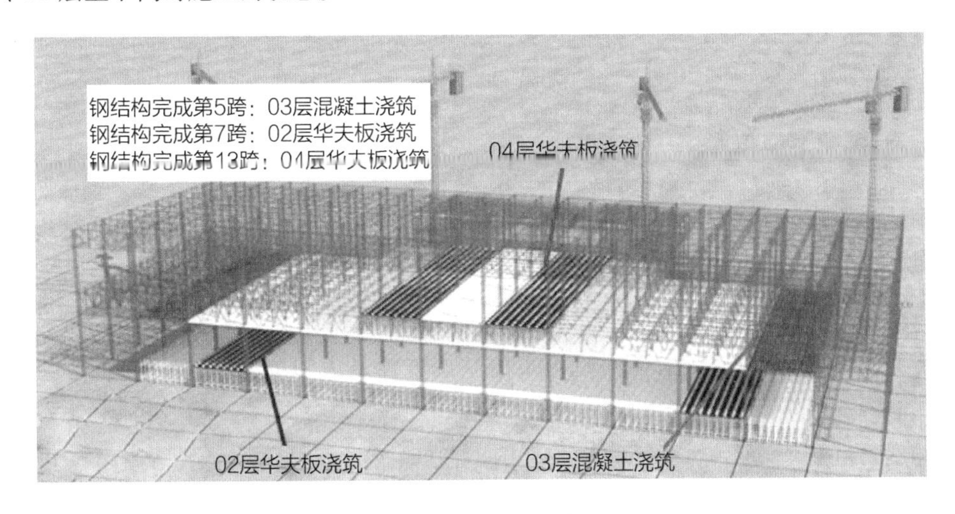

图4-8　分仓法施工流程

优缺点：可最大限度地利用工作面，02层板、03层板可同时施工，且分仓法可解决大面积混凝土结构温度、收缩不均产生的有害裂缝；02层板、03层板原泵管设置仍可用于04层板混凝土浇筑，泵管布置有规律。但需设置多道后浇带、施工缝、伸缩缝；在后浇带处钢筋防锈、后期清理需投入人力、物力。但是后浇带处混凝土应比两侧混凝土提高一个强度等级，且需加入膨胀剂；成本较高。

为确保厂房一按节点要求时间全面移交洁净包，经过以上方案分析对比：

跳仓法虽成本较连续式膨胀加强带、分仓法低，但需增加混凝土的浇筑次数，不满足建设方关于关键线路的工期节点要求。

连续式膨胀加强带可以连续施工，对于超长混凝土结构不留缝且不裂，工期相对跳仓法、分仓法可提前，但连续式膨胀加强带由于其本身的作用原理，在建筑沉降差的控制上存在缺陷，具有一定的风险，并且连续式膨胀加强带混凝土需掺入适量膨胀剂，成本较高。

分仓法（后浇带、施工缝、伸缩缝）是采取完全“放”的方法来解决大面积、大体积钢筋混凝土收缩应力问题，概念较为清晰，多年的工程实践也证明了这点；并且可满足02层板、03层板同时施工，大大缩短工期，所以大面积混凝土施工采用分仓法施工技术。

4.1.3.2 分仓整体布局及土建施工流程

1. 分仓整体布局

地坪板为500mm厚钢筋混凝土筏板，通过设置后浇带进行分仓。02层板、04层板核心区为华夫板，厚度600mm、550mm，通过设置后浇带和施工缝相结合进行分仓。03层板核心区为钢承板，厚度200mm，通过设置伸缩缝进行分仓。

合龙带：钢结构在每层的10轴北侧和17轴南侧、K轴西侧设置“草”字头的合龙带。

2. 土建施工流程

钢结构工程在纵向由14轴向1轴和27轴两侧同时延伸，在横向是核心区C轴至S轴每完成一跨的全部钢结构后再向1轴或27轴方向前进一跨。

土建工程以14轴为界线分为南北两个施工区紧跟钢结构提供的工作面从中间向两侧进行，并采取02层、03层上下同时施工的状态方能最大限度地利用钢结构提供的工作面。

针对工程的上述特点，为了最大限度地展开全面施工并严格控制裂缝的产生，应在原设计纵、横方向的后浇带内再增设施工缝进行分仓法施工，以满足全面展开施工、控制裂缝的需要。

4.1.3.3 分仓间距确定

（1）为了形象观察温度应力在混凝土板中的分布规律，图4-9给出了不同长度混凝土板中应力沿长度方向分布规律。

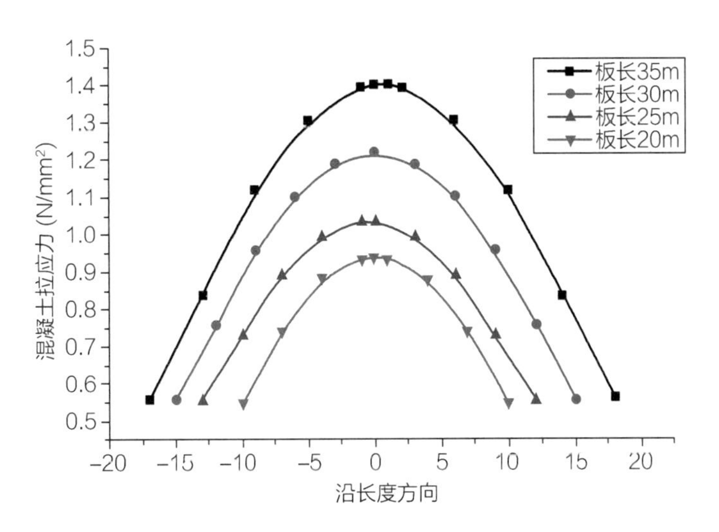

图 4-9　不同长度混凝土板中应力沿长度方向分布规律

从图 4-9 中可以看出：①伴随长度的增加，板混凝土中最大拉应力也随之增大；②混凝土板面中心拉应力最大，向边缘逐渐减小；根据厂房一钢结构实际安装进度，板面混凝土浇筑长度应根据钢结构柱网间距合理分段。

（2）图 4-10 给出了混凝土地板与模板间摩擦系数等于 0.8 条件下的混凝土板最大拉应力 σ 与一次浇筑长度 x 之间的关系，其拟合关系式如下所示：

$\sigma = 0.03691x + 0.1133$，式中，$x$ 的单位是 m，σ 的单位为 N/mm^2。

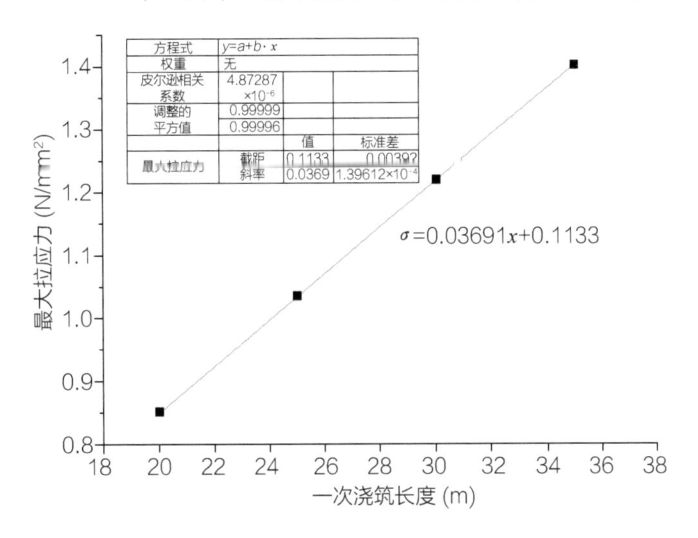

图 4-10　混凝土板最大拉应力与一次浇筑长度的关系

通过分析图 4-10 可知：当混凝土面板与模板摩擦保持不变时，混凝土板中最大拉应力与一次浇筑长度成正比例关系，浇筑长度越大，板中类似的约束拉应力越大。

（3）为了避免超长混凝土结构产生裂缝，结合有关后浇带的设计规范相关规定：一是《高层建筑混凝土结构技术规程》JGJ 3—2010 规定，当采用刚性防水方案时，同一建筑的基础应避免设置变形缝。可沿基础长度每隔30～40m留一道贯通顶板、底板及墙板的施工后浇缝，缝宽不宜小于800mm，且宜设置在柱距三等分的中间范围内。二是《高层建筑筏形与箱形基础技术规范》JGJ 6—2011规定，基础长度超过40m时，宜设置施工缝，缝宽不宜小于80cm，在施工缝处，钢筋必须贯通。三是《混凝土结构设计规范》GB 50010—2010规定，如有充分依据和可靠措施，伸缩缝最大间距可适当增大，混凝土浇筑采用后浇带分段施工。

《混凝土结构工程施工质量验收规范》GB 50204—2015规定施工缝的位置应设置在结构受力较小和便于施工的部位。

《混凝土结构设计规范》GB 50010—2010规定了钢筋混凝土结构伸缩缝的最大间距，可按表4-1确定。

钢筋混凝土结构伸缩缝最大间距（m） 表4-1

结构类别		室内或土中	露天
排架结构	装配式	100	70
框架结构	装配式	75	50
	现浇式	55	35
剪力墙结构	装配式	65	40
	现浇式	45	30
挡土墙、地下室隔壁等类结构	装配式	40	30
	现浇式	30	20

综合以上规范：工程后浇带每隔约40m设置一道；施工缝设置在每两道后浇带之间受剪力较小和便于施工的部位；伸缩缝每隔约40m设置一道。

4.1.3.4 后浇带、施工缝、伸缩缝、合龙带节点示意图

（1）核心区后浇带的宽度和该处的结构梁板及奇氏筒相适应，宽度为800mm，具体详见图4-11。

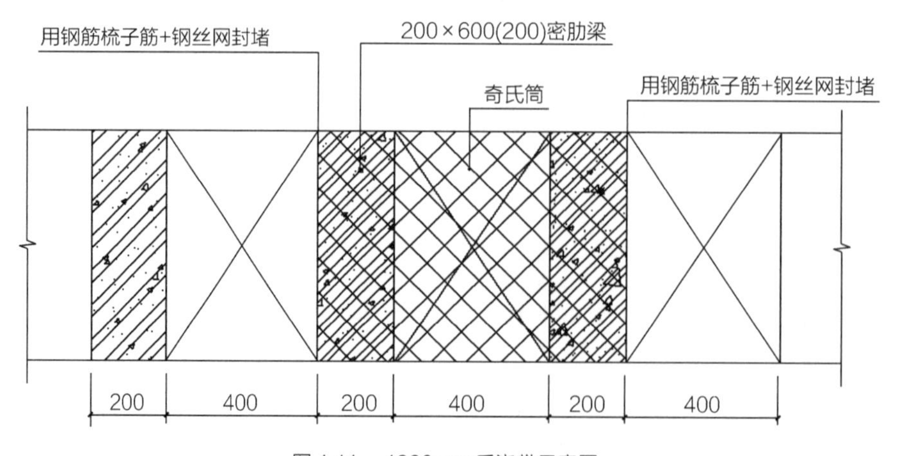

图4-11 1800mm后浇带示意图

（2）施工缝设置在钢柱及框架梁一侧，施工缝处用钢筋梳子筋＋钢筋网封堵（图 4-12）。

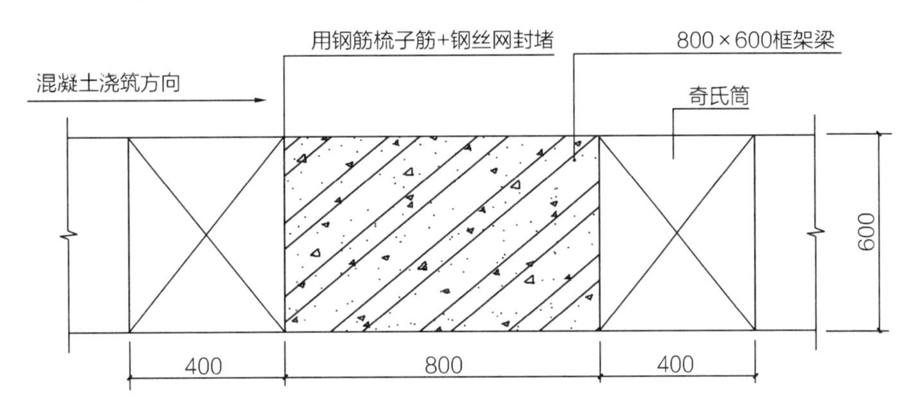

图 4-12　施工缝示意图

（3）伸缩缝由原设计钢承板作分隔，高度同结构楼板，填缝采用 20mm 厚挤塑聚苯乙烯板（燃烧等级 B_1）及 40mm 高环氧胶泥面层进行封堵，具体详见图 4-13。

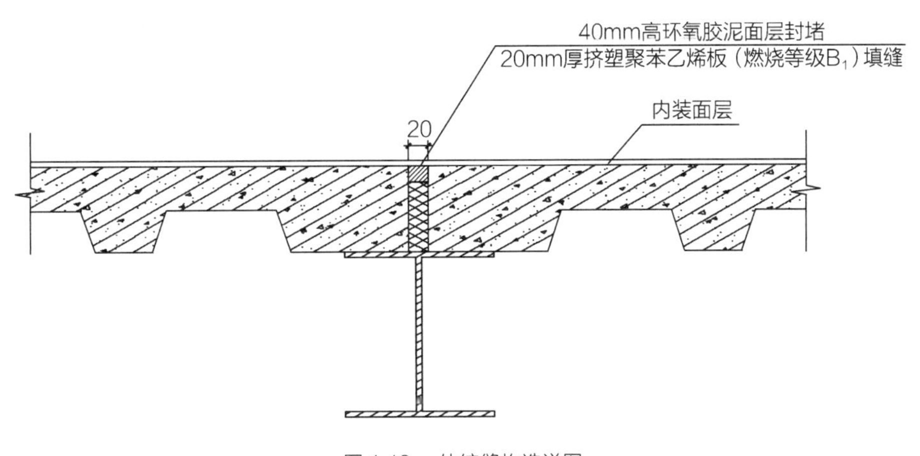

图 4-13　伸缩缝构造详图

（4）合龙带为一个整跨＋两侧框梁的宽度（图 4-14）。

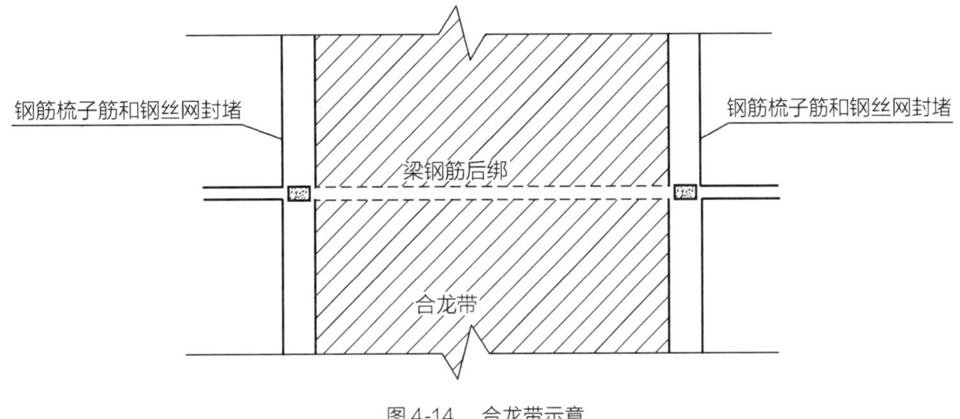

图 4-14　合龙带示意

4.1.3.5 配合比优化设计

（1）地坪板、02层华夫板、04层华夫板按设计要求采用抗裂纤维混凝土，用于防止混凝土早期收缩裂缝。掺入纤维素纤维，掺量参照《纤维混凝土结构技术规程》CECS 38—2004，标准为1.0kg/m^3，所使用纤维限裂效能等级达到一级，所使用纤维素纤维经“国家建筑工程材料质量监督检验中心”检测性能指标需满足：断裂强度≥700MPa，初始弹性模量≥7.0GPa，当量直径15～25μm。

（2）根据《粉煤灰混凝土应用技术规范》GB/T 50146—2014：项目按规范应掺入Ⅱ级粉煤灰，掺量按照商品混凝土配合比报告掺入，减少水泥用量，以避免较大温度应力使混凝土表面产生裂缝。

4.1.4 工程大面积混凝土分仓布置（后浇带、施工缝、伸缩缝、合龙带）

4.1.4.1 地坪板分仓设置

每隔约40m设置一道后浇带进行分仓，详见图4-15。

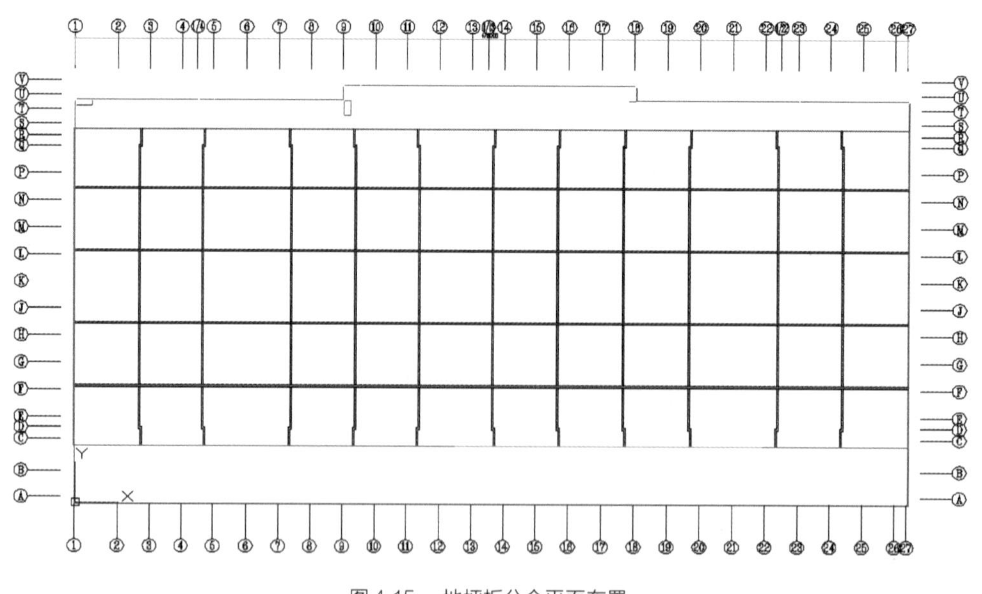

图4-15 地坪板分仓平面布置

4.1.4.2 02层、04层板分仓设置

核心区后浇带：设置3道纵向后浇带（G、L、N）和10道横向后浇带（3、5、7、11、13、15、19、21、23、25）。

核心区施工缝：在横向设置13道施工缝（2、4、6、8、10、12、14、16、18、20、

22、24、26)，纵向不设置施工缝。

合龙带：核心区在J轴东侧设置1道纵向合龙带，在9轴南侧和17轴南侧设置2道横向合龙带。

详见图4-16。

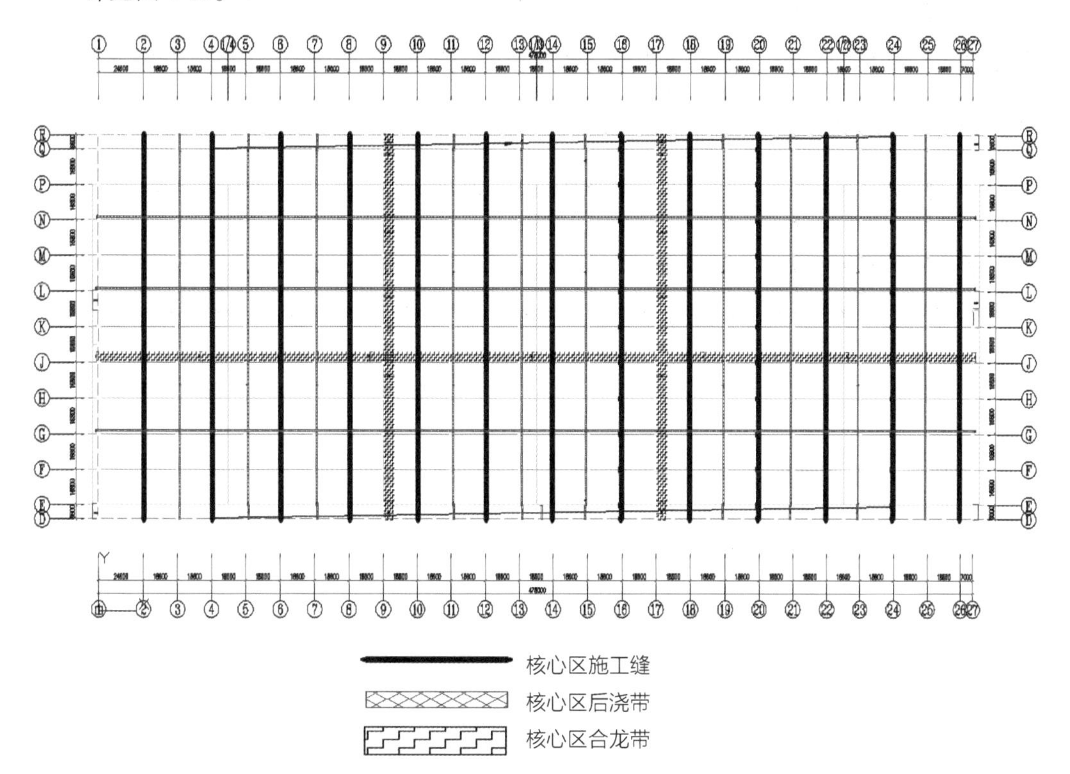

图4-16 02层、04层板分仓平面布置

4.1.4.3 03层板分仓设置

03层板为钢承板，厚度200mm，通过合龙带、伸缩缝进行分仓，03层板分仓平面布置如图4-17所示。

伸缩缝：03层板横向设置12道伸缩缝（2、4、6、8、10、12、14、16、18、20、22、24)，纵向设置7道伸缩缝（R、P、M、K、H、F、D)。

合龙带：03层板核心区在J~K轴留出一个整跨+两侧框梁的宽度为1道纵向合龙带，在9~10轴、17~18轴各留出一个整跨+两侧框梁的宽度为2道横向合龙带；支持区在纵向不设置合龙带，在10轴北侧和17轴南侧设置2道横向合龙带。

4.1.4.4 大面积混凝土分仓施工技术的相关控制措施

(1) 后浇带、施工缝、合龙带分界框梁外侧均采用钢筋梳子筋作骨架（上下各一根ϕ14钢筋，中间ϕ12钢筋，间距50mm)，预留面内侧绑扎钢丝网进行封堵留设。

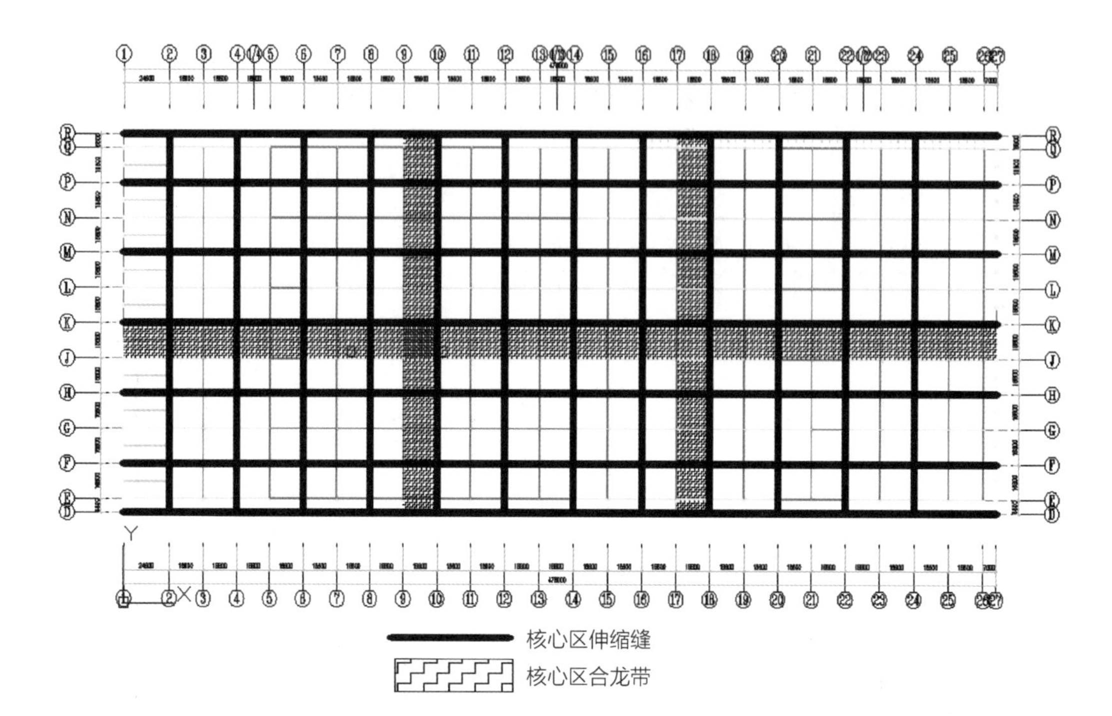

图 4-17　03 层板分仓平面布置

（2）合龙顺序：先纵向后横向，从中间向两边。先主桁架，后次桁架（J～K 轴为带人字撑梁），再钢梁。先下弦，后上弦，再腹杆；在气温（15±2）℃时合龙。

（3）合龙带内的钢筋全部错头断开，钢筋采用绑扎搭接连接。

（4）由于后浇带的钢筋外露时间较长，在混凝土浇灌完成后，对后浇带部位钢筋均匀刷素水泥浆，不能马虎，并在防腐完成后对后浇带进行覆盖。

（5）后浇带可减少混凝土施工过程中的温度应力，在其两侧混凝土浇灌完毕 60d 后采用强度等级比相应结构部位高一级的膨胀混凝土再浇筑；后浇带浇筑顺序：先纵向后横向，从中间向两边，并在气温较低时进行施工。

（6）施工阶段合龙带位置不得有堆载，并做好标识公示工作；03 层只能铺设钢波纹板，不能进行钢筋绑扎及混凝土施工，待钢结构合龙后方能进行该部位钢筋混凝土楼板施工；03 层钢波纹板采取铺设模板保护措施，搭设便桥通道以满足施工人员通行；04 层应全部留下二次施工，且应在 03 层混凝土强度达到 70% 及以上时方能搭设模架，在 03 层混凝土达到 100% 后，才能浇筑 04 层华夫板混凝土。

（7）合龙带及后浇带部位必须设置独立的模架支撑体系，模板面板层与两侧的主体模板面板层紧贴，但次龙骨、主龙骨及模架体系与两侧主体模架体系应分开设置。

4.2　华夫板高精度施工关键技术

4.2.1　概况

项目主要建筑厂房一共4层，其中02层、04层采用华夫板结构，单层面积8.6万m^2，奇氏筒数量约18万个，相邻奇氏筒间距为600mm，板厚分别为600mm和550mm，设计要求奇氏筒中心线位置偏移不大于2mm，华夫板表面平整度不大于2mm/2m。

华夫板即井字梁镂空楼板，是通过奇氏筒作为留孔模具，使上下楼层形成回风通道，利用气压排出悬浮颗粒，达到一定洁净等级的一种结构。其施工工艺不同于普通钢筋混凝土楼板结构，不论从支撑架搭设、模板安装、钢筋绑扎、混凝土浇筑还是混凝土养护等工序上均有其自身的特点。奇氏筒模具如表4-2所示。

奇氏筒模具　　表4-2

奇氏筒由镀锌钢筒，ABS材质的底座、顶盖，螺杆，铁底盘组成	
铁底盘：材料为钢质，自身有足够的强度，底盘上沿圆周均布8个螺孔，可确保底盘不会产生位移	
ABS底座与顶盖：底座、顶盖与奇氏筒本体严密接触，有一定的强度和塑性，拆除时不会对奇氏筒本体造成划伤而影响成品效果	 
螺杆：钢制，直径10mm，自身强度大，足以将底盘、底座、筒本体、上盖连接为一个整体，不会因施工等荷载造成断裂	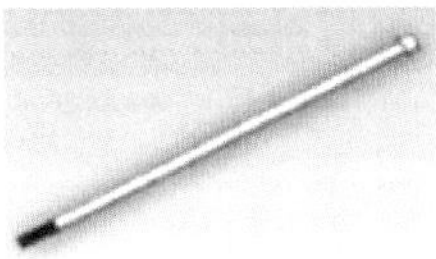

续表

奇氏筒本体：材质为镀锌钢板，卷成圆筒状，然后封边焊接；上下口为喇叭口状，最后烤漆。筒本体的喇叭口可以使上盖、筒本体、底座连接密实，增大了受力面积，使筒体的承载力增大	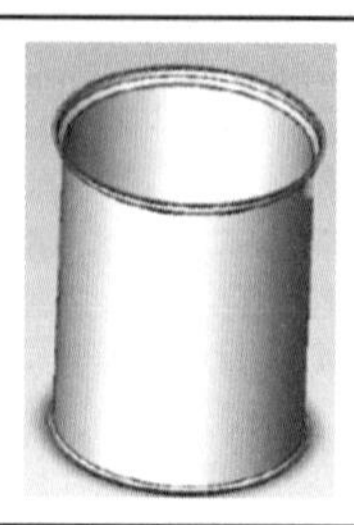

4.2.2 主要特点、难点

1. 特点

（1）由于华夫板区域为洁净室区域，混凝土表面平整度要求2mm/2m，并达到清水混凝土效果，因此混凝土必须浇筑密实，表面平整且不得有麻面、裂缝等缺陷。如混凝土产生以上缺陷，气流容易将缺陷处的粉尘颗粒带入洁净空气中，造成洁净空气的二次污染，从而影响产品质量。

（2）厂房一平面尺寸478m×258.6m，奇氏筒总数量为35.6万个，根据施工总体部署，要求02层、04层每7d完成南、北各一跨的华夫板施工，面积大，工期紧，筒体安装精度高，材料垂直交叉运输难度大，影响施工质量。

（3）02层模板支架跨度为18.6m，核心区华夫板厚600mm，施工荷载为18.61kN/m^2，属于《危险性较大的分部分项工程安全管理办法》中“超过一定规模的危险性较大的分部分项工程”范畴。

2. 难点

（1）设计要求华夫板2m范围内混凝土平整度为2mm，且02层华夫板施工荷载大，架体搭设精度控制难度大。

（2）华夫板井字密肋梁间距仅400mm，施工作业面小，钢筋绑扎难度大，框架梁与钢柱的连接节点复杂，微振柱柱帽钢筋绑扎困难，而奇氏筒外径尺寸为390mm，因此，密肋梁钢筋必须定位准确、绑扎顺直，否则影响后期奇氏筒安装。

（3）奇氏筒数量多，混凝土浇筑厚度大，混凝土浇筑过程中会对奇氏筒造成上浮影响，且设计要求奇氏筒中心偏移不超过2mm，如何高效、精确地定位奇氏筒，杜绝奇氏筒盖与筒身交接缝处漏浆，是施工控制的重难点。

（4）浇筑混凝土过程中极易碰撞奇氏筒，且华夫板厚度为600mm，每次浇筑面积为

18.6m×168.8m，混凝土配合比的设计极其重要，且华夫板施工处于冬季，混凝土浇筑、找平及养护质量控制难度大。

4.2.3　主要施工关键技术

4.2.3.1　架体模板安装施工技术

1. 模板架体间隙余量控制技术

1）厂房一02 层模架搭设区域施工荷载为 18.61kN/m^2，为保证架体搭设精度，需选择具有足够承载能力、刚度和稳定性的架体。

2）根据架体性能要求，结合施工需求量及市场供应量，选用满堂碗扣架，这种模架在市场上供应量大，且刚度好，能满足施工要求。

3）根据国家现行规范及施工经验，选取模板、主次龙骨、可调托撑等型号，并确定架体排布，经计算分析调整后确定最佳方案，如表 4-3 所示。

模架体系参数　表 4-3

板底模板	15mm 单面覆膜胶合板
主龙骨	ϕ48×2.7 双钢管
次龙骨	50mm×70mm 木方
立杆及间距	ϕ48×3.0 的碗扣架钢管，间距 900mm×900mm；梁底间距 600mm×900mm
标准托撑	600mm 长，ϕ36mm，托板钢板≥5mm

（1）02 层 18.6m×16.8m 单元格立杆布置图，见图 4-18。

（2）04 层 18.6m×16.8m 单元格立杆布置图，见图 4-19。

4）架体搭设精度控制：

（1）搭设满堂脚手架前，先地面弹线，确定纵横向立杆的位置；

（2）立杆底部均设置 15mm×150mm×150mm 垫木，以确保立杆不因上部搭设过程中倾斜而虚落，从而避免因立杆未落实造成的下沉；

（3）顶托安装完毕后，在顶托上拉通线对顶托进行调平；主龙骨所采用的钢管必须经调直后方可安装；次龙骨木方采用二次精刨平直后的 45mm×65mm 木方，安装完成后利用塔尺精密水准仪对次龙骨表面进行调整精平，精平的覆盖率为 100%。

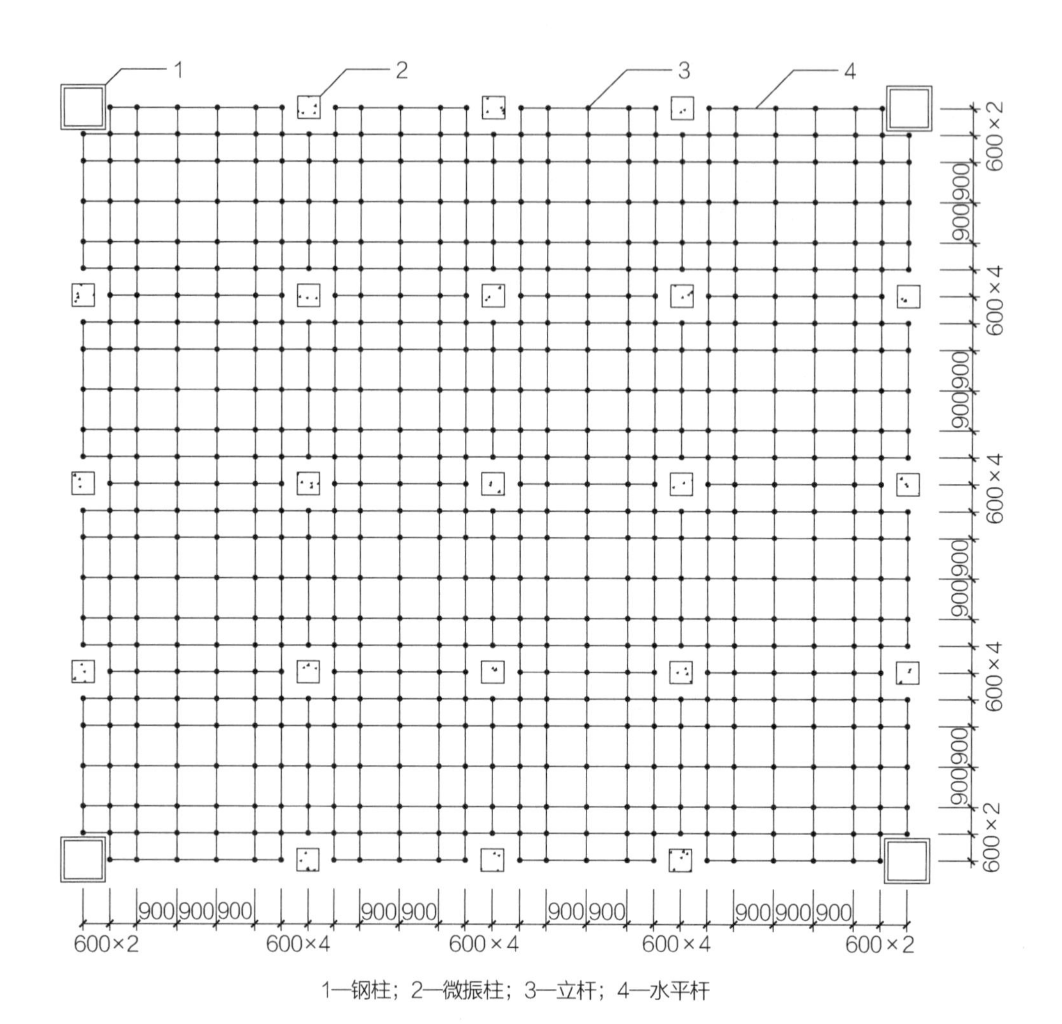

1—钢柱；2—微振柱；3—立杆；4—水平杆

图4-18　02层18.6m×16.8m单元格立杆布置图

2. 防止模板侧移技术

为防止模板侧移，采用ϕ48×2.7钢管施工剪刀撑。满堂架四周从底至顶连续设置水平剪刀撑及竖向剪刀撑，如图4-20所示。

3. 模板铺设平整度及防漏浆控制技术

（1）模板采用15mm厚镜面板，在木模板拼缝时要严格控制好接槎处的平整度。为避免模板热胀冷缩后翘曲变形，每隔30m在模板上预留2mm左右的伸缩缝，缝间可用海绵双面胶带填充，模板钢钉30cm一道，即一块标准模板短边不少于4个钢钉，长边不少于8个钢钉，沿长短边中间各增加4个钢钉，保证模板的平整度。

（2）模板铺设前先进行模板排布策划，避免模板拼缝处于奇氏筒底部，防止漏浆。

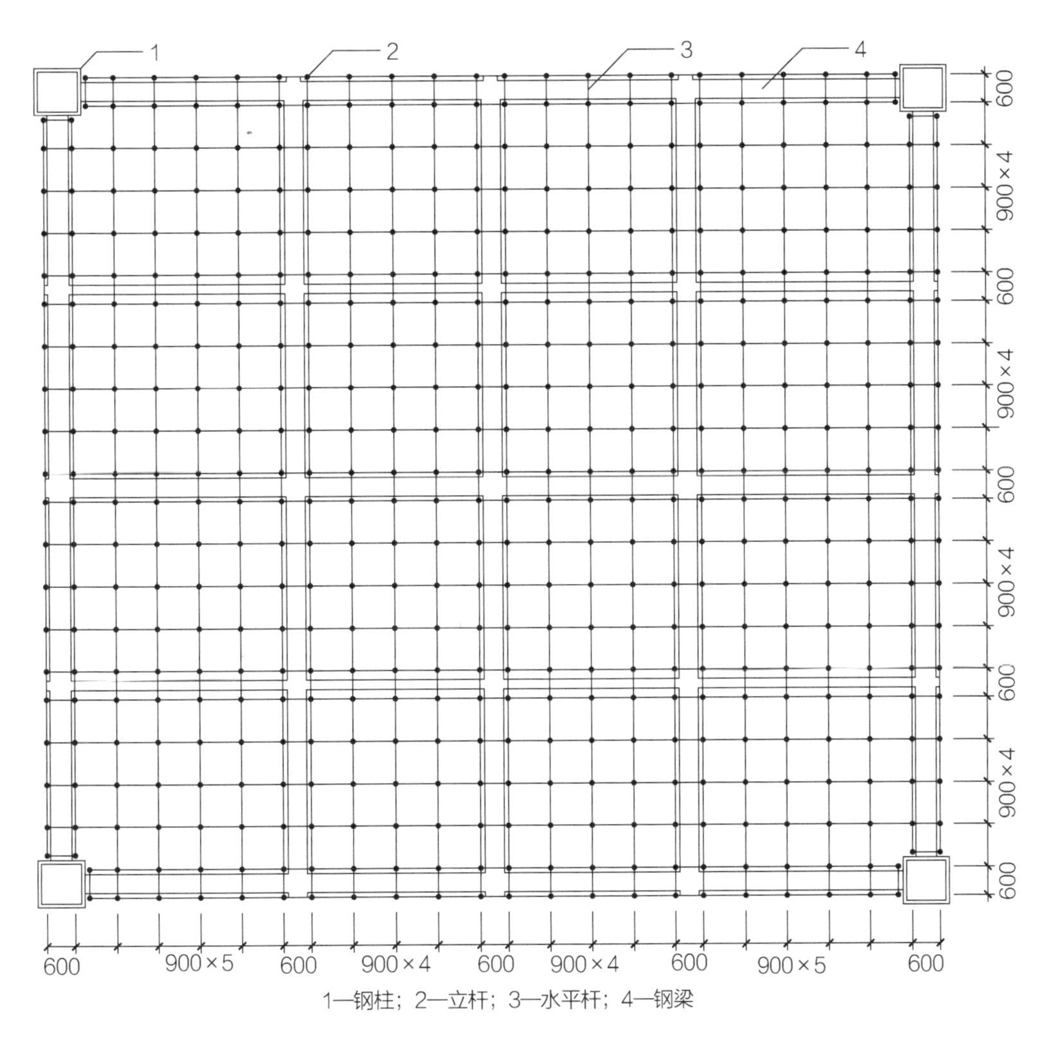

图 4-19　04 层 18.6m×16.8m 单元格立杆布置图

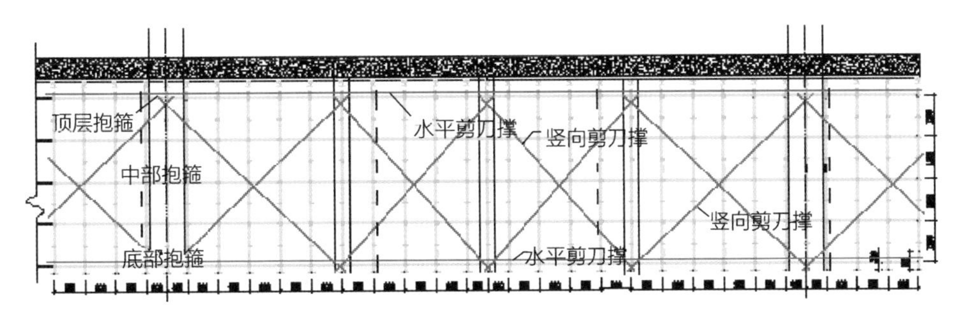

图 4-20　剪刀撑布置

4. 架体监测技术

（1）每一标准块模架区域设 5 个监测点，其中中心点设置 1 个，其余均匀分布在板下，如图4-21、图4-22所示。使用经纬仪、精密水平仪等监测仪器进行监测，并设变形监测报警值。

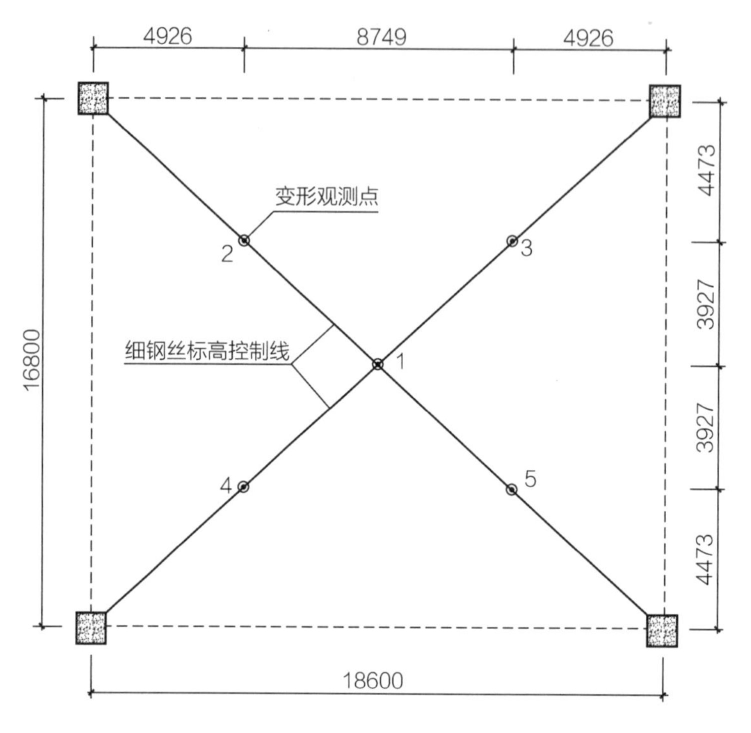

图4-21 监测点设置

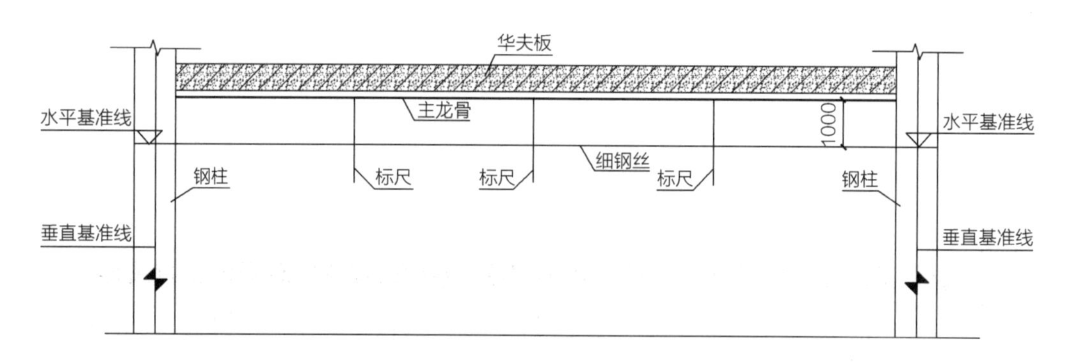

图4-22 监测点布置剖面

（2）由于钢结构工程已于前期施工完毕，单元格内的钢柱可作为观测的基准。

垂直基准线：在每根钢柱各个侧面弹垂直线；水平基准线：精密水准仪在钢柱中上部设定标高控制线，用细钢丝采用对角线形式连接，在每根细钢丝的中间及两端设置标尺，标尺用钢丝悬挂于主龙骨上，通过标尺的数据变化来监测模架；观测频率不得大于1次/30min，保证施工作业在受控状态。

（3）在浇筑混凝土过程中应实时监测，监测频率不宜超过20min一次，混凝土浇筑时由质检员、安全员对架体进行检查，主要检查支撑系统受力变形情况及钢柱抱箍受力变形情况，浇筑混凝土过程中发现下沉、松动或变形情况应及时停止施工，采取措施保证安全再施工。混凝土浇筑完成后监测频率应不超过 1h 一次。

5. 观测方法

模架外围采用精密水准仪及经纬仪进行观测，模架里面采用标尺及经纬仪观测钢柱面垂直线。浇筑混凝土前进行第一次观测，以后每 20min 观测一次，并作好观测记录。变形监测预警值：支架垂直位移大于 3mm，支架水平位移大于 3mm。

4.2.3.2　密肋梁钢筋绑扎技术

1. 钢柱牛腿节点优化

主梁与钢柱牛腿连接节点复杂，平面图难以展示，通过 BIM 建立模型，对工人进行可视化交底。钢柱牛腿节点优化模型如图 4-23 所示。

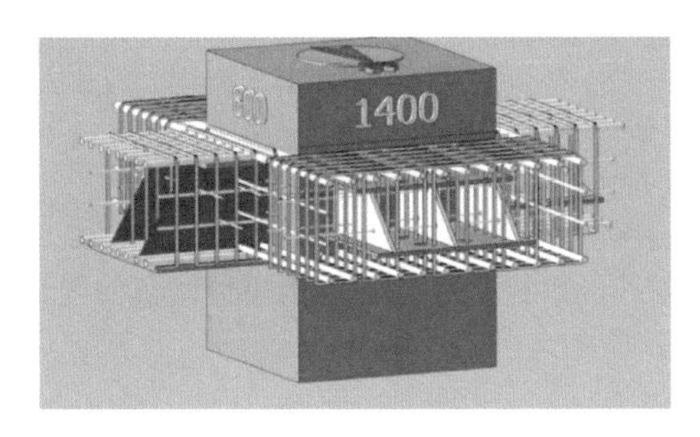

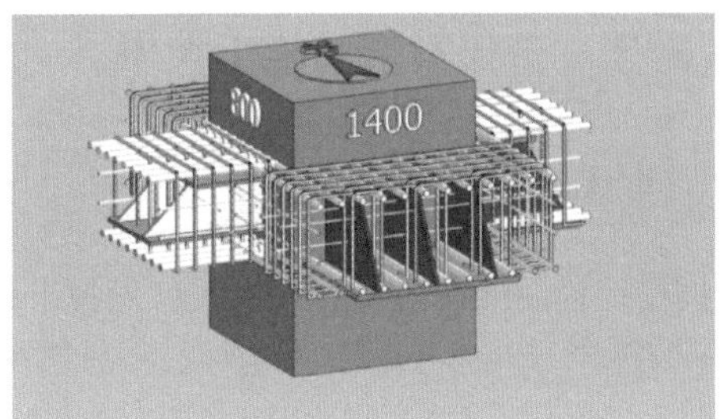

图 4-23　钢柱牛腿节点优化模型

2. 钢筋绑扎顺序优化

如图 4-24 所示，放出钢筋控制线后，先绑扎柱帽钢筋，然后依次绑扎主、次框架梁钢筋，再绑扎每个单元格内井字梁钢筋；井字梁钢筋绑扎时，先绑扎南北方向的钢筋，再绑扎另一个方向的钢筋。

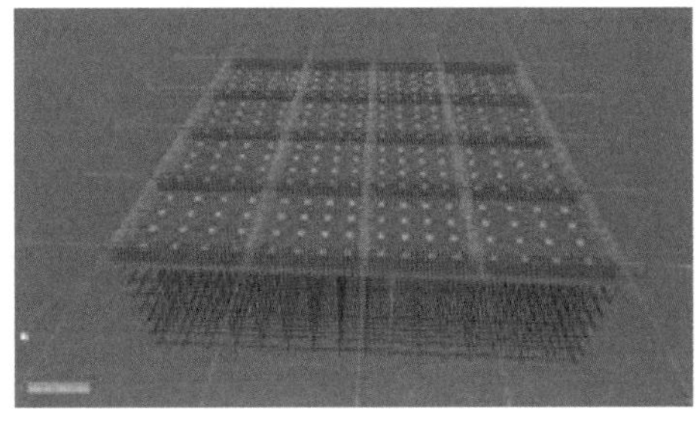

图 4-24　华夫板施工模拟（一）

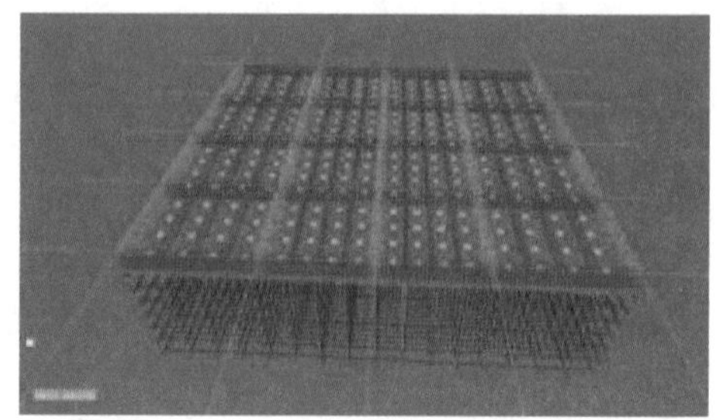

图4-24　华夫板施工模拟（二）

3. 实体模型演练

通过BIM建立模型，在确定节点优化及绑扎顺序时，项目部组织劳务班组搭设1∶1单跨16.8m×18.6m实体模型进行操作演练，在实体模型建立过程中，提前解决了施工过程中可能会出现的问题。

4.2.3.3　奇氏筒安装施工技术

1. 奇氏筒定位

根据设计图纸在模板上弹墨线，先弹出控制线。以控制线为基准用两种颜色的线弹出奇氏筒中心线及井字暗梁定位线。

2. 奇氏筒铁底盘固定

依据奇氏筒十字控制线，采用螺钉将奇氏筒铁底盘固定到模板上，利用经纬仪打线复核铁底盘位置偏差，确保其中心线偏差不大于2mm。对中心线偏差过大或固定不牢的铁底盘需立即拆除，旋转一个角度调整就位后重新固定到模板上，安装如图4-25所示。

图4-25　铁底盘安装

3. 钢筋绑扎

钢筋绑扎过程中不得损坏或踩踏奇氏筒铁底盘，钢筋绑扎完成后再次复核奇氏筒铁底盘位置，发生偏移或松动时及时处理并重新验收。

4. 奇氏筒底座、 筒体安装

（1）先将奇氏筒铁底盘表面清理干净，然后把底座紧扣在奇氏筒铁底盘上，紧贴模板表面。

（2）将奇氏筒筒身固定在底座上，安装过程中用水准尺控制套管口水平度。

（3）当奇氏筒与底座咬合严密后再安装奇氏筒上盖。利用对拉螺杆自奇氏筒上盖贯穿奇氏筒锁固到奇氏筒铁底盘上，奇氏筒锁固完成后，对奇氏筒锁固情况进行检查，发现固定不牢的，拆除后重新锁固。

（4）对拉螺杆孔处进行胶带缠绕密封，边缘用乳胶漆涂刷封闭，防止漏浆污染奇氏筒内壁。

5. 标高控制

安装完成后及时进行标高复核，采用2m靠尺、塞尺逐一复核奇氏筒标高，并采用精密水准仪进行抽检复查，发现偏差及时调整。浇筑混凝土前全面检查奇氏筒数量、位置，确保准确无误。

6. 防止奇氏筒侧移技术

为防止奇氏筒在混凝土浇筑过程中发生侧移，设计了压桶器，如图4-26所示。

压桶器做法：使用40mm×60mm×3mm镀锌方管焊接方钢网架，网格尺寸同奇氏筒，间距600mm，在方管交点处钻孔，使用ϕ14螺栓连接。在浇筑混凝土前，采用螺栓将钢

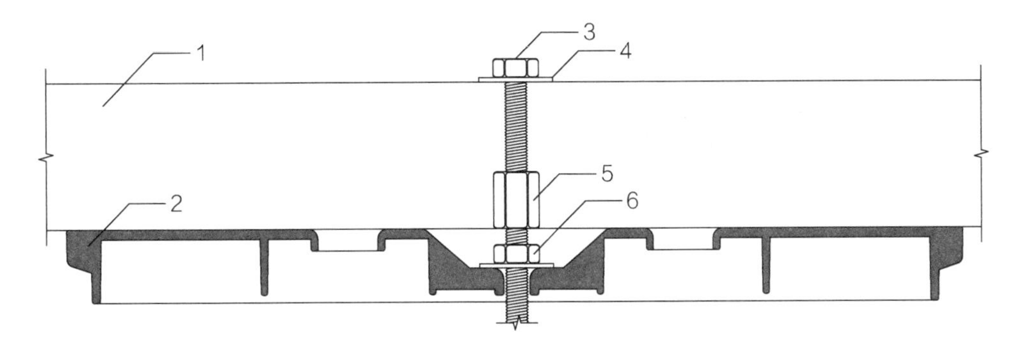

1—钢架；2—奇氏筒顶盖；3—M10×60螺杆；4—M10×40垫片；
5—M10套筒螺母（长30mm）；6—奇氏筒M10螺母

图4-26 压桶器（一）

图4-26 压桶器（二）

架连接在奇氏筒之上。

4.2.3.4 混凝土浇筑施工技术

1. 原材料控制技术

用于华夫板浇筑的混凝土应提前进行配合比设计，检验其坍落度、坍落扩展度及凝结时间。制作强度试件，其抗压强度应符合设计要求。粗骨料直径不应大于31.5mm，防止华夫板钢筋过密造成下料困难。

2. 浇筑机械选择

由于施工场地狭小，作业面半封闭，为避免碰撞奇氏筒，在混凝土浇筑过程中依靠筒顶标高控制平整度，选用可移动式布料机（图4-27），方便操作，提高功效。

图4-27 可移动式布料机

布料机底座支撑点、混凝土输送管道支撑点应位于奇氏筒之间的暗梁上。

3. 混凝土浇筑及收面施工技术

（1）混凝土应分层浇筑、分层振捣，分层厚度不大于300mm，分层浇筑间隔时间不超过2h，防止形成施工缝。

浇筑混凝土时，宜采用 ϕ35mm 的振捣棒，如图 4-28 所示，在密肋梁交点处及每小段的中点处插入振捣棒进行振捣，振捣混凝土时，振捣棒不得接触奇氏筒楼板模壳。

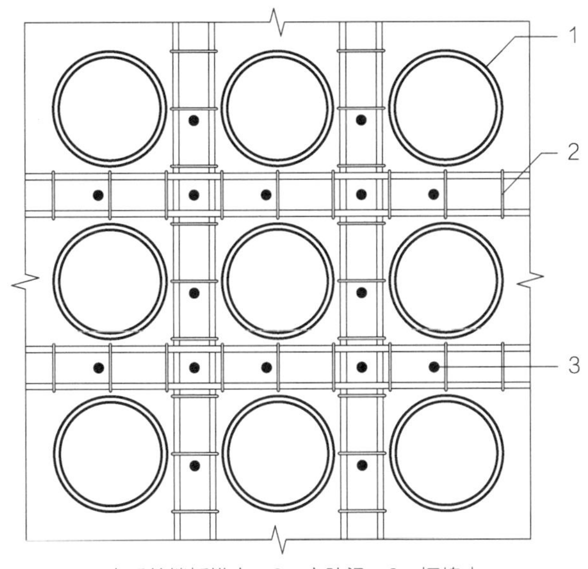

1—奇氏筒楼板模壳；2—密肋梁；3—振捣点

图 4-28　浇筑混凝土

（2）找平收光。由于华夫板平整度要求高，因此，找平收光时间长，在振捣完成后用 5m 刮杠按照标高进行刮平，之后利用收光机进行粗平，在混凝土初凝前再次利用磨光机进行精平，最后参照筒盖面的标高，用铁抹子将奇氏筒之间的混凝土面收光，如图 4-29 所示。对于大面积填洞区（未设置奇氏筒的区域），采用激光找平仪控制标高。

图 4-29　精平收光

（3）混凝土养护。收光完成后 4 ~ 6h，在华夫板面洒水并覆盖薄膜养护。在养护期间，安排专人看守，不得对面层造成破坏。

4.3　超大面积钢承板施工技术

4.3.1　钢承板（Deck组合楼板）楼面的特点

钢承板为钢波纹板+钢筋混凝土的组合楼板，以厂房二为例：楼板设计厚度200mm，局部板厚为300mm，避难通道170mm，如图4-30、图4-31所示。

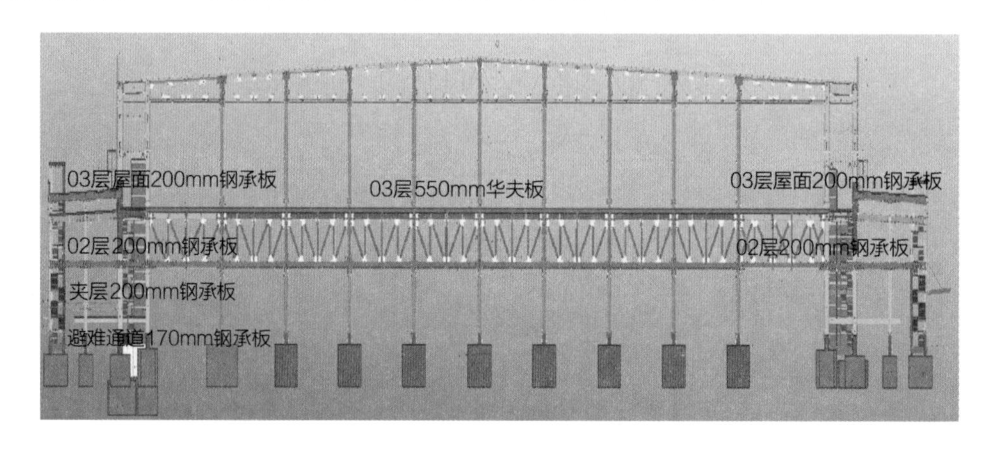

图4-30　厂房剖面图

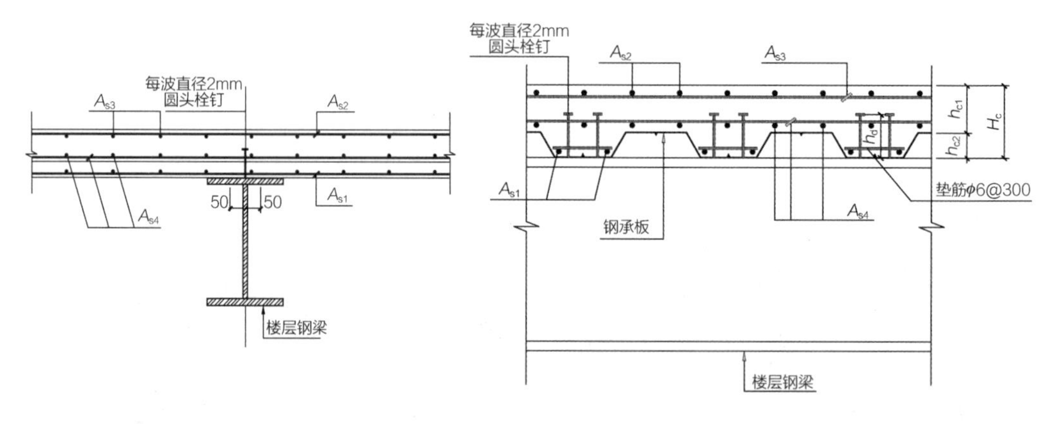

图4-31　组合楼板大样图

（1）工程的Deck组合楼板设计为厂房的设备技术层，位置在华夫板作业层以下。

（2）Deck组合楼板是由钢承板和钢筋混凝土楼板组合在一起，钢承板直接铺设在主体钢结构框架梁上，由钢承板承受钢筋混凝土楼板的荷载，施工时不再需要搭设满堂架体系。

（3）Deck组合楼板施工在钢结构框架梁安装后，可分段穿插施工，施工作业位于华夫板、屋面梁结构框架以内，垂直材料运输、水平运输量大，存在多工种交叉作业多，对施工的组织实施要求高，施工作业安全隐患多，施工中的质量控制难度大。

4.3.2　钢承板楼面施工技术重难点

（1）钢结构变形影响，是板面裂缝的控制要点之一；超大面积钢承板的施工，温度裂缝、垂直施工缝、胀缝的控制是一大难点。施工段按设计及规范要求合理划分，有效设置伸缩缝及施工缝，是保证板面施工质量的重点。

（2）Deck 组合楼板大面积施工，平整度要求高（本层也以 2mm/2m，50m 范围 25mm 的要求进行施工），保证整体面层平整度是下一道自流平地面施工的有效措施。

（3）面层收光后，大面积及时采用塑料薄膜、棉毡覆盖洒水养护，对板面防止干缩裂缝非常重要。

（4）Deck 组合楼板面框柱、桁架梁较多，且设计有柱包角，节点的细部构造及处理，对后期施工非常重要。

（5）冬期施工阶段，因厂房框架结构无法进行围挡形成封闭空间进行保温，板面上下热量流失很快，无法满足混凝土凝固条件。Deck 组合楼板的保温、养护施工是工程一大难点。

4.3.3　施工措施

4.3.3.1　钢承板楼面施工工艺

钢承板场外订制加工→按进度运送到场→钢结构主体钢柱、钢梁验收合格→吊装钢承板并铺板→栓钉焊接固定钢承板并验收→放置已预制好的楼承板底筋→安装管线预埋、洞口预留→铺设地辐热低温养护水管（冬期施工措施）→绑扎楼承板中部及上层钢筋→浇筑混凝土→机械配合整平人工压光→铺盖塑料薄膜加两层棉毡再加一层厚塑料膜（冬期施工）。

4.3.3.2　主要施工措施

1. 钢承板施工段划分

1）分仓优化

两个厂房超长超大，工程量大，工期要求非常紧，因此，需要对原设计的控制缝、后浇带及合龙带等进行优化，以便在最短时间内给现场让出更多的工作面，尽量做到全面展开的施工局面，实现最终工期目标。

以厂房二为例：02 层钢承板，按照设计留设原则应在每 40m 范围内设置一道通长控制缝，沿4、6、8、10、12、14轴，C、E、G、J、L、N、Q轴设置控制缝，如图4-32所示。

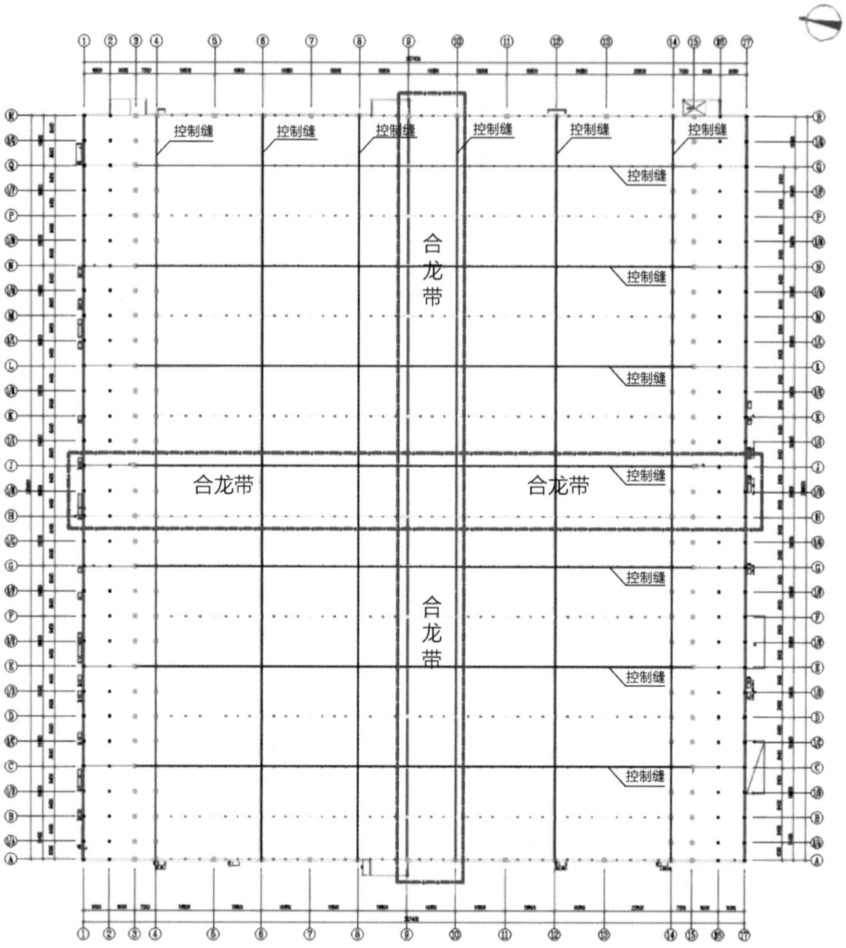

图4-32　原设计控制缝平面布置图

后经方案优化，考虑厂房纵向长度长、板块分割跨度大，对纵向控制缝进行二次分仓，缩短分段施工距离，避免板块分割过大，因钢结构伸缩变形产生垂直裂缝。

在增加施工缝后，分仓面积缩小，有利于混凝土浇筑作业面的管理，可提高施工效率，更可减少或避免温度裂缝、膨胀裂缝的产生。

因此，在B、D、F、H、K、M、P轴及合龙带位置的9轴增设施工缝，对整个板面进行二次分仓，以避免大面积、多作业面施工而产生的板面裂缝，如图4-33所示。后浇带位置在整个土建作业完成钢结构变形趋于稳定状态后进行二次补浇筑。

2）混凝土浇筑作业顺序

竖向施工段以楼层划分为原则，从下到上组织施工，夹层及避难通道最后施工；水平施工段以每跨梁中划分为原则，依据钢结构由西向东施工一跨交接一跨的实际情况，可以在主框梁中留置施工缝（钢筋断开），依次从西向东、从中间向两边组织施工（图4-34）。

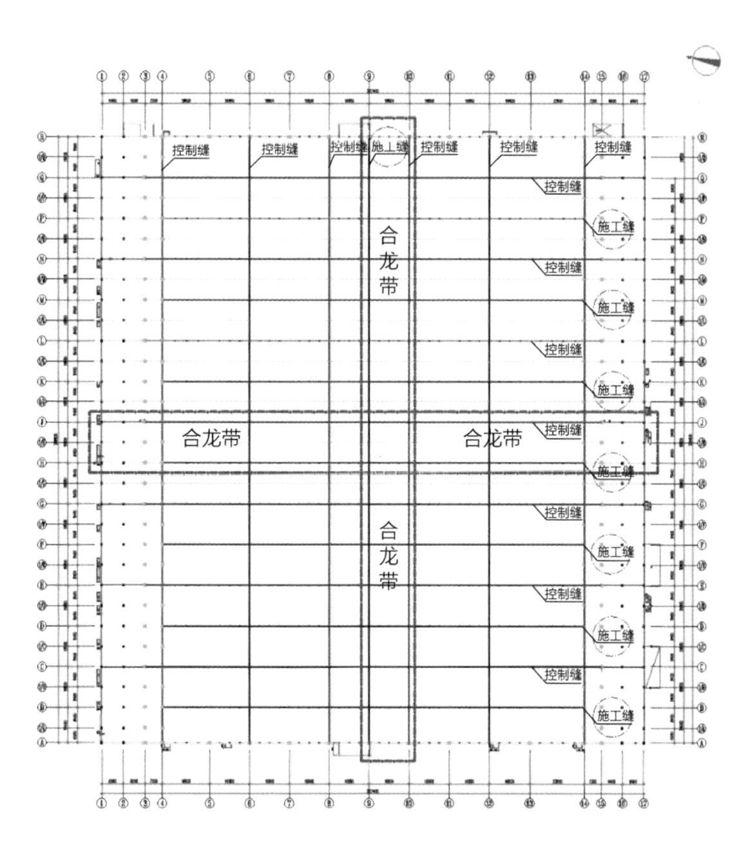

图 4-33　方案优化后增加缝平面布置图

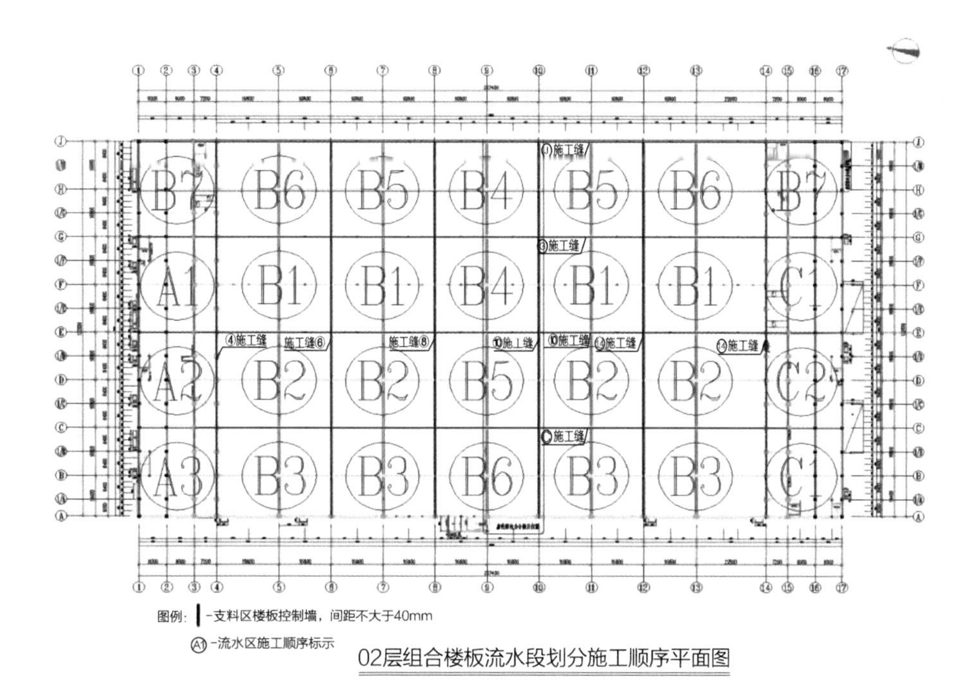

图 4-34　钢承板楼面浇筑顺序

3）混凝土浇筑时，选用地泵浇筑，泵管布设根据浇筑顺序，采取水平对称布置的方式，以保证整个作业面的全面展开施工（图4-35）。

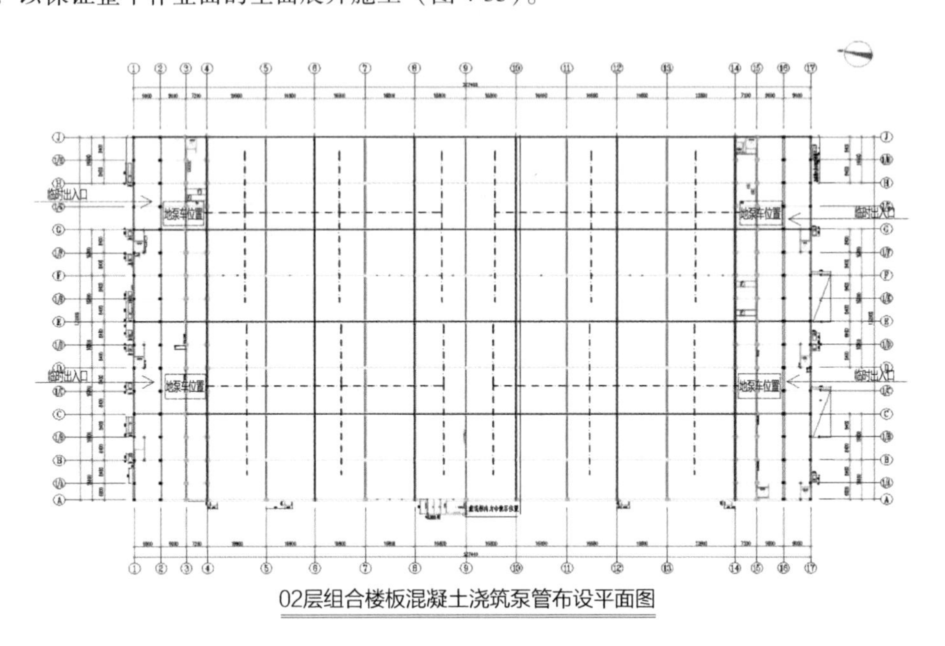

图4-35 混凝土水平泵管布置图

2. 平整度控制

1）测量控制

工程钢承板大面积施工，为保证整体平整度，平整度依照设计要求2mm/2m，50m范围25mm的标准进行施工。

为保证施工测量精度及质量，首先选用高精度精密水准仪，选用精度为0.1mm；引测时选用钢针划线，精确度控制在±0.5mm范围。

复核钢结构施工交接的控制轴线及标高控制点，正确无误后，开始建立钢承板施工标高控制网。引测点由一层板正负零标高开始，根据楼位长度，每层分为六个引测点，引测至钢承板层后，建立钢承板层控制网，根据施工段划分，间距不大于30m设置一个标高控制点。

2）现场施工控制

（1）人工粗平：在混凝土浇筑振捣后，先由人工采用木刮板进行粗整平，根据预留标高拉线控制标高。

（2）圆盘机打磨：在混凝土临初凝时，即混凝土坍落度基本消失时，用圆盘机打磨混凝土，使混凝土表面再次出浆。

（3）二次精平：选用铝合金刮杠刮平混凝土表面是保证混凝土表面平整度达到质量要求的重要工序，铝合金刮杠宜选用刚度大、不易变形的较大截面，长度宜为3～4m，在圆盘机打磨混凝土表面出浆后，用铝合金刮杠沿任意方向旋转刮平混凝土。在刮平期间，对低凹、积水部位进行二次补浆，再用铝合金刮杠刮平，并进行二次磨平处理。

（4）抹平收光：在首次铝合金刮杠刮平后，用铁抹子将混凝土表面铝合金刮杠刮抹的痕迹抹平。在第二次铝合金刮杠刮平后，用抛光机打磨抛光，在铁抹子抹压混凝土表面无痕迹时，收光混凝土表面。

（5）验收：采用激光水准仪，对整个完整表面进行复测，间距 3m 方格网全数检查。再用 2m 靠尺在 3m 方格内检测混凝土表面平整度，按 30% 频度抽检，现场抽检平整度为 2mm/2m，实测点合格率平均达 92%，完全满足设计所要求标准。在自检过程中，如个别部位平整度达不到要求，则采用水磨石机进行磨平处理。

3. 细部节点做法

1）控制缝、施工缝的留设

控制缝施工时，控制缝内的钢筋全部断开设置，控制缝两侧由钢板上翻留出设计宽度。控制缝用 20mm 厚挤塑板隔断，两侧焊接同缝宽直径 8mm 钢筋网片固定挤塑板。控制缝一般设置在轴线处。施工缝处采用单面模板支设，进行分段施工。

2）钢柱、钢桁架包角

设计要求，在厂房支持区及设备层区域的框柱及桁架梁根部设置 C25 混凝土包角，包角高度 100mm，宽度 100mm。01 层支持区库房及设备间柱包角主要是防止碰撞护角，02 层钢桁架层的混凝土包角主要起到防止碰撞及阻水的效果。

根据厂房具体应用要求及施工经验，为保证施工质量及效果，对混凝土柱包角进行二次优化，具体做法如下：

（1）支持区（1 ~ 4 轴、14 ~ 17 轴）：采用 C25 混凝土进行包角。01 层四周均有包板部位，设置 50mm（宽）×150mm（高）包角，新老混凝土交接部位凿毛。无包板部位设置 100mm（宽）×100mm（高）包角，无包板处需做 25mm 高、25mm 宽斜切角，防止混凝土包角受外力破损，新老混凝土交接部位凿毛。

（2）局部有包板的特殊情况。若该柱局部有包板，则包板部位设置 50mm（宽）×100mm（高）包角，无包板部位设置 100mm（宽）×100mm（高）包角，无包板处需做 25mm 高、25mm 宽斜切角，防止混凝土包角受外力破损，新老混凝土交接部位凿毛，钢柱包角如图 4-36所示。

4. 成品保护措施

1）养护措施

混凝土浇筑完成，施工处于冬季时，及时采取薄膜覆盖及棉毡覆盖保温，防止表面裂缝及温度裂缝产生，养护周期不少于 7d。

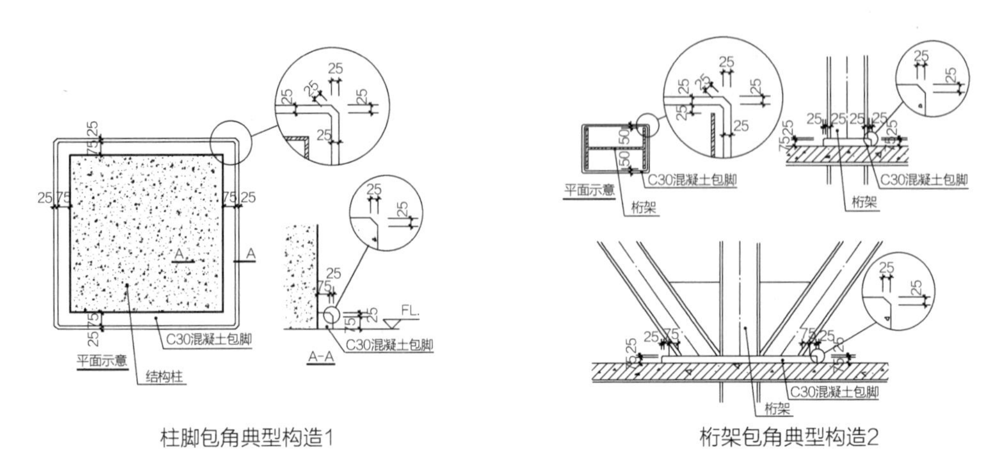

图 4-36　钢柱包角

2）板面保护措施

水平泵管尽量沿“八字”钢桁架夹角位置架设，其下垫弹性垫块或木板与钢结构隔离，防止摩擦发生异响及冲击破坏钢结构桁架；跨度中间位置可采用钢丝绳吊于上层钢结构梁上或用橡胶轮胎铺垫等方式避免钢筋损坏；混凝土板面及其他位置用枕木或橡胶轮胎等弹性材料架设保护。

不得在压型钢板上集中堆放混凝土，避免堆积过高。混凝土浇筑点应设置在钢梁上。混凝土面完成后，严禁在板面集中堆放材料，以免引起结构变形应力，导致板面裂缝产生。

5. 压型钢板的选用及安装

钢承板选用的压型钢板为 1.2mm 厚热镀锌钢板（双面，镀锌量不小于 275g/m^2）。与钢梁连接时直径 16mm 剪力钉焊透于钢梁上，与混凝土构件连接应焊于预埋外露的钢筋上，直径和间距同剪力钉。钢承板在不设临时支撑情况下，应能承受在其上的混凝土湿重及施工荷载，且施工阶段挠度不超过 20mm，压型钢板接缝处做法如图 4-37 所示。

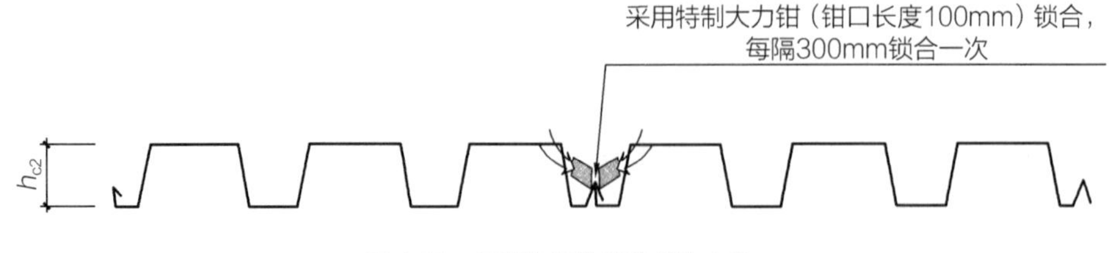

图 4-37　压型钢板接缝处做法大样

钢承板的选用，除考虑设计要求外，在施工中应根据钢结构跨度选用合适模数的压型钢板，以保证安装整块拼接，避免或减少裁切。

楼承板模板的安装应穿插在工程总施工工序中进行，即安排在该层所有柱、梁安装完毕，焊接完毕，高强度螺栓终拧完毕后进行铺设，及时跟进，即：

本层钢结构主体验收合格—压型钢板铺设—压型钢板安装焊接—栓钉焊接—交验。

6. 材料垂直运输

钢承板楼面的施工，在材料运输上是一大难点。因钢承板在钢筋安装施工时，钢结构上层框架已经基本安装完成。在上层框架结构安装前，先对上层结构的钢梁施工采取提前预留施工垂直运输洞口的方案，以保证钢承板层的正常施工。钢结构上层钢梁吊装时，钢承板层钢筋安装随后穿插施工，分区段顺序进行安装，完成后，钢梁及时补填安装。

在钢结构框架梁洞口预留时，首先考虑塔式起重机覆盖范围，预留洞口位置在塔式起重机大臂覆盖区域内选择材料投放点位置，按照塔式起重机位置，采取均匀、对称布置的方式布点，预留洞平面布置如图4-38所示。

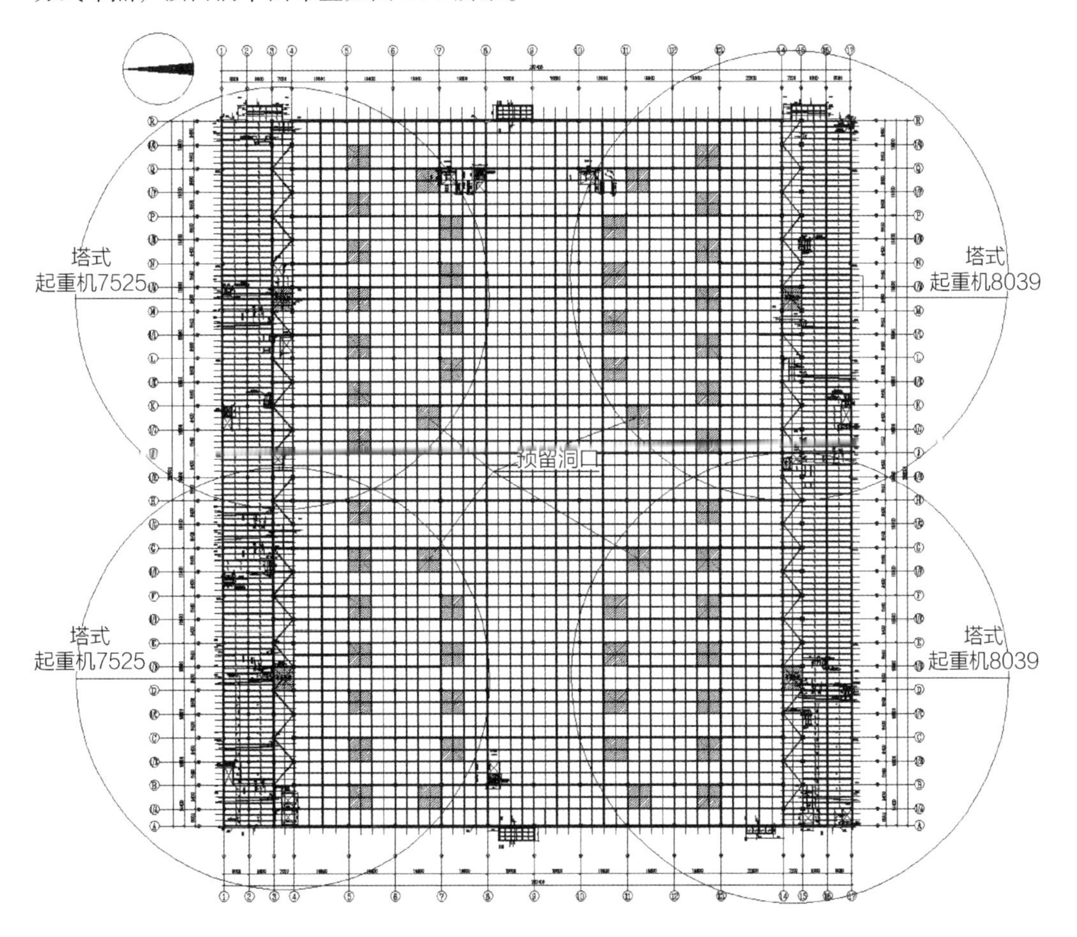

图4-38　03层华夫板吊料口预留洞平面布置图

工程02层钢承板层上部有三层华夫板层和屋面层两层钢结构梁，钢结构梁的预留，按照每跨16.8m预留一个吊料投放点，且各跨选择次梁进行预留的原则。上下两层钢结构梁的预留点必须统一，上下贯通，大小满足吊料要求。

03层华夫板层的投料点主要布置在核心区4~8轴、10~14轴范围，沿厂房纵向布置，屋面层材料投放点与华夫板层吊点重合布置。支持区屋面层横向跨度9m，次梁间距2.4m，可满足吊料要求，不需要再设置吊料孔洞。

4.3.4 效果分析

根据钢承板楼面的施工特点分析，总结其效果：

（1）钢承板楼面施工是在钢结构主体框架完成后开始，在主体框架验收合格后，在不同楼层可以同时铺设压型钢板，在不同楼层同时平行施工，减少工期，提高工作效率。

（2）钢承板楼面二次分仓优化，减少和避免了钢结构变形对混凝土板面裂缝的影响，为施工带来更多方便。

（3）混凝土浇筑平整度的控制措施及保护措施，即混凝土板面精平收光施工工艺。施工大面积混凝土板面，经与二次面层处理比较，可以节约找平层、面层材料费、人工费等，同时又能避免水泥砂浆找平层（面层）空鼓、起皮等通病，更能保证混凝土表面的平整度符合要求，此工艺对大面积混凝土板面施工具有一定的参考作用。使得板面平整度进一步提升，提高了板面施工质量，并避免了施工裂缝及温度裂缝的产生。

（4）垂直运输方案的实施，避免了钢结构与土建施工的穿插作业影响，为土建施工赢得了时间，加快了整体施工进度。

4.4 矩形截面钢管柱高抛自密实混凝土施工技术

4.4.1 概况

钢管混凝土框架结构设计钢柱904根，为主要受力构件，主要区域的钢管柱截面尺寸1.0m×1.0m，最高42.47m，主要柱网18.6m×16.8m。

4.4.2 主要特点、难点

1. 环境复杂

由于时间紧迫，混凝土浇筑必须在主体吊装阶段穿插进行。此阶段施工场地共有大型履带式起重机8台（300t/260t）、大小汽车起重机数十台；各类钢构件几乎堆满施工现场，可供泵车运转的场地非常局促，混凝土浇筑难度非常大。

2. 体量大

工程工期紧张，且正值寒冬，必须在保证混凝土质量的情况下，完成平均每日浇筑约200m^{3}的施工任务。

3. 施工难度高

由于钢柱特殊的结构构造，采用常规混凝土的浇筑方式，难以保证柱内混凝土密实度。

4. 冬期施工

合同规定不因气候因素顺延工期，然而钢管内灌注施工贯穿整个冬季。恶劣天气给混凝土施工增加了极大的难度，配合比调配及现场施工方案，必须考虑低温因素对柱内混凝土质量的影响。

5. 高度

现有规范要求普通混凝土浇筑自由高度不大于2m，自密实混凝土浇筑自由高度为4～12m。厂房一主体核心区域首节柱柱身9.5m，二节柱柱身16.25m，三节柱柱身最大值16.72m，受现场施工环境限制无法采取常规浇筑方法（顶升法）。

6. 钢柱自身结构复杂

钢柱内在±0.000处、楼层钢梁等位置设计多处内部工艺隔板，采取顶升法施工浇筑混凝土，经演算有较大可能破坏钢柱结构，内部结构如图4-39所示。

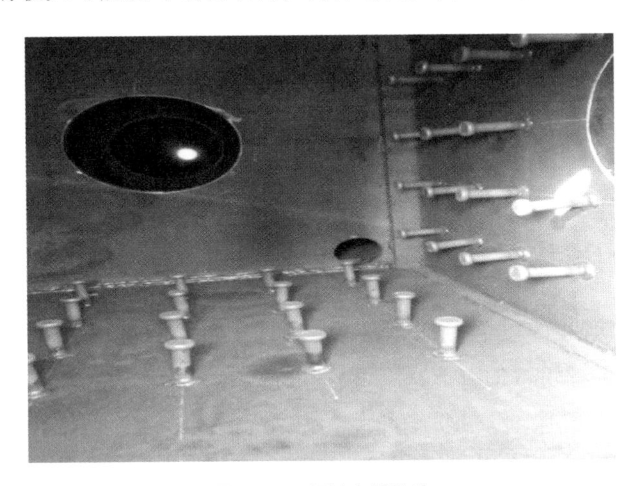

图4-39　钢柱内部构造

7. 水平垂直运距

三节柱标高 +25.750~42.470m，位于 04 层华夫板之上，柱网 18.6m×16.8m，受垂直高度、水平长度、04 层板可承受荷载、上部桁架限制，传统施工方法难以实现短时间内的浇筑任务，钢柱吊装如图 4-40 所示。

图 4-40 钢柱吊装图

4.4.3 施工技术及措施

常规方法顶升法的施工准备时间长，需在钢结构主体一跨完成安装后才可进行。经计算混凝土顶升压力对方柱侧面、隔板产生的破坏超过钢柱侧壁、隔板及焊缝可承受范围，影响柱体结构稳定性。需对钢柱进行加固，导致工序繁杂、费用增加、工期延长。遇隔板处可能产生气孔，出现质量问题。

为保证主体质量，经设计、监理、施工、检测等参建方共同研究最终决定采用高抛免振捣自密实混凝土技术方案。组织技术人员、邀请专家对高抛免振捣自密实微膨胀混凝土进行科研攻关（自密实混凝土配合比试配及测验、现场模拟浇筑、整合数据），将其应用于实际施工当中。

4.4.3.1 配合比试验

配合比：从流动性、抗分离性能、无收缩性能、间歇通过性等方面进行综合考虑。混凝土骨料宜为粒径 5~25mm 的石子、粒径 5~10mm 的小石子，细度模数为 2.6~3.0 的中砂，掺 10% 的 UEA-T 膨胀剂。协同商品混凝土站配制 30 余组数据通过坍落扩展度试验、离析率试验、U 形箱试验、J-环扩展度试验进行检测，选取最优配合比，如表 4-4 所示。

配合比　表4-4

等级	水灰比	砂率（%）	水（kg/m^3）	水泥（kg/m^3）	砂（kg/m^3）	石子（kg/m^3）	小石子（kg/m^3）	粉煤灰（kg/m^3）	矿渣粉（kg/m^3）	膨胀剂（kg/m^3）	减水剂（kg/m^3）
C40	0.3	41	165	315	870	560	240	50	116	40	9

本组配合比性能指标：

强度等级：C40自密实。

坍落度>240；坍落扩展度：660~755。

扩展时间：≥2s；流动性：695mm。

抗离析性：≤15%；保塑性：90min范围内。

混凝土性能满足施工要求。

浇筑试验：采用此配合比混凝土进行现场浇筑试验。将长2m、直径200mm的钢导管插入样板柱内，样板柱高4m，截面1m×1m，内部等距设三处隔板，隔板内部开孔300mm，四周设置4个50mm排气孔，将混凝土通过导管上方的漏斗灌入样板柱内，待样板柱内混凝土灌入隔板100mm以上时，缓慢提升导管继续浇筑，同法直至混凝土距管顶500mm处停止浇筑。

养护：蓄水10cm防止混凝土早期失水产生收缩现象，并覆盖管顶封闭养护。

检测：现场设4m^3方形容器，上部覆盖孔间距50mm钢网片，将浇筑高度设定为9m，检测混凝土入模是否离析。

48h后用超声波检测仪检测混凝土在样板柱内的密实度，并进行钻孔复检，对比检测结果。

结论：满足各项指标要求，可以使用该配合比及施工工艺进行全面混凝土浇筑。

4.4.3.2　机械设备选择

工具式操作平台如图4-41所示。

图4-41　工具式操作平台

04层板之上的三节柱无法使用天泵进行浇筑，如果采用传统方法，即每根钢柱搭设架体再布置泵管进行浇筑，工序复杂、费用增加，搭设钢管架布置如图4-42所示，其与液压布料机施工方法进行比较，见表4-5。

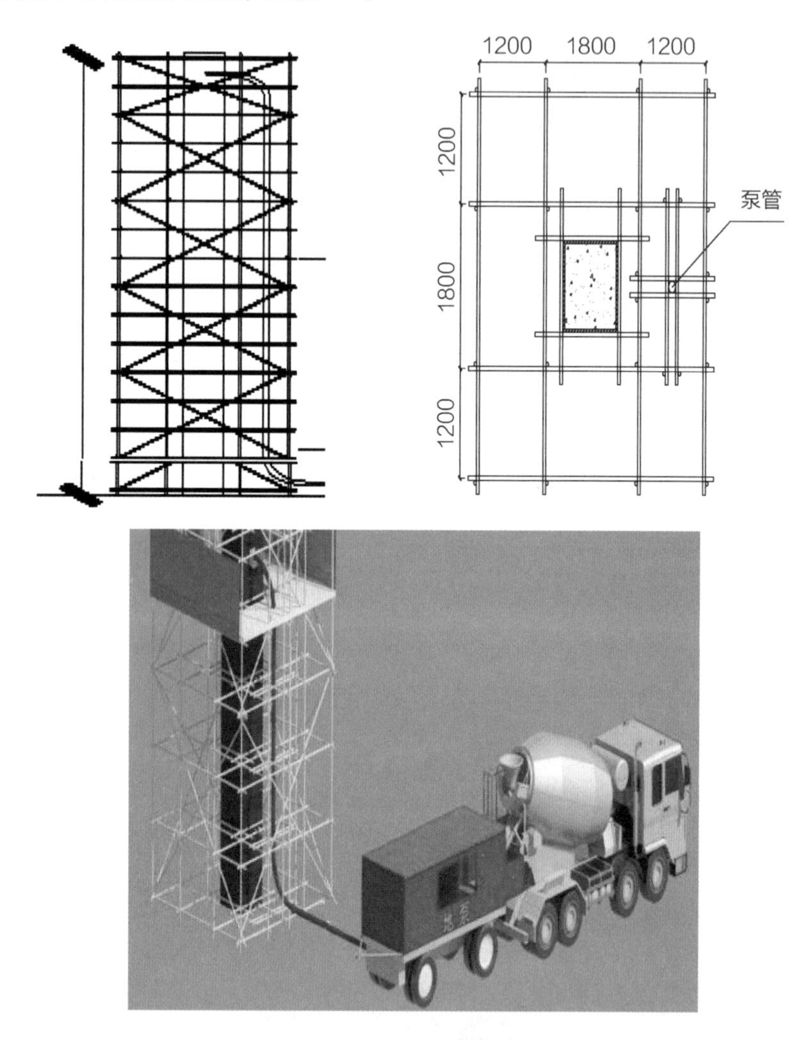

图4-42 搭设钢管架布置示意图

施工方法对比 表4-5

施工方法	场地实用性	人工机械使用费用（浇筑6根钢柱）	覆盖范围	浇筑时间（浇筑6根钢柱）	结论
搭设钢管架布置泵管	每根钢柱均需搭设钢管架，架设泵管	每6根钢柱花费人工16工人，每根钢柱增加泵管26m；钢管571m	一次只能单独浇筑一根	约10h	否定
液压布料机	需求场地小，在04层板空间下，实用性高	每6根钢柱安装泵管浇筑需4工日	可同时覆盖6根钢柱	约6h	同意

液压布料机（图4-43）整机质量10000kg，主要操作平台为04层华夫板，使用时华夫板强度已经达到设计使用强度，承载力满足液压布料机使用要求。故而可以使用。

图4-43　液压布料机施工实例

存在难点：

（1）液压布料机无牵引动力，无法实现自移动。

（2）04层华夫板结构，地面为奇氏筒口，移动存在困难。

（3）葡萄架及檩条安装后液压布料机展臂存在一定困难。

解决方法：

（1）利用塔式起重机运输3t叉车至04层板面，作为牵引液压布料机使用。

（2）在液压布料机行驶路线上铺设钢板覆盖奇氏筒口，达到顺利移动的目的。

（3）浇筑顺序及液压布料机路线的选取十分关键，运用BIM进行场地实时模拟，优化浇筑路线及方法，协调钢结构安装，在关键部位留出位置为钢柱浇筑提供便利。

4.4.3.3　BIM技术辅助

通过BIM技术预先碰撞检查施工过程：车载泵及泵管布局走向、进料洞口朝向、垂直向泵管位置，可节省大量的时间、人力以及财力。

采用广联达BIM土建算量软件，将Revit建立的土建模型导入算量软件中，并对检测出的错误进行修改，再对所需要的数据进行提量，如图4-44所示，这样可以对现场实际浇筑混凝土量进行二次校核。

4.4.3.4　施工流程

首节柱、二节柱导管辅助法浇筑：利用塔式起重机（盲区使用吊车）首次吊长8m、直径200mm导管伸入钢柱内，用天泵将泵管出料口对着导管料斗浇筑混凝土，排量应放小；当导管灌满混凝土，应停止浇筑，塔式起重机或吊车吊起导管缓慢上升，让管内混凝

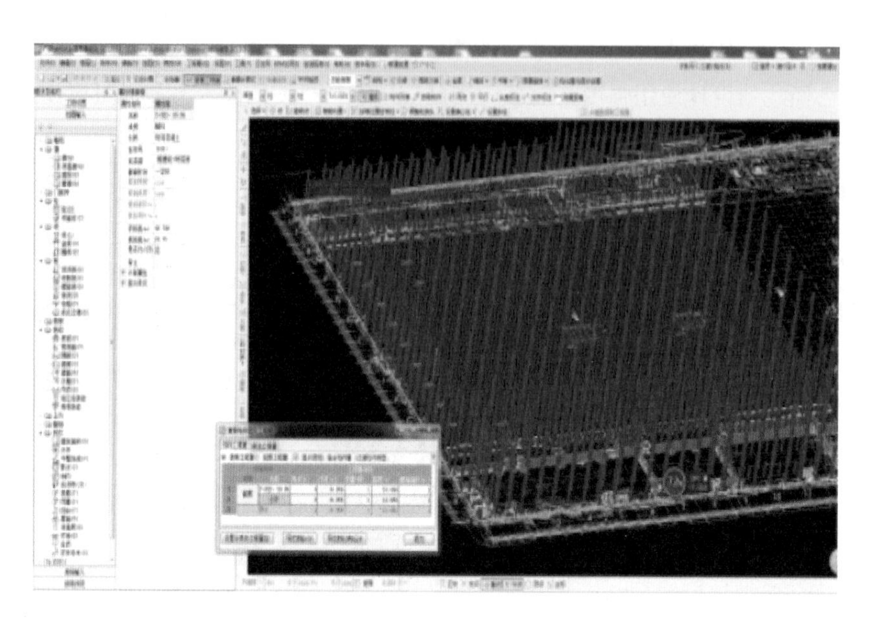

图 4-44 BIM 技术应用示例

土流入柱内，完成后将此导管移至另一钢柱内（工人应佩戴对讲机，完成指令交流，高处作业平台上应做好安全防护工作），施工流程如图 4-45 所示。利用塔式起重机或吊车将 4m 导管放入已浇筑一次的钢柱内，利用天泵依照以上施工顺序完成浇筑；首节柱仅 9.5m 高，只需使用一次 4m 导管。混凝土无须振捣。

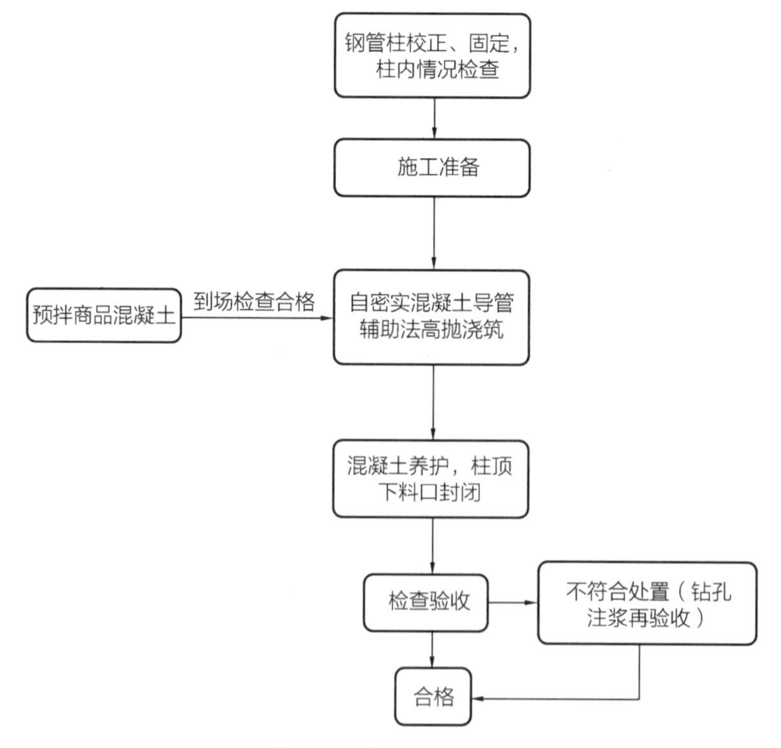

图 4-45 施工流程示意图

三节柱侧抛浇筑：塔式起重机将液压布料机及牵引设备吊至作业面，并铺设工具式钢盖板做好奇氏筒成品保护措施。连接泵管依靠液压布料机在空中的灵活性，伸入进料口降低人员高空作业的危险。同样浇筑至低于进料口 50cm 处，防止焊接高温破坏混凝土性能，最后清理进料口。依靠牵引设备增强液压布料机的移动能力，提高效率。（注：第三节钢柱中部灌浆口处于高空之中，浇筑过程中无法观察柱内混凝土液面高度。为防止混凝土从柱内溢出，需提前计算。协调商品混凝土站选择混凝土运输罐车运输方量，做到精准控制。）与机械化施工单位协同作业，第三节钢柱下部灌入浇筑完成后，二氧化碳气体保护焊紧密衔接进行焊接作业。其后从第三节钢柱顶部浇筑钢柱内剩余部分，形成流水式施工，提高效率。

操作要点：

（1）本法浇筑首节柱、二节柱时选用导管辅助，可减小浇筑时混凝土在柱内流动的自由高度，增加混凝土稳定性，防止发生离析现象。防止因混凝土流速快或特殊粒径骨料堵住排气孔引起隔板下部出现孔洞，保证质量。同时解决了第二节钢柱柱顶进料口位置超过高抛极限高度的问题。

（2）导管需根据隔板在柱内位置选择长度（应当伸入隔板下≥200mm），导管宜选取内径不小于 160mm（现场实测当内径小于此数值时混凝土有较大可能因在导管中流速远远小于最小泵车排量无法顺利排出发生堵塞，从导管顶部溢出）且外径尺寸宜小于进料口内径 80mm、外表光滑无弯曲的导管，顶部加设漏洞防止流速过快引起外溢伤人（漏斗也不宜过大，难以转运）。浇筑时臂架泵出料管口放置于漏斗处，禁止伸入导管内。

（3）浇筑前需逐根检查钢柱连接部位及侧面预留检查口二氧化碳气体保护焊程度，防止漏焊引起漏浆。检查柱内有无杂物，防止杂物将进料口排气孔堵住产生中空现象。

（4）因柱内混凝土方量为恒定值，混凝土罐车运输方量可以此为参照。浇筑完成后检查罐内是否有余料，测量柱内剩余高度，记录数据作为密实度检测数据之一（因高处采用敲击法检测密实度，仅能检测爬梯两侧）。

（5）根据规范要求，每次混凝土浇筑完成高度应低于钢柱焊接缝处 500mm，防止焊接作业中产生的高温破坏混凝土稳定性。浇筑完成后对洞口进行封闭防止杂物进入。当最后一节钢柱混凝土浇筑完成后应覆盖薄膜、塑料布进行密封；冬期施工时应采用保温措施。

4.4.3.5　检测

铁锤敲击检测：混凝土浇筑过程中采用铁锤反复敲击柱身，声音沉闷、无清脆回响，初步判断所浇筑混凝土达到自密实要求，并记录。

超声波检测：通过超声波检测确定矩形截面管柱高抛自密实混凝土内部缺陷的大小、位置、取向、埋深、性质，特别是对平面型缺陷，检测灵敏度很高；从一侧进行检测，所用参数设置及有关波形均可存储，供以后调用，如图 4-46 所示。

图4-46　超声波现场检测

结论：矩形截面钢管柱高抛自密实混凝土技术可有效解决钢结构建筑混凝土施工过程中超短工期、无法浇筑或浇筑困难等问题。

4.4.3.6　冬期施工措施

现场设蒸汽锅炉，作为采暖热源。采用蒸汽管道将热量送至施工区域，达到提高环境温度的目的。钢柱外面包裹2层棉毡保温加1层塑料布防雨雪，塑料布与钢柱采用胶带封口，防止雨水灌入浇湿棉毡后降低保温效果；在混凝土浇筑前用电暖风机对钢柱内部进行升温，保证混凝土不因外界环境（温度低）产生质量问题，冬期施工保温措施如图4-47所示。

图4-47　冬期施工保温措施

4.4.4　辅助计算

1. 原材料

（1）水泥：采用 42.5 级水泥。

（2）河砂：采用中砂。

（3）碎石：规格为 5～10mm，5～25mm。

（4）水：采用饮用水。

（5）外加剂：聚羧防冻泵送剂、膨胀剂。

（6）掺合料：Ⅱ级粉煤灰，16% 掺量、S95 矿粉。

2. 基准混凝土配合比计算

1）混凝土试配强度

$$
\begin{aligned}
f_{cu,0} &= f_{cu,k} + 1.645\sigma \\
&= 40 + 1.645 \times 5 \\
&= 48.225\text{MPa}
\end{aligned}
$$

2）水胶比计算

$$
\begin{aligned}
W/B &= \alpha_a \times f_{ce} / (f_{cu,0} + \alpha_a \times \alpha_b \times f_{ce}) \\
&= (0.53 \times 1.16 \times 42.5) / (48.225 + 0.53 \times 0.16 \times 1.16 \times 42.5) \\
&= 0.498
\end{aligned}
$$

3. 离析率计算

分节拆除拌合物离析率检测筒，并将每节筒内拌合物装入孔径为 5mm 的方孔筛中，用清水冲洗拌合物，筛除浆体，将剩余的骨料用海绵拭干表面水分，用天平称其质量，精确到 1g，分别得到上、中、下三段拌合物中骨料的湿重：m_1、m_2、m_3。

粗骨料离析率应按下式计算：

$$
f = (m_3 - m_1)/m \times 100\%
$$

式中：f——粗骨料离析率（%）；

m——三段混凝土拌合物中湿骨料质量的平均值（g）；

m_1——上段混凝土拌合物中湿骨料的质量（g）；

m_3——下段混凝土拌合物中湿骨料的质量（g）。

最终得到离析率为 14.6%。

4. 泵送压力计算（顶升法）

水平管损失压力：$P_h = 2/r \times [k_1 + k_2(1 + t_2/t_1)v]a$

t_2/t_1 为分配阀切换时间与活塞推压混凝土时间之比，一般取0.3。

$$k_1 = (3 - 0.1S) \times 100$$

$$k_2 = (4 - 0.1S) \times 100$$

式中：S——混凝土坍落度；

v——混凝土在输送管路内平均流速（m/s），$v = 0.91$m/s（混凝土泵车每小时40m^3）；

a——混凝土径向压力与轴向压力之比，自密实混凝土取0.9。

混凝土坍落度取260。

输送管路直径：125mm。

每米水平管道损失压力：

$$P_h = 2/0.125 \times [100 + 260(1 + 0.3) \times 0.91] \times 0.9 = 5740\text{Pa}$$

每20m水平管损失压力：$20 \times 5740 = 114800\text{Pa} = 0.114\text{MPa}$，取0.1MPa与表格一致，具体数据见表4-6。

计算表格　表4-6

管件名称	换算量	换算损失压力（MPa）
水平管	每20m	0.10
垂直管	每5m	0.10
45°弯管	每只	0.05
90°弯管	每只	0.10
管道接环（管卡）	每只	0.10
管路截止阀	每个	0.80
3.5m橡皮软管	每根	0.20

水平管长度：80m；竖直高度：42m；90°弯管：4个；45°弯管1个，卡子42个，截止阀（单向阀）各1个。

$$P = 80/20 \times 0.1 + 4 \times 0.1 + 0.05 + 42 \times 0.1 + 2 \times 0.8 = 0.4 + 0.4 + 0.05 + 4.2 + 1.6 = 6.65\text{MPa}$$

泵车启动内耗2.8MPa，每1MPa将混凝土泵送10m，高45m取4.5MPa；每1MPa将混凝土泵送2.5m，80m取32MPa。

（出口损耗：6.65 + 2.8 = 9.45）

$$\gamma h = 2.4 \times 10 \times 45/1000 = 1.08\text{MPa}$$

$$\sum P = 6.65 + 2.8 + 4.5 + \gamma h = 15.03\text{MPa}$$

5. 钢柱的受力分析

具体如图 4-48、图 4-49 所示。

双向压弯构件在 N、M_x、M_y 共同作用下承载力的简化计算公式：

当 $N/A_{sc} \geqslant 0.402\varphi^3 K_c^{0.65} K_\xi^{0.38} K_\tau^{0.45} \int_{sc}^{y}$ 时：

$$\frac{N}{\varphi A_{sc} f_{sc}^y} + \frac{K_m M[1 - 0.402\varphi^3 K_c^{0.65} K_s^{0.38} K_x^{0.45}]}{\gamma_m W_{sc} f_{sc}^y} \leqslant 1$$

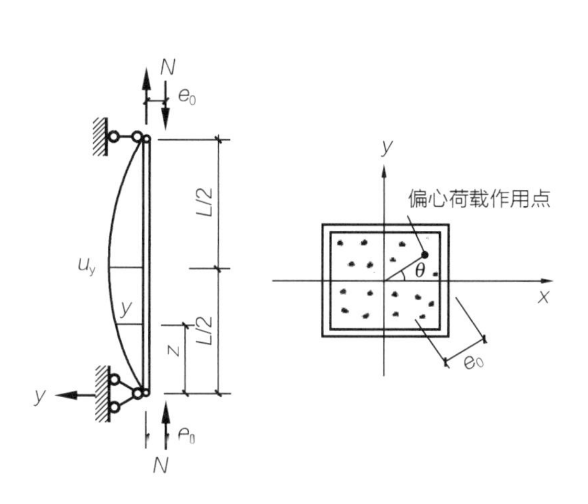

图 4-48　双向偏心受压构件

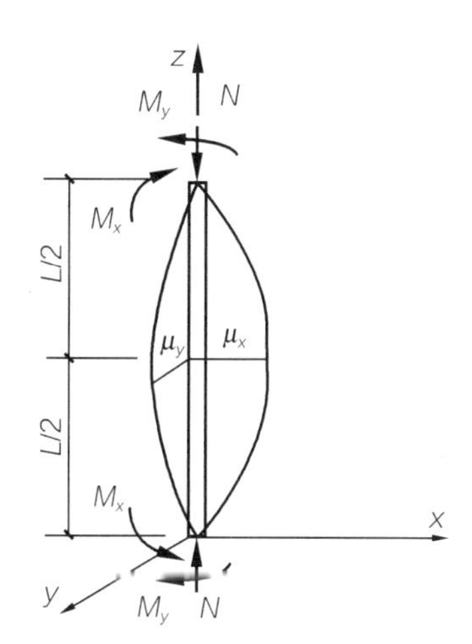

图 4-49　钢柱受力分析图

当 $N/A_{sc} < 0.402\varphi^3 K_c^{0.65} K_s^{0.38} K_x^{0.45} \int_{sc}^{y}$ 时：

$$\frac{2.797K_c^{0.16}N^2}{\varphi^3 K_s^{0.89} K_x^{0.5} A_{sc}^2 f_{sc}^{y2}} - \frac{1.124\varphi^2 K_c^{0.81} N}{K_s^{1.27} K_x^{0.95} A_{sc} f_{sc}^y} + \frac{K_m M}{\gamma_m W_{sc} f_{sc}^y} \leqslant 1$$

$$M = \sqrt[18]{M_x^{18} + M_y^{18}}$$

式中：K_τ、K_s、K_x——参数，$K_\tau = f_{ck}/20$；$K_s = 235/f_y$；$K_x = 0.1/\alpha$；

A_{sc}——钢管混凝土横截面面积，$A_{sc} = B^2$，B 为截面宽度；

φ——轴心受压稳定系数；

f_{sc}^y——轴心受压屈服强度指标；

γ_m——抗弯承载力计算系数；

W_{sc}——构件截面抗弯模量，$W_{sc}=B^3$；

K_m——弯矩放大系数，$K_m = 1/(1-0.25N/N_E)$，N_E 为欧拉临界力。

方钢的容许承压力计算：

侧壁钢板厚度取 25mm，材质为 Q345；

查表可得：抗剪强度设计值 170N/mm^2，抗压、抗弯、抗拉强度设计值为 295N/mm^2。

内部工艺隔板厚度取 10mm，材质为 Q345；

查表可得：抗剪强度设计值 110N/mm^2，抗压、抗弯、抗拉强度设计值为 190N/mm^2。

混凝土对隔板的压力：

压力 $F = P$(压强) $\times S$(受力面积)

压强 $P = F$(压力)$/S$(受力面积)

液体中 $P =$ 密度 $\times g$(重力常数 9.8N/kg) $\times h$(到液面高度)

质量 $m =$ 密度 $\times v$(体积)

查表得 C40 密度为 2440kg/m^3

$M=2440\times42=102480\text{kg}$

$P=2440\times9.8\times42=1004304\text{N/m}^2$

$F=1004304\div1=1004\text{kN}$

混凝土对方钢的侧压力：

$P_1=\gamma_c h=24\times9=216\text{kN/m}^2$

$P_2=\gamma_c h=24\times16=384\text{kN/m}^2$

$P_3=\gamma_c h=24\times17=408\text{kN/m}^2$

$P_{顶}=\gamma_c \text{h}=24\times42=1008\text{kN/m}^2$

式中：γ_c——新浇混凝土的重力密度，取值 24kN/m^3；

h——混凝土侧压力计算位置至新浇筑混凝土顶面的高度（高度分别取 9m、16m、17m、42m）。

4.5　混凝土冬期低温不间断施工技术

4.5.1　概况

项目结构形式主要为钢管混凝土框架结构，02、04 层核心区分别为 600mm、550mm 厚华夫板，03 层及支持区楼板为 Deck 组合楼板。

4.5.2　主要特点、难点

4.5.2.1　保温困难

在施工期间最低平均温度为零下，温度低，风力大，且伴有局部阵风，施工区域为敞开式，对冬期施工的保温及加热升温措施要求高。

4.5.2.2　质量标准高

华夫板找平抹面精度要求高，需要多次找平和收面，持续时间长，对混凝土表面温度保持有更高的要求。但此阶段混凝土无法覆盖保温，因此必须采取切实可行的措施将混凝土施工场所的环境温度提高至不低于 5℃，从而保证冬期施工的质量及安全。

4.5.3　施工措施

4.5.3.1　内置循环水管加热养护法

厂房一 04 层板为 550mm 厚华夫板，施工的满堂架全部生根在 03 层组合楼板上，为了提高组合楼板混凝土强度增长速度，使 04 层板尽早介入施工，经实体试验总结，项目部决定采用内置循环水管加热养护法，采用此方法可使混凝土强度在一周内达到 25MPa（设计强度的 83%），满足 04 层板架体搭设荷载要求。

本工艺通过设置两台 6t 燃油锅炉，将液态水转换为水蒸气，利用管道输送至厂房的 03 层板，再通过换热机组转换为液态水。热水温度需要进行调节，养护结束还需用空气压缩机产生高压空气将地辐热管道内的水吹扫干净，并立即用注浆料（添加防冻剂）进行压力注浆。

1. 系统组成

低温热水养护系统由四部分组成，分别为蒸汽供应系统、自动换热系统、热水循环供应系统、低温热水养护系统。

2. 施工要点

1）锅炉安装、调试、运行

（1）按锅炉专业厂家提供的图样、资料进行锅炉房的设计布置，提前做好基础预埋工作。

（2）锅炉的调试运行：

锅炉安装及检查完毕后应打开进水阀及空气阀，开始向锅炉上水，水位应维持不变，若水位有变动，先检查原因并及时消除。在上水过程中，应检查各人孔及法兰连接处有无泄漏并及时消除。

2）PE-RT 管道铺设

通过优化设计管线布置，提前预埋 PE-RT 管道，地辐热管道加热系统的每标准块（柱子方格）分为九个回路，设集水器、分水器各一个。集、分水器采用 *DN*50 钢管制作，各回路设 *DN*15 调节阀，末端设 *DN*15 泄水阀。集、分水器设在各轴跨北端，分水器高度 300mm，集水器高度 200mm。集、分水器按周转五次考虑。PE-RT 管道在钢承板中以 S 形布置。这样就保证大面积混凝土都能均匀受热，并得到全面养护，管道铺设如图 4-50 所示。

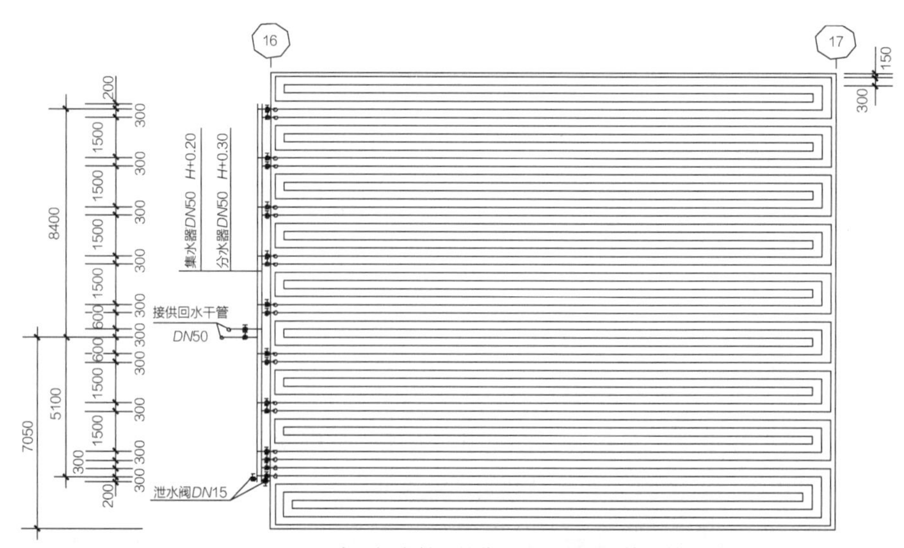

图 4-50　管道铺设

3）混凝土浇筑

采用混凝土地泵完成垂直及水平运输；厂房一垂直输送距离为 11.9m、18.8m，水平输送距离为 130m；要求早强、抗冻，其中核心区钢承板混凝土强度提高两个等级（达到 C40），并在 7d 达到设计强度 80%，混凝土保护层厚度会影响裸管在内部的散热量和混凝土的裂缝控制，混凝土厚度宜为管上部 3cm。

4）低温热水养护

（1）养护热水温度控制

养护热水温度主要由螺旋螺纹换热器集成控制，调试完成、热水循环稳定后初始设定 40℃，养护运行时换热器自动控制，维持温度在 35～45℃范围内；各送水、回水管路上温度表计数可作为参考。

（2）混凝土内部温度控制

设专人负责测温工作，进入冬期施工前，对测温保温人员、泵站人员，应专门组织技术业务培训和交底。

（3）养护热水调试及养护措施

调节汽水换热机组温度控制按钮，每隔 24h 升温不超过 5℃，直至达到设计水温（40℃）；对热水管内循环水缓慢升温，尽量减少循环水流途中热量损失，保证混凝土内温度≥15℃。

（4）上表面温度控制

混凝土快收面完成后，在其上依次覆盖保湿用塑料薄膜一层，保温用棉毡两层，防风遮雨用彩条布一层。

待混凝土强度达到 1.2MPa 后，撤去棉毡和彩条布，满铺一层废旧多层板兼作保温和保护层，以利上层华夫板结构层模板支撑体系搭设施工。

4.5.3.2　暖棚 + 暖风机养护法

厂房一 02 层层高 12.6m，四面敞开；04 层屋面板未安装，处于露天施工状态，项目部决定采用搭设暖棚、设置暖风机对冬期混凝土进行养护。

通过将燃油锅炉转换的水蒸气输送至 03 层板和 04 层板，然后通过暖风机将水蒸气管道散发的热量持续吹出，保证暖棚内部温度大于等于 5℃。混凝土浇筑完毕后同样要覆盖一层塑料薄膜、两层棉毡，再加一层塑料薄膜覆盖在上层。

1）暖棚构造

暖棚弓梁为 $t=1.8$mm 镀锌钢板成型的“几”形梁，间距 1.2m，弓梁连接件为镀锌管件；横梁为 $\phi40\times2$ 镀锌钢管，共 14 道，使用 $t=1.5$mm 镀锌钢板冲压成型的专用横梁卡连接；主桁架为 $60\times60\times3$ 镀锌方管及 $50\times50\times2$ 镀锌方管组合焊接，$h=0.8$m；斜撑为 $30\times30\times1.5$ 镀锌方管，剪刀撑为 $\phi40\times2$ 镀锌钢管；底部弓梁固定架及立柱为 $120\times120\times3$ 镀锌方管。

两个暖棚连接处的连接薄膜，用胶带将其缝隙密封。各个薄膜转角处和连接处，用胶带粘贴密封起来，如图4-51所示。

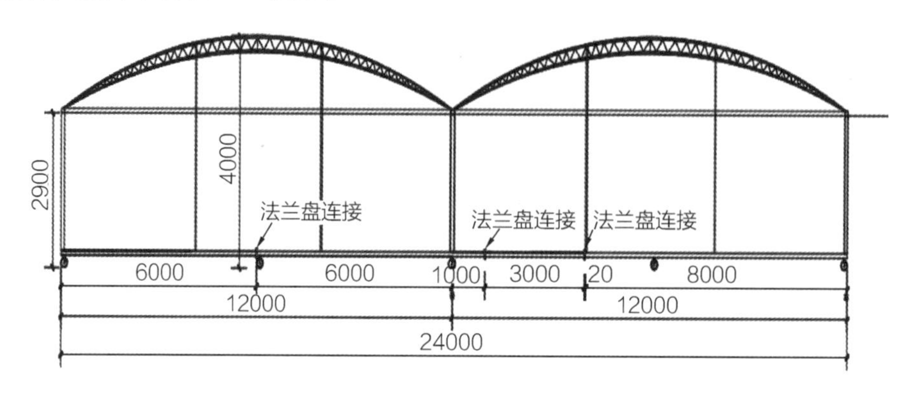

图4-51　暖棚构造

2）暖棚布置

暖棚每一柱跨之间设一个单元，每个单元基本尺寸为长24m、宽15.6m，以保证每个柱间单元格18.6m×16.8m内全部混凝土结构板得到养护（图4-52）。为保证布料机能够在暖棚内旋转不受影响，暖棚内部空间净高不小于2.9m，中间高4m。单元之间搭设1.2m长临时横杆，用薄膜卡槽将相邻暖棚连接起来，形成一个大棚通廊。每个暖棚两侧中心预留可安装拆卸方管，以便布料机的推入和推出，浇筑混凝土沿通廊布设泵管和布料杆。

图4-52　暖棚布置

3）蒸汽管道布置

02层、04层板管道由蒸汽主管道接出，采用$\phi133\times5$无缝钢管焊接连接，在各分段管道末端设阀门，便于后续管道安装时不影响前段管道的供热，蒸汽干管标高$H+2.50$m。蒸汽管道保温采用铝箔玻璃棉管壳，保温层厚度50mm。蒸汽管道支撑采用预制钢筋焊接支腿，钢筋采用$\phi25$，底部和顶部将钢筋焊接成三角支座，一端焊接在板内钢筋，另一端支撑蒸汽主管道。

管道设置两跨，每跨冬期养护完成，将管道内水排出，周期性地跳过一跨进行安装。两跨循环使用、安装、拆卸。

4）混凝土浇筑

在浇筑混凝土前，需要将暖棚推送至指定的位置，在暖棚下方安装滑轮，并且沿滑轮方向平铺 10 号槽钢作为轨道。

为了不影响混凝土浇筑和收面，需要将暖棚提升一定的高度。采用 ϕ18 的钢筋，焊接成“π”字形，再使用千斤顶将暖棚提升一定高度，将制作的成品与 02 层板钢筋焊接，每个边需焊接 4 个，焊接稳定后，卸下千斤顶。暖棚和混凝土面之间的缝隙采用大棚薄膜进行覆盖，并用胶带密封，支架模型如图 4-53所示。

图 4-53　支架模型

5）混凝土养护

每跨根据钢柱的布置，可制作 10 个暖棚进行混凝土养护，热蒸汽通过管道传送至暖风机处，接电后暖风机开始工作，将传送至暖风机的管道热量吹出，从而在密闭的暖棚中循环热气流，达到冬期养护混凝土效果。

4.5.3.3　防风布 + 暖风机养护法

项目钢柱需高抛内灌混凝土，柱身截面尺寸为 1m × 1m，柱高为 6.2 ~ 15m，采用防风布 + 暖风机养护法进行冬期保温。

对于钢柱高抛自密实混凝土灌注可采取如 03 层、04 层板一样的工艺原理，制造密闭性好的空间，再进行暖风机供送暖风。将 2 层棉毡 + 1 层塑料薄膜与钢柱采用 U 形筋固定，再用胶带密封，防止雨水灌入浇湿棉毡后降低保温效果，并且向塑料薄膜内吹送暖风，暖风不断在塑料薄膜裙带中循环，达到升温养护作用。

1）防风布安装

按照钢柱高度、宽度裁剪好防风布的尺寸及棉毡尺寸，提前预制好挂设的防风布、棉毡，让经过培训的工人系上安全带，操作升降机挂设防风布，做出上小下大的形状。塑料膜与钢柱采用胶带封口，防止雨水灌入浇湿棉毡后降低保温效果。

2）钢筋 U 形环制作

为了保证防风布能够牢靠地固定在钢柱外侧，特制作此种钢筋 U 形环，如图 4-54 所示。U 形环采用 ϕ18 的钢筋弯折，将防风布穿入 U 形环内，两个 U 形环通过钢丝绑扎牢靠，再用绳索将 U 形环绑在顶端斜撑处，从而限制防风布上端出现大幅度位移。

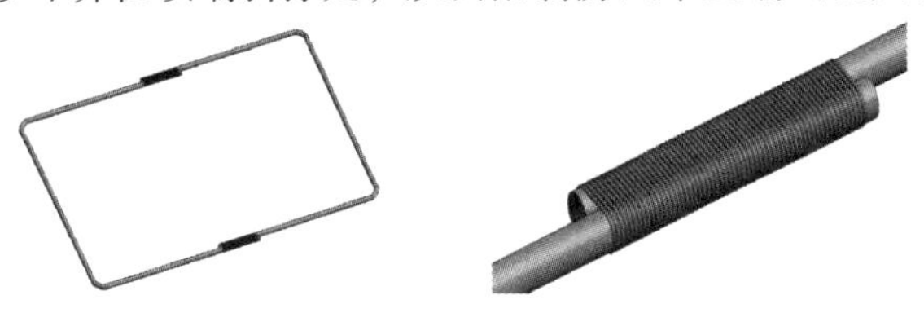

图 4-54　钢筋 U 形环

防风布（图4-55）安装完成后，再次检查其密闭性是否达到要求，在浇筑混凝土前用暖风机对钢柱进行升温，升温时间不得小于20min。

图4-55　防风布布置

4.6　可移动轻型布料机研究与应用

4.6.1　工程概况

项目结构形式为钢管混凝土柱框架结构。厂房一（图4-56）单体四层（局部五层），核心区02层和04层为华夫板混凝土结构，03层为Deck板混凝土结构。

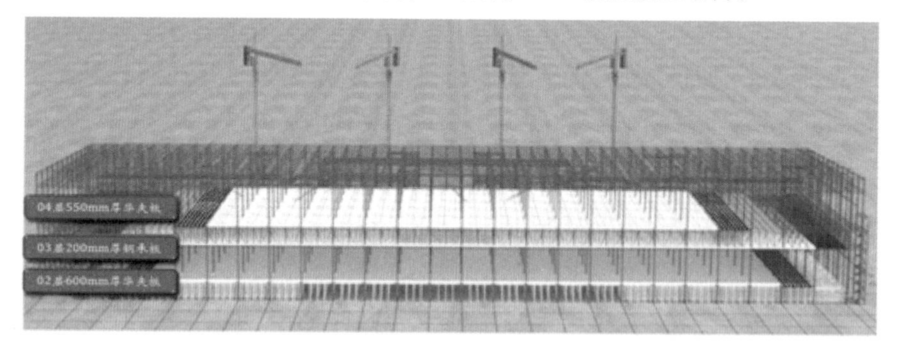

图4-56　厂房一

4.6.2　主要特点、难点

4.6.2.1　混凝土结构形式特殊

工程结构特殊，单层奇氏筒数量约19万个，混凝土浇筑面积达12万m^2，03层混凝土浇筑先于02层，作业面半封闭，混凝土浇筑方式除了钢柱内灌，其余全部为平板混凝土浇筑。

4.6.2.2　作业面半封闭，单次浇筑面积广

按照施工部署，工程03层板施工进度快于02层板，因此，02层板混凝土浇筑时，其上部已施工完毕，造成作业面半封闭，普通布料机无法通过塔式起重机运输布料。厂房东西方向跨度180m，在两侧支设天泵无法覆盖整个浇筑部位，如果在南侧支设天泵则影响模板体系搭设，无法形成流水作业导致工期拖延。

4.6.2.3　华夫板结构质量标准高

02层、04层板为华夫板，平整度要求2mm/2m，依靠奇氏筒顶标高控制平整度，浇筑过程中如何避免碰撞奇氏筒，选择合适的浇筑方案成为工程难点，02层华夫筒平面布置如图4-57所示。

图4-57　02层奇氏筒平面布置

4.6.2.4　工程工期紧，需提高工效

工程总体工期272d，在短时间内完成混凝土浇筑，使在减少泵管拆装次数、增加布料机移动的灵活性上有所突破成为方案选择的重点。

4.6.3　浇筑方案选择及分析

4.6.3.1　方案的选择

根据混凝土的浇筑特点准备了两种方案进行选择。

第一种方案，采用地泵进行混凝土浇筑，这种方案施工经验丰富。为满足工期要求，只需投入大量劳动力。

第二种方案，采用传统布料机进行混凝土浇筑，这种方案投入劳动力少，机动性高。

4.6.3.2　方案的分析

采用地泵在施工过程中拆装泵管次数多并且来回移动泵管容易碰撞奇氏筒，不利于控

制平整度，难以达到平整度的质量要求。采用传统布料机在浇筑过程中无法通过塔式起重机进行移动，且不能通过人力实现水平运输，所以考虑在普通布料机的基础上研发一种可移动轻型布料机。

4.6.4 可移动轻型布料机的设计方案

4.6.4.1 系统的组成

布料机系统如图 4-58 所示。

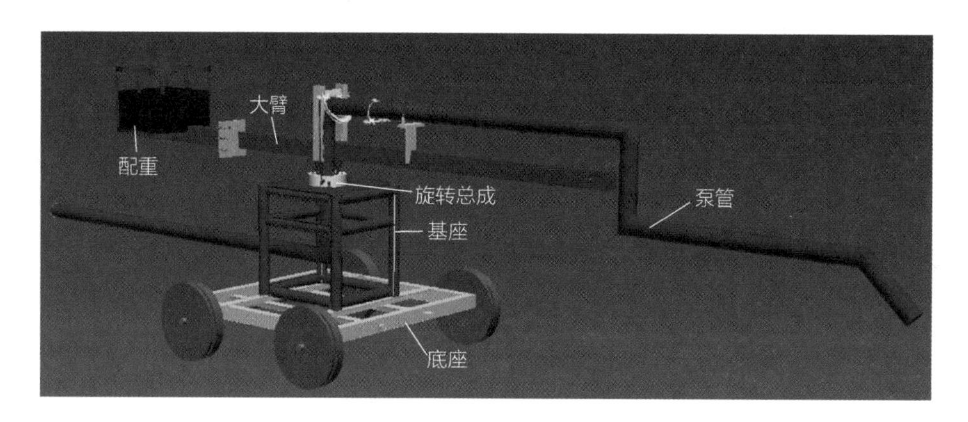

图 4-58 布料机系统

4.6.4.2 各部件的设计选择

1. 布料机配重筐选择

1）悬臂上部 0.5m × 0.5m × 0.5m，如图 4-59 所示。

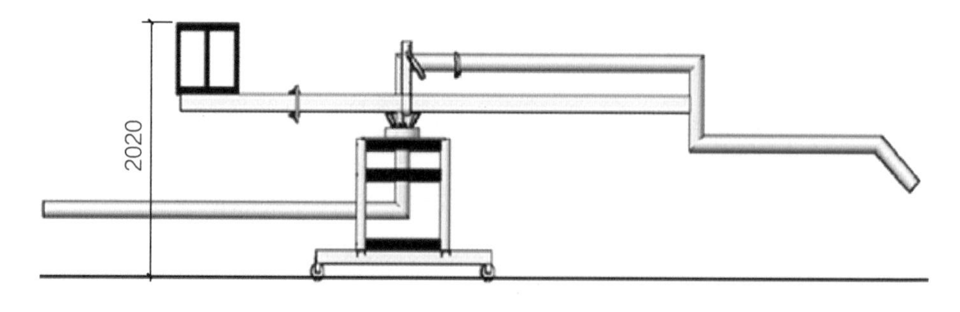

图 4-59 配重筐位于悬臂上部示意

优点：方便工人推拉旋转，成本较低且易于焊接。

缺点：配重筐位置设计较高，超过一人高度，不利于人工增减配重，操作较为危险。

2）悬臂下部 1m × 0.9m × 0.6m，如图 4-60 所示。

优点：安全、美观，筐的大小可满足设计计算要求，成本较低且易于焊接。

缺点：不利于配重放置。

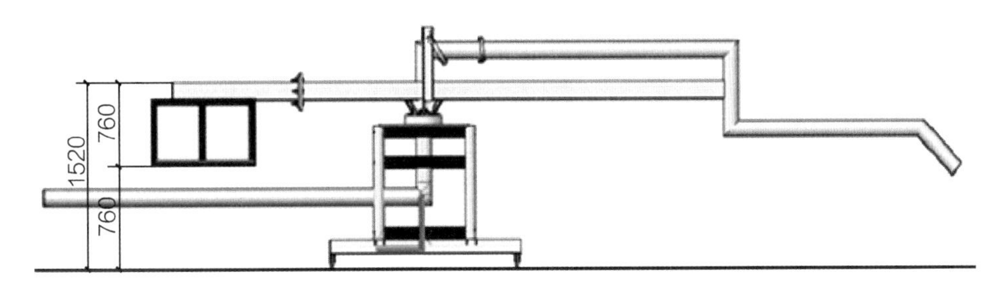

图 4-60　配重筐位于悬臂下部示意

结论：从可操作性、稳定性、安全性上决定采用悬臂下部，由 1m × 0.9m × 0.6m 的 5 号角钢焊接而成。

2. 布料机悬臂长度选择

1）外接，回转半径 11.4m，布料机悬臂外接示意如图 4-61 所示。

优点：悬臂较长，能一次覆盖浇筑整个单元格。

缺点：重量大，回转难度大，单位相邻单元格之间回转半径有重复，造成材料浪费。

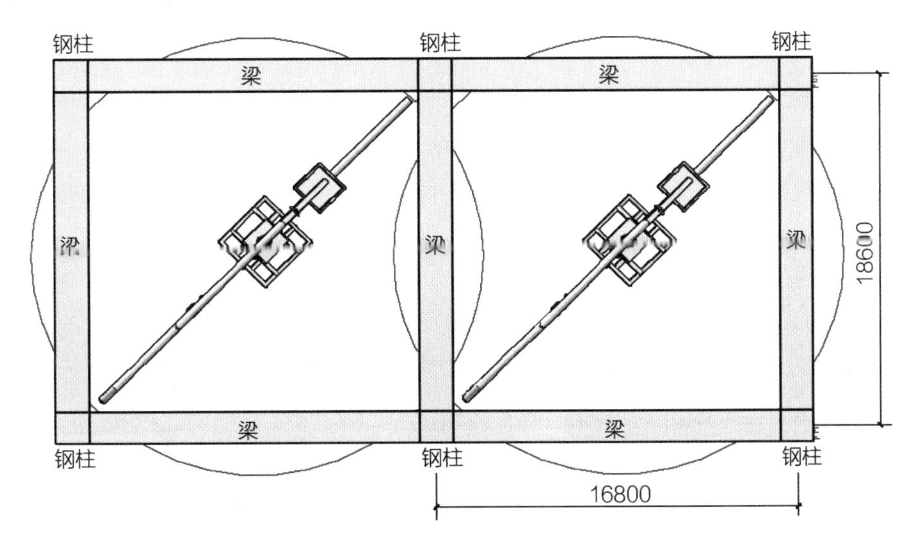

图 4-61　布料机悬臂外接示意

2）内切，回转半径 8.2m，布料机悬臂内切示意如图 4-62 所示。

优点：重量轻、悬臂尺寸设计合理，回转方便。

缺点：覆盖范围较外接小，且浇筑时需要配合使用溜槽。

结论：从稳定性、可操作性、设计合理性上决定采用内切、回转半径 8.2m。

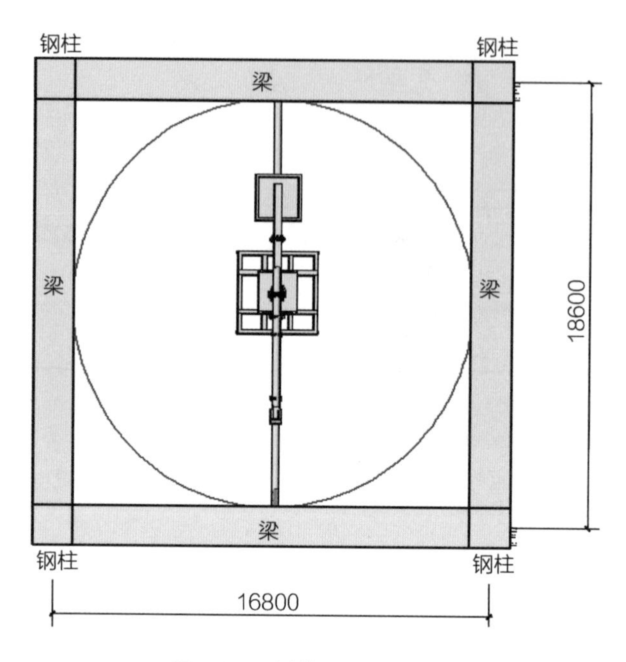

图4-62 布料机悬臂内切示意

3. 布料机底座形式选择

1）菱形 + 方形，如图 4-63 所示。

优点：底座受力分布均匀。

缺点：泵管与布料机连接处需切断菱形支座，形成薄弱点。

2）方形 + 方形，如图 4-64 所示。

图4-63 菱形 + 方形示意

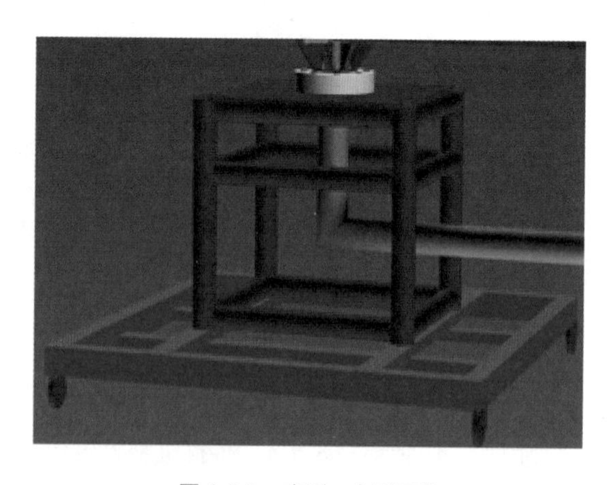

图4-64 方形 + 方形示意

优点：底部面积增大，稳定性较好，混凝土浇筑过程中抗冲击性能好。

缺点：增加了整体重量，不利于推动。

结论：从受力性能、安全稳定性上考虑，决定采用方形 + 方形。

4. 移动方式的选择

1）轮胎式轻型布料机，如图4-65所示。

图4-65 轮胎式轻型布料机示意

根据相邻奇氏筒的间距，考虑在布料机底座下安装ϕ300mm的橡胶轮胎，在奇氏筒间的钢筋上移动。

优点：节省人力，节约成本。

缺点：由于轮胎在钢筋上行走，前进方向无法控制，容易碰撞奇氏筒，安装轮胎的布料机较高，浇筑过程中易失稳。

2）轨道式轻型布料机，如图4-66所示。

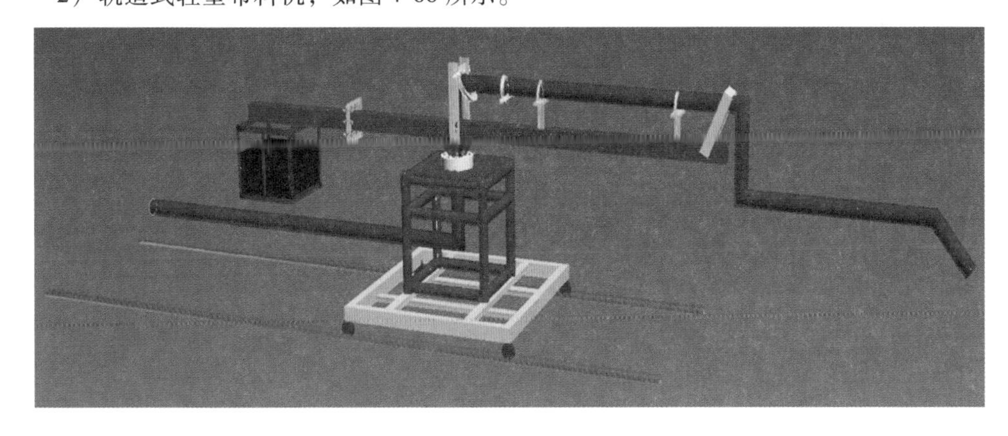

图4-66 轨道式轻型布料机示意

优点：轨道可周转使用，且降低了组织间歇时间，节约成本，不会碰撞奇氏筒身，确保混凝土表面的平整度要求。

5. 布料机轨道形式选择

1）30号钢轨，如图4-67所示。

图 4-67　钢轨轨道示意图

优点：刚度大不易变形。

缺点：重量过大且布料机底轮移动方向难以控制，周转使用不方便。

2）10 号槽钢，如图 4-68 所示。

图 4-68　槽钢轨道示意

优点：重量轻，易于人工抬动、周转使用。

缺点：轨道易发生变形，布料机底轮易弹出槽钢，且相邻槽钢交接处易错位，混凝土易残留在槽钢中，为布料机移动增加难度。

结论：从可操作性、实用性上考虑，决定采用 10 号槽钢。

4.6.4.3　现场运用

根据施工部署，在 18.6m×16.8m 的单元格内通过布料机旋转大臂先浇筑微振柱、框架梁，充分振捣完成后浇筑华夫板，浇筑过程中在槽钢轨道开口上部铺设与槽钢尺寸相同的模板，防止混凝土在浇筑过程中洒入槽钢轨道，影响布料机在其上的移动，现场运用布料机浇筑混凝土如图 4-69 所示。

图4-69 现场运用布料机浇筑混凝土

4.6.5 辅助计算

1. 材料机受力分析

如图4-70所示，布料机由以下几部分组成：

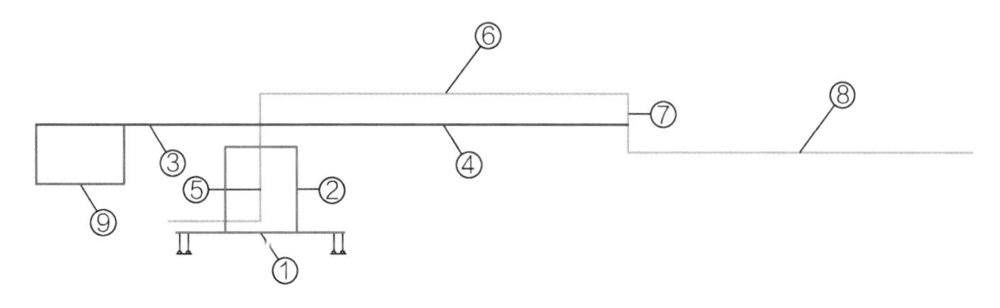

①—底座，重14087kg；②—立架，重102.88kg；③—左端平衡臂，重102.44kg；④—右端平衡臂，重85.96kg；⑤—泵管1，重16.57kg；⑥—泵管2，重47.50kg；⑦—泵管3，重7.73kg；⑧—泵管4，重44.19kg；⑨—配重筐，重728.74kg(含配重)

图4-70 布料机组成图

根据《建筑施工机械与设备 混凝土泵送用布料杆计算原则和稳定性》GB/T 32542—2016中规定，考虑主要荷载（自重荷载、工作荷载、惯性荷载），并考虑附加荷载（侧向荷载、风荷载）。

其中工作荷载即泵管中混凝土的重量，混凝土密度取2400kg/m^3，可得泵管中混凝土的质量分别为：泵管1中为544.18kg；泵管2中为6123.70kg；泵管3中为720.62kg；泵管4中为8117.81kg。惯性荷载和侧向荷载按规范取300N，风荷载由于高度很低，不予考虑。

则受力如图4-71所示。

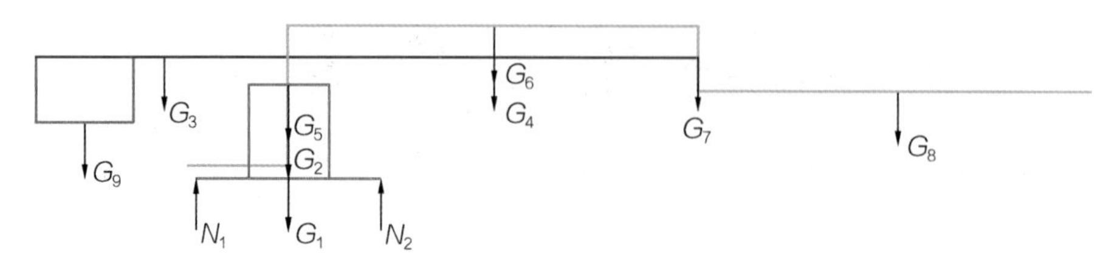

图4-71　布料机受力分析图

根据 $\sum F_y = 0$ 及 $\sum M = 0$ 可得，$N_1 = N_2 = 7758\text{N}$。

2. 稳定性验算

根据规范，整机在作业状态时的稳定性应满足，当自重荷载、工作荷载共同作用于最不利的倾覆线时，其力矩之和大于0。

本算例中，倾覆线为布料机的四个支撑点的连线，如图4-72所示，即为A、B、C、D，最不利倾覆线为A。

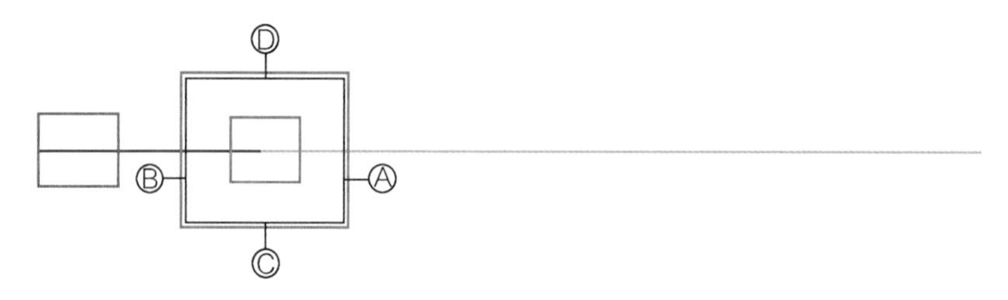

图4-72　布料机平面图

根据规范，计算时，布料机动态自重荷载系数乘以1.2，混凝土动态工作荷载系数取1.3。

则抗倾覆力矩：

$$M_1 = 1.2G_9 \times 3.05 + 1.2G_3 \times 2.25 + 1.2(G_1 + G_2 + G_{51}) \times 0.95 + 1.3G_{52} \times 0.95$$
$$+ 1.2 \times \frac{G_4 + G_{61}}{4.2} \times 0.95 \times 0.475 + 1.2 \times \frac{G_{62}}{4.2} \times 0.95 \times 0.475$$
$$= 32630\text{N} \cdot \text{m}$$

倾覆力矩：

$$M_2 = N_1 \times 1.9 + 1.2 \times \frac{G_4 + G_{61}}{4.2} \times 3.25 \times 1.625 + 1.2 \times \frac{G_{62}}{4.2} \times 3.25 \times 1.625$$
$$+ 1.2G_{71} \times 3.25 + 1.3G_{72} \times 3.25 + 1.2G_{81} \times 5.25 + 1.3G_{82} \times 5.25$$
$$= 30453\text{N} \cdot \text{m}$$

抗倾覆弯矩 $M_1 >$ 倾覆弯矩 M_2，故稳定性满足要求。

经计算分析，该尺寸布料机能起到抗倾覆作用。

4.7　装配式女儿墙施工技术

4.7.1　研究背景

由于女儿墙设计为现浇方式，此施工方法占用工期长，需搭设外脚手架或悬挑架，将会影响厂房外墙金属夹芯板安装，且安全隐患大，施工质量难控制。再者钢结构跨度为9.6m，层高6.4m，架体搭设困难，措施费成本高，经项目部研究并通过设计认可，将现浇女儿墙优化为装配式女儿墙构件。

4.7.2　工艺特点及难点

4.7.2.1　工艺特点

1. 技术先进性

预制构件厂生产的是标准化构件，采用定型模板将传统的立体交叉作业变为高度机械化和自动化的流水线生产模式，提高劳动生产效率，形成工业化大生产，变现浇结构为装配式结构，施工简单，具有推广价值。

2. 质量标准提高

预制构件厂制作的构件表面平整，尺寸准确，结构密实性好、平整度高。

3. 安全系数提高

解决外脚手架搭设难度大的问题，避免工人高空作业产生安全隐患。

4. 加快工期及节能环保

避免与钢结构吊装施工相互制约，保证了工程的钢结构主工期不受影响。

4.7.2.2　工艺难点

(1) 预制过程中需要配多种模数的模板，应经过设计优化确定固定的钢模后进行预制生产。

（2）由于工期紧，要求生产与准备阶段相匹配，在预制完后采用蒸汽养护窑养护8h，使混凝土强度达到75%，及时满足运输现场安装要求。

（3）通过计算单块预制女儿墙重量及吊装速度，最终塔式起重机选择双倍率配合扁担梁进行吊装。

（4）项目部根据构件内预埋套筒的位置，设计定位钢板，预制定位钢筋笼，成功将预制构件与预埋定位钢筋进行连接，解决了精准定位的难题。

4.7.3 主要施工技术及措施

4.7.3.1 优化设计

（1）预制女儿墙与主体结构的连接方式。

（2）根据初步设计图纸，三个区女儿墙的形式不同，因此各区构件分开进行设计。

（3）女儿墙高度较高，设计时应慎重考虑。

（4）对女儿墙配筋进行验算。

（5）深化设计不但要考虑结构部分，还要充分考虑生产、运输、安装等各种工况，从而在各方面保证的情况下进行施工。

（6）运用BIM技术对女儿墙进行模数深化，导出图纸，便于加工厂加工，便于施工人员及工人熟悉构件，女儿墙BIM模型如图4-73所示。

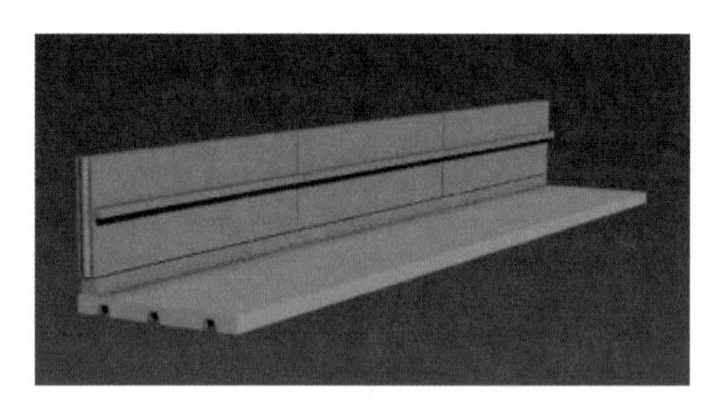

图4-73 女儿墙BIM模型

4.7.3.2 预制加工技术

1. 定型钢模板加工

为保证清水混凝土的装饰效果，研究采用二次浇筑的方法实现，因此模具设计时在顶部做连接螺栓，用100号角钢来做侧模，从而解决二次浇筑的组模问题，并且为了防止漏浆，要求模具安装时所有接缝粘贴5mm厚的双面胶条。

2. 钢筋检验、绑扎及预埋件安装

钢筋绑扎顺序：绑扎肋梁→面层绑扎→整体绑扎→专职检验合格→进入骨架存放区。

钢筋绑扎成型后不准踩踏，推运至半成品保存区，吊装转运过程中采用多点吊点的吊架。

3. 预埋件安装

检查预埋件的外观：外观检查时，从同一台班内完成的同一类型成品中抽查，不少于 5 件。

4. 模板安装

模板组装前要求接缝处粘贴密封条，内表面要求涂刷隔离剂。

5. 混凝土浇筑

浇筑混凝土从一侧向另一侧进行，对于立式生产的 T 形看台采用分层浇筑，分层厚度 30cm，女儿墙混凝土采用插入式振捣器振捣成型。浇筑上部梁内混凝土，振捣时，既要使混凝土密实，又不能过分振捣造成离析，振捣完成后搓平，然后人工抹平，待混凝土表面收水后压光，压光工艺：第一遍轻压使得表面抹纹变浅；第二遍在混凝土表面用手按压无下陷后开始抹压，抹压时填平麻面、砂眼；第三遍在抹子抹上去不再有抹纹后开始抹压，将第二遍压光时留下的抹纹压光、压实，在第一次浇筑混凝土且其强度达到 1.2MPa 后进行泛水部位的组模浇筑。

6. 混凝土养护

为了有效地达到混凝土清水效果，加快模板周转，采用蒸汽养护窑养护。女儿墙采用统一的蒸养制度：静停 1h + 升温 3h + 恒温 6h + 降温 4h；升温速度控制在 15℃/h；最高温度不超过 60℃；出模的构件温度与大气气温差不超过 20℃。每小时测温 1 次。

7. 构件运输

预制女儿墙运输与堆放必须考虑专项措施，根据现场临时存放场的大小和安装进度的要求，编制运输方案；运输采用平板车，不同长度的构件组合运输时保证不磕碰。与清水面接触的支垫方木用塑料纸包裹，保证不产生二次污染。

4.7.3.3 定位吊装技术

1. 预制定位钢筋笼加工

根据预制构件截面尺寸及内部连接套筒位置，制作特质模具；再根据特质模具，采用双层网片及定位插筋制作成定位钢筋笼。确保定位筋位置及间距尺寸偏差≤3mm，定位钢板与定位钢筋笼加工如图 4-74、图 4-75 所示。

图 4-74 定位钢板加工

图 4-75 定位钢筋笼加工

2. 放线定位

根据平面图中女儿墙的位置采用经纬仪放出定位线，确定定位钢筋笼位置，保证定位钢筋笼顺直，定位线位置偏移应≤3mm。

3. 定位钢筋笼安装

预制钢筋笼定位后将其与屋面板钢筋焊接连接，满足单面焊 $10d$，确保焊接质量，经验收，钢筋笼插筋间距合格后方可进行下道工序，现场定位钢筋笼安装如图 4-76 所示。

图 4-76　现场定位钢筋笼安装

4. 导墙模板支设及混凝土浇筑

（1）导墙模板应根据定位线支设顺直，并确保女儿墙结构尺寸。支设完成后用水准仪检查标高，控制导墙高度，确保预留钢筋长度 185mm，标高偏差应≤5mm，导墙模板支设如图 4-77所示。

图 4-77　导墙模板支设

（2）经检查验收合格后方可进行混凝土浇筑。浇筑前对高出导墙的定位钢筋进行保护，防止污染。混凝土浇筑时应采用插入式振捣棒振捣密实，严禁通过敲击模板进行振捣，防止模板发生位移，混凝土导墙如图 4-78 所示。浇筑完成后，对定位钢筋再次进行验收，保证吊装时套筒能顺利与定位筋连接。

5. 吊装预制女儿墙

吊装预制女儿墙施工人员安排：总施工人数 10 人。其中起重设备司机 1 名，起吊处配备起重信号工 1 名，预制构件起吊配合人员 2 名。吊装处配备起重信号工 1 名，指挥管理人员 1 名，吊装人员 4 名，在人员全面进行交底且施工作业面就位的情况下开始进行正常吊装工序施工。

图4-78　混凝土导墙

（1）面层清理。

（2）吊装预制女儿墙：

吊装前，检查起重设备技术参数，满足预制女儿墙吊装需求，确保女儿墙吊装安全，预制女儿墙吊至距导墙上方500mm处停止，安装人员用手扶墙板，并用捯链将预制女儿墙缓慢放下，直至下放到定位筋正上方，并采用反光镜配合调整，确保定位筋与预埋套筒定位准确，经检查合格后，继续下放至钢垫片上，预制女儿墙吊装如图4-79所示。

图4-79　预制女儿墙吊装

4.7.3.4　安装加固技术

1. 分仓坐浆

根据套筒数量及灌浆料使用量，确定分仓尺寸，每仓长度小于1.5m。在导墙上放出每块预制女儿墙的左右边线及分仓线，为满足灌浆连接质量，预制女儿墙应与导墙间留有不小于 20mm 灌浆空隙，在每仓内设置钢垫片用于调整距离，同时兼作控制标高的灰饼使用。吊装前，根据分仓线进行分仓坐浆，坐浆高度应高于钢垫片，以确保女儿墙吊装完成后将分仓砂浆压实，并使每仓形成独立空间，如图 4-80 所示。

图 4-80　分仓坐浆

2. 临时支撑固定

（1）待预制女儿墙落至钢垫片后采用斜支撑将预制女儿墙与屋面板固定。斜支撑与预制女儿墙之间用预埋螺母孔固定，与结构板之间用膨胀螺栓锚固。结构板上膨胀螺栓孔待女儿墙施工完毕后采用防水砂浆封堵，斜支撑与女儿墙及结构板连接如图 4-81 所示。

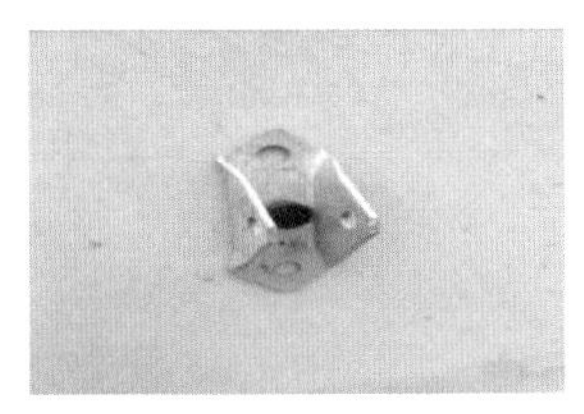
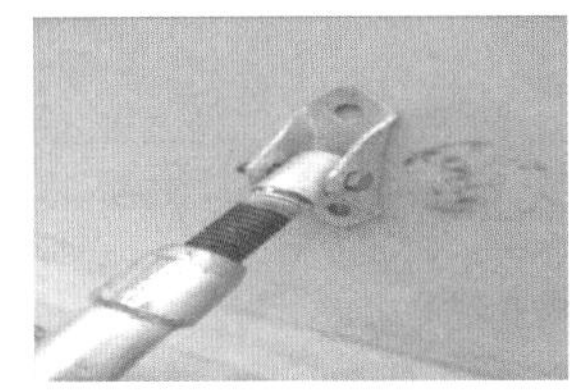
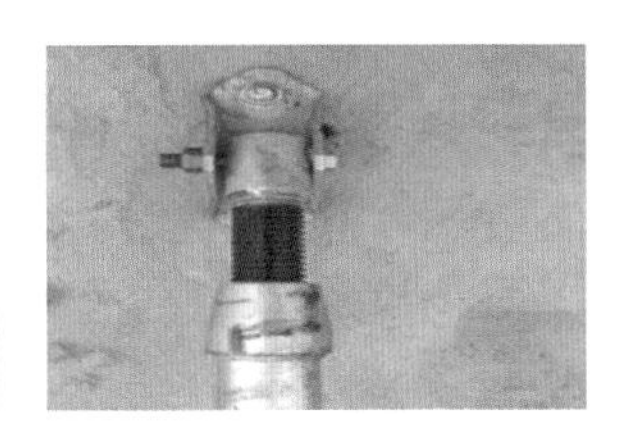

图 4-81　斜支撑与女儿墙及结构板连接

（2）长短斜支撑与结构板夹角控制宜在 45°~60°，并确保长短支撑立面位置在一条直线上。通过调整长短支撑来控制相邻女儿墙之间平整度及垂直度。经检测，平整度、垂直度合格，并确保临时支撑固定牢固后方可解除预制女儿墙上的吊钩，现场长短斜支撑如图 4-82所示。

图 4-82　长短斜支撑

3. 灌浆连接及拼缝密封

（1）灌浆前，将预制女儿墙板与导墙间的空隙内侧采用高强砂浆密封，外侧采用25mm PE 棒密封，防止灌浆时漏浆，现场高强砂浆密封施工如图 4-83 所示。

图 4-83 高强砂浆密封

（2）密封完成后，每仓内采用专用灌浆泵将高强灌浆料从预埋套筒下部灌浆孔灌入，上部灌浆孔溢出灌浆料时，证明该仓内高强灌浆料已充满，并及时用橡胶塞将灌浆孔封堵。灌浆结束后 24h 内不得对预制女儿墙板施加荷载，现场高强灌浆施工如图 4-84 所示。

图 4-84 高强灌浆

（3）拼缝密封前，清除相邻墙板竖向接缝处浮浆。采用 PE 棒作背衬材料，并在表面打胶进行密封处理，如图 4-85 所示。打胶宽厚比控制在 1∶1 ~ 2∶1，且厚度不应小于10mm。当接缝宽度小于 10mm 时，将缝隙切至 10mm；当宽度超过 30mm 时，打胶厚度为15mm，确保拼缝处密封严实。

图 4-85 密封打胶

第5章

模块化预制安装施工技术

5.1 多层封闭式管廊管道输送安装施工技术

5.1.1 工程概况及特点、技术难点

室外管廊设计为地上式钢结构管架结构，共计5层，管架平均标高为6.2～14.3m，局部标高25.5m。设计管道为镀锌焊接管道，焊接方式为氩电联焊，管道最大规格为*DN*1400，管道长度共计6800m。设计压力1.0MPa。

工程体量大，工期紧，焊接作业量大，焊接质量要求高。管道管径大，单根管道重量重，吊装作业量大。全部为高空作业，安全隐患大。

室外管桥管道输送的主要难点主要有以下几个方面：

（1）管道管径大，最大管径达到1400mm（表5-1）；

（2）管桥管道施工层数多，管架分部共计5层，交叉施工；

（3）层间距小，最大的管桥净高仅2.5m，其余管桥净高不足2m；

（4）单趟管道长度长，最长为211m，最短170m；

（5）单管重量大，最大单管重6t；

（6）焊接工作量大，焊接质量控制是施工质量控制的重点；

（7）高空作业量大，安全风险大；

（8）全部为室外露天作业，职业健康及环境保护是施工管理的重点。

管道主要规格 表5-1

管径	外径×壁厚	单支长度（m）	单支重量（kg）	备注
*DN*1400	ϕ1420×12	12	5006	
*DN*1000	ϕ1020×10	12	2995	
*DN*800	ϕ820×10	12	2403	
*DN*600	ϕ630×9	12	1660	
*DN*500	ϕ530×9	12	1394	
*DN*450	ϕ478×9	12	1255	

5.1.2 封闭式管廊施工措施

工程相邻两层管架间距较小，这给常规使用吊车穿管带来很大的不便，为了提高管架间管道的水平输送速度，提升机械化施工效率，对管架结构做了全面分析，最终研究出一套管廊管道施工的水平输送装置，该装置由辊轮、辊排、操作平台、卷扬机等组成，其操

作流程如下（图5-1、图5-2）：①在管架一端设置一座操作平台，用于管道对口操作及焊接作业；②在作业平台前端架设辊排，该辊排由一控制箱实现其正反转及调速，用卡子将其与管廊接触的地方卡牢固，防止松动影响管道对口；③预先在管道放线，在管廊上标出各管道的中线位置，然后在管廊横梁的管道中线上每隔6m设置一套辊轮（图5-3），保证辊轮在一条直线上，其底部用卡子与横梁卡牢，防止脱落；④辊轮辊轴两端各有一个橡胶圈，用于增大管道输送过程中的摩擦力，防止管道打滑，橡胶圈可根据管径大小人工调整，保证足够的接触面积；⑤管架另一端安装卷扬机，管道施工时用汽车起重机将管道吊装至焊接平台上完成两根管道间的组对焊接，当焊接完成后启动辊排和卷扬机将管道缓慢拉动，直至管道另一端进入焊接区后停止，依次重复上述操作，即可完成整根管道的水平输送。

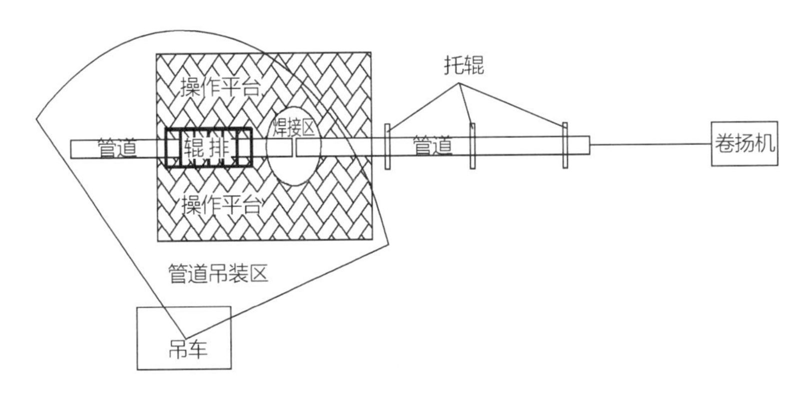

图5-1　现场布置图

图5-2　管道滑移输送装置简图

通过管道滑移输送装置的应用，很好地解决了管廊管道施工的水平输送问题，大大提高了工作效率，节约了工作时间，节省了机械和人工，进一步实现项目的成本控制目标，带来了非常好的效益。

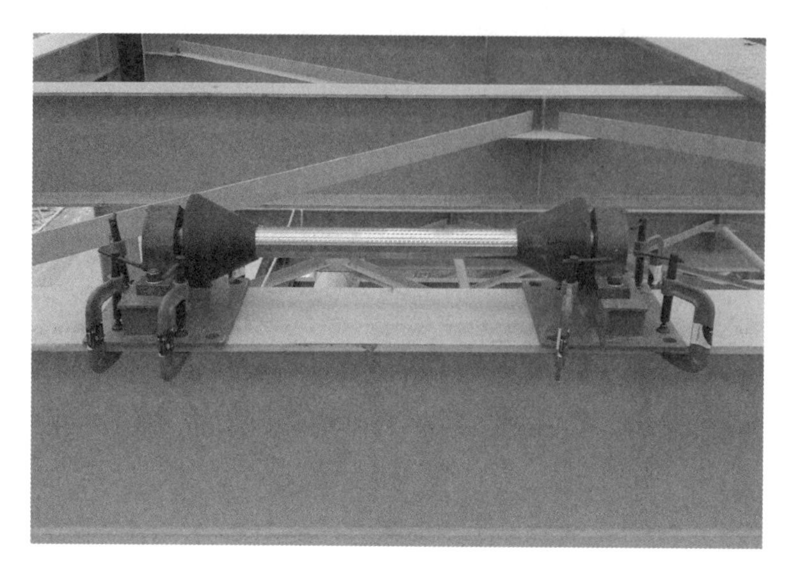

图5-3 辊轮实物展示

此外，辊轮高度为17cm，管道管托高度为12cm，用辊轮将管道输送完成后，可以借此高度差安装管托，避免对管道进行二次提升，节省时间，提高施工效率。

5.1.3 主要工艺流程

工艺流程解析（图5-4）：

1）坡口打磨，如图5-5所示。

2）辊轮铺设安装，如图5-6所示。

3）管道组对，如图5-7所示。

4）管道焊接，如图5-8所示。

5）管道防腐施工，如图5-9所示。

6）管道滑移输送，如图5-10所示。

7）支架及管托安装，如图5-11所示。

8）保温施工，如图5-12所示。

本技术的应用，使移动式吊装作业变为固定式吊装作业，同时将移动式焊接作业变为固定式焊接作业，一方面便于施工作业中的安全管控，项目派专职安全员进行现场管理，降低了安全风险；另一方面固定点位焊接在提高施工效率的同时也减少了立焊作业量，提高了焊接质量。

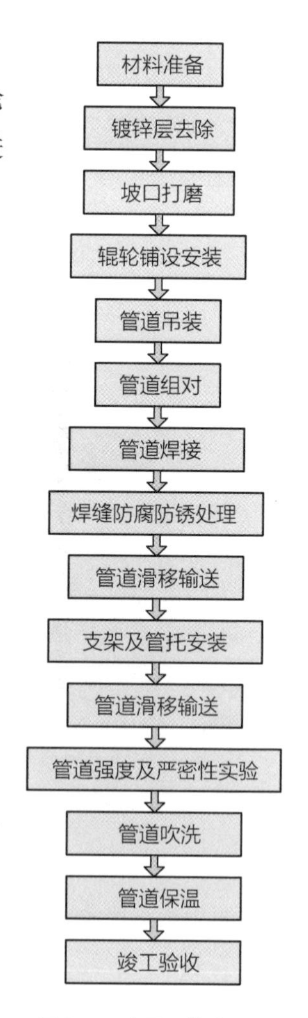

图5-4 主要工艺流程图

图 5-5　坡口打磨

图 5-6　辊轮铺设安装

图 5-7　管道组对

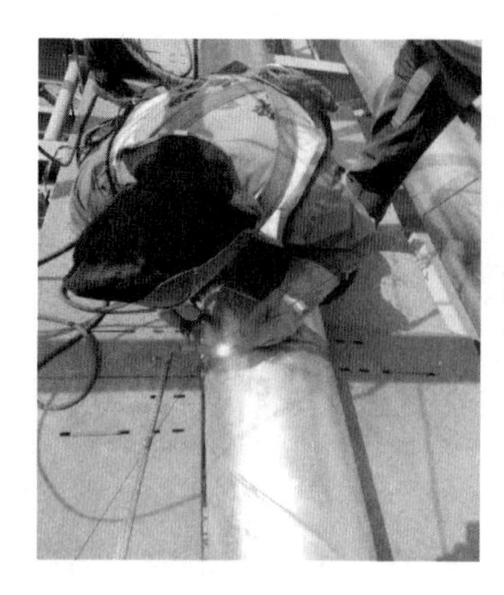
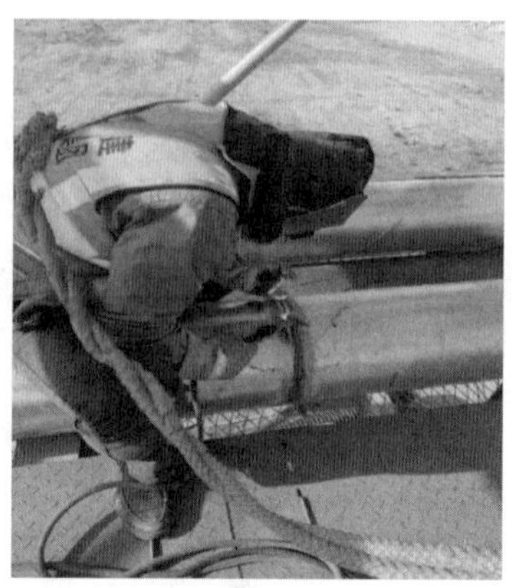

图 5-8　管道焊接

图 5-9　管道防腐施工

图 5-10　管道滑移输送

图5-11　支架及管托安装

图5-12　保温施工

5.1.4 效益分析

5.1.4.1 工期或质量效益

该项技术在工程实际应用过程中，施工成流水线生产，避免工人高空作业时导致的施工降效、机械浪费等。其中工期效益对比见表5-2。

工期效益对比 表5-2

施工方法	施工100m管道工期(按DN 600考虑)	管道长度	理论工期	理论工期效益
常规管道安装	1.2d	6800m	93.6d	理论工期提前25.6d完成
管道滑移输送安装	1.0d		68d	

从表中可以看出：常规管道安装工期为93.6d，管道滑移输送安装工期为68d，实际按照管道滑移输送安装技术施工，工期可以提前25.6d完成。

除此之外，管廊管道滑移输送安装技术克服常规管道安装工程因施工条件及环境局限性，对管道焊接质量的影响因素，大大提高焊接质量，管廊管道采用滑移输送安装技术，系统联动试压一次成功。

5.1.4.2 经济效益

该项技术应用于咸阳彩虹光电科技有限公司第8.6代薄膜晶体管液晶显示器件（TFT-LCD）项目（简称“咸阳彩虹项目”）中，工业管道及管件主要是$\phi 325\times 8$、$\phi 630\times 9$、$\phi 820\times 9$、$\phi 1020\times 10$，管道共计6800m。

现以焊接管道20号，$\phi 630\times 9$为例，现场实际施工完成管道焊接量100m，将常规管道安装和管道滑移输送安装作对比，见表5-3。

人工、材料、机械费对比表 表5-3

施工方法	施工100m管道工期(按DN 600考虑)	人工单价	合计成本	每米成本	安装工程费用对比
常规管道安装	焊工4人 管工3人 辅助工人6人 25t吊车2台	焊工（300元/d） 管工（260元/d） 辅助工人（150元/d） 25t吊车（1600元/台班）	6080元	60.8元	413440元
管道滑移输送安装	焊工3人 管工2人 辅助工人4人 25t吊车1台		3620元	36.2元	246160元

从表 5-3 中可以看出：常规管道安装人材机费用为 413440 元，管道滑移输送安装费用为 246160 元，实际按照管道滑移输送安装技术施工，平均可以节约人材机费 167280 元，降低率为 40%。

5.1.4.3　社会效益

采用管道滑移输送安装技术安装完成室外管架管道共计 6800m，采用该方法施工效率高，施工成本低，社会口碑好，施工质量有保障，降低了高空作业措施成本。

该项技术的成功应用，给工业机电管廊大直径、大跨度、大距离管道安装起到了示范作用，给市政综合管廊工程、工业管道安装工程、长距离输送管道安装工程等类似工程提供了大量的科学依据，对施工质量、进度等方面在类似工程中起到了指导性的作用。

5.2　大直径超长无接头电力电缆敷设施工技术

5.2.1　工程概况、特点及技术难点

项目终端配电站工程包括厂房一、厂房二、动力中心、废水站共 17 个变电站的安装，其中变压器安装 226 台；高压柜安装 400 台；低压柜安装约 1300 台；桥架安装约 15000m；电缆敷设约 160000m（其中大直径无接头超长电缆约 85000m）。

该项目大部分电缆在室外管廊上沿桥架敷设，高度在 7～9m，走向错综复杂，并且根据电压等级的不同（110kV、20kV、6kV），分别布置在不同的桥架内，长度为 500 1200m，电缆截面直径有 95mm、120mm、300mm、630mm 等规格，电缆外径、重量大，不易弯曲，工作面狭小，工期紧，施工难度大。

（1）所有电缆不得有中间接头；

（2）敷设过程中不得破坏电缆绝缘层；

（3）电缆截面大、距离长，工作面狭小，且均在高空作业；

（4）需根据电缆的规格、型号、整根长度和敷设路径等工况条件，计算电缆敷设需要的牵引力，确定牵引机、输送机的安放位置和功率；

（5）根据输送机输送速度和牵引机的牵引速度，计算牵引机启动时间；

（6）选择技术参数相匹配的输送机和牵引机，并计算电缆最大允许牵引力。

5.2.2　无接头电力电缆施工措施

工程电缆敷设采用输送机和牵引机相结合的敷设方法。

5.2.2.1 电缆输送机安装

确定电缆输送机的规格、型号和安放位置（电缆输送机具有推力大、体积小、质量轻、操作方便等特点，且由电动电机驱动，两对高弹性、坚韧抗磨的橡胶锥形驱动轮，电缆被两个橡胶滑轮压到橡胶驱动轮中，上下双作用推动电缆，摩擦系数小、输送力大，对电缆无丝毫损伤。锥形驱动轮的间隙可调，适应电缆直径为80～180mm，操作方便），见图5-13。

图5-13 电缆输送机

5.2.2.2 牵引机安装

根据电缆敷设路径及敷设需要的牵引力，确定牵引机的规格、型号和安放位置（图5-14）。

图5-14 牵引机

5.2.2.3 电缆滑轮和牵引钢丝绳的设置

通过对直向轮、导向滑轮的受力分析，在电缆沿途和转弯处设置电缆滑轮，避免电缆在敷设过程中受损，电缆滑轮在管廊桥架内的布设，可根据现场实际情况，每隔5～8m安装一个电缆滑轮，拐弯处需设置导向滑轮，固定牢靠，同时根据牵引力的大小配置牵引钢丝绳（一般只需确定牵引机的规格、型号即可，钢丝绳与牵引机的功率相匹配），如图5-15～图5-18所示。

图5-15　输送机首端直向电缆滑轮布置

图5-16　直向电缆滑轮和牵引钢丝绳布置

图5-17　垂直段拐弯处电缆滑轮布置

图 5-18　水平段拐弯处电缆滑轮布置

5.2.2.4　启动输送机进行电缆展盘和敷设工作

利用电缆输送机的推力，首先将电缆盘展开（图 5-19），接着两人牵引电缆头，随着电缆的延伸，在 8～10m 的间距，补充一定的人员，待电缆输送一定长度，再启动牵引机（保证留有足够长度的电缆，以免在启动牵引机后拉伤电缆），见图 5-20。

图 5-19　电缆展盘

5.2.2.5　启动牵引机进行电缆敷设

在以上各项工作完成后，启动牵引机（图 5-21），并在拐弯、垂直段等敷设条件较差的位置安排 1～2 人监护电缆，利用对讲机、专人统一指挥，防止电缆在敷设过程中有卡

图 5-20　输送机电缆敷设

顿、划伤、受阻和电缆输送速度小于牵引速度从而将电缆拉伤等情况的发生。为保障施工安全，在电缆桥架一侧敷设一趟钢丝绳（$\phi > 8$mm），用于施工人员悬挂安全带，在条件允许的情况下，最好用钢板或木板搭设一条通道，确保施工安全，见图 5-22。

图 5-21　启动牵引机

5.2.2.6　电缆敷设完成后全程检查

安排一人对整个电缆进行检查，确保无患时，进行电缆的排布、整理（图 5-23）。

5.2.3　效益分析

效益分析见表 5-4。

图 5-22　电缆敷设过程

图 5-23　电缆敷设全程检查

效益分析　　表 5-4

敷设方式	电缆长度（m）	人数	时间（h）	人工单价（元/h）	机械费（元）	费用合计（元）	节约成本（元）
人力敷设	100	16	1	10.28		164.48	
机械敷设	100	10	0.5	10.28	60	111.4	53.08

费用计算（以敷设 100mYJV-300mm^2 电缆为例）：

人力敷设费用 = 人数(16)× 时间(1h)× 人工单价(10.28 元/h) = 16 × 1 × 10.28 = 164.48 元

机械敷设费用 = 人数(10)× 时间(0.5h)× 人工单价(10.28 元/h) + 机械费(60 元) = 10 × 0.5 × 10.28 + 60 = 111.4 元

在咸阳彩虹项目终端配电站工程，采用该方法敷设电缆，工程敷设 95mm 以上电缆约

160000m，采用该方法直接节约 84928 元，且间接缩短工期，降低了高空作业措施成本，施工质量得到业主、监理的一致好评。

5.2.4　牵引机牵引力和电缆最大允许牵引力计算

敷设电缆时，施工人员对于拉引力应当有一个估计，以便安排合适的牵引工具和足够的劳动力。电缆的拉力一般用普通的摩擦力原理来计算。应用这个原理是假定电缆的拉引速度不变，所以不把弹性和惰性的影响计算在内，由于电缆的重量，在它与滑轮和接触面之间产生了压力。这个压力乘以接触面的摩擦系数，所得的摩擦力就是拉引时所必须克服的阻力。在平直线路上，除了电缆重量所产生的压力之外，没有其他的压力存在，拉引力就和电缆重量及摩擦系数成正比，用公式表示为

$$T=\mu WL$$

式中，T 为拉引力（N）；μ 为摩擦系数；W 为单位长度电缆的重量（N/m）；L 为电缆长度（m）。

对于路径比较复杂的电缆线路，通常将其分解为简单的牵引部分分别进行牵引力的计算，然后将其相加，即得全线路的牵引力（表 5-5）。

常用牵引机参数　　表 5-5

序号	吨位	额定拉力	钢丝绳种类	额定速度	容绳量
YZR225M-8	10t	100kN	6×37-30	15m/min	150m
YZR250M-16	15t	150kN	6×37-32	10m/min	520m
YZR315M-8	20t	200kN	6×37-42	20m/min	900m

电缆最大允许牵引力

牵引铜芯电缆导体时：$T=68\times A_c$

牵引交联聚乙烯绝缘时：$T=6\times A_t$

式中，T 为最大允许牵引力（N）；A_c 为导体截面面积（mm^2）。

5.3　管道预制装配式加工及安装技术应用

5.3.1　工程概况、特点及技术难点

咸阳彩虹项目机电动力工程包二标段工程，室外管廊设计为地上式钢结构管架结构，

共计5层，管架平均标高为6.2～14.3m，局部标高25.5m。设计管道为镀锌焊接管道，焊接方式为氩电联焊，管道最大规格为*DN*1400，管道长度共计6800m。设计压力1.0MPa。

工程体量大，工期紧，焊接作业量大，焊接质量要求高。管道管径大，单根管道重量重，吊装作业量大。全部为高空作业，安全隐患大。

（1）施工工程量大。管道管径大，最大管径达到1400mm，共计8000余米管道。

（2）施工难度大。层间距小，施工作业面空间狭小。最大的管桥净高仅2.5m，其余管桥净高不足2m。

（3）焊接工作量大，焊接质量控制是施工质量控制的重点。

（4）高空作业量大，安全风险大。

（5）工期紧。合同工期76d，完成管廊8000m空调水系统安装试压冲洗及保温工作。

5.3.2　管道预制装配式施工措施

5.3.2.1　主要工艺流程

参见图5-24。

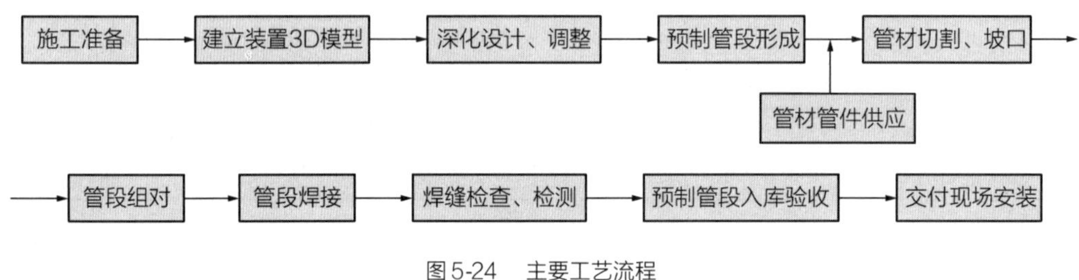

图5-24　主要工艺流程

5.3.2.2　预制场地布置

管道物流输送系统作为管道现场集成化预制关键技术之一，直接影响管道生产线的生产效率。为此，经过多年生产实践，形成了一套完整、高效的管道物流输送系统（图5-25）。

5.3.2.3　管道现场集成化预制物流输送系统

1. 管道切割、坡口工段物流集成输送系统

由5t门式起重机将管道放入物流输送装置，设备自身电动系统将管道送入切割设备，切割机自动对中夹紧切断管道，将切断后的管道通过地面物流系统送出切割机并转移到坡

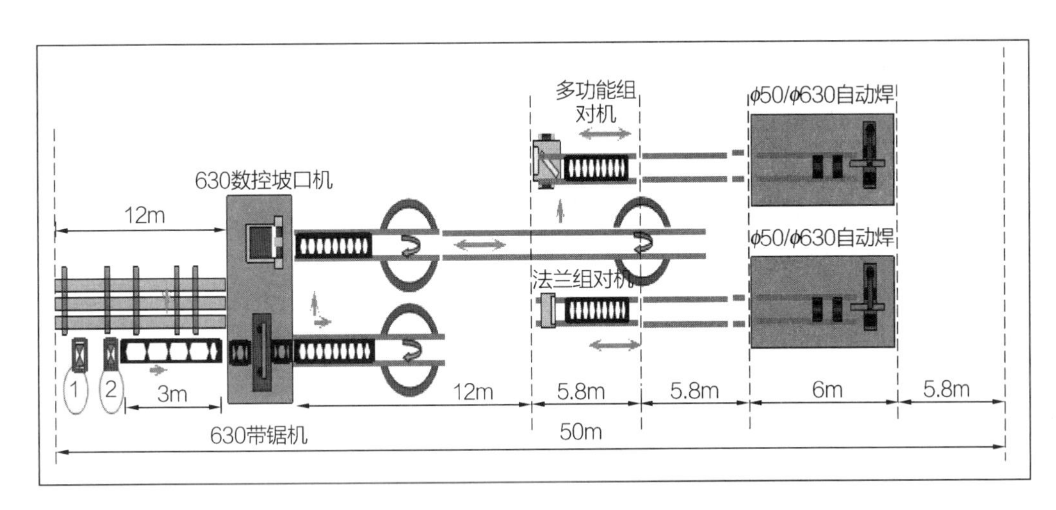

图5-25 管道物流输送系统

口工位，管道一端坡口完成后移除坡口机，然后通过地面物流系统翻转180°加工完成管道另一端坡口（图5-26）。

图5-26 管道切割、坡口工段物流集成输送系统

2. 管道组对、焊接工段物流集成输送系统

管道坡口加工完成后通过地面物流系统分别送入法兰、弯头组对设备，组对完成后通过地面物流系统分别送至悬臂自动焊机、压臂自动焊机完成焊接工作（图5-27）。

图5-27 管道组对、焊接工段物流集成输送系统

3. 管道检验、配送工段物流集成输送系统

管道焊接完成后通过地面物流系统送至半成品堆放区进行外观检验、无损检测、标识、信息键入、包装工作后根据现场安装需要进行配送。

劳动力组织，以一套“1拖2移动式管道工作站”为例，劳动力计划见表5-6。

劳动力计划 表5-6

序号	工种名称	人数	分工职责
1	技术人员	1	负责图纸、生产、技术、配送管理
2	设备操作工	4	负责下料、坡口、焊接
3	管道工	1	负责管道组对
4	电焊工	1	配合管道工进行组对、点焊
5	起重、行车工	1	吊装、倒运管件、材料
6	安全员	1	安全管理
7	辅助工	2	负责管件坡口处理、倒运材料
合计		11	

5.3.3 效益分析

5.3.3.1 经济效益

该项技术在施工中工序合理，关键性技术已达到国内领先水平。与通常的管道预制相比，过程高效、简洁、安全，保证了质量、进度，节约了成本，缩短了工期。该技术在陕西神木泰安精细化工项目工艺管道安装工程施工中，节约各种人工、机械、辅材费用约72万元，工期缩短68d；该技术在咸阳彩虹项目机电动力工程包二标段工程工艺管道安装中，节约各种人工、机械、辅材费用约41.9万元，工期缩短45d。下面以预制管道2万寸径为例说明（表5-7），使用该工法的经济效益和社会效益显著。

两种工法效益对比（以管道预制2万寸径为例） 表5-7

项目	本工法（工期60d）		通常方法（工期105d）		节约（万元）	成本降低率
	费用内容	费用（万元）	费用内容	费用（万元）		
人工	11人×60d (200元/工日)	13.2	24人×105d （200元/工日）	50.4	37.2	74%
机械	设备折旧	3.6	1台25t吊车 （共30台班）	4.8	1.2	25%
材料	焊材、角磨片等 (2.7元/寸径)	8.5	焊材、角磨片等 3.2元/寸径	12	3.5	29%
合计		25.3		67.2	41.9	62%

从表5-7中可以看出：常规管道安装人材机费用为67.2万元，管道预制装配式加工及安装技术安装费用为25.3万元，实际按照本工法施工平均可以节约人材机费41.9万元，降低率为62%。

5.3.3.2 社会效益

管道预制装配式加工及安装技术的成功应用，给工业机电工艺管道的大直径、大跨度、大距离管道安装起到了模范作用，为今后的类似工程提供了大量的科学依据，对类似工程中的施工质量、进度等起到了指导性的作用（图5-28）。为推广建筑行业的新技术和工厂化预制集中加工节能减排事业，起到了良好的示范效应和社会效益。

图5-28 管廊施工图

5.4 群体多间配电室短期平行施工技术应用

5.4.1 工程概况特点及技术难点

工程量大、工期紧。全部为电气施工作业，施工内容专业且比较单一。施工现场空间狭小、其他施工单位众多，交叉作业，施工管控难度大。

工程共包含17个配电站的室内和室外施工，主要工程量包括变压器安装226台（其中UPS4台）；高压柜安装400台；低压柜安装约1300台；桥架安装约15000m；电缆敷设约160000m。

大部分电缆在室外管廊上沿桥架敷设，高度为7~9m，走向错综复杂，并且根据电压等级的不同，分别布置在不同桥架内，长度为500~1200m，电缆截面有95mm、120mm、300mm、630mm等规格，电缆外径、重量大，不易弯曲，工作面狭小，施工难度大。

5.4.2 群体多间配电室短期平行施工措施

5.4.2.1 施工策划

该工程在项目部的统一协调、安排下，根据工程特点，分四个分项同时展开施工，各职能部门配备精干、懂管理、有技术的管理人员积极配合，确保施工的正常进行，四个分项如下：变压器、配电柜等的安装；桥架支架预制安装和桥架安装；电缆的敷设，电缆头的制作及接头；调试。

施工准备阶段分为施工现场临设准备，施工人员准备，施工材料准备，施工机械准备及施工技术准备等几个方面，主要做好甲供设备、材料的接收、保管等工作，具体分为以下几个阶段。

（1）施工准备阶段；

（2）施工前期的配合阶段；

（3）施工阶段；

（4）配合收尾阶段；

（5）联网调试阶段；

（6）竣工验收阶段。

5.4.2.2 施工工序

在整个安装施工过程中，严格按照项目部的施工计划、安全管理、质量控制等规定有序施工。

1. 基础槽钢安装

严格按照设计要求，确定安装位置，向厂家索要配电柜结构图、壳体图，核对外形尺寸是否与图纸设计一致，提前按图纸要求预制加工基础型钢架，除锈后刷好防锈漆（图5-29）。

图5-29 配电柜基础槽钢安装

2. 变压器安装

根据施工图确定变压器的安装位置，按变压器轴中尺寸用膨胀螺钉将350 × 350 × 10钢板在变压器设备底座四角固定，用红外线找平，变压器安装完成后，与变压器基础焊接牢固（图5-30）。

图5-30 变压器基础调平

3. 桥架安装

利用BIM软件排布空间，将所有变电站的桥架、风管、母线根据实际尺寸排布好（图5-31）；再将每个支架的尺寸、形式画在图纸上；然后根据BIM图提出支架材料计划，提前预制、现场组装。电缆桥架的总平面布置应做到距离最短，经济合理，并满足施工安装、维修和敷设电缆的要求。支吊架牢固，在直线段上的距离应相等。一般情况下，支撑电缆桥架及线槽的各托臂、支架之间的距离以1.5m左右为宜。

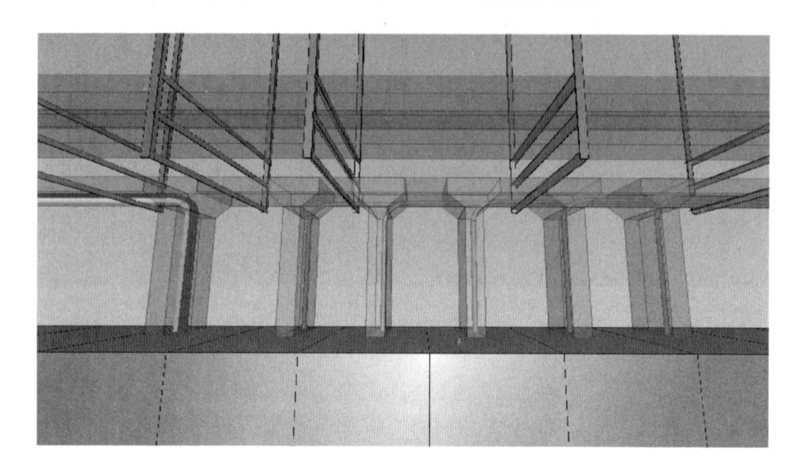

图5-31 变电站BIM模型

4. 配电柜安装

根据施工图纸的布置，按顺序将配电柜放在基础型钢上（图5-32）。单独柜（盘）只找柜面和侧面的垂直度。成列柜（盘）各台就位后，先找正两端的柜，再从柜下至上三分之二高的位置绷上小线，逐台找正，柜体标准以柜面为准。

图5-32 配电柜安装

5. 电缆敷设

工程电缆敷设采用输送机和牵引机相结合的方法，实践证明缩短了工期、降低了成本。

6. 电气调试

调试确定工序流程：

(1) 开关试验；

(2) 电容器试验；

(3) 电力电缆试验；

(4) 电流互感器试验；

(5) 电压互感器试验；

(6) 避雷器试验；

(7) 母线试验；

(8) 变压器试验；

(9) 二次部分、测控装置、综合保护预防性试验；

(10) 微机保护装置试验；

(11) 测控装置及二次回路试验；

(12) 控制、保护、信号等回路试验；

(13) 交流电流回路检查试验；

(14) 交流电压回路检查试验；

(15) 二次其他设备试验。

5.4.2.3　质量控制

严格执行“三检”制，即：自检、互检、交接检。为了保证每道工序达到合格标准，对施工班组任务书结算实行质量认证制，即没有责任工程师验收签字不得结算。电气专业质量控制点及控制措施见表 5-8。

电气专业质量控制点及控制措施　　表 5-8

序号	质量控制点	控制措施
1	普通电缆与阻燃电缆混用	应严格根据设计要求施工，穿线时注意检查
2	桥架内电缆未设标志牌	由于桥架内有许多电缆，敷设时应注意编号并设置标志牌，且经复查无误后方可送电
3	桥架和线槽穿越防火分区时，防火封堵不严密或漏做	桥架和线槽穿楼板和密封墙时，根据消防要求必须做好防火封堵
4	焊接夹渣、咬肉、未焊透，防腐措施未做，单面施焊，机械紧固件未使用热镀锌件	加强检查，焊接时班组长必须随时复查，让操作人员持证上岗
5	接地引下线出错而引起接地引下线的不连续	在配合土建施工时，作为接地引下线的主筋应作好标记（标记时注意与其他专业进行区分）

续表

序号	质量控制点	控制措施
6	桥架安装用电焊、气割方式加工生产	镀锌成品严禁电气焊切割，施工前应作充分考虑，部分配件可由厂家加工，施工作重点强调
7	各类支吊架用气焊割孔或断料	支吊架严禁使用电气焊割孔，在施工中应特别注意避免，应该用台钻开孔
8	电气设备安装完毕后的成品保护	由于施工单位较多，作业面广，电气器具极易丢失，必须加强保护，与施工队伍签订成品保护责任状
9	同材质规格桥架支架间距不统一	前期做好桥架综合排布，成排桥架采用综合支架
10	配电柜的标高或垂直度超出允许偏差	配电柜安装时应测量定位准确，按土建专业的建筑1m线严格要求
11	高低压配电柜电、气焊开孔	配电柜开孔应一缆一孔，用开孔器开孔，施工作重点强调

5.4.2.4 安全控制

在施工中，始终贯彻“安全第一、预防为主”的安全生产工作方针，认真执行指挥部的有关安全施工规章制度，加大安全投资，进入施工现场人员进行登记与实名制管理，把安全生产工作纳入施工组织设计和施工管理计划，使安全生产工作与生产任务紧密结合，保证职工在生产过程中的安全与健康，严防各类事故发生，以安全促生产。

5.4.2.5 工期控制

项目经理部将统一协调，各职能部门积极配合，确保施工正常进行，各分项配备精干、懂管理、有技术的管理人员，同时也准备了备用班组，在施工的各个阶段，由于各班组工程进度不一，适当协调人力，调整工作面，使各工序施工穿插进行，加快工程进度，严格进行施工节点的控制。

第6章

洁净工程施工技术

6.1 CFD 气流模拟技术

6.1.1 CFD 气流模拟介绍

随着工业厂房生产工艺的不断发展，更精密、集成度更高是行业发展的趋势，除了设备本身的工艺水平需要达到生产要求以外，其所处的生产环境——洁净室的各项指标也必须被严格控制，包括：洁净度、气流组织、温湿度、照度、噪声、磁场以及有害气体等。

CFD（Computational Fluid Dynamics，计算流体动力学）是一门同现代工程设计与科学研究密切相关的学科，是目前最先进的流场仿真评估方法，它利用流体力学和数值计算，在洁净室设计时，可预测分析不同方案下洁净室气流组织、温度、压力等控制的优劣，确定最优的设计方案。具有模拟结果更直观、准确，二次设计更便捷的优势（图 6-1 ~ 图 6-4）。

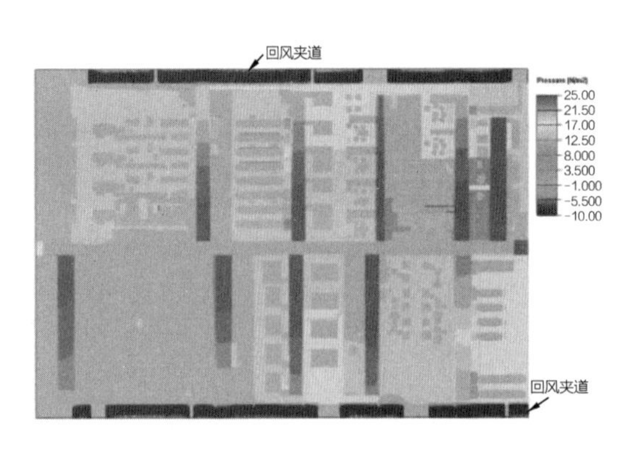

图 6-1　压力场

图 6-2　速度场

图 6-3　湿度场

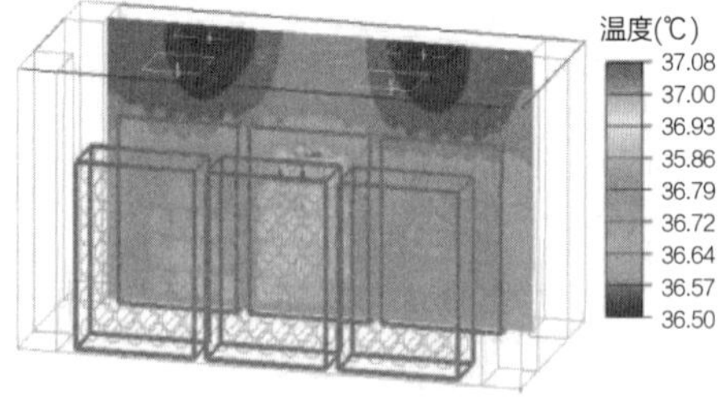

图 6-4　温度场

6.1.2 模拟步骤

CFD 气流模拟流程如图 6-5 所示。

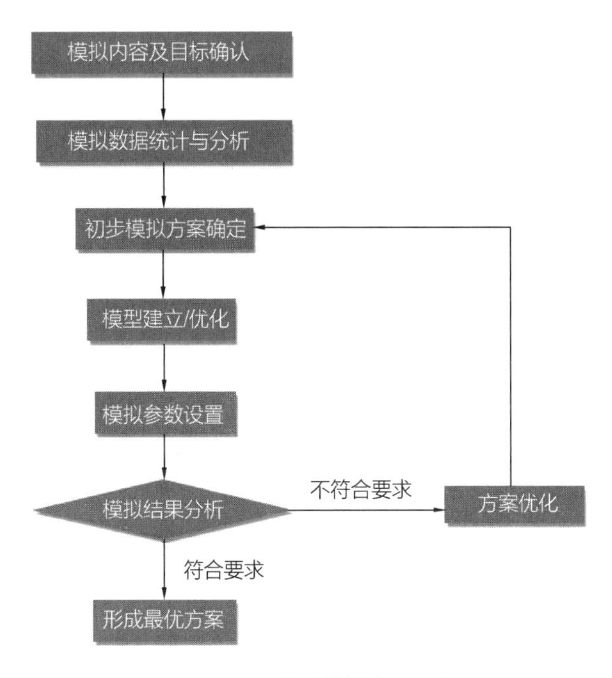

图6-5 CFD气流模拟流程示意图

6.1.3 CFD气流模拟技术应用

6.1.3.1 基于CFD气流模拟技术的气流组织评估与优化

气流组织是洁净厂房环境控制的重要内容，直接影响着洁净厂房内有害微粒的含量、污染物的排除，以及压力场、温湿度场等，从而影响洁净厂房的产品优良率。

1. 基于CFD气流模拟技术的FFU布置评估与优化

针对项目百级洁净区域，在初始设计FFU布置时，没有具体考虑设备影响，FFU基本均布，经CFD气流模拟技术评估后，适当减少了走道等非核心区域的FFU布置率，具体FFU布置及调整后的气流组织如图6-6～图6-10所示。

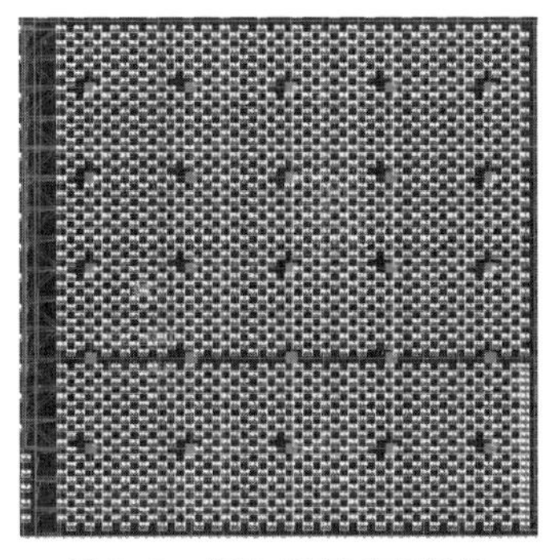

图6-6 初始FFU布置设计

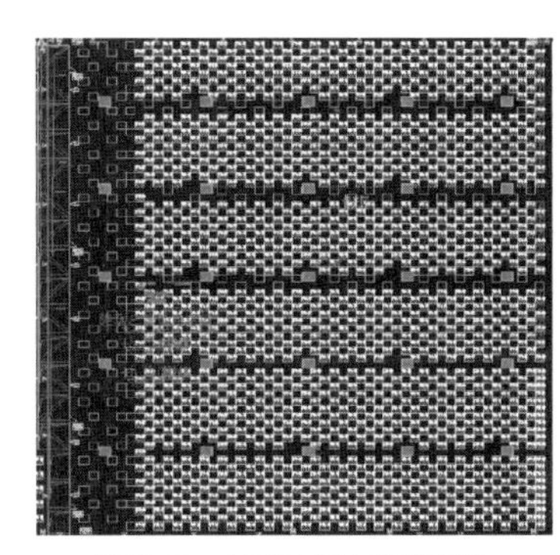

图6-7 最终FFU布置设计

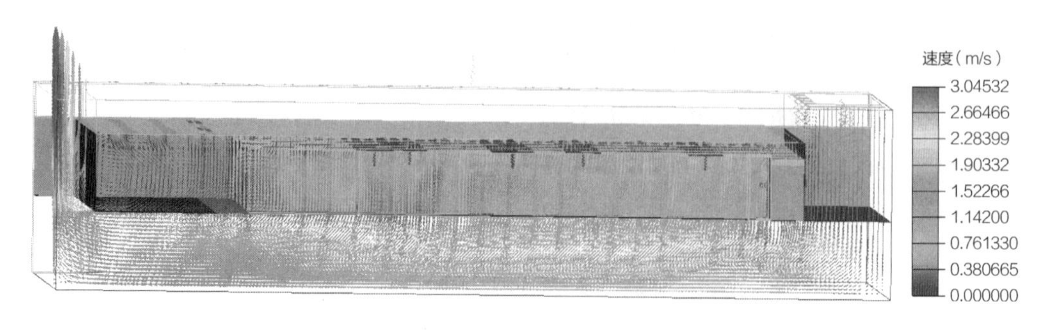

图 6-8 设备间走道的气流组织图

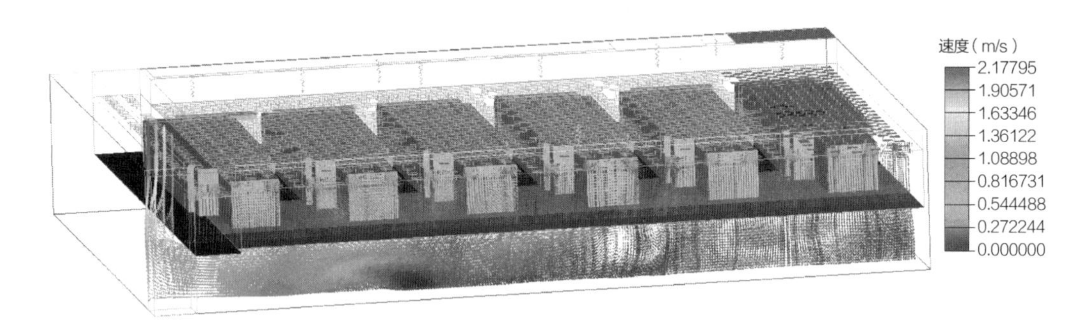

图 6-9 左侧走道区域的气流组织图

图 6-10 设备间的气流组织图

该百级洁净区域，FFU 初始设计数量共 3160 台，经 CFD 气流模拟技术评估优化后，FFU 数量调整为 3040 台，共减少了 120 台，较好地节约了投资及运行成本。

2. 基于 CFD 气流模拟技术的高架地板布置评估与优化

（1）合理的高架地板布置，是保证良好气流组织的基础。在常规设计的基础上，采用 CFD 气流模拟技术进一步细化高架地板布置。

针对百级洁净区域，调整前：孔板布置为整场均布开孔 17%。图 6-11 中方框处气流偏角较大，易在设备附近形成扰流，需要调整不同的回风阻力，适当增加中间设备的开孔率，减小靠近回风夹道的开孔率。

调整后：将中间区域设备之间改为 25% 开孔率的地板。

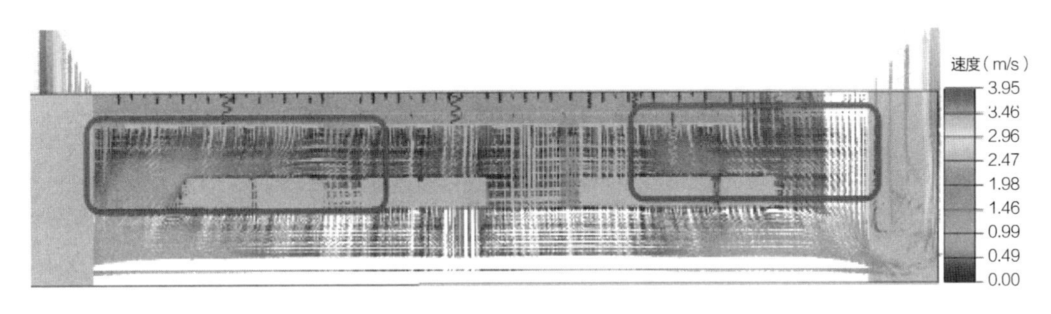

图6-11　调整前气流组织

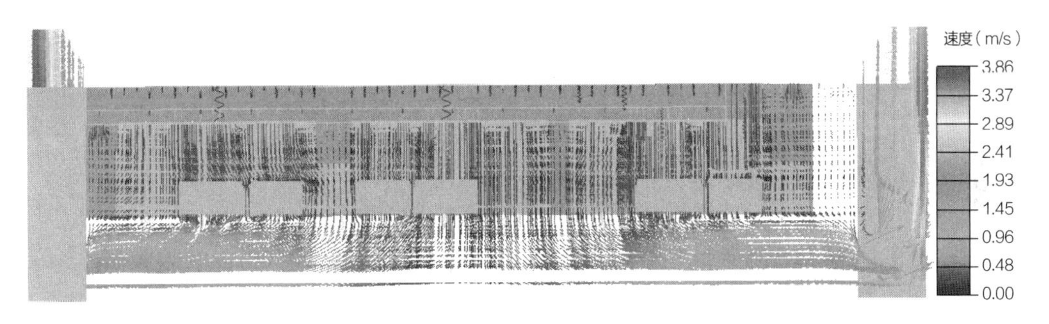

图6-12　调整后气流组织

（2）靠近回风夹道区域的高架地板布置改为17%孔板+盲板交叉布置。通过调整，从图6-12可以看出，气流得到了明显的改善。

3. 基于CFD气流模拟技术的回风夹道设置评估与优化

回风夹道的设置，影响着上方气流的区域。项目的回风夹道初始和调整后的设计如图6-13、图6-14所示。

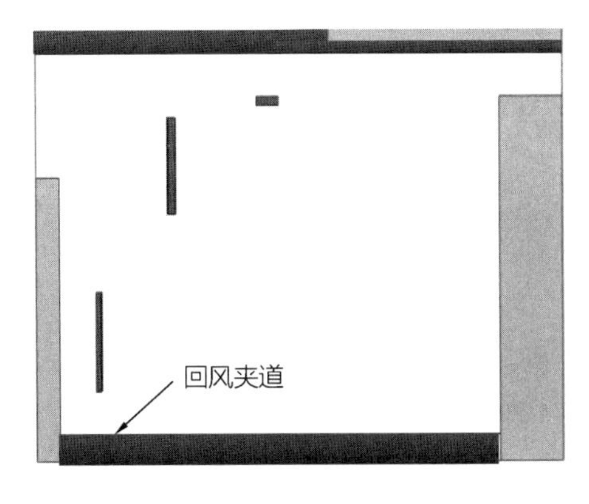

图6-13　初始回风夹道设计一

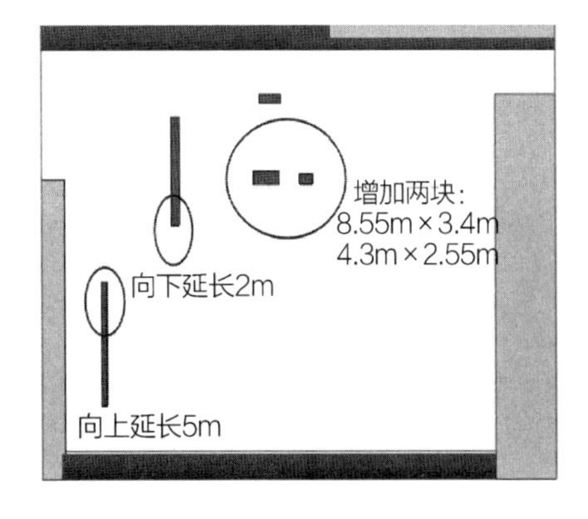

图6-14　调整后回风夹道设计一

如图6-15、图6-16所示，高架地板上方0.01m水平剖面速度分布情况，圆框内表明气流存在涡流。通过对比可以看出，增加回风夹道面积可以明显减少涡流。

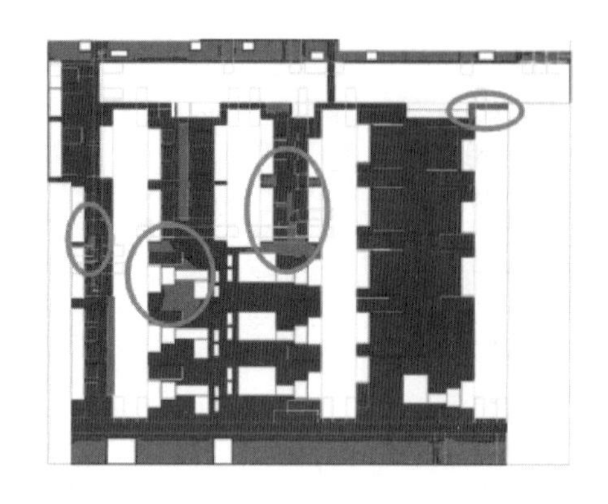

图6-15　初始回风夹道设计二

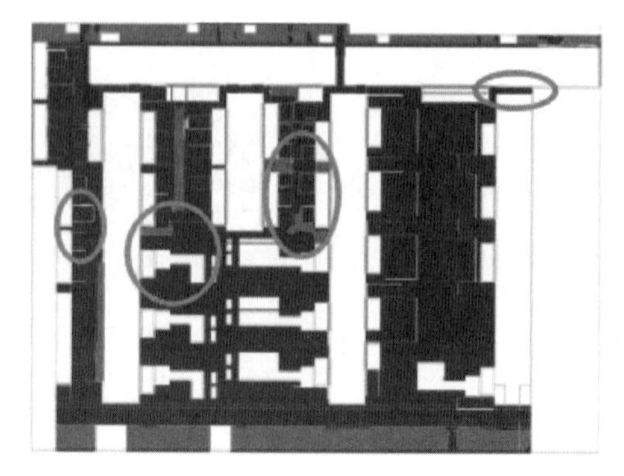

图6-16　调整后回风夹道设计二

4. 基于CFD气流模拟技术的隔断设置评估与优化

对于部分狭窄且较长的走道区域，气流容易向走道聚集，形成类似于狭管效应，气流速度及偏角较大，仅靠调整地板布置效果不明显，需要增加分区隔断。如图6-17、图6-18所示，增加隔断后，气流改善较好。

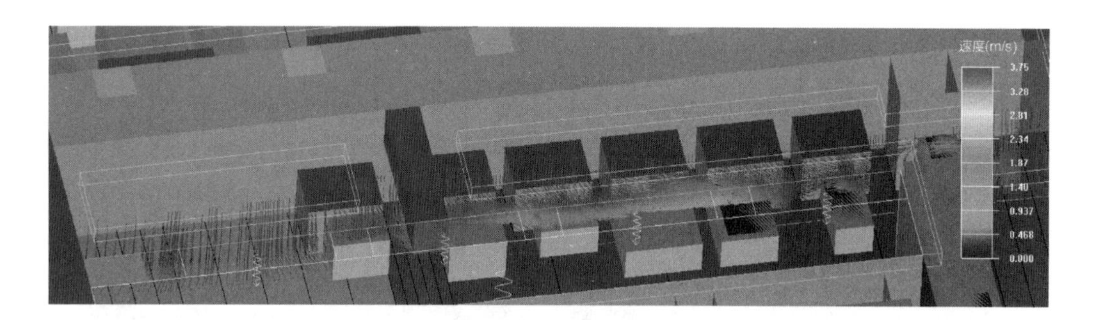

图6-17　增加隔断前的气流

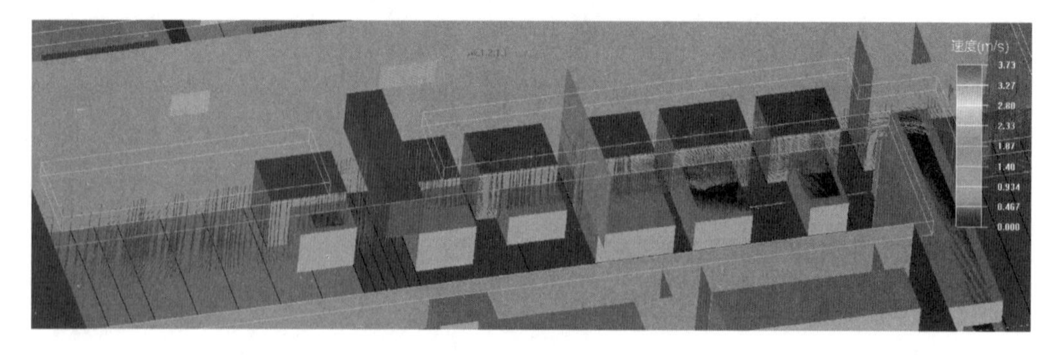

图6-18　增加隔断后的气流

6.1.3.2 基于CFD气流模拟技术的温度控制评估与优化

随着工业厂房生产工艺的不断发展，对洁净室温度控制的要求越来越高，需要达到高精度甚至超高精度控制的要求，通过CFD气流模拟技术，可以直观分析洁净室内温度分布，对洁净室温度控制是否符合设计要求进行验证，提前发现问题，保证设计质量，快速诊断局部过热或过冷点，辅助温控调节系统设计，实现洁净室温度控制的优化设计。

核心洁净区域单侧回风，跨度较大（12.5m），温度场要求为（22±2）℃，控制精度极高，FFU布置率为33%、50%，地板开孔率规格为17%，同时辅以小区域的盲板铺设，温度控制较为困难，FFU及孔板布置原设计如图6-19、图6-20所示。

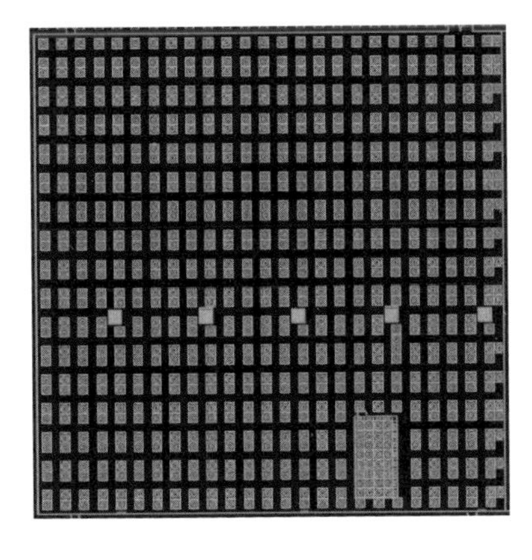

图6-19 原设计FFU布置

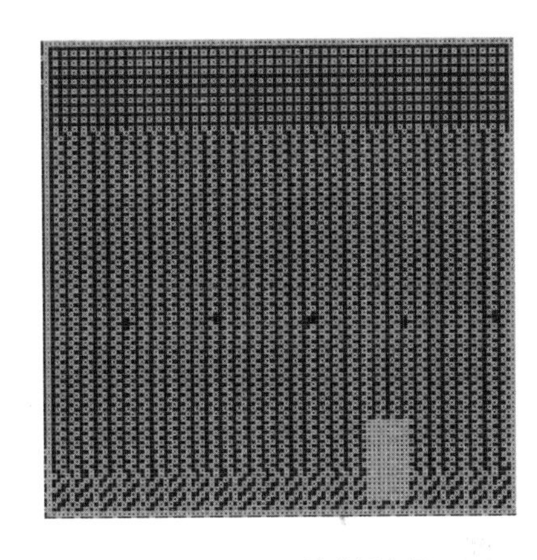

图6-20 原设计孔板布置

现场设备仅有部分搬入，如图6-21所示，工艺设备会产生热量，对温度控制精度具有一定的影响。

优化整场温度分布形式，需确定最终的孔板布置及FFU布置情况，故首先按设计参数模拟区域的温度分布情况，再根据温度分布情况进行定性分析，从而逐渐完善设计方案，温度控制设计方案调整过程如图6-22~图6-24所示。

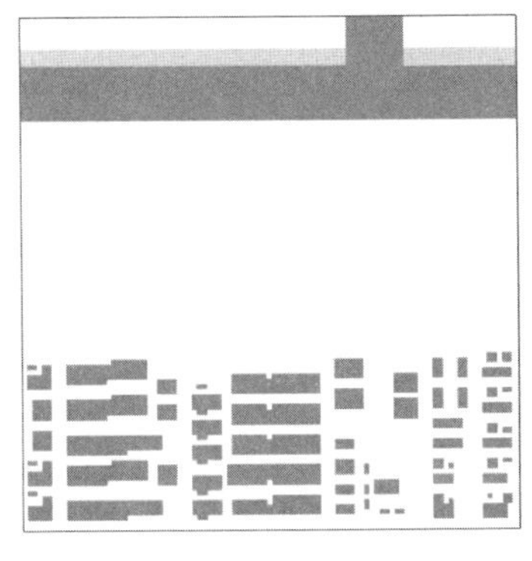

图6-21 工艺设备布置

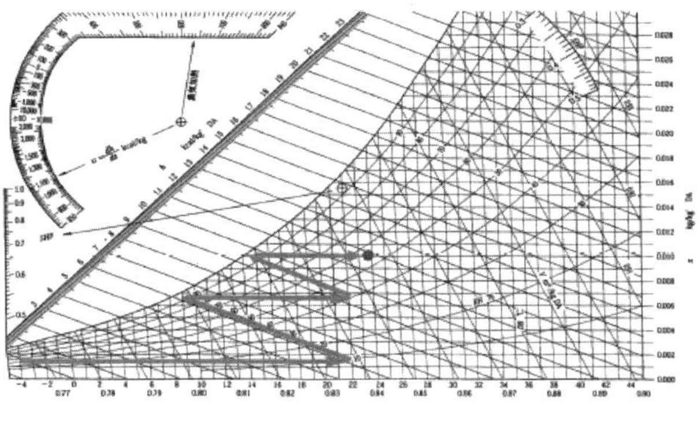

图6-22 温度控制设计方案

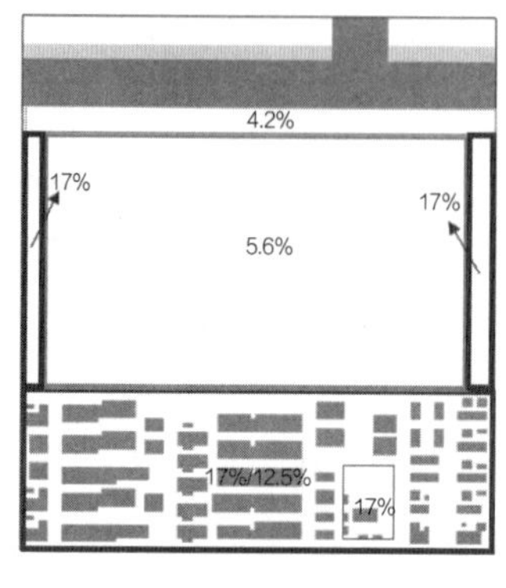

图6-23　调整孔板布置

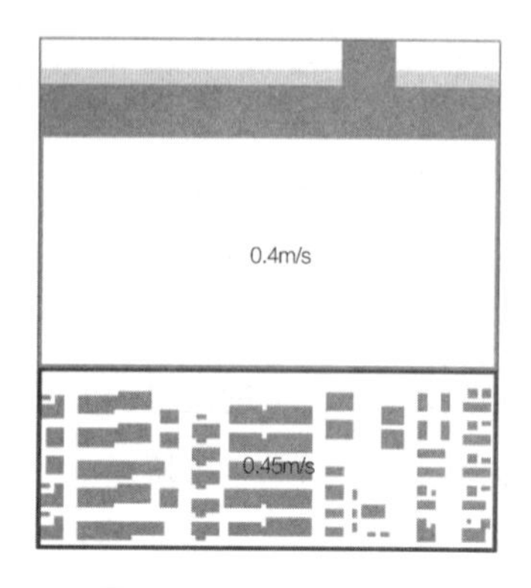

图6-24　调整FFU风速

原设计模拟结果如图6-25所示，可以看出，在靠近回风夹道区域温度偏低，靠近设备区域温度偏高，设备周围存在温度偏高的局部热点。

分析原因可知，因设备下方无法回风，造成设备周围区域回风阻力增大，再加上工艺设备本身负荷较大，造成FFU风量与冷热负荷分配不均，影响整场温度分布，因此，将设备区域孔板开孔率增大，并将设备之间布置17%孔板，减小设备之间的回风阻力，加速将热量带走。

调整孔板布置后模拟结果如图6-26所示，相比于孔板均布，调整孔板布置后，工作面温度分布更加均匀，设备区域温度有明显下降，但设备之间还存在一些温度偏高的区域，可将设备区域对应FFU风速适当提高，将热量加速带走。

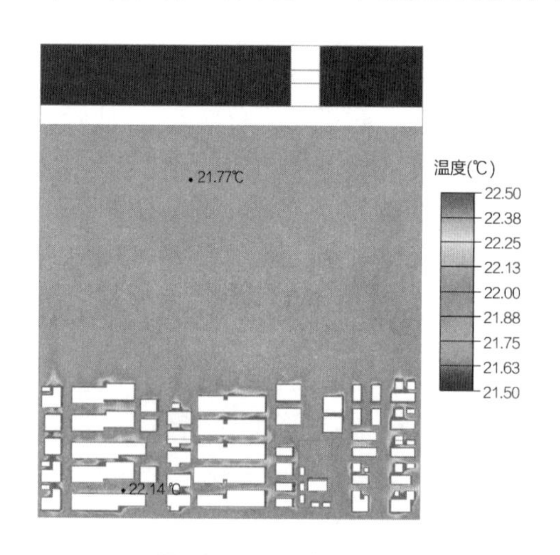

图6-25　原设计模拟结果

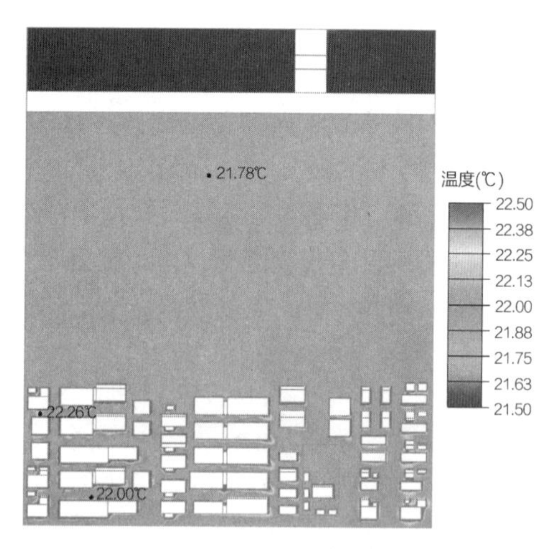

图6-26　调整孔板布置后模拟结果

调整FFU风速后模拟结果如图6-27所示，调整FFU风速后，设备之间局部温度有所下降，温度分布较为均匀，但整场温度偏低，可适当提高干式冷却盘管（Dry Cooling Coil，DCC）出风温度，提高洁净室内整体温度，调整DCC出风温度后模拟结果如图6-28所示，温度控制精度较为理想。

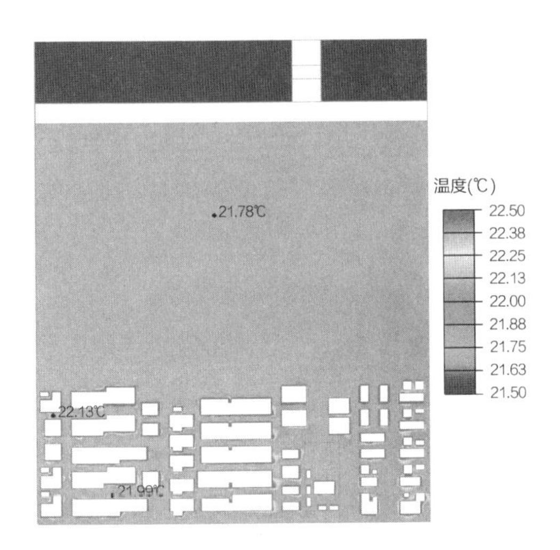

图6-27 调整FFU风速后模拟结果

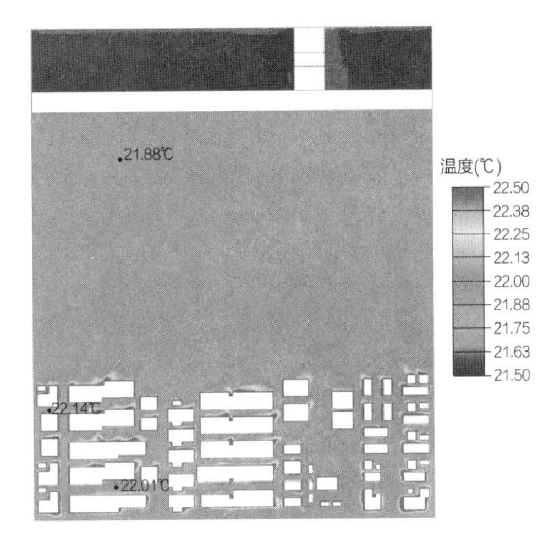

图6-28 调整DCC出风温度后模拟结果

温度控制方案调整后，孔板布置如图6-29所示。

6.1.3.3 基于CFD气流模拟技术的外流场评估与优化

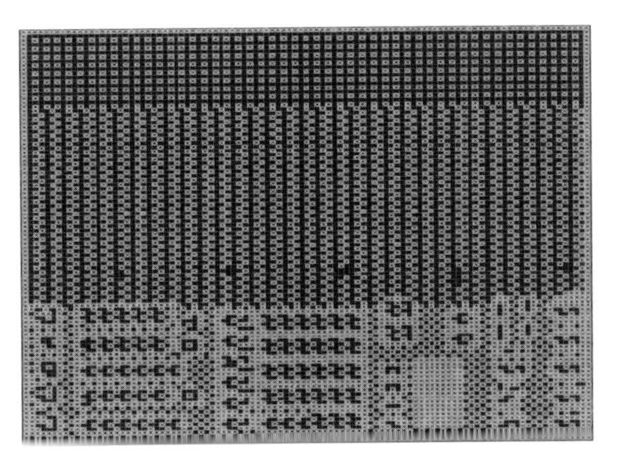
图6-29 调整温度控制方案后孔板布置

夏季主导风向为东北风（ENE），夏季室外风速平均为3.2m/s。对比两种厂房布局方案的气流分布情况，从图6-30、图6-31可以看出，建筑物后方存在风影区，容易造成通风不畅、污染物堆积等问题，可以在风影区种植一些树木形成导流结构，不仅改善通风问题，还能起到降噪和吸附项目产生的废气的作用。

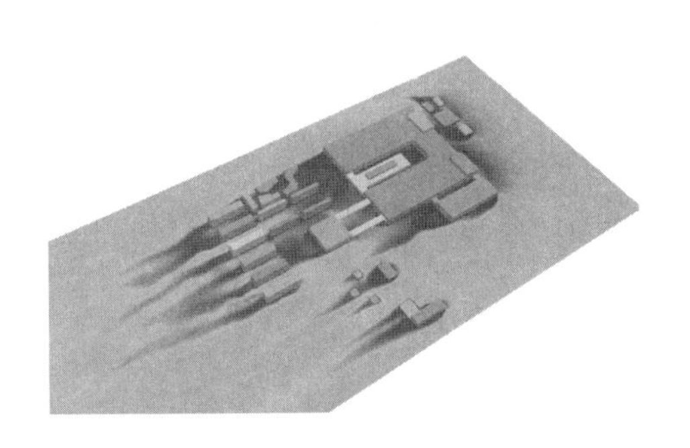
图6-30 夏季外流场方案一

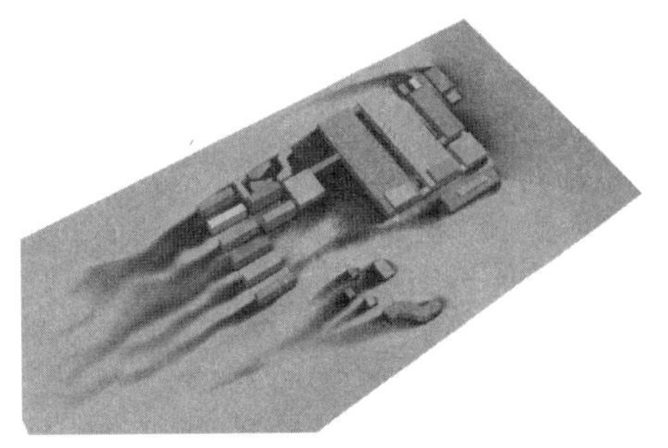
图6-31 夏季外流场方案二

研究两种厂房布局方案下排气塔污染物对新风口及其他生活区影响，方案一情况下，两排排气塔布置方向和主导风向（ENE）一致，新风口在上风处，排气塔排出污染物向生活区扩散，排气塔污染物不会影响新风口。经过室外新风稀释后，污染物到达生活区时浓度较低，不会影响生活区。方案二情况下，排气塔布置方向与主导风向（ENE）垂直，新风口处不受排气影响。排气塔排出的污染物不存在污染物叠加情况，经过室外新风稀释后，到达生活区后浓度已经很小，不会产生影响。污染物扩散方案如图6-32、图6-33所示。

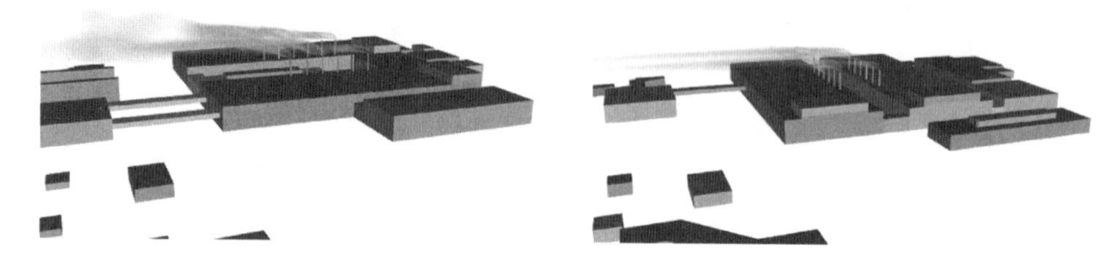

图6-32 污染物扩散方案一

图6-33 污染物扩散方案二

6.1.3.4 基于CFD气流模拟技术的噪声评估与优化

项目洗涤塔噪声控制要求较高，针对现有情况进行模拟，如图6-34所示，从图中可以看到，部分区域的噪声值明显高于65dB，建议采用隔声屏障。

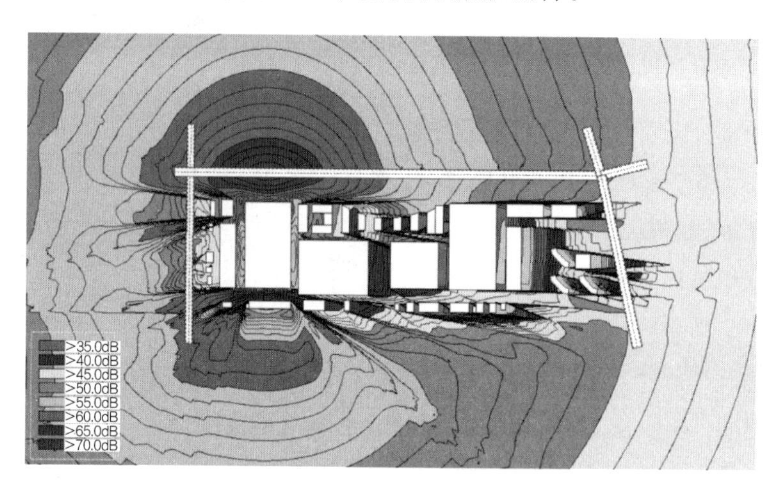

图6-34 原设计噪声模拟

采用隔声屏障后进行仿真，从模拟结果图可得，噪声值均低于55dB，能够显著降低厂房周围的噪声值（图6-35、图6-36）。

6.1.3.5 基于CFD气流模拟技术的水力管网评估与优化

冷却水系统易出现水力不平衡的情况，导致流量分配不均匀，影响冷却塔运行效率，通过CFD气流模拟技术，可以验证冷却水系统的流量分配是否均匀，提前发现问题，提供系统解决方案。

项目冷却水系统原设计如图6-37所示。

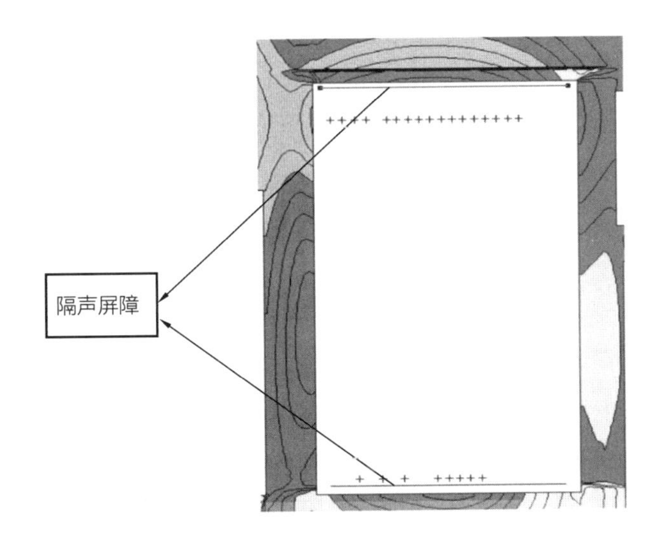

图6-35 优化设计方案

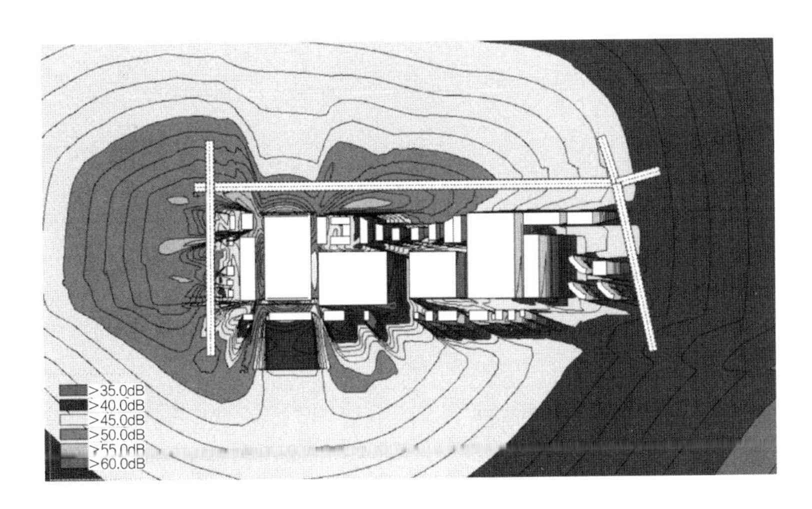

图6-36 优化设计后噪声模拟

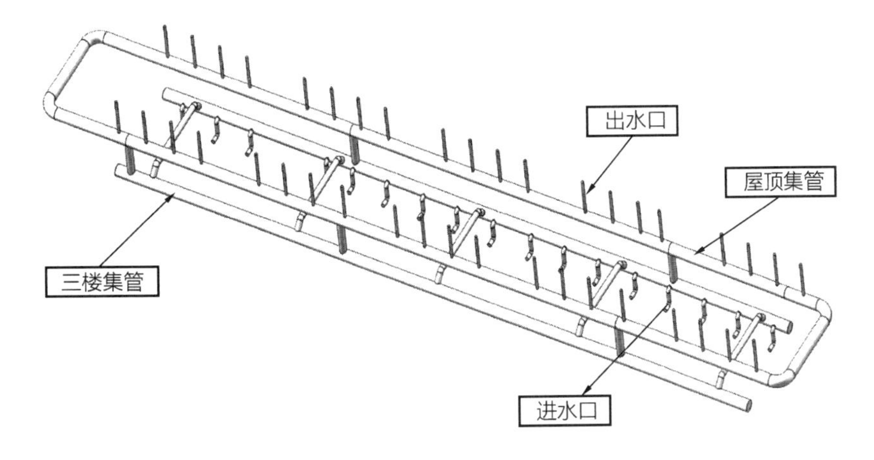

图6-37 冷却水系统原设计

模拟16台冰机、19台冷却水系统原设计流量分配情况如图6-38所示，可以看出流量分配为均衡。

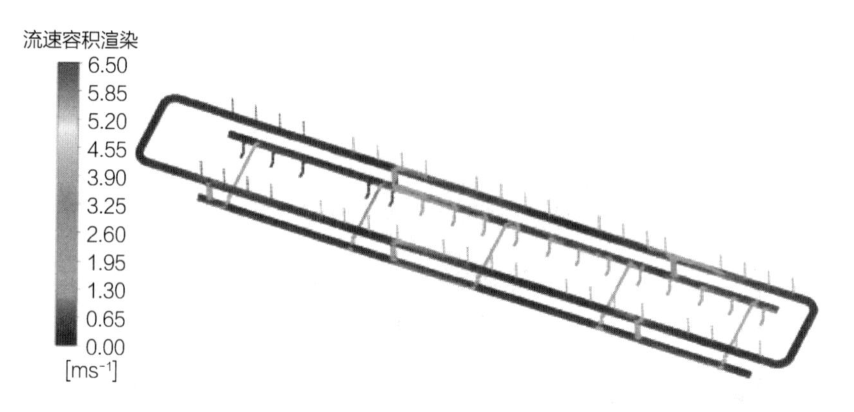

图6-38　冷却水系统原设计流量分配

冷却水系统优化设计如图6-39所示，取消环状管网，使用尺寸较大的管网替代。

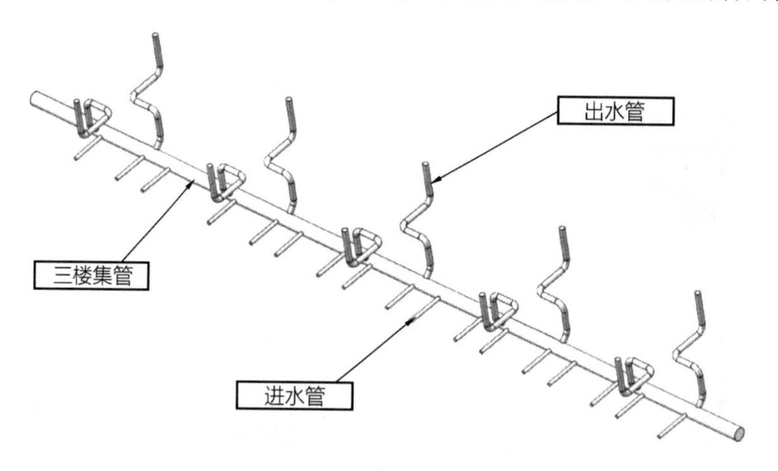

图6-39　冷却水系统优化设计

优化后设计流量分配如图6-40所示，可以看出流量分配仍较为均衡。

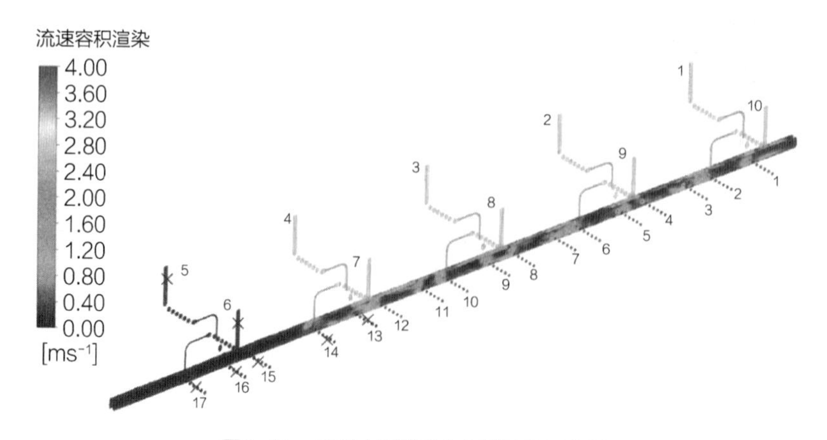

图6-40　冷却水系统优化后设计流量分配

6.2 洁净系统安装技术

6.2.1 洁净吊顶龙骨及金属壁板隔墙安装

6.2.1.1 Ceiling Grid 安装说明

Ceiling Grid 指吊顶龙骨系统安装，系统呈标准模块化布置，大面积的标准化吊顶龙骨系统，可在地板系统安装完成后进行。为保证工程工期，吊顶安装可在地板完成一定面积后就开始，保持和地板安装同步进行。

6.2.1.2 Ceiling Grid 安装流程

安装流程如图 6-41 所示。

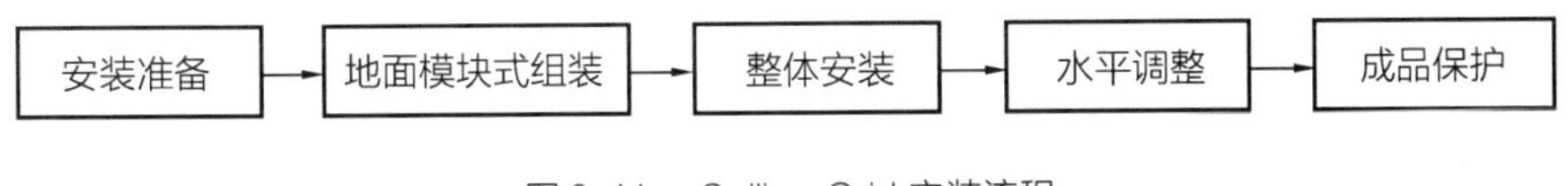

图6-41 Ceiling Grid 安装流程

6.2.1.3 Ceiling Grid 安装要点

1. Ceiling Grid 地面组装

为保证施工速度，高效率地施工，Ceiling Grid 安装前先将原材料及连接附件运到施工区域地面上，进行模块式组装，组装时须紧固连接件的螺栓，以确保连接可靠，从而避免二次连接，保证施工安全；Ceiling Grid 组装时需要注意的是除吊点和连接件外，其他部位的保护膜尽量少破坏，以便减少或降低清洁的工作量和难度；根据人工传递安装的特点，地面组装模块宜为 1200mm × 3600mm，以便于人工搬运和垂直传递。

2. Ceiling Grid 安装

Ceiling Grid 相对地板高度一般不低于 3m，吊装采用人工传递方式，地面人员和升降车上人员配合进行；Ceiling Grid 起吊到大致标高后，在模块的四边同时和吊杆连接，连接螺栓紧固程度保证 Ceiling Grid 不会跌落即可，以便后续水平调节人员调节水平（由调平人员紧固 Ceiling Grid 和吊杆的连接螺栓）；Ceiling Grid 的吊装应由厂房中心向四周同步进行，以减少施工误差。

3. Ceiling Grid 平面控制

根据厂房制定平面“十”字基准线，并做好标记。为了减小累计误差，“十”字基准线一般选靠近厂房的中心线；根据“十”字基准线，每隔 15m 做一条平面控制线，控制累计误差；采用大盘尺代替小卷尺，减少累计误差，并用弹簧秤控制张力；采用经纬仪从华夫板上返点，过程控制，避免累计误差。

4. Ceiling Grid 水平调整

Ceiling Grid 和吊杆连接后，需立即进行调平工作（图 6-42）。调平需用激光水平仪对每个吊点进行调节；调节时可从模块的四周优先开始，在保证四周高度调节准确的同时，中间的吊点可用长标尺来检验，对个别有误差的吊点进行再调节，从而加快水平调节速度。需要注意的是：激光水平仪使用前必须校准，水平调好后，各吊点的螺栓需紧固可靠。

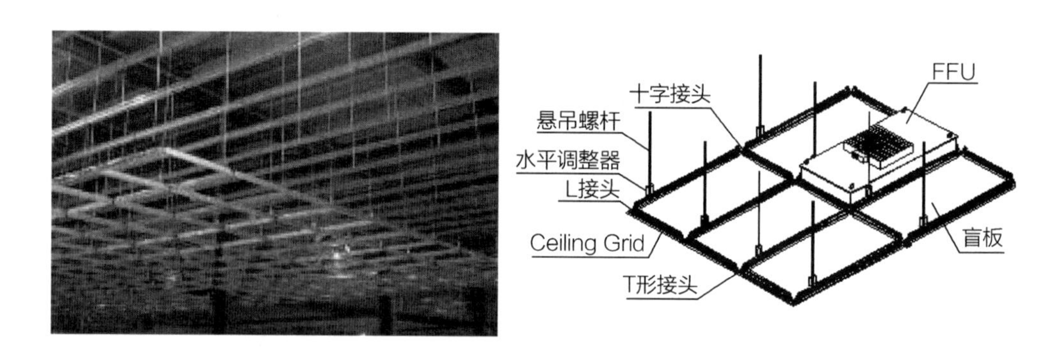

图 6-42 Ceiling Grid 水平调整

5. Ceiling Grid 安装注意事项

根据图纸设计，Ceiling Grid 安装单元和地面单元中心相对缝，安装过程中需要检验两者之间垂直方向的一致性；当 Ceiling Grid 安装尺寸超过厂房相邻结构柱距时，需要对已安装部分进行临时定位。临时定位宜以厂房相邻四根结构柱间面积为固定单元，随安装进度向后依次进行；安装过程中需要保持吊杆的垂直度，使吊杆均匀受力，以减少 Ceiling Grid 的平面位移和不均匀下垂。

6. Ceiling Grid 成品保护

Ceiling Grid 施工完毕，其他专业施工未必完成，因此，必须要对成品进行保护。否则对整个工程的质量都会造成不良影响；将 Ceiling Grid 用塑料薄膜包裹起来，以防划伤或污染；Ceiling Grid 严禁硬物碰撞，对可能会被破坏的区域要挂保护标志；Ceiling Grid 层上人施工时需要在人流线路铺设通道，严禁踩踏 Ceiling Grid；必要时安排人员值班监护。

6.2.2　洁净墙板安装

安装流程如图6-43所示。

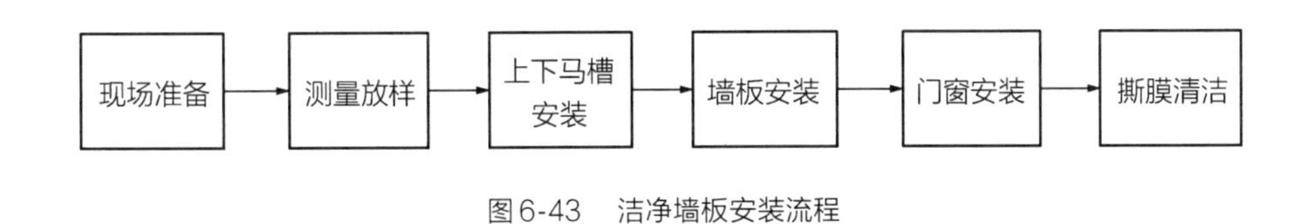

图6-43　洁净墙板安装流程

1. 现场准备

准备工作的完善与否直接影响到安装工程施工进度和质量优劣。室内装修的准备工作主要包括：

（1）绘制顶棚、金属壁板二次设计图；

（2）熟悉各专业图纸；

（3）所需材料和工机具的准备等。

其中，绘制二次设计图、材料的准备尤为重要。顶棚、金属壁板二次设计图由施工单位绘制，其设计内容包括顶棚、墙板及其高效过滤器，灯具、门、窗的布置，留洞，结点大样和各部分的详细尺寸。金属壁板由专门的制造厂家加工预制。

2. 测量放线

测量放线是洁净室装修施工的基础，是施工精确性能否得到保证的条件。由于施工中专业多，交叉施工复杂，洁净室装修的测量放线需按统一的安装基准线进行，通常是以两个方向的轴线为原始基准，确定一条对各专业施工有利的安装基准线。确定一个基准点和基准线都必须用多点法保证精确度，一般采用激光水平仪或一定精度的水准仪进行测量放线。弹墨线前必须用棉线20～30m校核基准点或参考点；弹墨线后必须反复校核，确认无误后及时做好相关标志。

确定地面最高点，在地面上尽可能低的地方用激光水平仪或一定精度的水准仪寻找并确定，将地面上的最高点确切标出，并在柱中央相对于地面最高点绘出500mm的水准测量点。

3. 墙板的安装

将墙板龙骨按图纸要求调控到位上好螺栓后进行墙板安装，一般是先安装墙角的墙板，若有内外墙角时，则内外两种墙角都要先安装，墙板定位卡紧，检查确定墙板两侧是否直立，只有确定垂直度达到要求后，才能固定。墙板安装过程中应注意调整各处拼缝的一致性，并保护好墙板清洁、不被划伤等。

4. 技术措施

墙面不平整度不大于0.1%，墙角应垂直交接，为防止累积误差造成壁板倾斜、扭曲，壁板的垂直度偏差不应大于0.2%。

墙板表面的平整度高低差小于2mm，所有接缝的平直度必须小于1.5mm，所有接缝高低差必须小于1mm，所有接缝缝隙不大于0.5mm，墙板的垂直度误差小于1°。

需要粘贴面层的材料、嵌填密封胶的表面和沟槽应防止脱落积尘；粘贴前必须仔细清扫，除去杂质和油污，确保粘贴密实牢固。

管道穿过围护结构时，首先需要有良好的固定构造，在使用时不能晃动移位，确保密封效果。应将安装定位与密封处理两者有机结合起来。在金属壁板上所开的每个孔洞的周边均应附加定位骨架，大尺寸风管加固应防止前后、左右窜动，在管壁与金属壁板缝隙内垫胶或海绵，再用密封胶处理。

洁净室内地面与墙面、墙面与墙面、墙面与顶棚均应采用硅胶密封。所有洁净室窗、洁净门及隔断缝隙均需用密封胶密封。

6.2.3 FFU、吊顶盲板安装方案

6.2.3.1 安装要求

1. FFU安装要求与说明

FFU安装时，洁净室需进行四级管制，严格控制人员与材料的进出，对于必须进出的人员严格洁净服装的穿戴程序与要求，材料与工机具必须用洁净布擦干净后方可准入；FFU安装前，空调新风系统需要进行24h以上的空吹，以净化安装环境；FFU升起方式：拟采用人工传递和升降机相结合的方式。

2. 标准盲板设计参数

盲板型号：1200mm×1200mm；表面处理：烤漆面层；工程盲板均考虑工厂化规模生产，现场只考虑安装和保护。非标准盲板现场定尺寸后，发工厂定制生产，编号后运到施工现场；安装传递方式同Ceiling Grid，采用人工传递。

6.2.3.2　安装流程

1. FFU 安装流程

FFU 安装流程如图 6-44 所示。

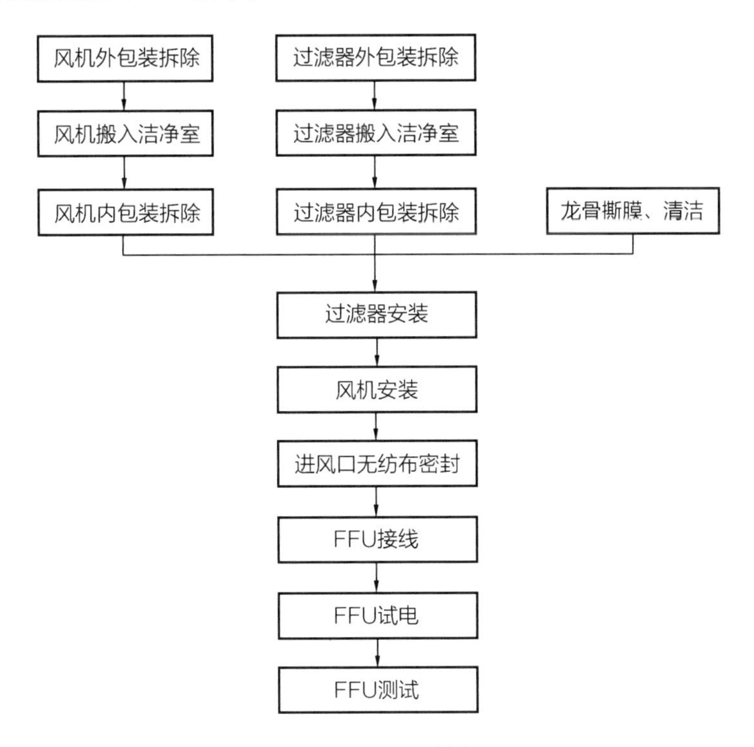

图6-44　FFU 安装流程

2. 盲板安装流程

盲板安装流程如图 6-45 所示。

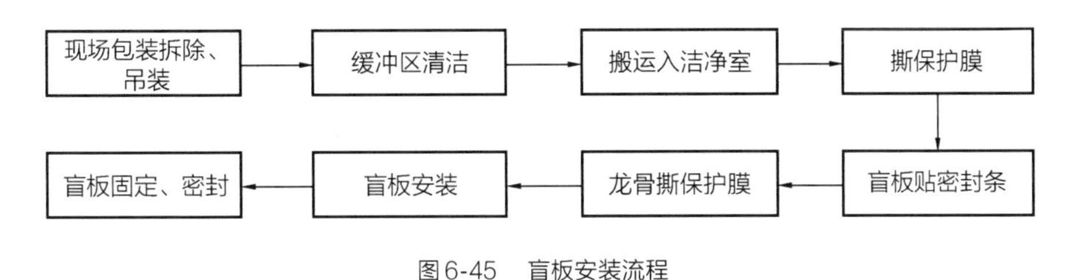

图6-45　盲板安装流程

6.2.3.3　安装要点说明

（1）FFU 外包装纸板箱需要在缓冲区拆除，内包装 PVC 保护膜在洁净室内拆除。把安装过程中对 FFU 的污染降到最低；高效过滤器在运输和存放期间，应根据出厂标记竖向搁置，小心轻放，并防止剧烈振动和碰撞，以免损坏。运输过程中，严禁平面叠加放置，应并排竖向搁置；高效过滤器在安装时方可从 PVC 保护袋中取出，并应认真检查滤纸、密封胶和框架有无损坏。若有损坏应进行修补，损坏严重现场无法修补者，应予更换，在安装过程中，任何情况均不得用手和工具触摸滤纸；高效过滤器安装时，应注意外框上的箭头与气流方向一致。当其竖向安装时，波纹板应垂直于地面，以免滤纸损坏；高效过滤器的安装框架应平直，接缝处应平整，以保证在同一平面上；风机与过滤器在洁净室内运输宜采用平板小车，其滚轮应用柔性胶带粘贴，平面应用柔性不产尘材料铺垫。如：橡塑海绵、PVC 板等。

（2）盲板搬运过程中需要做到小心轻放，避免划伤表面涂层；盲板密封条粘贴可靠，无局部孔隙。采用 5mm 厚密封条，材质同 FFU 密封条；盲板安装时，安装工需要戴洁净手套，防止体液污染盲板表面；盲板安装结束后，需要检验盲板的密封性能。检验方法：关闭静压箱层照明，生产层照明全部开启，派人在静压箱内检查漏光点，发现漏光点，通过增加固定卡片或打胶的方式解决。

6.2.4 洁净密闭门窗安装

6.2.4.1 洁净门窗安装说明

项目门窗安装主要为洁净室隔墙上的洁净密闭门和净化密闭观察窗安装；门窗要求满足洁净室“密闭、净化、安全可靠”等技术性能。

6.2.4.2 净化门安装流程

安装流程如图 6-46 所示。

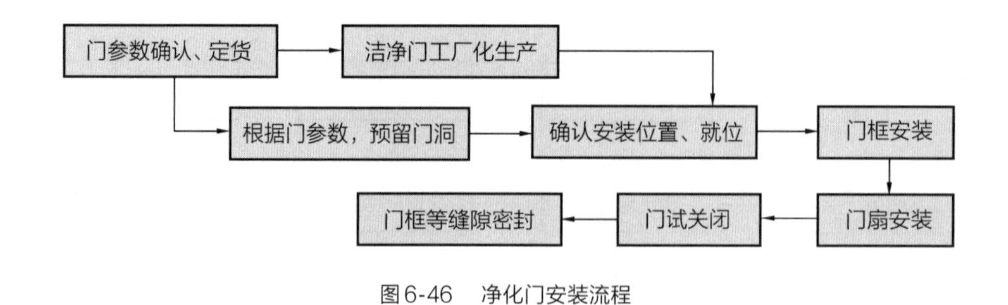

图 6-46 净化门安装流程

6.2.4.3 洁净密闭窗安装流程

洁净密闭窗安装流程如图 6-47 所示。

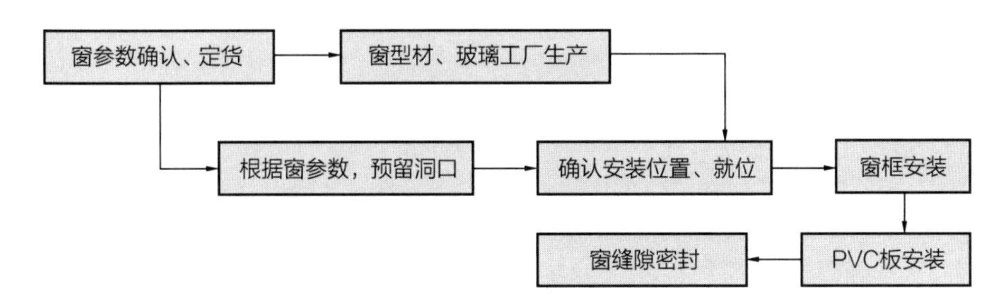

图6-47　洁净密闭窗安装流程

6.2.4.4　洁净门窗安装节点图

具体见图6-48～图6-50。

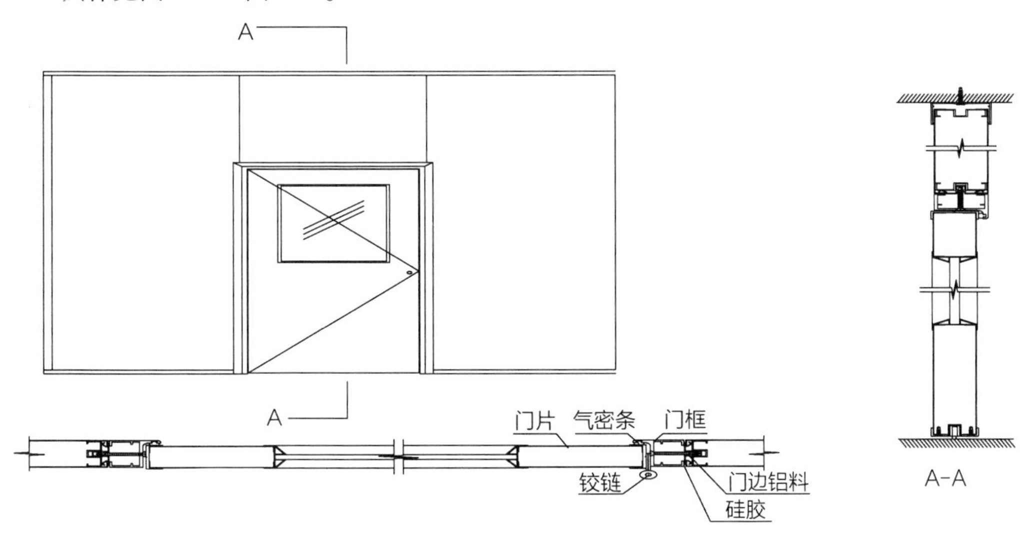

图6-48　单开门剖面图

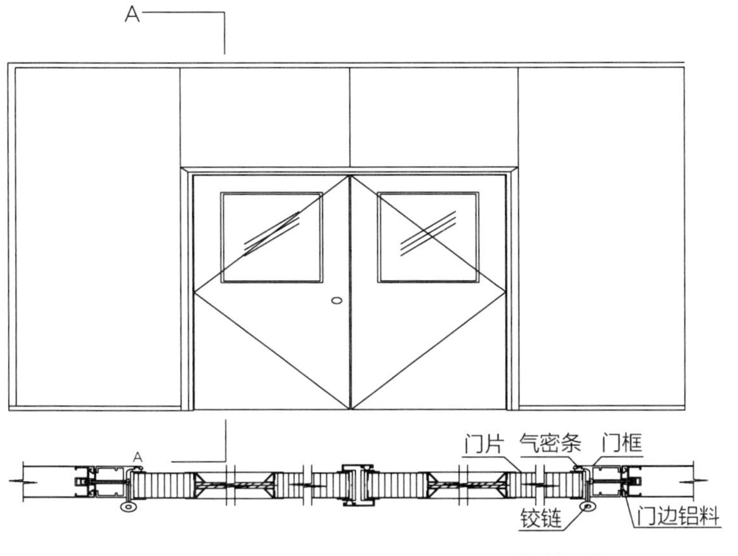

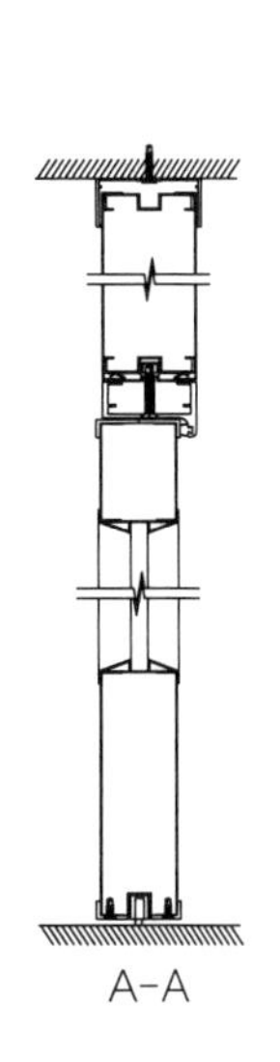

图6-49　双开门剖面图

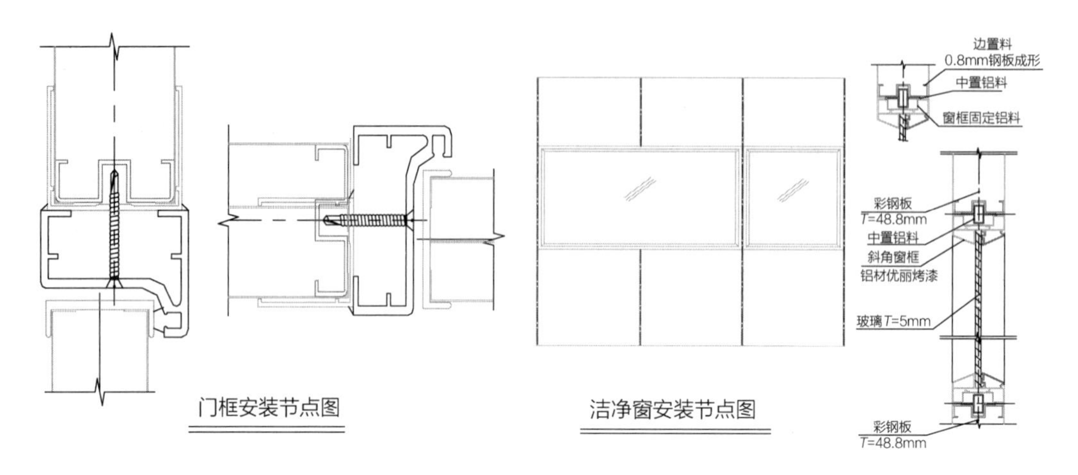

图6-50 门框与洁净窗安装节点图

6.2.4.5 净化门安装要点说明

净化门订货时需要详细阅读图纸，与生产工厂确认好门的功能、材质、五金件要求，明确门开启方向、与墙体连接方式等技术参数；门框安装时需要重点控制门框的垂直度，以保证门开启、关闭灵活且密闭可靠。垂直调整时需要同时检查预留门洞尺寸是否符合门安装要求；门框安装顺序：上部门框、两侧门框、垂直调整、连接固定；门扇安装后，要重点检查门关闭的灵活度、底部及门扇之间的密封性能、锁的使用功能等；门调试合格后，用中性密封胶密封门框与墙板间缝隙。打胶要求胶面平滑、内嵌、连续、无污染等。

6.2.4.6 洁净密闭窗安装说明

洁净密闭窗拟采用统一模数；洁净观察窗材料选择：单层玻璃窗型材 25mm × 50mm × 25mm带座槽铝、25mm × 25mm 窗户压条、5mm 防静电透明 PVC 板。窗户型材安装时，应控制对角线误差，对角线误差应控制在 3mm 以内；窗户安装后，应对墙体间的缝隙、型材间接缝采用中性密封胶进行密封处理，要求胶面平滑、内嵌、连续、无污染等。

6.2.5 洁净室灯具安装施工技术

6.2.5.1 施工流程

洁净室灯具安装施工流程如图 6-51 所示。

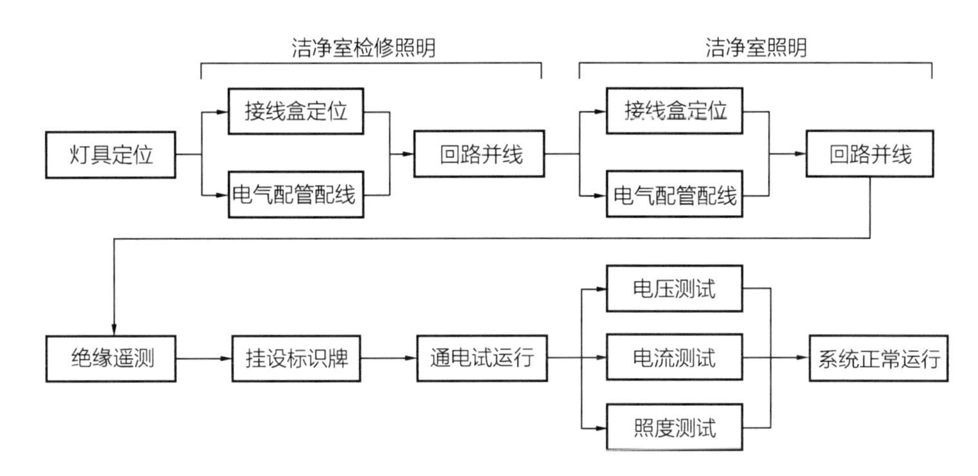

图6-51　洁净室灯具安装施工流程

1. 灯具定位

灯具定位应根据图纸设计要求并且和相关专业进行过平面的综合后进行。根据施工图纸中灯具的位置结合高效过滤器的安装位置确定出同一房间及区域的首排灯具位置；再确定好该区域末端灯具的安装位置，并再次确认首尾灯具安装位置是否正确，在平面图纸上标出其位置，完成灯具定位。

2. 接线盒定位安装

根据灯具安装位置确定好灯具进线口的位置，将接线盒安装在距离进线孔较近的部位，并充分考虑好灯具配管的走向以防产生交叉，避免增加施工难度。

3. 回路并线

在照明穿线工作完成后，就进入接线并线的工作程序，首先选择好并线需要的工具和材料，一般来说，采用压接帽的方法进行，该方法适合4根BV2.5mm^2的线头并线，压线时应注意电线剥皮的长度不得超过压线帽的保护范围，压线的时候应注意确认是否压接牢靠，应杜绝虚接、压接不实等故障隐患，压接完成后应逐个检查是否有虚接及绝缘不好的情况。

4. 灯具安装

灯具安装应在洁净室内环境达到洁净要求的条件下进行，灯具安装时应注意灯具与龙骨的连接密封，灯具接线盒的方向应保持一致。

5. 绝缘遥测

灯具布线接线完成后就需要进行绝缘摇测（因成套灯具安装完成后已安装完灯管绝

缘值无法测量)，绝缘摇测值应符合规范及设计要求，最小绝缘值不得小于0.5MΩ，绝缘摇测时应以每分钟120转的速度进行。

6. 灯具接线及接线盒盖板安装

线路绝缘摇测完成后进行灯头线的接线，接线完成后把接线盒盖板盖好并拧紧。

7. 通电试运行

首先测量照明回路进线相间及相对地的电压值是否符合设计要求，再合上照明配电柜的总开关并做好测量记录。然后再分别测试各照明回路的对零电压是否正常，电流是否符合设计要求。房间照度测试符合设计要求，并及时做好检测记录。送电试运行的24h中，每2h做一次检测，并做好记录。

6.2.5.2 质量控制

灯具安装位置符合图纸设计及现场的实际要求；灯具和顶板的连接处密封可靠；灯具在前期排布时应充分考虑和其他专业是否有冲突，灯具与灯具的行距、株距在同一房间或区域应保持在同一直线上；灯具接线端子接线紧密可靠；每盏灯具都具有良好的接地；穿越灯具的导线均有护口保护且绝缘良好；绝缘电阻测试符合规范及设计要求，各回路的控制区域均符合设计图纸要求。

6.2.6 洁净室管控技术

6.2.6.1 洁净室管理总体目标

1. 洁净管理的目的

为保证洁净室施工过程中的环境清洁，有效控制污染和二次污染，保证工程的过程质量，力争为洁净度测试达标创造有力保障，提高业主产品的质量。

2. 适用范围

适用于所有出入洁净室的人员，包括施工人员、测试人员、供应商、来访者等。

3. 洁净管理理念

三级管制，逐步升级，树立全员洁净意识，加强洁净管理，按照洁净管制程序施工；并在正压的环境下施工，严格确保过程清洁。

4. 洁净管理的指导方针

全员培训、预先评估、灰尘不带入、灰尘不产生、细致整理整顿、细致清扫清洁、严格教育管制。

6.2.6.2　洁净室管制流程

洁净室管制流程如图6-52所示。

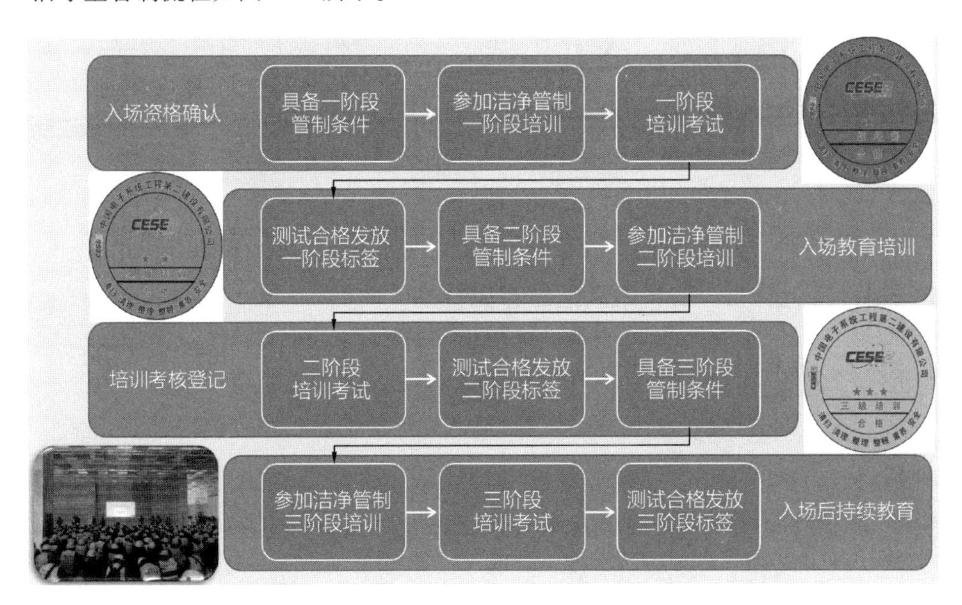

图6-52　洁净室管制流程

6.2.6.3　各阶段管制实施管理

1. 洁净管制概述

（1）五项洁净管理原则，见图6-53。

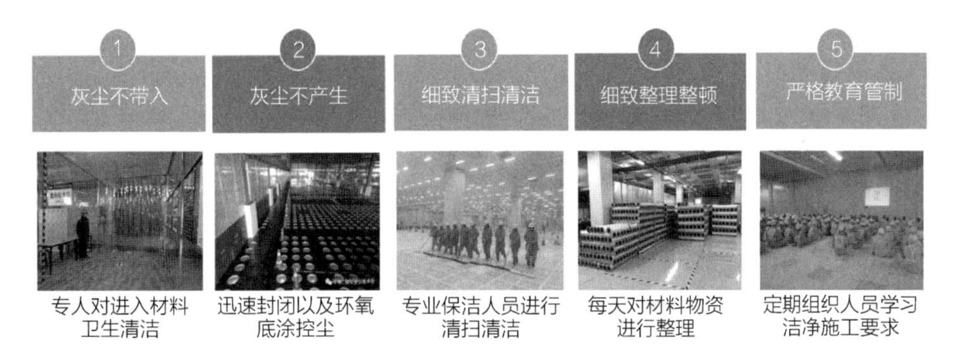

图6-53　五项洁净管理原则

（2）室外、室内控制措施，见图6-54。

图6-54　室外、室内控制措施

2. 各阶段人员口、物料口及通道布置标准

具体如图6-55～图6-57所示。

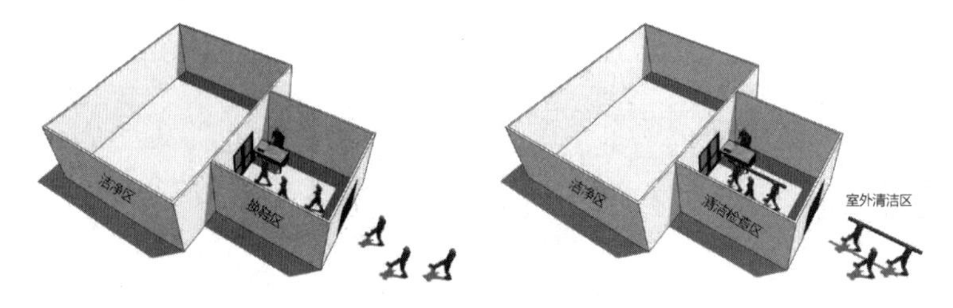

图6-55　一级洁净管制人员口设置及一级洁净管制材料口设置

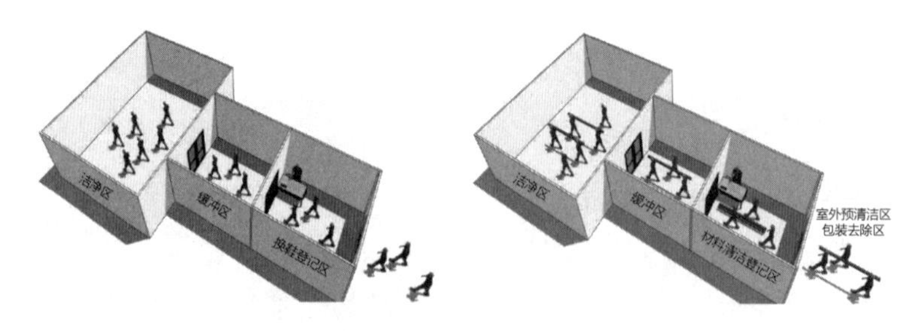

图6-56　二级洁净管制人员口设置及二级洁净管制物料口设置

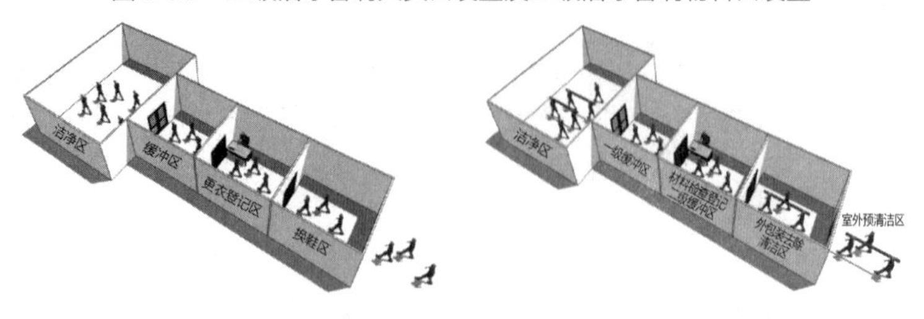

图6-57　三级洁净管制人员口设置及三级洁净管制物料口设置

3. 人员口、 物料口进入流程

进入一阶段管制后，现场指定人员和物料管制口，其余出口封闭，所有人员必须从指定管制口进出，禁止从其他开口处进出，禁止破坏封闭开口，防止灰尘吹入无尘室或影响无尘室环境（图6-58）。

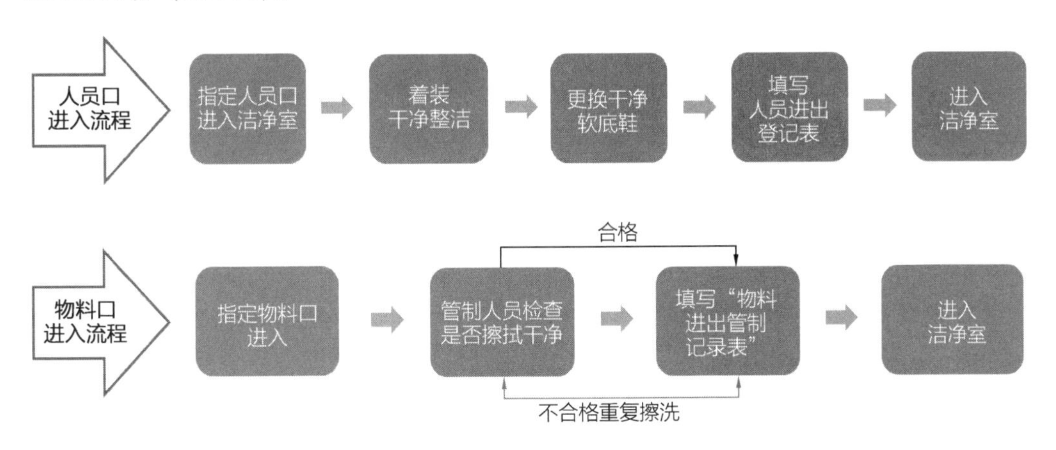

图6-58 人员口、 物料口进入流程

4. 各阶段人员着装要求

各阶段人员着装要求见图6-59。

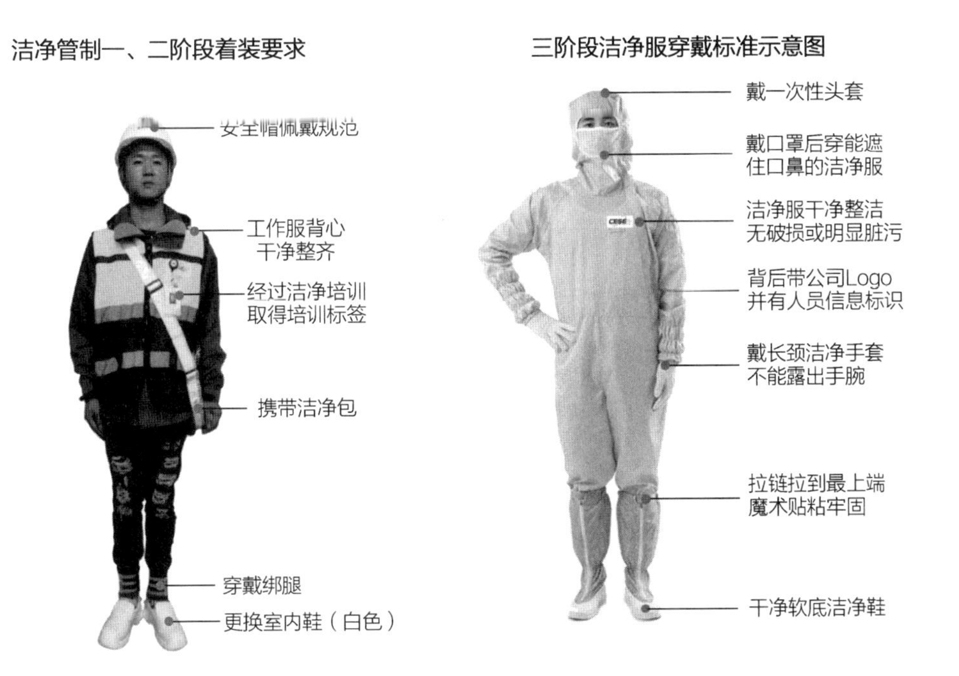

图6-59 各阶段人员着装要求

5. 一阶段洁净管制要点

一阶段洁净管制要点如表 6-1 所示。

一阶段洁净管制要点 表 6-1

人员	材料	机具	施工			
		梯子、脚手架、跳板、工具	打孔	切割	焊接	涂装
①取得阶段培训标签； ②禁止携带食物进入洁净区，不能吃口香糖； ③禁止吐痰； ④从指定的出入口进入； ⑤衣服、安全帽、劳保用品保持干净整洁； ⑥穿白色洁净鞋	①材料进入洁净间必须进行清洁； ②地板层材料暂存洁净间，必须采用硬质材料进行地板防护，不得直接放置在地面上； ③物料暂存区用警示带和三角锥围好，并以物料暂存区标示牌标示于现场，须明确注明厂商、物料名称、管理人员及联络电话； ④物料存放整齐，存放以一星期工作量为原则	梯子：表面干净，及时清理每级阶梯。 脚手架： ①清洁脚手板，无杂物、灰尘； ②移动脚手架，设置防撞橡塑棉。 跳板：木质跳板必须用塑料严密包裹，破损后更换。 工具：进入前需要进行清洁	①打孔作业时必须由两人以上进行操作，打孔时一人负责打孔作业，一人负责使用吸尘器吸尘； ②可以在洁净间外进行开孔作业的需在加工件开完孔进行清洁后，搬入洁净间； ③打孔完毕后需对周围区域进行清洁	①可以在洁净间外进行切割作业的需在加工件进行切割进行清洁后搬入洁净间； ②作业完成后进行清洁、机具整理工作	尽量在洁净间外进行焊接作业，进行清洁后搬入洁净间	①涂装作业必须按照方案进行施工； ②施工过程中，实施通风措施； ③施工完成后，施工区域拉隔离带，进行成品防护

6. 一阶段洁净管制主要问题点

一阶段洁净管制主要问题点见图 6-60。

图 6-60 一阶段洁净管制主要问题点

7. 一阶段洁净管控重点

一阶段洁净管控重点见图6-61。

图6-61 一阶段洁净管控重点

8. 二阶段洁净管制要点

二阶段洁净管制要点如表6-2所示。

二阶段洁净管制要点 表6-2

人员	材料	机具	施工			
		梯子、脚手架、跳板、工具	打孔	切割	焊接	涂装
①禁止吐痰； ②禁止携带食物进入洁净区，不能吃口香糖、槟榔； ③从指定的出入口进入； ④衣服、安全帽、劳保用品保持干净整洁； ⑤穿白色洁净鞋	①材料进入洁净间必须进行清洁，洁净室堆放的材料应做好覆盖，防止粉尘； ②地板层材料暂存洁净间，必须采用硬质材料进行地板防护，不得放置于地面上； ③物料暂存区须以警示带和三角锥围好，并以物料暂存区标示牌标示于现场，须明确注明	梯子： ①梯子表面洁净，及时清理每级阶梯； ②梯脚用洁净布包裹，防止划伤地面。 脚手架： ①禁止使用生锈脚手架； ②移动脚手架轮子，用洁净胶带包裹，并及时更换； ③清洁胶手板，无杂物、灰尘；	①打孔作业时必须由两人以上进行操作，打孔时一人负责打孔作业，一人负责使用吸尘器吸尘； ②可以在洁净间外或机房外进行开孔作业的，需在加工件开完孔进行清洁后，搬入洁净间； ③集中打孔作业需设置隔离措施； ④打孔完毕后需对周围区域进行除尘；	①可以在洁净间外进行切割作业的需对加工件进行切割，进行清洁后搬入洁净间； ②洁净间切割作业必须进行申请并设置隔离罩； ③作业完成后进行清洁、机具整理工作；	①在洁净间外进行焊接作业； ②洁净室内禁止进行电焊作业； ③洁净室内只允许进行氩弧焊接作业	①涂装作业必须按照方案进行施工； ②施工过程中，实施通风措施； ③局部区域需要打磨必须进行申请，且设置隔离措施；

续表

人员	材料	机具	施工			
		梯子、脚手架、跳板、工具	打孔	切割	焊接	涂装
	厂商、物料名称、管理人员及联络电话； ④ 物料存放整齐，存放以一星期工作量为原则，特殊情况申请； ⑤ 使用工具或材料搬运时，物品必须完全离开地面，不准在地上拖，移动时地面必须进行防护，木质防护材料需用塑料膜包裹	④ 移动脚手架，设置防撞橡塑棉； ⑤ 作业时，必须有人员看护，轮子锁死。 跳板： 木质跳板必须用塑料严密包裹，破损后更换。 工具： ① 工具进入前需要进行清洁； ② 铁质工具不得有生锈现象； ③ 含液压油类工具禁止进入	⑤ 作业完成工机具整理并移出施工区域	④ 切割完毕后需对周围区域进行除尘		④ 施工完成后，施工垃圾立即清理出洁净室； ⑤ 施工区域拉隔离带

9. 二阶段主要问题点

二阶段主要问题点如图 6-62 所示。

10. 二阶段物料管制口管控重点

二阶段物料管制口管控重点见图 6-63。

11. 二阶段材料堆放管控重点

二阶段材料堆放管控重点见图 6-64。

12. 二阶段施工管控重点

二阶段施工管控重点见图 6-65。

13. 二阶段暂存区管控重点

二阶段暂存区管控重点见图 6-66。

图6-62　二阶段主要问题点

图6-63　二阶段物料管制口管控重点

图6-64 二阶段材料堆放管控重点

图6-65 二阶段施工管控重点

图6-66　二阶段暂存区管控重点

14. 二阶段成品保护管控重点

管控重点见图6-67。

图6-67　二阶段成品保护管控重点

15. 二阶段人员管制及保安系统加强

具体见图6-68。

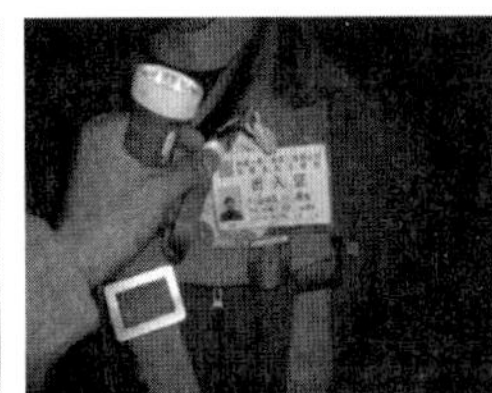

说明：二阶段洁净管制物料口设置二级缓冲，人员管制口室外鞋和室内鞋分区放置，洁净管制统一对全员培训，管制口严格落实准入制度，对管制保安及保洁进行专项培训，加强施工人员的洁净知识的培训

图6-68　二阶段人员管制及保安系统加强

16. 三阶段洁净管制要点

三阶段洁净管制要点具体如表 6-3 所示。

三阶段洁净管制要点　　表 6-3

人员	材料	机具	施工			
		梯子、脚手架、跳板、工具	打孔	切割	焊接	涂装
① 禁止吐痰； ② 禁止携带食物进入洁净区，不能吃口香糖； ③ 从指定的出入口进入； ④ 衣服、安全帽、劳保用品保持干净整洁； ⑤ 戴头罩，穿戴洁净服、洁净鞋、口罩、手套	① 材料进入洁净间必须进行清洁； ② 地板层材料暂存洁净间，必须采用硬质材料进行地板防护,不得直接放置于地面上； ③ 物料暂存区须以警示锥和连杆围好，放置物料暂存区标示牌于现场，须明确注明厂商、物料名称、管理人员及联络电话； ④ 物料存放整齐，存放以一星期工作量为原则，特殊情况申请； ⑤ 使用工具或材料搬运时，物品必须完全离开地面，不准在地上拖，移动时地面必须进行防护，木质防护材料需用塑料膜包裹； ⑥ 与施工无关的材料全部清除出洁净区	梯子： ① 梯子表面洁净，及时清理每级阶梯； ② 梯脚用洁净布包裹，防止划伤地面。 脚手架： ① 禁止使用生锈脚手架； ② 移动脚手架轮子，用洁净胶带包裹，并及时更换； ③ 清洁胶手板，无杂物、灰尘； ④ 移动脚手架设置防撞橡塑棉； ⑤ 作业时，必须有人员看护，轮子锁死。 跳板：木质跳板必须用塑料严密包裹，破损后更换。 工具： ① 工具进入前需要进行清洁； ② 铁质工具不得有生锈现象	① 打孔作业时必须由两人以上进行操作，打孔时一人负责打孔作业，一人负责使用吸尘器吸尘； ② 可以在洁净间外或机房外进行开孔作业的需在加工件开完孔进行清洁后，搬入洁净间； ③ 集中打孔作业需设置临时隔离措施； ④ 打孔完毕后需对周围区域进行除尘； ⑤ 作业完成工机具整理并移出施工区域； ⑥ 必须使用工业级吸尘器，并通过验收	① 可以在洁净间外进行切割作业的需对加工件进行切割，进行清洁后搬入洁净间； ② 洁净间切割作业必须进行申请并设置隔离罩； ③ 作业完成后进行清洁、机具整理工作； ④ 切割完毕后需对周围区域进行除尘	① 电焊在洁净间外进行焊接作业； ② 洁净室内禁止进行电焊作业； ③ 洁净室内只允许氩弧焊接作业	① 涂装作业必须按照方案进行施工； ② 施工过程中，实施通风措施； ③ 局部区域需要打磨必须进行申请，且设置隔离措施； ④ 施工完成后，施工垃圾立即清理出洁净室； ⑤ 施工区域拉隔离带

17. 洁净服穿戴流程

具体见图 6-69。

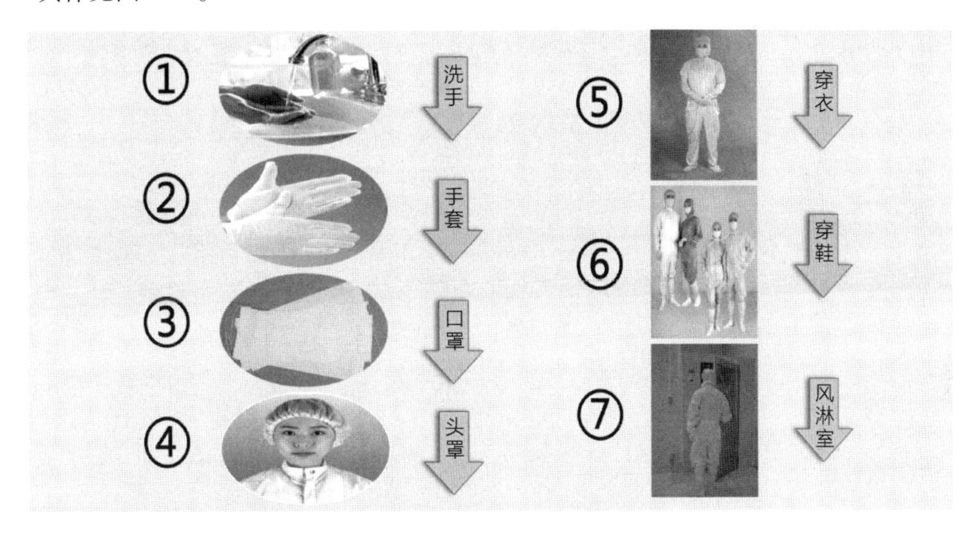

图6-69 洁净服穿戴流程

18. 三阶段行为规范

具体如图 6-70 所示。

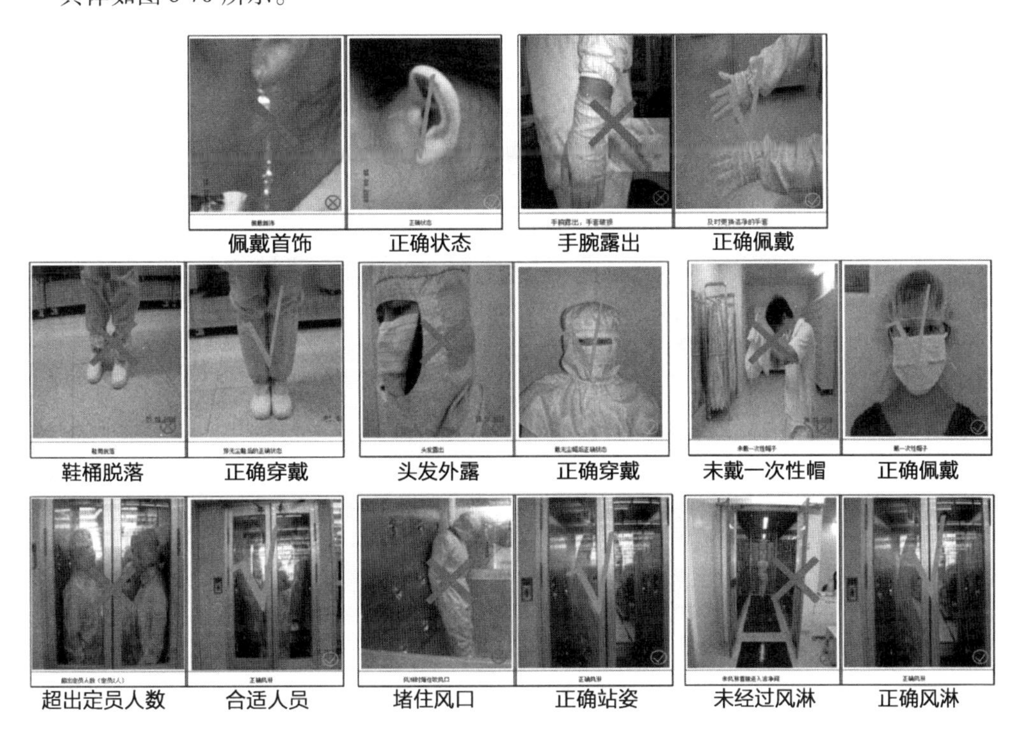

图6-70 三阶段行为规范（一）

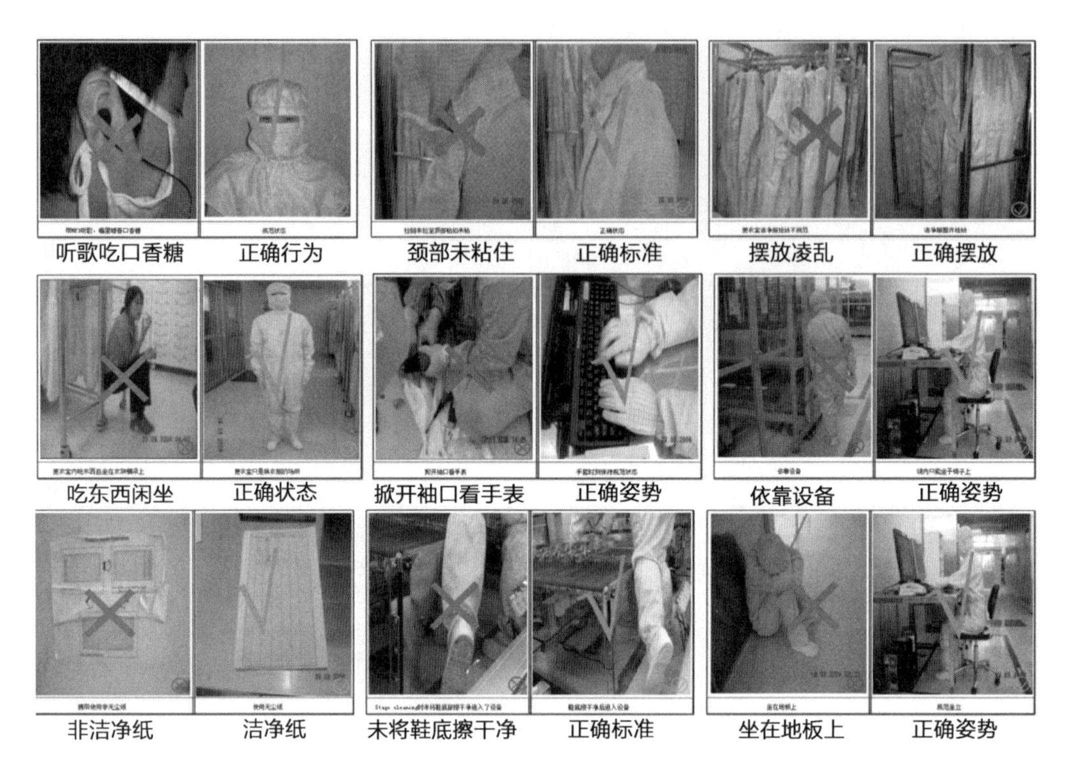

图6-70 三阶段行为规范（二）

19. 洁净室平行包管理

具体如图6-71所示。

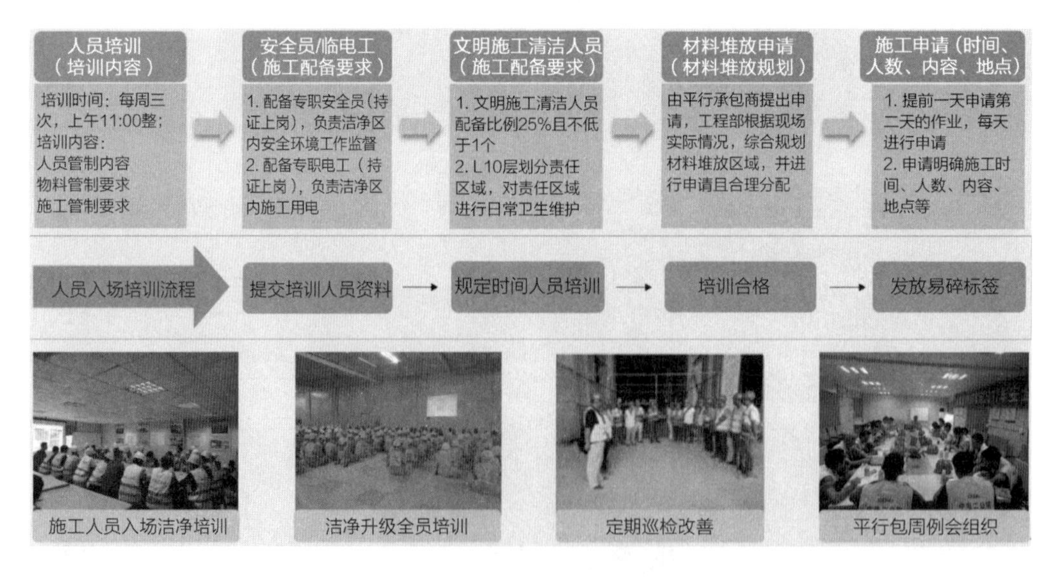

图6-71 洁净室平行包管理

（1）出入登记、施工申请。

（2）洁净管制相关措施，见图6-72。

1 人员入口设置除泥设施、布置排风机

2 物料口放置60L空压机对进入材料空吹

3 物料口尽早安排施工，尽快投入使用

4 出入登记、施工申请表

5 投入塑料/铁质底托，减少使用木质底托

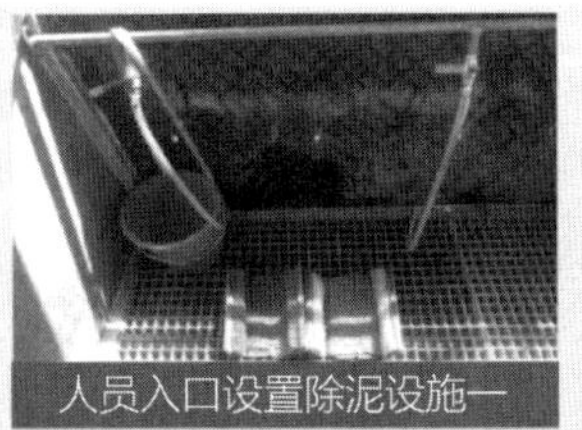

图6-72　洁净管制相关措施

20. 日常保洁

日常保洁人员采用定区域、定职责、定考核目标等措施，确保全过程施工环境的清洁（表6-4）。

日常保洁考核内容　表6-4

项目	考评内容
仪容	保洁人员上岗时着装统一，衣帽整洁，仪容端正，并佩戴工作证
专业技能	工作人员能正确、熟练、规范地使用工作中所涉及的各种工具技能，明白各种工具的用法
卫生/检查标准	责任班长应对保洁工作高标准、严要求，能清楚说出自己所负责的各保洁部位的具体标准，并达到此标准。 保洁人员应了解自己的工作职责，并口述。 日常保洁：地面无积灰、无垃圾、无积水，保持干净。 垃圾清理：拖地集中的垃圾打包不能超过1h，收集的垃圾打包至能吊运状态并放置于指定位置。 机动班组：无公共、零散材料随意放置，保持整齐有序。 物料口：地面无积灰、无垃圾，禁止放置与管制无关材料，擦洗抹布充足，未调运材料大门紧闭，门帘禁止绑扎，禁止有尘物品进入，环境卫生保持干净
节约	工作人员应节约使用工具及耗材，对能够修复的工具积极修复后应继续使用，不得恶意破坏清洁工具
纪律	点检表区域为保洁指定休息区，休息时间不超过10min，其他区域禁止休息。 工作人员应严格按照劳动纪律中规定的时间，按时上下班。 上班期间严禁吃东西、遛岗、串岗、坐岗、扎堆聊天。 不得私拿公共财物，发现有破坏公共设施的及时上报

续表

项目	考评内容
奖励细则	周积分累计，第一名可获得奖励票 2 张 周积分累计，第二名可获得奖励票 1 张
惩罚细则	周积分累计，最后一名第一次警告，第二次劝离

21. 集中清洁

（1）集中清洁将洁净室按照 3 个区域进行分片，安排三组人员进行集中统一清洁。

（2）集中清洁重点部位介绍，见表 6-5。

集中清洁重点部位　　表 6-5

序号	清洁部位	涉及的主要内容	清洁顺序
1	上夹层	顶棚、综合支架、风管、水管、桥架、马道、FFU、盲板、龙骨、十字接头、回风夹道处的风管、母线等	集中清洁 参照节点 由上到下 由内到面 由里到外 由高到低 地毯式推进
2	核心设备层（高架地板层）	（1）高架地板：立柱、连杆、H 钢、金属地板及表面 （2）柱子：柱子根部、环氧及 PVC 板的清洁 （3）物流通道、更衣室、风淋室、墙板、逃生通道、闸间及缓冲间 （4）回风夹道、百叶、DCC、洁净钢梯及前室、消防箱、配电箱等	
3	下夹层	电气：母线、桥架、电缆、配电柜、支吊架等 管道：空调水管、纯废水管、消防水管及集热罩、消防箱、保温层、综合支吊架、减振器、仪表法兰等 通风：风管、DCC、空调机、回风道及百叶等 内装：墙板、柱面、洁净钢梯、地面、闸间、缓冲间、逃生通道、回风夹道等 综合类：各类工机具、材料堆放、产尘物的清理，垃圾废料的集中清理等	

（3）材料机具准备，见表 6-6。

材料机具准备　　表 6-6

第一次集中清洁				第二次集中清洁				第三次集中清洁			
序号	内容	数量	单位	序号	内容	数量	单位	序号	内容	数量	单位
1	擦车布	1000	条	1	擦车布	1500	条	1	擦车布	3000	条
2	铲刀	50	把	2	洁净布	800	包	2	洁净布	1000	包
3	吸尘器	10	台	3	吸尘器	16	台	3	吸尘器	30	台

续表

第一次集中清洁				第二次集中清洁				第三次集中清洁			
序号	内容	数量	单位	序号	内容	数量	单位	序号	内容	数量	单位
4	水桶	40	个	4	水桶	50	个	4	水桶	80	个
5	工业酒精	300	kg	5	防静电液	200	kg	5	防静电液	400	kg
6	喷壶	60	个	6	喷壶	80	个	6	喷壶	80	个
7	滚粘	15	把	7	滚粘	20	把	7	滚粘	40	把
8	安全带	100	条	8	安全带	280	条	8	安全带	300	条
9	安全帽	100	顶	9	安全帽	280	顶	9	安全帽	300	顶
10	无尘拖把	40	把	10	无尘拖把	50	把	10	无尘拖把	80	把
11	脚手架	10	付	11	脚手架	20	付	11	脚手架	25	付
12	塑料毛刷	60	个	12	塑料毛刷	80	个	12	塑料毛刷	120	个
13	小簸箕	60	个	13	小簸箕	80	个	13	小簸箕	120	个
14	垃圾袋	800	个	14	垃圾袋	1200	个	14	垃圾袋	3000	个

（4）集中清洁验收流程，见图6-73。

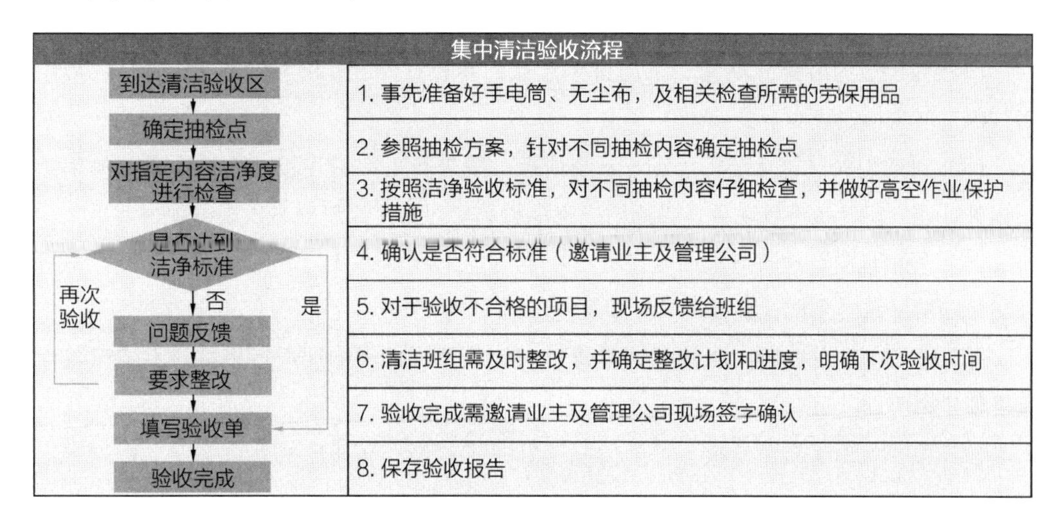

图6-73 集中清洁验收流程

6.2.7 洁净室气密保证技术

6.2.7.1 洁净室气密概述

净化工程中洁净室的围护结构有很多构造上的缝隙，缝隙所在的部位不同，对洁净室造成的影响不同，不同部位需采用与之相关的气密方式。气密性对洁净室维护环境有重要影响，因泄漏原因，造成洁净室气密不足，对工艺要求及洁净室内洁净度造成破坏，从而对生产造成显著影响，此外，洁净室的密闭性的好坏对建筑节能造成显著影响。

6.2.7.2 洁净室气密封堵的重难点

（1）涉及专业多，点位多，范围广，工作繁琐，易造成漏点。

（2）需严格按照消防划分确定封堵材料及方案。

（3）材料选择差异较大，方案选取效果悬殊，对施工水平要求较高。

6.2.7.3 影响洁净室气密性原因分析

1. 洁净室内与洁净室外的密封

（1）上夹层四周墙板与混凝土梁交接处，因混凝土梁或结构板平整度不足，势必与铝型材连接存在缝隙，影响洁净室气密性。

（2）对于大空间洁净室来讲，其穿墙风管、水管、桥架及其他管线穿孔等在洁净室维护中占有很大相对密度，其密封效果直接影响洁净室的气密性。

（3）因墙板为装配式结构，采用拼接连接，其板材安装接缝处存在安装允许缝隙，对洁净室气密性造成影响。

（4）对于上夹层超高墙板，其上下段墙板一般进行工字铝连接，连接拼板处的铝型材内外连通，将产生冷桥现象，影响洁净室围护结构，其拼接缝处易出现缝隙。

（5）外墙板安装地轨与地面交接处，因混凝土地面不平整，造成铝型材连接存在缝隙，影响洁净室气密性，造成风量泄漏及能量损失。

（6）洁净室对外的门，因门框因素导致密闭不严，对气密性产生影响，造成风量泄漏及能量损失。

（7）排烟风管为负压管道，正常情况下其并不运行，会导致室外风倒灌，影响室内环境。

2. 洁净室内部隔断的密封

（1）洁净核心区与工艺隔断之间若密封不良，会造成洁净区各工艺区之间气流倒窜；

（2）独立回风区域高架地板下方隔断、封堵、密封不严，会造成回风互窜；

（3）下夹层工艺分区隔断、密封不严，会造成回风互窜；

（4）搬入口门下部的密封若不严，会造成风量泄漏及能量损失；

（5）DCC 封堵若不严，会影响回风夹道处的压力稳定，造成风量流失。

3. 洁净室内部吊顶层的密封

（1）龙骨连接缝隙、FFU及盲板安装缝隙若密封不严，会造成洁净室内颗粒超标，影响环境；

（2）消防喷淋头穿龙骨处的密封若不严，会造成洁净室内颗粒超标，影响环境。

6.2.7.4　主要解决措施

1. 上夹层四周墙板与混凝土梁及板气密措施

（1）洁净室外墙处的混凝土梁、柱以及地面多有不平、不直的地方，外墙板铝型材贴合时会有较大的缝隙，对于该种地方的封闭，不能用密封胶一封了之。经验表明，时间长了负压会导致该种地方泄漏，必须填充柔性填充物（如橡塑保温棉、聚氨酯泡沫等）后，才能进行打胶密封。

（2）对于外观良好的普通混凝土梁、柱施工时，在将基面处理干净后，天轨铝型材安装之前，在天轨铝型材背面使用S形打胶法打胶，在墙板安装完成后，再双面打胶密封。

（3）对于墙板安装处存在凹坑的地方，在墙板安装后，使用聚氨酯发泡剂填充，硬化后铲除突出部分，再用密封胶打胶密封。

2. 穿墙管线、 桥架的气密措施

穿过墙板的管线，尤其是风管、桥架，要在隔墙洞口处加装套管，套管和管线之间填充防火柔性物品，然后用彩钢板固定密封，最后打胶处理，可以避免管线振动导致密封处泄漏（图6-74）。针对穿墙水管，需确认管道有无振动，无振动水管按要求进行防火密封，有振动时，进行防振加固后再密封处理。

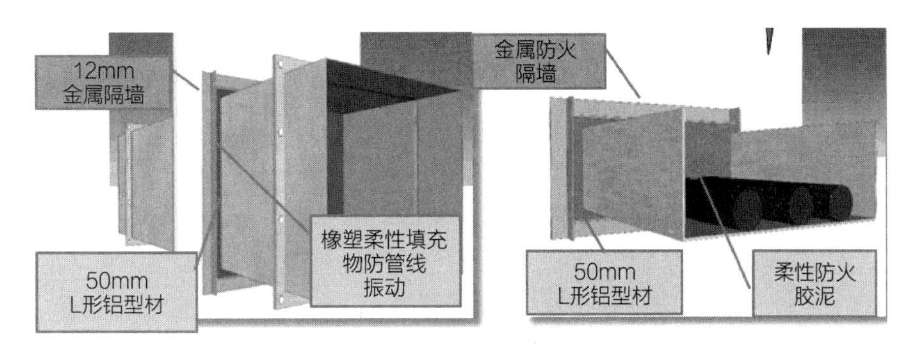

图6-74　柔性填充封堵

3. 墙板拼接缝隙气密措施

根据工艺要求选择适合洁净室密封使用的密封胶进行双面打胶密封。需要注意的是，对于可双面密封处均采取双面密封方式。双面密封无法施作时可采取单面密封，但施作完成后需进行密封检查。

4. 管道穿楼板洞口的封堵措施

管道安装完毕，将套管进行固定，首先进行套管外侧的封堵，使用混凝土将套管外侧的孔洞填实抹平，确保管道与套管同轴，套管内侧使用岩棉或橡塑保温棉填塞密实，套管外侧围绕套管使用砂浆浇筑一圈承台，承台高度与套管高度一致，厚度 20mm。承台表面与套管内侧表面使用防火泥收光抹平，表面刷涂标识色。

5. 电缆桥架穿楼板洞口的封堵措施

（1）桥架洞口留设：假设桥架宽、高分别为 W、H，则楼板上洞口大小按照 $W+100$mm 和 $H+100$mm 留设。

（2）防护钢板制作、安装固定：防护钢板宜采用 4mm 厚钢板，且宽、高在洞口的尺寸基础上各加 100mm，即在竖向桥架的宽、高基础上增加 200mm；防护钢板用切割机进行切割，不得用氧气乙炔切割，确保横平竖直且尺寸偏差不超过 3mm；防护钢板制作完成后应进行防腐处理，首先进行人工除锈，然后刷两遍防腐漆，再刷防火涂料，防火涂料厚度为 2～7mm；防护钢板固定时，先用膨胀螺栓将其固定在楼板、防水台上，钢板要紧贴墙面，不得有漏缝现象，不得破坏钢板的平整度，防护钢板应牢固、美观。

（3）防火包的塞填：施工前首先将施工部位清理干净，将竖井中的电线电缆做必要的整理和排列，并绑扎固定；防火包填塞前，先将楼板下侧进行固定，防火包填塞完成后进行防水台、楼板上侧的防护钢板固定；竖井桥架内侧防火封堵之前，先在封堵部位的底部用镀锌扁钢作支撑，固定在桥架内侧面上，用来托住防火包，防止防火包塌落；楼板上侧，将防水台和防火隔堵结合在一起，并用防护钢板将防火包封闭起来，防护钢板固定在防水台上面。楼板下侧，用膨胀螺栓把防护钢板固定在楼板上；防火包应填塞密实、牢固，按顺序整齐排放，防火包与电缆之间的间隙不大于 1cm，防火包总厚度不小于 240mm，做到封闭严密，起到阻止火灾蔓延的目的。

6. 洁净室开关、插座线盒的开洞密封措施

在彩钢板上进行开孔时在其两侧预留翻边量，取出彩钢板预留孔位置的岩棉，把彩钢板翻边部分向内压入，并与彩钢板垂直。在彩钢板翻边内壁与线盒外壁接触面上涂上密封胶，把线盒扣入彩钢板预留孔内。

7. 龙骨隔断的气密封堵

静压箱上隔断因龙骨接头的不平整性，密封存在较大的困难，密封不严，将会出现积尘、漏风等各种现象，以往施工项目吊顶上全隔断板采用10mm厚镀锌铝蜂窝夹芯板，安装时插入FFU龙骨上的预留槽口内，龙骨与龙骨接头处采用镀锌钢板封闭，其容易积尘，影响美观（图6-75）。

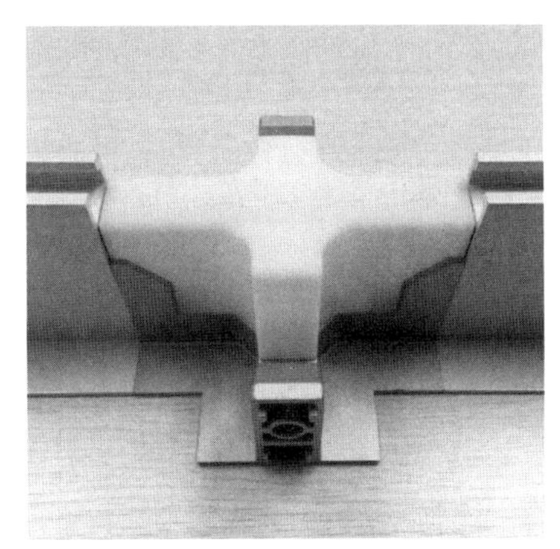

图6-75 龙骨接头密封构件

6.2.7.5 质量控制

（1）统一孔洞的模数，保证相应的孔洞封堵大小一致、美观大方。整个封堵施工过程中，除了需要满足其严密性和使用功能之外，还需要满足整体的美观度要求，及横平竖直、协调对称。

（2）质量工程师定期、不定期地组织班组、工程师进行现场检查，对检查过程中发现的问题，发出整改通知书；作业班组对整改通知书中的内容，需要及时制定整改措施和整改计划。

6.2.8 洁净室运行节能技术

工业厂房的动力设备能耗大，在照明、变频器、空调、自来水等方面都有节能措施来降低能耗。

6.2.8.1 照明节能

（1）LED照明具有电能消耗低、发光效率高、使用寿命长、材料绿色环保等优点，同样照度前提下，LED灯的功率要小于荧光灯，一般15W的LED灯可以代替40W的荧光灯，降低运行成本，达到节能效果。

（2）夹层照明箱增加延时继电器，设置自动灯具停止时间，降低运行成本，达到节能效果。

6.2.8.2 变频节能

电机是感性负载，在运行时要消耗无功功率，而变频器内部滤波电路上的滤波电容补偿了电机的无功功率，从而提高了功率因数，减少了实际输入电流，不仅降低了电机的直接能耗，也降低了电网的线路损耗和变压器损耗。

6.2.8.3 冷冻空调系统节能

（1）空调系统通过控制风管上的风速或者室内的静压传感器来控制风机的频率实现变风量送风，从而达到节能；

（2）空调的控制模式切换时注意调整温度和湿度的设定值，夏季时按照温湿度上限运行，冬季时按照温湿度下限运行，这样可以通过降低冷量或热量的消耗来达到节能；

（3）通过对系统负荷的模拟及核算，对冷冻机组进行最优选择匹配，达到系统的最佳运行状态；

（4）优化管道布置，采用45°弯头连接方式，减少管道阻力，降低水泵扬程，达到降低系统能耗的目的；

（5）通过系统适当位置深化设计新增水力平衡阀，使管网流量按需分配，解决冷热不均问题，达到系统节能目的。

6.2.9 洁净室系统调试技术

6.2.9.1 关键分析

（1）项目厂房对温湿度精度、洁净等级的控制及系统的稳定性要求非常高，整个洁净室调试是项目建设过程中的核心，也是项目最终成败的关键。

（2）项目净化空调系统为FFU + 干冷盘管 + 新风机组净化空调系统，采用上送下回的气流方式，通过下夹层回风，新风经空调机组处理后送入静压箱内与回风混合，再经FFU送入房间。

（3）调试涉及的设备及系统比较多，如MAU系统、FFU系统、空调水系统、DCC系统、自控系统等，所以洁净厂房联调是项目的重点也是难点。

6.2.9.2 系统调试架构

对各个系统之间的关系和洁净室参数，以调试架构进行表达，满足设备搬入条件（图6-76）。

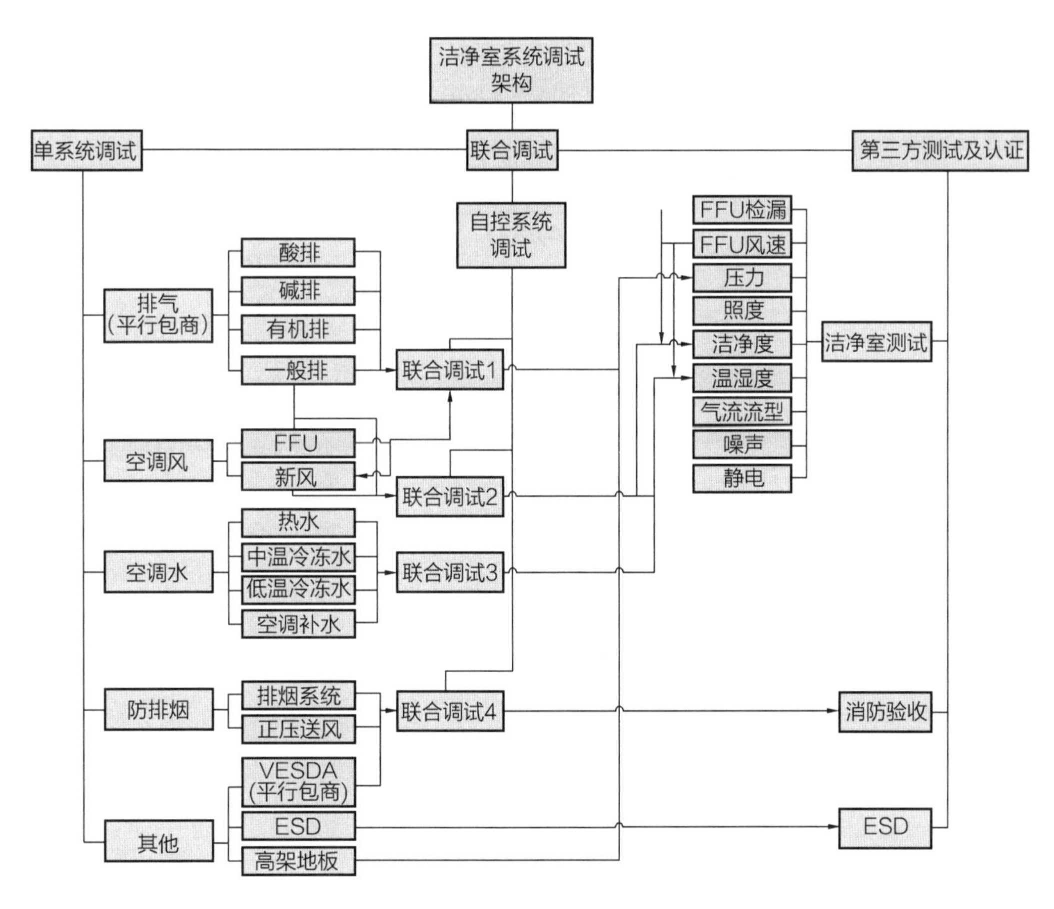

图6-76 系统调试架构

6.2.9.3 洁净系统测试表

具体见表6-7。

洁净系统测试表 表6-7

序号	洁净系统	调试内容/位置	洁净空调系统					洁净电气系统	洁净装修系统	备注
			洁净度	温度(℃)	湿度(%)	压差(Pa)	气流流型	照度(lx)	静电(Ω)	
1	一层	男二更	万级	20~24	40~60	15	单向流	200	$2.5\times10^4\sim1\times10^6$	
2		女二更	万级	20~24	40~60	15	单向流	200	$2.5\times10^4\sim1\times10^6$	
3		闸机区	万级	20~24	40~60	15	单向流	300	$2.5\times10^4\sim1\times10^6$	
4		工作区	千级	20~24	40~60	20	单向流	300	$2.5\times10^4\sim1\times10^6$	
5		EOL车间	千级	20~24	40~60	20	单向流	300	$2.5\times10^4\sim1\times10^6$	
6		COB车间	百级	20~24	40~60	25	单向流	300	$2.5\times10^4\sim1\times10^6$	

续表

序号	洁净系统	调试内容/位置	洁净空调系统					洁净电气系统	洁净装修系统	备注
			洁净度	温度(℃)	湿度(%)	压差(Pa)	气流流型	照度(lx)	静电(Ω)	
7	一层	设备技术间	千级	20~24	40~60	20	单向流	300	$2.5\times10^4\sim1\times10^6$	
8		重工房	千级	20~24	40~60	20	单向流	300	$2.5\times10^4\sim1\times10^6$	
9		贴片车间	千级	20~24	40~60	20	单向流	300	$2.5\times10^4\sim1\times10^6$	
10	二层	男二更	万级	20~24	40~60	15	单向流	200	$2.5\times10^4\sim1\times10^6$	
11		女二更	万级	20~24	40~60	15	单向流	200	$2.5\times10^4\sim1\times10^6$	
12		闸机区	万级	20~24	40~60	15	单向流	300	$2.5\times10^4\sim1\times10^6$	
13		工作区	千级	20~24	40~60	20	单向流	300	$2.5.\ 10^4\sim1\times10^6$	
14		EOL 车间	千级	20~24	40~60	20	单向流	300	$2.5\times10^4\sim1\times10^6$	
15		COB 车间	百级	20~24	40~60	25	单向流	300	$2.5\times10^4\sim1\times10^6$	
16		设备技术间	千级	20~24	40~60	20	单向流	300	$2.5.\ 10^4\sim1\times10^6$	
17		重工房	千级	20~24	40~60	20	单向流	300	$2.5\times10^4\sim1\times10^6$	
18		贴片车间	千级	20~24	40~60	20	单向流	300	$2.5\times10^4\sim1\times10^6$	
19	三层	男二更	万级	20~24	40~60	15	单向流	200	$2.5\times10^4\sim1\times10^6$	
20		女二更	万级	20~24	40~60	15	单向流	200	$2.5\times10^4\sim1\times10^6$	
21		闸机区	万级	20~24	40~60	15	单向流	300	$2.5\times10^4\sim1\times10^6$	
22		工作区	千级	20~24	40~60	20	单向流	300	$2.5\times10^4\sim1\times10^6$	
23		EOL 车间	千级	20~24	40~60	20	单向流	300	$2.5\times10^4\sim1\times10^6$	
24		COB 车间	百级	20~24	40~60	25	单向流	300	$2.5\times10^4\sim1\times10^6$	
25		设备技术间	千级	20~24	40~60	20	单向流	300	$2.5\times10^4\sim1\times10^6$	
26		重工房	千级	20~24	40~60	20	单向流	300	$2.5\times10^4\sim1\times10^6$	
27		贴片车间	千级	20~24	40~60	20	单向流	300	$2.5\times10^4\sim1\times10^6$	

6.2.9.4 调试关键点

1. 洁净度联调关键点

在目前 CFD 气流模拟模型的基础上增加基台重新模拟，提前判断风险点。

洁净室压差梯度形成。

FFU 检漏和风速检测合格。

洁净密闭情况良好。

洁净室内形成正压。

2. 温湿度联调关键点

MAU 冷冻水先行运行，配合压差调试同步运行。

中温水系统启动时间后置，规避大量冷凝水出现。

温、湿度传感器位置选择及调整。

仪表和上位机数据归零及反复校验调整。

MAU 送风温度设定在设计值进行送风，对风管是否开启进行调整；MAU 运行初期温度视情况而定。

3. 压力联调关键点

洁净室密闭完成，系统风量平衡完毕。

自控点对点单点调试完成。

高架地板回风良好。

确定并稳定 FFU 送风频率，初步按照 0.35m/s 进行设定。

逐台启动 MAU 系统，并完成空调风系统风量平衡。

前期调试以调整阀门为主，高架地板调整作为最后调整的手段。

编制具体调试方案，具体到某个阀门的开启比例、开孔及盲板地板的调整。

最终确定空态、静态和动态集风箱内控制压力为 100Pa 左右。

6.2.9.5 各系统调试测试

1. 新风系统平衡

1）新风系统一次平衡

（1）测量核心生产区域温湿度、压力，记录数据；

（2）预设新风机组的频率，以满足目前核心生产区域压力要求，测量各新风机组的新风量；

（3）按对应设计值，调节各主支管阀门，测量各主支管的新风量并记录数据；

（4）各支管平衡结束后，测量各主支管新风量，记录数据；

（5）调整期间，监测核心生产区域温湿度、压力，若温湿度或压力参数超出要求范围，则根据现场实际情况进行相应应急调整，以保证温湿度、压力参数满足当前核心生产区域环境要求；

（6）整理测试数据，制作中间报告书；

（7）检查各项设备安装状态，准备相关图纸和设计参数等资料，结合工程施工进度计划进行调整和平衡，包括策略及分步过程。

2）新风系统二次平衡

（1）测量核心生产各区域温湿度、压力（尤其是关键工艺区域），记录数据；

（2）根据相应区域要求的温湿度、压力，调整对应新风支管及新风口阀门，以满足相应要求并记录数据；

（3）各支管平衡结束后，测量各主支管及新风口新风量，记录数据；

（4）调整期间，监测核心生产区域温湿度、压力（尤其是关键工艺区域），若温湿度或压力参数超出要求范围，则根据现场实际情况进行相应应急调整，以保证温湿度、压力参数满足当前核心生产各区域环境要求；

（5）整理测试数据，制作中间报告书。

3）新风系统最终平衡

（1）工艺排风施工结束后，需再次对新风系统实施平衡工作；

（2）测量核心生产各区域温湿度、压力，再次调整新风机组的频率，以满足当前状态下的环境要求；

（3）测量核心生产各区域压力值，根据各区域压力值，调整对应区域的新风支管阀门及新风口，以使其达到相应区域压力要求值，记录相应数据；

（4）各支管平衡结束后，测量各主支管及新风口新风量，记录数据；

（5）调整期间，监测核心生产区域温湿度、压力（尤其是关键工艺区域），若温湿度或压力参数超出要求范围，则根据现场实际情况进行相应应急调整，以保证温湿度、压力参数满足当前核心生产各区域环境要求；

（6）整理测试数据，制作最终报告书。

2. FFU 风速平衡

1）FFU 风速初调整

（1）确认 FFU 运行状态及分布区域等信息；

（2）根据核心生产各区域及 FFU 的型号选择一定数量的 FFU 样本；

（3）测量样本各转速下的风速、风量，并记录数据；

（4）根据样本测量结果，初步确定各区域各型号 FFU 转速；

（5）通知施工承包商或业主指定方设置 FFU 运行转速；

（6）抽测一定数量的 FFU 风速、风量，记录数据；

（7）设置 FFU 运行转速后，测量核心生产区域温湿度，若温湿度超出相应要求范围，则根据现场实际情况采取对应措施实施调整以保证各区域温湿度满足当前要求范围；

（8）整理测试数据，制作中间报告书。

2）FFU 风速二次调整

（1）FFU 风速二次调整前，FFU 无纺布已拆除；

（2）抽测部分FFU（拆除无纺布）各转速下风速、风量，并记录数据；

（3）根据部分FFU测试数据，确定各区域FFU转速；

（4）通知施工承包商或业主指定方设置FFU运行转速（拆除无纺布状态下）；

（5）测量核心生产区域温湿度、压力、洁净度；

（6）结合核心生产各区域的温湿度、压力、洁净度等参数情况，对FFU转速实施微调；

（7）抽测一定数量的FFU风速、风量，记录数据；

（8）调整FFU转速后，测量相关区域温湿度，若温湿度超出相应要求范围，则根据现场实际情况采取对应措施实施调整，以保证各区域温湿度满足当前要求范围；

（9）整理测试数据，制作中间报告书。

3）FFU风速最终测试

（1）根据当前各区域气流，微调整相关区域FFU转速，以保证满足各区域气流等相关参数要求；

（2）测量调整后全部FFU风量、风速，记录数据；

（3）调整FFU转速后，测量相关区域温湿度，若温湿度超出相应要求范围，则根据现场实际情况采取对应措施实施调整以保证各区域温湿度满足当前要求范围；

（4）整理测试数据，制作最终报告书。

3. 水系统平衡

1）中温水系统

（1）根据现有实际运行工况，核查水泵出口平衡阀设置情况；

（2）中温水总管路水流量测试，并与设计值相比较；

（3）对各分支区域的支管路流量测试；

（4）通过总管流量，依据设计值按比例调节控制各支管路流量；

（5）调节再次核查各供水管路状态。

2）冷冻水系统

（1）根据现有实际运行工况，核查冷水机组、水泵平衡阀设置情况；

（2）在低温冷冻水现有状态下，进行总管路水流量测试，并与设计值相比较；

（3）对各分支区域的支管路流量进行测试；

（4）通过总管流量，依据设计值按比例调节手动阀控制支管路流量。

3）热水系统

（1）在热水系统现有状态下，进行总管路水流量测试，并与设计值相比较；

（2）对各分支区域的支管路流量进行测试；

（3）通过总管流量，依据设计值按比例调节控制支管路流量。

4）DCC 中温水管路系统测试

（1）检查每组 DCC 管路阀组连接及开启状态；

（2）对每组 DCC 进出水流量测试；

（3）水温及水压测试。

5）系统最终确认

根据建筑区域及室内区域温湿度监测情况，对控制管网水量精确调整及平衡，确保系统温湿度参数处于可控范围；核查管路自控系统，查看管路阀门状态，最终实现对应室内参数的稳定性。

6.3 洁净地面施工控制技术

6.3.1 防静电 PVC 地板施工技术

6.3.1.1 防静电 PVC 地板简述

（1）PVC 地板是指采用聚氯乙烯材料生产的地板。以聚氯乙烯及其共聚树脂为主要原料，加入填料、增塑剂、稳定剂、着色剂等辅料，在片状连续基材上，经涂敷工艺、压延、挤出或挤压工艺生产而成。

（2）防静电 PVC 地板是在 PVC 地板的成分里加入了导电的材料做成防静电地板，具有耐磨性强、耐污性强、韧性好、可选性强、使用寿命更长等特点。

6.3.1.2 主要施工特点、难点

（1）基层处理：根据现场情况检测基层是否满足 PVC 地板施工的平整度、含水率、硬度等，倘若不满足，需进行基层打磨处理，并采用高强水泥自流平进行找平施工，待 1d 硬化后即可进行 PVC 地板施工。严禁使用环氧找平，避免配料不当产生不良反应。

（2）后期保护：由于 PVC 地板施工完毕后，其他专业施工会在地板上进行，因此必须采取必要保护措施，并由专人进行监督。例如，PVC 地板上可铺设地板革加以保护；架子上轮子必须用胶带裹好，避免刮伤 PVC 地板等。

6.3.1.3 防静电 PVC 地板施工

具体参见图 6-77。

1）对基础地坪的质量要求（图 6-78、图 6-79）

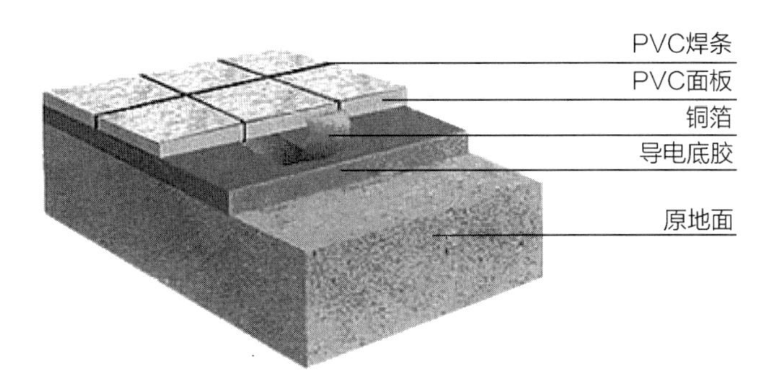

图6-77　防静电PVC地板示意图

基础地坪水分含量要求：地坪水分含量在4.5%以下。

基础地坪硬度要求：水泥砂浆强度不小于M75～M100。

基础地坪其他要求：无空鼓、无裂缝、不起砂、伸缩缝界面处无明显高低差。

2）施工流程

地坪检测→基层处理→水泥自流平施工→铺设导电铜箔→地板铺装→焊缝开槽→地板焊接→系统接地→地板清洁、保护。

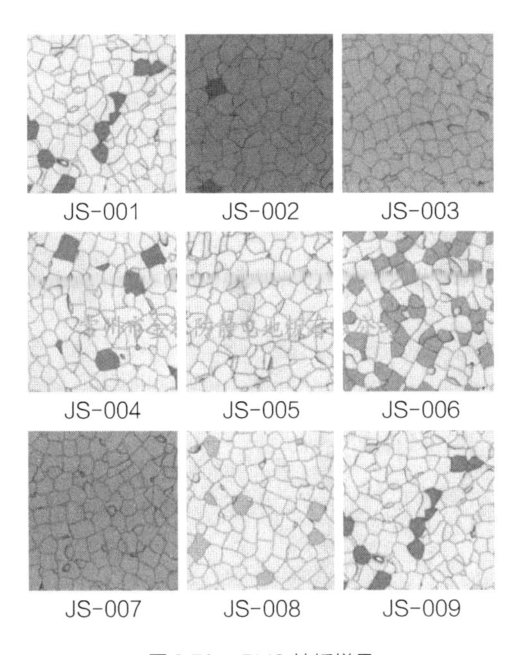

图6-78　PVC地板样品

图6-79　施工完效果图

3）具体施工步骤

（1）地坪检测：检测内容包括水分含量、平整度、硬度。

（2）地坪预处理：地坪打磨，如有裂缝则采用波型钢条加固，双组分环氧树脂修复。

（3）基层底涂处理：高分子乳液界面处理剂，封闭基层的毛细孔和缝隙，增强基层的界面附着力，起粘结作用。

（4）水泥自流平施工：基层经找平处理，提高整个地面系统承载能力和抵抗运动剪切的能力。

（5）导电铜箔铺设：铜箔规格 15mm×0.03mm，铜箔间距为 1200mm×1200mm。

（6）地板铺装：在自流平表面涂刷导静电地板胶，地板胶铺贴后用滚筒均匀滚压，使地板与地板胶结合致密，固化 24h 后，进入下一工序。

（7）焊缝开槽：用自动开槽机开槽，槽宽 3.0mm，槽深为地板厚度的 2/3。

（8）地板焊接：采用自动热熔焊接机进行热塑焊，然后修平凸出地板的焊条，焊条与地板界面处平整。

（9）系统接地：导电网铜箔引出装置与预设地线连接（硬接地）。

（10）地板清洁：地板完全铺设后，采用地板专用清洁剂进行表面清洗。

（11）地板防护：地板铺装完成后要用 0.5mmPVC 膜进行防护。

（12）地板验收：基础地坪平整度要求 2m 靠尺误差 $<2mm$。

6.3.1.4 质量保证措施

（1）地板表面不得有空鼓、分层、龟裂现象。

（2）地板表面无明显不平。

（3）地板表面无划痕及色差，地板焊缝必须平直光滑。

（4）导静电地板要求表面电阻及系统电阻值为 $2.5\times10^{4}\sim1\times10^{6}\Omega$。

6.3.1.5 保养维护

（1）注意保持地板的清洁，每日可用拖把擦去灰尘或用吸尘器进行清扫。

（2）根据地面的实际使用情况定期对地面进行清洗，一般以半年为周期。

（3）工作人员应穿干净工作鞋进出，切忌将有棱角、坚硬底盘的仪器设备在地面上拖移，不应让有机溶剂接触 PVC 地板，忌用橡胶垫、橡胶轮子的设备。

（4）定期对防静电设施进行维护和检验。

6.3.2 环氧薄涂施工技术

6.3.2.1 涂层基本构造

涂层基本构造如图 6-80 所示；完工后效果如图 6-81 所示。

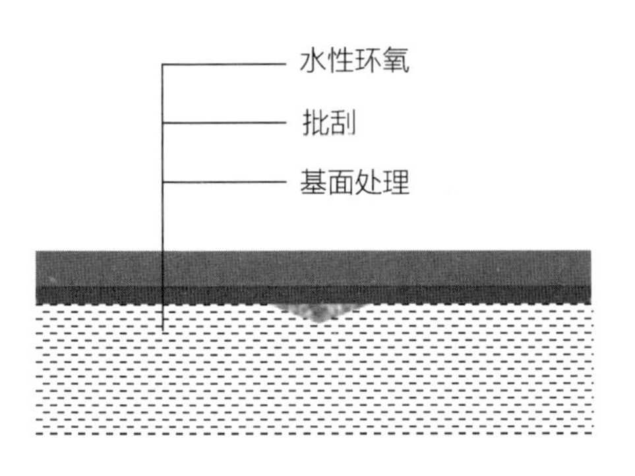

图6-80　涂层基本构造示意图（厚度为0.5mm）

图6-81　完工后效果图

6.3.2.2　施工流程

流程如图6-82所示。

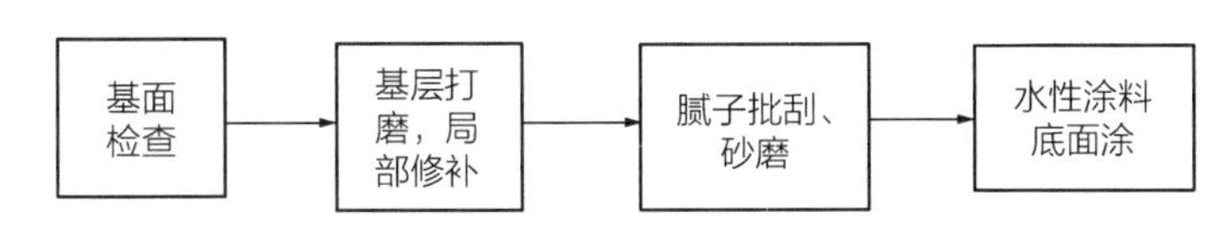

图6-82　流程图

6.3.2.3　具体步骤

1）基面检查（基面要求）

（1）基层含水率应≤4% pbw。

（2）目测混凝土面是否密实、无空壳、无漏浆、无大的蜂窝麻面且无油脂。用小铁锤敲打基层，检查强度是否符合设计要求（无大的烂脚现象）。

（3）墙面的平整度用2m直尺及楔形塞尺检查，理论允许偏差不大于4mm。

2）清理基面、局部修补

（1）用凿口锤、铲子、手提磨光机等工具除去基层表面松软处和残留的水泥渣，形成开敞的纹理防滑表面，并将垃圾清出现场；也可用喷砂等方式进行处理。

（2）对少量油污污染处用丙酮等溶剂擦洗，直至污染物除去，溶剂挥发；也可用打磨工具磨去。

（3）对局部凸起处进行重点打磨处理；对混凝土脱落的坑洞，先将薄弱处敲掉，再用水泥基进行修补；对裂缝处用凿子开（V）坡口，用单组分水泥基细砂浆修补料沿裂缝进行修补，压实磨平。

（4）对油脂、沥青等污染处可用火焰烘铲。

（5）打磨完毕，待项目管理方检查通过后方可进行下步工序。

3）批腻子前应做基层验收

4）腻子批刮、砂磨

（1）材料：高强度单组分水泥基砂浆。

（2）特点：高机械物理能力；固化快；可在潮湿和干杂的混凝土上施工；可在较短时间内涂敷树脂涂料、颗粒细小、与混凝土有较强的粘结力等。

（3）在施工前，必须对基面进行充分湿润。采用滚筒将清水涂刷至基面上，获得潮湿但没有明水的表面。

（4）将水与干粉按1:3（体积比）比例装入容器内混合，用手提搅拌机搅拌均匀。

（5）用刮刀、抹子将拌好的材料抹在混凝土表面，批刮腻子，为保证基层强度及耐久性，要求腻子薄而均匀。

（6）腻子层保养时间一般为3~6h，在此过程中，应将批刮区域用警示带围住，禁止其他无关人员进入该区域，确认硬化状态，进行下一道打磨工序。

（7）对局部粗糙、不平的区域重点进行砂磨，直至达到面涂施工要求。

5）水性涂料施工

（1）材料特点：良好的耐化学腐蚀和抗机械磨损性能；潮湿基面上粘结良好；可透水蒸气；可去污、抗碳化能力强、施工方便、抗下垂、无味等。

（2）清扫基层杂物并用吸尘器吸尘，准备面涂的施工，施工区域应做简单的封闭，防止粉尘颗粒进入该区域污染面涂。

（3）将组分A和组分B以适当配比混合，充分搅拌均匀。

（4）将混合好的物料按设计要求进行第一遍滚涂，涂抹应连续工作，尽量迅速进行，要求涂刷均匀不得漏涂，面层表面光滑、无明显缺陷。

（5）待涂膜完全硬化后即可进行第二道滚涂工序，要求滚涂到位，厚度控制均匀。

（6）施工完毕后养护1d，采用手指甲滑动无划痕，在此过程中，围上警示带，严禁无关人员进入该区域。

6）打磨时设置鼓风机，防止打磨时灰尘影响其他工序的施工。

7）涂料各层施工间隔时间不超过涂料变色时间，以防止地面产生色差。

6.3.2.4 质量保证措施

（1）施工时现场环境条件：适宜施工温度在5℃以上，相对湿度应低于75%，从施工到涂膜完全硬化期间，要做好施工区域的封闭，防止粉尘吹入污染加工区。

（2）为了防止施工边缘部分沾污及加工处保持完全直线（或与不涂部分的界限），应贴好护面胶带。

（3）严禁交叉施工（包括工艺隔层内），严禁无关人员进入施工现场。

（4）涂装施工完毕后，应做好成品保护措施，严禁在养护期内上人踩踏。

6.3.2.5　安全保障措施及文明施工

（1）严格执行作业人员身体检查制度。凡患有心脏病、高血压、精神病、癫痫病、眩晕等疾病，不适合高处作业人员，均不可从事高处作业。

（2）加强个人防护。凡从事高处作业衣着要符合规定要求。上衣应采用紧身工作服，即袖口、下摆、中腰有调节的纽扣和腰带；下衣裤角应裹紧，以防在行走中刮碰、造成身体失去平衡发生脱落事故。脚下要穿软底防滑鞋。切忌穿拖鞋、塑料底鞋、带钉子鞋、高跟鞋及皮鞋，以防滑倒或摔下。作业时正确戴好安全帽，系好帽带。严禁不系帽带或在戴安全帽的同时戴其他帽子。

（3）高处作业中所用的物料应堆放平稳，不可放置在临边处，也不可妨碍通行和装卸，所放物料的重量必须在高空作业平台的承重限度以内，切不可超重造成平台压垮而出现物体坠落伤害事故。要随时清扫干净作业中的走道、通道板和登高用具。作业中拆卸下的物体、剩余材料及废料要认真清理并及时送走，不得随意摆放或向下丢弃，以防落下伤人或砸坏其他物资。高处作业传递工具或材料时，不能抛掷，应用绳子系吊。要固定或撤除作业场所内可能坠落的任何物料。防止落下伤人。

（4）要经常进行高处作业安全设施的检查，如发现有缺陷应立即解决，对危及人身安全的隐患，应立即停止作业，待采取措施消除隐患后方能开始作业。要保证安全防护设施完善、健全，安全标志齐全、醒目。对安全防护设施和安全标志，不得毁损和擅自移位及拆除。

6.3.3　高架地板及支撑系统施工技术

6.3.3.1　高架地板安装一般规定

（1）高架地板施工包括立柱、横梁、斜撑、接地系统、地板铺设、测试与质量检验等工作。

（2）施工现场温度应为5～35℃，相对湿度应小于80%，通风应良好。

（3）高架地板施工前应严格放线，以防止安装过程因安装累计误差较大而无法进行施工。

（4）高架地板安装过程中，边角位置板块不符合模数时，应根据实际情况进行切割后镶补，并配置可调支撑和横杆，切割边与墙体交接处应用柔性的不产尘材料镶边或填缝。

（5）高架地板支撑结构安装前应检查H型钢水平高度，其标高应符合设计要求，且高度误差必须在活动地板立柱可调节高度范围内和设计许可范围内。

（6）施工材料应符合设计要求。在设计无特殊要求时，应符合以下规定：①高架地板板面应平整、坚实，板与面的粘结应牢固，具有耐磨、防潮、阻燃等性能。②横梁、斜撑表面应平整、光洁，钢制件须经镀锌、喷塑或其他防锈处理。③防静电性能指标和机械性能、外观质量等应符合《防静电活动地板通用规范》SJ/T 10796—2001 的要求。④应储存在通风干燥的仓库中，远离酸、碱及其他腐蚀性物质，严禁置于室外日晒雨淋。

施工应具有的设备和工具包括切割机、手提式电锯、吸盘器、1m 钢直尺、水平尺、清洗打蜡机、测试电极和测试仪表、水平仪等，其规格、性能和技术指标应符合施工工艺要求。

6.3.3.2 高架地板安装工艺流程

具体见图 6-83。

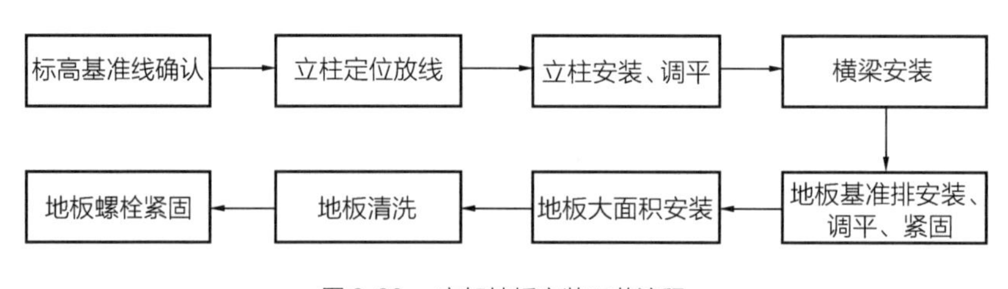

图 6-83 高架地板安装工艺流程

6.3.3.3 高架地板安装要点说明

（1）立柱安装时需要严格控制其定位线，每隔一定距离（可以结构轴线为验证单元）需要验证立柱中心线距，以保持和图纸一致。同时用水平仪来检验柱顶标高，如有误差，通过立柱顶端丝扣段来作微调节。

（2）地板块安装尽可能从厂房的几何中心处柱位基线开始，依次向四周同步进行，以最大限度消除安装产生的累计误差。铺设过程中，架设水平仪来同步检验地板块表面高程，以符合设计高程要求。

（3）厂房四周边缘、设备基础边等尺寸不足一块标准板时，应用异形板铺设。异形板是根据房间边缘的实际尺寸用切割机将标准板裁割而成。应在标准板铺设完成后，再进行异形板的铺设。地板和横梁经切割后，必须去除切割处毛刺，金属裸露面应涂防锈油漆。异形板安装完成后，还应在切割剖口处作收边处理。

6.3.3.4 安装注意事项

（1）地板安装前，需要进行洁净室二级管制；安装过程中需要对地板表面进行保护，特别是防污染保护。安装到一定面积后，地板表面覆盖 PVC 来保护。

（2）地板保护措施，如图 6-84、图 6-85 所示。

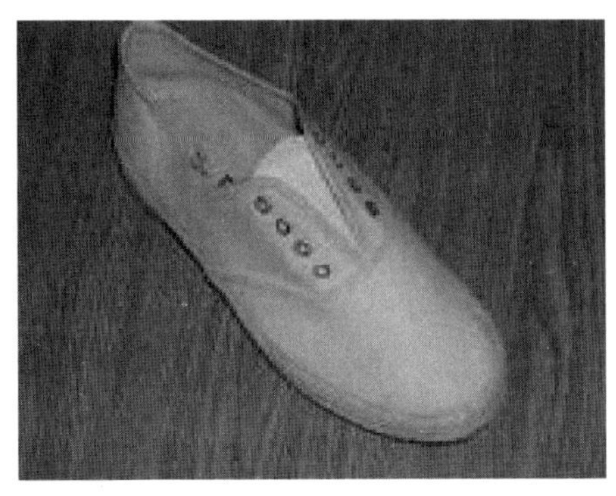

图6-84　施工人员换鞋

图6-85　地板面铺PVC保护

6.3.3.5　高架地板安装质量控制标准

（1）活动地板安装后行走必须无声响、摆动，牢固性好。活动地板面层无污染，板块接缝横平竖直。

（2）活动地板支撑立柱与地面的连接应牢固可靠，连接的膨胀螺栓应安全、可靠。

（3）活动地板面层铺设允许偏差如表6-8所示。

活动地板面层铺设允许偏差（mm）　　表6-8

项目	允许偏差		检验方法
	铸铝合金地板	钢、复合地板	
面层表面平整	2.0	2.0	2m靠尺和楔形塞尺检查
面层接缝高低差	0.4	1.0	钢尺和楔形塞尺检查
面层板块间隙宽度	0.3	1.0	钢尺检查
面层水平方向累计误差	L≤100m±10mm		经纬仪或测距仪检测
	100m≤L≤200m±20mm		
	L≥200m±35mm		

注：L表示活动地板地面水平面某方向的长度。

6.4　洁净电气系统控制技术

6.4.1　桥架安装施工方案

6.4.1.1　工艺流程

具体见图6-86。

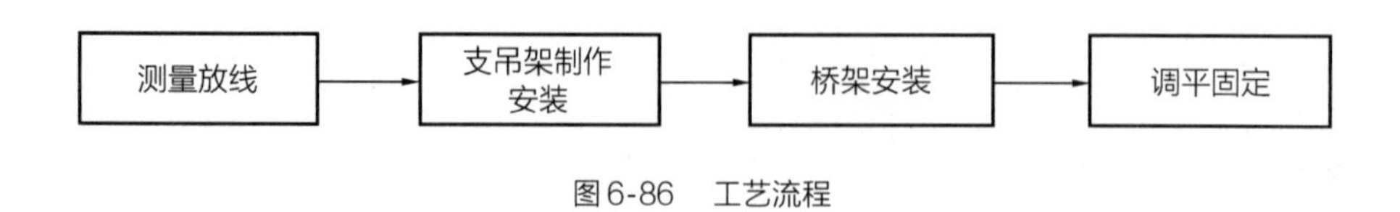

图6-86 工艺流程

6.4.1.2 施工方案

1）测量放线

根据图纸要求及二次设计方案，在实际位置用红线带按照桥架位置尺寸弹线定位。

2）支吊架制作

支吊架的组装采用机械连接，托架的下料标准化，托架长度均为桥架和线槽的宽度再加150mm，桥架的托架统一使用镀锌C型钢，型号可选用C4141、C2541，特殊情况下可选用C6241，吊杆统一使用10mm的镀锌通丝，间隔为1.8～3m。防晃支架也可使用C型钢直接机械连接，可以作为一副托架使用。在综合支架上安装桥架时，直接根据放线位置安装吊杆，安装托架并调平。

3）支吊架安装

将组装好的支吊架安装在已经打好的膨胀螺栓孔上，注意在转角及三通的500mm处增设一个托架。

4）桥架的选型

一般选用4m/节的大跨度桥架，这样施工时能减少连接点，这样的桥架及线槽整齐美观，而且还节省了施工时间。

5）桥架安装

（1）电缆桥架的总平面布置应做到距离最短，且满足施工安装、电缆敷设的要求。

（2）桥架距地高度不低于2.2m，但敷设在电气专用房间（如配电室、电气竖井、技术层）内除外。

（3）桥架垂直敷设时，在距地1.8m以下部分应加金属盖保护，但敷设在电气专用房间内时可除外。

（4）桥架弯曲半径小于300mm时，应在距弯曲段与直线段接合处300～600mm的直线段设置一个支撑；当弯曲半径大于300mm时，还应在弯曲段中部增设一个支吊架。在进出箱、柜和变形缝及丁字接头的三端500mm内设支撑。

（5）电缆桥架在穿过墙及楼板时，应采取防火隔离措施。

（6）直线段钢制电缆桥架超过30m，铝合金或玻璃钢制电缆桥架超过15m时，应有伸缩节，其连接宜采用伸缩连接板。电缆桥架跨越建筑物伸缩缝时，应设置伸缩缝或伸缩板。

（7）电缆桥架不宜敷设在腐蚀性气体管道和热力管道的上方及腐蚀性液体管道下方，否则应采取防腐隔热措施。

（8）电缆桥架间距不应小于0.2m。

（9）弱电电缆桥架与电力电缆桥架间距不应小于0.5m，如有屏蔽盖板可减至0.3m。

（10）几组电缆在同一高度敷设时，各相邻电缆桥架间应考虑维护、检修的需要，一般不宜小于0.6m。

（11）电缆桥架水平敷设时，支撑跨距一般为1.5～3m，垂直敷设时，固定点间距不大于2m。

（12）电缆在桥架内的填充率，电力电缆不应大于40%，控制电缆不应大于50%。

（13）桥架应平整，无扭曲变形，内壁无毛刺，各种附件齐全。桥架的接口应平整，接缝处应紧密平直。盖板装上后应平整，无翘角，出线口的位置准确。桥架经过建筑物的变形缝时，桥架本身应断开，桥架内用内连接板搭接，只需固定一端。保护地线和桥架内导线均应采用线连接：保护地线应根据设计要求敷设在桥架内侧，接地处螺栓直径不应小于5mm；并且根据需要加平垫和弹垫，用螺母压接牢固。桥架的所有穿过伸缩缝处都应留有补偿余量。

（14）桥架与托臂之间采用专用卡子固定，由桥架厂家提供。

（15）桥架连接螺栓应从里向外穿，防止螺栓刮伤电缆。

（16）托架C型钢两端截面处加上白色PVC端盖，整齐美观。

（18）桥架在每隔10～15m时需要做一副防晃支架，应采用C型钢机械连接的方式固定，不可焊接。

6）保护接地

（1）非导电部分的铁件均应相互连接和跨接，使之成为一连续导体，并做好整体接地。

（2）在桥架里敷设一根40×4镀锌扁钢，两端与接地端子箱连接，中间每隔6m与扁钢相连。

（3）在有6个带弹簧垫片的螺栓固定时，镀锌桥架连接之间可不做跨接地线。

7）桥架的成品保护

安装桥架时，应注意保证墙面和顶棚的清洁。安装完成后，桥架盖板应齐全平实，不得遗漏，应严禁施工人员拿桥架当脚手架随意踩踏，严禁随意拆卸、挪动支吊架和桥架。桥架安装完成后，不应再进行喷浆、刷油之类的工作，以防止桥架外观遭到破坏。

8）桥架质量验收

（1）保证项目。桥架的规格、安装位置必须符合设计要求和有关规范的规定。

（2）基本项目。桥架应固定牢靠、横平竖直、布置合理。盖板无翘角，接口严密整齐，拐角、转角、丁字连接、转弯连接正确严实，桥架内外无污染。检验方法：观察检查。支吊架应布置合理、固定牢固、平整。检验方法：观察检查。桥架穿过梁、墙、楼板等处时，桥架不应固定在建筑物上；跨越建筑物变形缝处的桥架应断开，保护地线应留有补偿余量。检验方法：观察检查。

6.4.2 母线安装施工方案

6.4.2.1 施工准备

对设计图纸的熟悉是做好施工的第一要素。充分了解每个回路的母线走向、设计标高，母线选用的材质型号、防护等级；严格按照 BIM 空间管理图进行施工，防止母线路径和其他专业产生碰撞。

6.4.2.2 母线路径确认

1. 基准线的确认

首先需要确认现场基准线的位置，并通过相关专业核实基准线的正确性。

2. 确定轴线

根据设计图纸、空间管理图纸及现场实际环境，确认现场行距及株距的轴线，并做好标记，有条件的可以在现场的柱子上整体标出。

3. 确定母线的起点及末端点

根据设计图纸中母线标出的位置计算距起点轴线最近的直线距离，然后在现场找出柱子的轴线，用卷尺测量尺寸长度，并做好标记；再用线坠将地面测量的尺寸返到梁板底部。

4. 确认母线偏差

在母线路径的中间段找出 2~3 个点，同样采用以轴线测量的方法标出位置，用皮尺或者尼龙线牵拉，确认母线的首尾段和中间的位置点是否在同一直线上，如有出入应根据需要作调整。

5. 标出定位点

根据地面定位点的位置，用线坠将定位点返到梁板的底部，并做好标记。

6. 记录实测数据

及时记录测量数据并在设计平面图纸上标注，以便厂家设计计算时使用。

6.4.2.3 支吊架制作安装

1. 吊杆支架距离确定

根据母线二次深化设计图纸、现场实际环境以及插接式母线的插接口距离和母线本体的模数，精确计算出母线支吊架安装位置，所有支吊架必须避开母线的插接口位置。

2. 支架材料选择

根据支吊架制作标准方案，结合母线本身的实际重量选择对应的型钢（根据型材厂家提供的强度测试数据选择）、吊杆。

3. 支架切割下料

型材加工尺寸测量完成后即进行材料的切割加工，切割型材时应注意材料是否安放水平，是否有歪斜现象，并逐一纠正，减少次品及不良品的发生；砂轮切割机使用时应保持匀速下压，避免用力过度发生卡转、砂轮崩裂伤人事故，砂轮切割机切割时应注意避开易燃易爆物品堆放场所，以防发生火灾事故。

4. 支架切口打磨

型材切割后存在一些很锋利的毛刺，为了支吊架安装后的美观及安全，在下料切割后就进行打磨工作。一般采用电动砂轮机打磨，在一些不便于用电动砂轮机打磨的切口上采用角磨机打磨。进行打磨工序时应保持力量适度，切不可用力撞击运行中的电动砂轮机，以防砂轮崩裂飞溅伤人，打磨材料时不能带水打磨，以防砂轮爆裂发生危险。

5. 支吊架组装

在支吊架组装前必须将支吊架材料进行除脂擦洗干净，尤其是用于洁净室内安装的材料。然后根据母线支吊架制作标准方案，将支吊架按步骤分别进行组装，组装好的支吊架用干净的塑料薄膜包好以便安装使用。

6. 支吊架安装

把组装好的支吊架根据已经画好的固定点位安装。首先在固定点打孔，然后安装膨胀螺栓和吊杆，具体安装步骤如下：①膨胀螺栓安装，膨胀螺栓安装时应注意不可直接用铁锤将膨胀螺栓敲进孔洞内，这样会造成膨胀螺栓丝扣损坏，应加一截套管再敲进孔洞中。②支吊架安装，将备用的支吊架配件按照步骤顺序一一安装，各种不同规格的配件在安装时不可混淆，安装几组后进行一次检查，防止大面积返工造成资源浪费。③支吊架调平调直，在支吊架安装完成后需要对母线支吊架进行整体调平调直，从而更好地为母线安装带来便利。

6.4.2.4 实地测量订货

支吊架安装好后，就可以请母线厂家到工地实地测量，然后再画图和测算，画出的详细图纸需得到现场工程师的确认，之后才能订货生产。

6.4.2.5 母线安装

（1）母线编号核对：母线安装前必须仔细核对母线的编号、规格型号是否有误，并核对厂家系统编号的正确性。

（2）水平母线安装：母线安装时首先应检查母线的方向，因插接式母线两侧的插口是不同的，需要特别注意；检查母线的顶面是否安装颠倒；母线连接时一定要确认是否插接牢靠，连接处的母线应保持在同一直线上，不可有歪斜现象；封闭插接母线应按设计和产品技术文件规定进行组装，组装前应对每段进行绝缘电阻的测定，发现绝缘不良立即整改，测量结果应符合设计要求，并做好记录；母线比较重，在搬运安装时应注意协调配合，以免发生坠落伤人事故。

（3）调平调直：该部分工作是在支吊架调平调直的基础上进行的，母线平直度的好坏主要是在该阶段控制。调节母线的扭曲度可以在母线一侧相等的距离上用尼龙线拉一条直线，然后用尺子沿母线的路径逐段测量，发现不符合规范及设计要求的及时整改，直到符合规范设计要求；调节母线水平度可以用水平管沿母线托架逐一测量。

（4）厂家二次测量：在完成上述工序后应及时通知厂家技术人员赴现场进行实地测量，厂家技术人员根据现场安装的具体尺寸测量预留出母线长度，及变配电室的母线终端单元尺寸，以便进行最后的母线贯通。

（5）预留处母线安装：剩余母线到货后进行最后部分的连接贯通。需要注意的是，中间段母线安装时应保证首尾两处的连接紧密可靠。

（6）防晃支架的安装：考虑到母线是硬性连接，对防晃的要求比较高，所以在拐弯处、直线段每15m均加装防晃支架，以确保带电运行时的安全。

（7）垂直母线安装：母线安装时首先应检查母线的方向，因插接式母线两侧的插口是不同的，需要特别注意；检查母线的顶面是否安装颠倒；母线连接时一定要确认是否插接牢靠，连接处的母线应保持在同一垂直线上，不可有歪斜现象。母线比较重，在安装垂直母线时应注意母线的固定位置及方法。垂直母线的固定系统应根据各厂家母线的特点来采购，该部分的固定支架厂家均可以提供，订货时注意母线的规格及型号，以免安装时不匹配。

（8）质量控制：插接式母线的连接部分必须插接到位并且连接紧密。母线连接部位两侧的侧板必须连接牢固。母线与母线之间的连接须保证在一条直线上，不得弯曲、变形。母线在安装搬运过程中应注意保护，严禁磕碰（尤其是插件部位）。母线安装过程中应注意各种液体的溅入。

6.4.2.6 绝缘摇测

（1）封闭插接母线应按设计和产品技术文件规定进行组装，组装前应对每段进行绝缘电阻的测定，发现绝缘不良立即整改或不安装，测量结果应符合设计要求，并做好记录。

（2）在安装三段母线以上时，每安装一节母线，都要进行绝缘摇测，防止在安装过程中处理不当影响绝缘，在后来检查发现后不好查找。

6.4.2.7 通电试运行

母线连接贯通之后逐一检查绝缘、规格型号、路线、安装质量等，检查无误之后方可送电，并检查电源电压是否正常。

标识牌挂设：一般母线插接箱安装的场所均有多个插接箱，为了更好地分清插接箱的用途及规格，在安装完成插接箱后即对插接箱进行编号，编号时应根据标牌制作规则进行。

6.4.3 自控施工方案

6.4.3.1 控制方案

1. 数据控制（DDC）策略

1）监测电动两通比例调节阀开度反馈

通过彩色图形显示阀门的反馈，阀门的每一点都有列表汇报、趋势显示图、开度显示。通过监控直观显示给定阀门的开度与反馈是否一致，判定阀门是否发生故障，如若发生故障应及时检修维护。

2）控制说明

（1）温度控制：在经过冷量计算的机组 DDC 干盘管上设置 1 套电动两通比例调节阀及 1 个温度传感器。

根据各个控制区域的房间温度设定值调节计算出最佳开度输出值，控制 DDC 调节阀的开度大小，保证将房间温度恒定控制在设定值范围内。

（2）可编程逻辑控制器（PLC）同时纳入数据采集与监控系统（SCADA）。

2. 洁净室控制策略

1）压力控制

根据房间压力传感器，控制相应的新风电动风阀的开度，使室内压力维持在设定范围内，每个电动风阀对应房间设置压差传感器。

2）数据监控

采用 PLC 控制系统进行监控，同时纳入 SCADA，监控各洁净房间压差与电动风阀的开度。

3. 洁净室新风系统控制策略

新风系统控制策略见图 6-87。

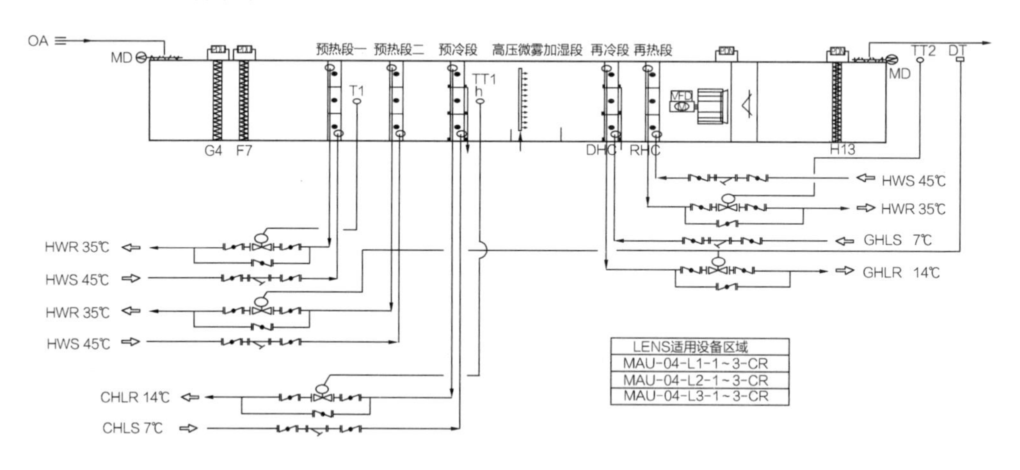

图 6-87 洁净室新风系统控制策略

1）温度控制

每台 MAU 送风管设置温度传感器（TT2）。

根据每台 MAU 送风管温度传感器（TT2）控制再热盘管的热水回水管上电动二通调节阀（等百分比型）的开度，使送风温度维持在设定值范围内（温度可设定）。

2）湿度控制

每台 MAU 送风管设置露点传感器（DT）。通过送风含湿量上下限值进行去湿/加湿工况转换。

去湿工况：根据预冷盘管后的焓值传感器控制预冷盘管的冷水回水管上电动二通调节阀（等百分比型）开度，使出风焓值维持在控制范围内；根据送风管露点传感器（DT）

控制冷盘管冷水回水管上的电动二通调节阀（等百分比型）开度，使送风管露点温度维持在控制范围内。当送风管露点温度低于控制下限且冷盘管冷冻水电动二通阀完全关闭，自动转入加湿工况。

加湿工况：根据预热段一后的T1温度传感器控制预热段一的热水回水管上电动二通调节阀（等百分比型）的开度，维持预热段一后的温度在设定值，根据送风含湿量控制预热段二的热水回水管上电动二通调节阀（等百分比型）的开度，调整高压微雾加湿段的进风温度调节加湿量，使送风含湿量维持在设定值范围内。当送风含湿量高于控制上限时，优先控制顺序相反，若预热段二的热水回水管上的电动二通阀完全关闭，自动转入去湿工况。

3）变频控制

风机配变频器，根据集管上的静压传感器控制送风机的变频器，维持静压恒定。

新风机组设置$N+1$。当一台MAU风机故障时报警，备用机组启动运行，维持送风机管静压值。

4）联锁

新风机组进出风的电动风阀与风机联锁。开机时先开电动风阀再开风机，关机顺序相反。

5）防冻报警

根据预热段一后的T1控制预热段一的热水回水管上电动二通调节阀（等百分比型）的开度，维持预热段一后的温度在设定值，当出风温度低于10℃时，报警。

6）压差报警

过滤器设置压差报警。

7）送风机压差报警

送风机进出口之间设置压差报警，送风机启动60s后，压差仍低于设定值，报警，并切断风机电源，关闭该机组进风阀和出风阀。

8）消防控制

火灾时，由消防中心确认火情后，切断MAU电源。

9）采用控制系统进行监控，同时纳入厂务监控系统（Facility Monitoring Control System，FMCS）

监控参数包括：

室外温度、相对湿度，各功能段后空气温、湿度，MAU出风温、湿度；

MAU出口的电动风阀开闭状态；

MAU风机启停状态、出口压力；

MAU风机变频器运转频率；

冷、热水电动二通调节阀（等百分比型）开度；

故障报警：通信故障、电力故障；

在控制系统界面上可以启停；

加湿量的大小、出水压力显示（加湿系统由空调厂商集中提供）；

显示泵站内部水路运动轨迹及泵房内部各个阀门的工作状态（加湿系统由空调厂商集中提供）。

4. 非洁净空调控制策略

控制策略如图6-88、图6-89所示。

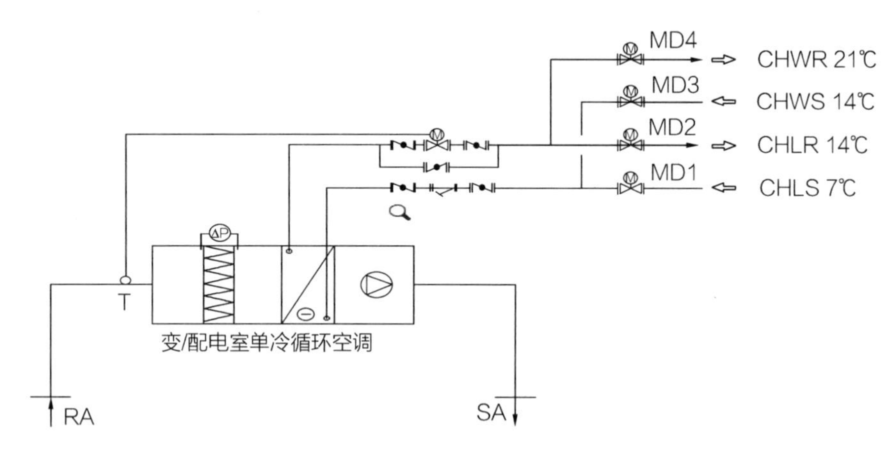

图6-88 非洁净空调控制策略1

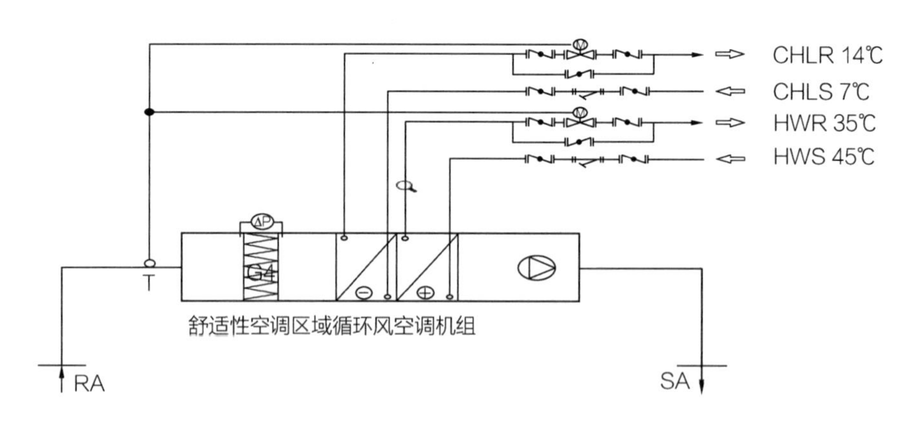

图6-89 非洁净空调控制策略2

（1）温度控制：设置在回风主管上的温度传感器控制冷盘管的电动二通调节阀开度（等百分比型），维持房间温度在设定值范围内（现场设定）。

（2）报警控制：各级过滤器均设置压差报警。

（3）消防控制：所有空调系统纳入消防控制中心；当发生火灾时，由消防值班中心发出信号关闭空调风机、排风机及防火阀，同时开启排烟系统进行排烟；或防火阀熔断，关闭联锁风机，同时输出信号，经消防值班中心确认火灾后，发出信号关闭非消防通风空调系统设备，开启排烟系统进行排烟。排烟系统也可就地开启。

（4）循环空调机组的风机设置故障报警。

（5）夏季及过渡季节开启MD1、MD2；冬季开启MD3、MD4。

6.4.3.2 施工方案

1. 控制柜安装

控制柜可采用双开门方式，进线方式选用侧进式，对于不同位置的柜体进行编号。同时，对于有特殊要求的柜体，通过建立规范，与相应的施工方交接，并按照规范对施工进行检验（表6-9）。

控制柜安装步骤 表6-9

步骤	说明
工艺流程	控制柜安装前准备—控制柜吊装及搬运—控制柜安装—安装质量检查及注意事项
控制柜安装前准备工作	根据设计及工艺要求准确确定控制柜的安装位置，并按照控制柜的外形尺寸进行弹线定位。 控制柜落地安装需预先制作基础型钢，基础型钢的制作、安装必须符合施工规范的规定。 落地安装的控制柜，统一采用10号槽钢制作底座，控制柜底边距地0.1m，控制柜自带基础的除外
控制柜吊装及搬运	控制柜顶设吊点者，应利用柜顶作吊点；未设吊点者，吊牵应挂在四角承力结构处，吊装时宜保留并利用包装箱底盘，避免牵具直接接触柜体
支架埋设法安装	采用必要的工具如水平尺和线垂等以保证箱柜安装横平竖直。 将角钢调直，量好尺寸，划好锯口线，锯断煨弯，再用电焊将对口焊牢，并将埋注端做成燕尾，然后除锈，刷防锈漆。 再按标高用水泥砂浆将铁架燕尾端埋筑牢固，埋入时要注意铁架的平直度和孔间距离，待水泥砂浆凝固后方可进行控制柜安装
金属膨胀螺栓固定法	采用金属膨胀螺栓可在混凝土墙上或实心砖墙上找出准确的固定点位置，用冲击钻在固定点位置钻孔，其孔径应刚好将膨胀螺栓的胀管部分埋入墙内，且孔洞应平直不得歪斜
安装质量检查及注意事项	水平度、垂直度偏差不应大于3mm
	安装牢固，落地柜与基础槽钢间采用M10镀锌螺栓连接，平垫弹垫等齐全，并且基础槽钢与箱柜体间采用裸编织铜带做好跨接，连接到控制柜接地排上，连接可靠
安装质量检查及注意事项	机架、机柜、配线架的金属基座都应做好接地连接，核对电缆编号无误
	机柜内线缆应做好绑扎，绑扎要整齐美观，留有一定的移动余量；剥除电缆护套时应采用专用开线器，不得刮伤绝缘层，电缆中间不得产生断接现象；端接前须准备好线缆端接表，电缆端接依照端接表进行；来自现场进入机柜（箱）内的电缆首先要进行校验编号，并应留有一定的余量；按图施工接线正确，连接牢固接触良好，配线整齐、美观，标牌清晰
	特别注意装有PLC和单回路控制器的箱柜，防止设备被损坏。 安装完毕后及时将箱柜体防护好及锁好，防止元器件损坏或丢失

2. 传感器安装

传感器安装时，首先核对设计要求和图纸型号、规格，由项目经理协调管道施工方相应负责人，双方一起进行定位、开孔、焊接接头工作（表 6-10）。

传感器安装步骤　　表 6-10

步骤	说明
室内/外温度传感器	室内/外温度传感器应安装在避免阳光直射的位置，远离有较强振动、电磁干扰的区域；尽可能远离门窗和出风口；并列安装的传感器，距地高度应一致；其位置不得影响工艺操作。显示仪表应安装在便于观察、维修的位置（仪表中心距地面高度宜为 1.2~1.5m）
	固定底座：墙体固定时用冲击钻打出 30mm 以上的深孔，加塞木块，用自攻钉固定底座；金属支架固定时，用手电钻钻孔、攻丝，螺钉固定底座。安装时不应敲击及振动，安装后应牢固、平正，不承受配管或其他机械外力
	传感器上的接线盒、进线孔的引入口不应向上，以避免油、水及灰尘进入仪表内部；当不可避免时，应采取密封措施
	传感器安装后水平度、垂直度误差小于 2mm。传感器标志牌上的文字及端子编号等应书写或打印正确、清晰
风管型温、湿度传感器	风管型温度传感器应安装在风速平稳的风管直管段，应在风管保温层完成之后安装
	固定底座：用手电钻钻孔、用抗振型自攻钉固定底座
	传感器安装后水平度、垂直度误差小于 2mm
管道型温度传感器	水管温度传感器应与工艺管道预制安装同时进行，应在水流温度变化灵敏和具有代表性的地方安装，不宜在阀门等阻力件附近和水流流束死角及振动较大的位置安装
	管道开孔、焊接取源接头，按照压力标准采用配套的专用管件安装
压力、压差传感器，压差开关	压力、压差传感器，压差开关：应安装在温、湿度传感器的上游侧；风管型压力、压差传感器应在风管的直管段安装；安装压差开关时，宜将薄膜处于垂直于平面的位置
	管道开孔、焊接取源接头，按照压力标准采用配套的专用管件、仪表隔离阀门的安装
流量计	流量计：应安装在避免有较强交直流磁场或有剧烈振动的场所；应设置在流量调节阀的上游，上游应有一定的直管段，长度为 $L=10D$（D 为直径），下游段应有 $L=4\sim5D$ 的直管段；流量计安装时表面的箭头方向要与流体方向一致

3. 执行器安装

执行器在管道上安装时，首先核对设计要求和图纸型号、规格，由项目经理协调管道施工方相应负责人，双方一起进行定位，由管道施工方焊接法兰（表6-11）。

执行器安装步骤　　表6-11

步骤	说明
施工前准备工作	必须严格按照图纸及相关技术文件的要求，核对阀门规格型号及技术参数，并核实工艺管道介质的流动方向，特别注意对现场实际设备及管道安装情况进行考察。阀体上的箭头指向要与流体的流向一致
管道上气动阀安装	检查气动阀执行器的气缸、位置指示器电磁阀的线圈、保位器等部件，确认没有损坏。安装前必须把气动阀所在管道吹扫清洗干净后方能安装阀门，保证气源的洁净。气动阀应垂直安装在水平管道上，大口径的调节阀在安装时应避免倾斜，因阀芯自重较大，将偏向一侧，加大阀芯与衬套之间的机械磨损。填料部分易泄漏，对此应特别注意。 若阀的公称通径与管道通径不一致，应采用渐缩管件，安装时，接合处不允许有松动间隙。 气动阀安装时，应避免给调节阀带来附加应力，以免因自重的影响使调节阀变形及破损。当调节阀安装在管道较长的地方时，应安装支承架，特别是用在振动剧烈的场合，必须辅以支撑或采取相应的避振措施
管道上电动调节阀安装	电动调节阀应垂直安装在水平管道上，并应考虑手动操作及维修拆装的方便，安装电动调节阀时一般应考虑设置旁通管路，以便在检修或自控发生故障时可以进行手动操作，不致影响空调系统的正常工作。 大口径的调节阀安装时应避免倾斜，因阀芯自重较大，将偏向一侧，加大阀芯与衬套之间的机械磨损，填料部分易泄漏，对此应特别注意。 电动调节阀安装时应使介质流向与阀体流向标志一致，如阀的公称通径与管道通径不一致时，应采用渐缩管件，安装时，接合处不允许有松动间隙。 电动调节阀安装时，应避免给调节阀带来附加应力，以免因自重的影响使调节阀变形及破损。当调节阀安装在管道较长的地方时，应安装支承架，特别是用在振动剧烈的场合必须辅以支撑或采取相应的避振措施
风阀与执行机构	风阀控制器上开闭箭头的指向应与风门开闭方向一致；风阀控制器应与风阀门轴连接牢固；风阀控制器应与风阀门轴垂直安装，垂直角度不小于85°；风阀控制器安装前宜进行模拟动作
安装后	阀门在安装后，当阀门处于最大开度时应清洗管道、清除污物，以免运行时发生卡滞现象或损坏阀芯、阀座
检验	注意阀门及管道的密封及焊接质量，注意调节阀门的操作机构及传动装置的灵活性。 要注意对调节阀相关检测、显示仪表的保护及防护工作

4. PLC 现场控制器安装

项目的 PLC 现场控制器都严格按照设计要求集中安放在指定的控制柜内。PLC 现场控制器是处于系统结构的中间层，向上与控制主机连接，向下与各种监控点探测器、传感器、执行机构连接。PLC 现场控制器是通过通信的接线端子板的端接以现场总线方式与控制主机相连接。现场控制器向下与各类监控点相连接，现场控制器采用模块化结构。因此，根据该系统控制区域内监控点的数量和类型来配置模块板的有关参数和数量。

5. 管路敷设

（1）管路在 2m 以内时，水平和垂直敷设时配管允许偏差值为 3mm，全长不应超过管子内径的 1/2。检查管路是否畅通，内侧有无毛刺，镀锌层或防锈漆是否完整无损。敷管时，先将管卡一端的螺栓拧进一半，然后将管敷设在管卡内，逐个拧牢。使用铁支架时，可将钢管固定在支架上，不允许将钢管焊接在其他管道上。

（2）管路应采用丝扣连接。连接应牢固，密封应良好，两管口应对准。套接的带螺纹的管接头长度应不小于金属管外径的 2.2 倍。连接后外露的螺纹不应多于两、三丝。

（3）金属管与线槽、接线盒连接应用锁紧螺母固定，连接后外露的螺纹不应多于两、三丝。

（4）管路配好后需做整体接地连接，镀锌钢管应用专用的接地线卡连接，不得采用熔焊连接。

（5）在多条线管平行敷设时，须避免在同一地点彼此跨越向不同方向敷设。

（6）所有导管应垂直或水平，除非图纸上特别注明，不允许采用倾斜的导管。

（7）当采用无螺纹旋压型紧定时，旋紧螺钉至螺母脱落。

（8）线路敷设完毕，应进行校线和标线，并测试电缆的绝缘电阻，其绝缘电阻不小于 5MΩ。

6. 桥架敷设

（1）线槽平整，无扭曲变形，内壁无毛刺，各种附件齐全。

（2）线槽连接采用配套连接板，用垫圈、弹簧垫圈、半圆头方颈螺栓紧固，螺母在外，线槽的接口应平整，接缝处应紧密平直。槽盖安装后应平整，无翘角，出线口的位置准确。

（3）线槽进行交叉、转弯、丁字连接时，应采用单通、二通、三通、四通或平面二通、平面三通等进行变通连接。

（4）线槽与盒、箱、柜等接槎时，进线和出线口等处应采用抱脚连接，并用螺栓紧固，末端应加装封头。

（5）在吊顶内敷设时，如果吊顶无法上人应留有检修孔。

（6）不允许将穿过墙壁的线槽与墙上的孔洞一起封死。

（7）线槽经过建筑物的变形缝时，线槽本身应断开，槽内用内连板搭接，不需固定，穿过墙壁的线槽与墙上的孔洞不允许一起封死。

（8）线槽安装横平竖直，允许线槽水平或垂直敷设，直线部分的平直度和垂直度偏差不大于 5mm。支吊架必须安装稳固，无显著变形。

（9）金属电缆桥架及其支架全长应不少于 2 处与接地（PE）或接零（PEN）干线相连接。在施工过程中及施工完成后做好成品保护工作，应注意交叉施工，防止踩踏。

7. 线缆敷设与连接

1）管内穿线的工艺流程

工艺流程如下：清扫管、线槽→穿带线→放线→导线连接→线路绝缘摇测。

（1）穿线前要复核管内所穿线缆的线径及型号规格，防止穿错；要检查管口是否光滑，穿线时要轻拉轻拽，防止损坏线管及划破电缆。

（2）线缆连接不能降低原绝缘强度，不能增加电阻值。线缆敷设时，尽量避免接头。

（3）连接时，必须先削掉绝缘层，去掉氧化膜再进行连接，有专用接头的，必须使用专用接头；无专用接头的，铰接加焊，包缠绝缘。

（4）线缆的绝缘层用专用剥线钳剥除，不能碰伤线芯，将线芯紧紧地绞在一起，清除套管、接线端子孔内氧化膜，将线芯插入，用压接钳压紧。

2）线路绝缘摇测

线路敷设好后，必须用 500V 兆欧表进行绝缘摇测，绝缘摇测应在电器器具未安装前进行，盒内导线连通。摇测时将干线与支线分开，一人摇测，一人应及时读数并记录。摇动速度应均匀保持在 120 转每分钟左右。

8. 机组传感器安装

1）安装步骤

工具材料准备就绪—现场定位—机组开孔—安装传感器。

2）准备工具材料

螺丝刀，手枪钻，开孔器，记号笔，密封胶，卷尺，扎带，焓值传感器，露点温度传感器。

3）现场定位

每台机组安装温度传感器，安装于 MAU 机组预热、预冷段后（具体位置视现场实际情况有所改动）。

4）机组开孔与传感器安装

定好位置后使用记号笔标出，使用开孔器在标出位置开孔（直径20mm），将变送器安装于孔的上方不要覆盖，将分体式探测器从孔内插入机组，使用扎带固定于机组内部的支架内，连接探头与变送器，最后使用密封胶将孔封堵。

机组温度传感器安装见图6-90。

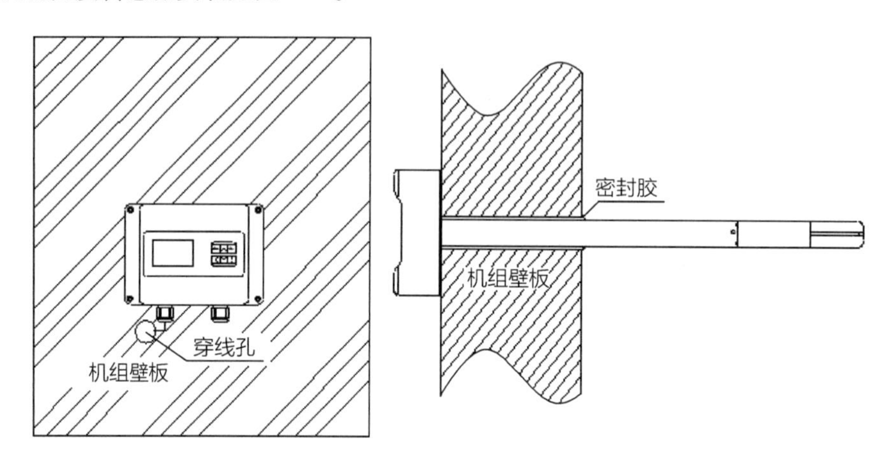

图6-90　机组温度传感器安装图

9. 水管温度、压力传感器安装

1）安装步骤

工具材料准备就绪—现场定位—水管开孔—传感器套管焊接—安装传感器。

2）准备工具材料

螺丝刀，手枪钻，焊接机，开孔器，记号笔，密封胶，卷尺，扎带，温度传感器。

3）现场定位

水管温度传感器应与工艺管道预制和安装同时进行。

水管温度传感器的开孔与焊接工作，必须在工艺管道的防腐、衬里、吹扫和压力试验前进行。

水管温度传感器的安装位置应在水流温度变化灵敏和具有代表性的地方，不宜选择在阀门等阻力件附近以及水流流速死角和振动较大的位置。

水管温度传感器的感温段大于管道口径的1/2时，可安装在管道的顶部，如感温段小于管道口径的1/2时，应安装在管道的侧面或底部。

4）传感器安装

定好位置后使用记号笔标出，将传感器套管交于管道专业开孔、焊接（直径20mm），将传感器插入套管中，螺纹接口。

水管温度传感器安装见图6-91。

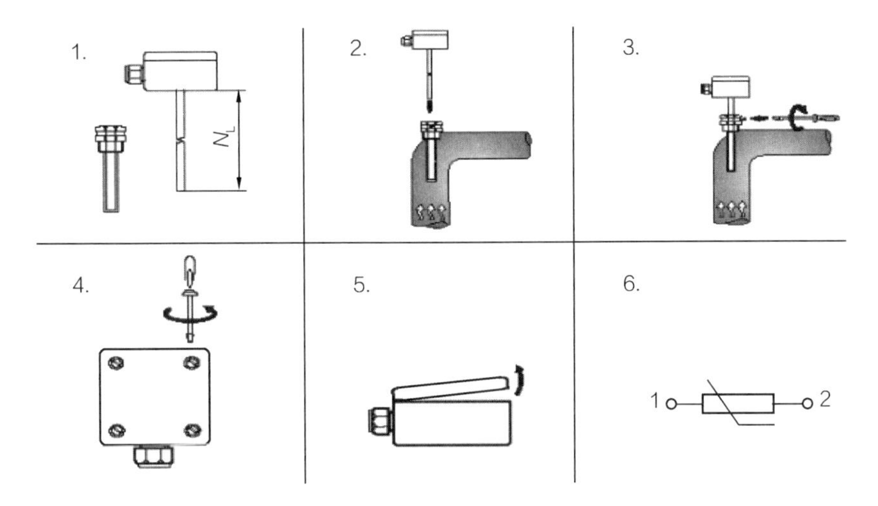

图6-91　水管温度传感器安装图

10. 室内温湿度传感器安装

1）安装步骤

工具材料准备就绪—现场定位—墙板开孔—安装传感器。

2）准备工具材料

螺丝刀，手枪钻，开孔器，记号笔，卷尺，扎带。

3）现场定位

根据仪表、阀门、平面布置图找到每个温湿度传感器对应的轴位，预先布好穿线管，线管底部至地板高度大约1400mm。

4）壁板开孔与传感器安装

在线管底部位置相对的壁板处做好标记，以仪表中心距地1600mm处安装传感器。将线管由上夹层沿立柱与壁板中间下穿至1400mm位置，使用开孔器在标出位置开孔（直径20mm），再由金属软管接至传感器（图6-92）。

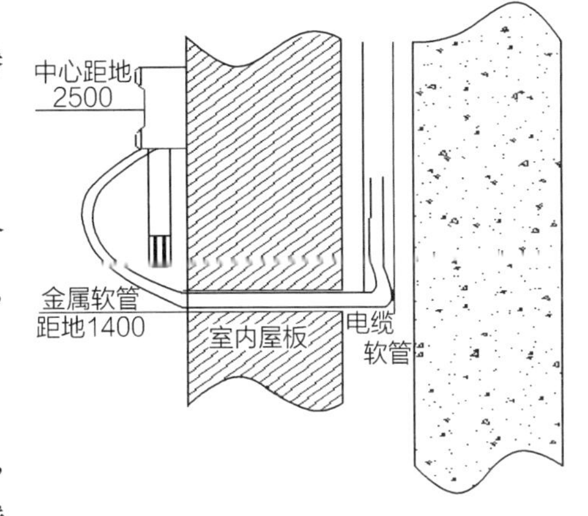

图6-92　室内温湿度传感器安装图

11. 机组压差开关传感器安装

1）安装步骤

工具材料准备就绪—现场定位—安装传感器。

2）准备工具材料

螺丝刀，手枪钻，记号笔，卷尺，压差开关，密封胶。

3）现场定位，在图中位置安装压差开关，见图6-93。

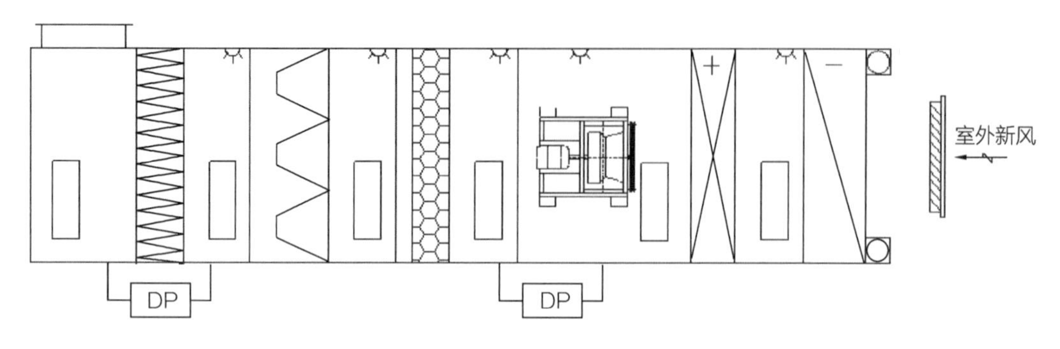

图6-93 压差开关安装位置图

4）安装压差开关

（1）在过滤器两边10cm左右位置开孔，将安装附件A408插入孔内并使用自攻螺栓固定，周围使用密封胶固定。

（2）安装压差开关，使用PU管将压差开关与安装附件A408连接，并测试是否安装牢固，用手轻轻用力看是否能够拔下来。

压差开关安装如图6-94所示。

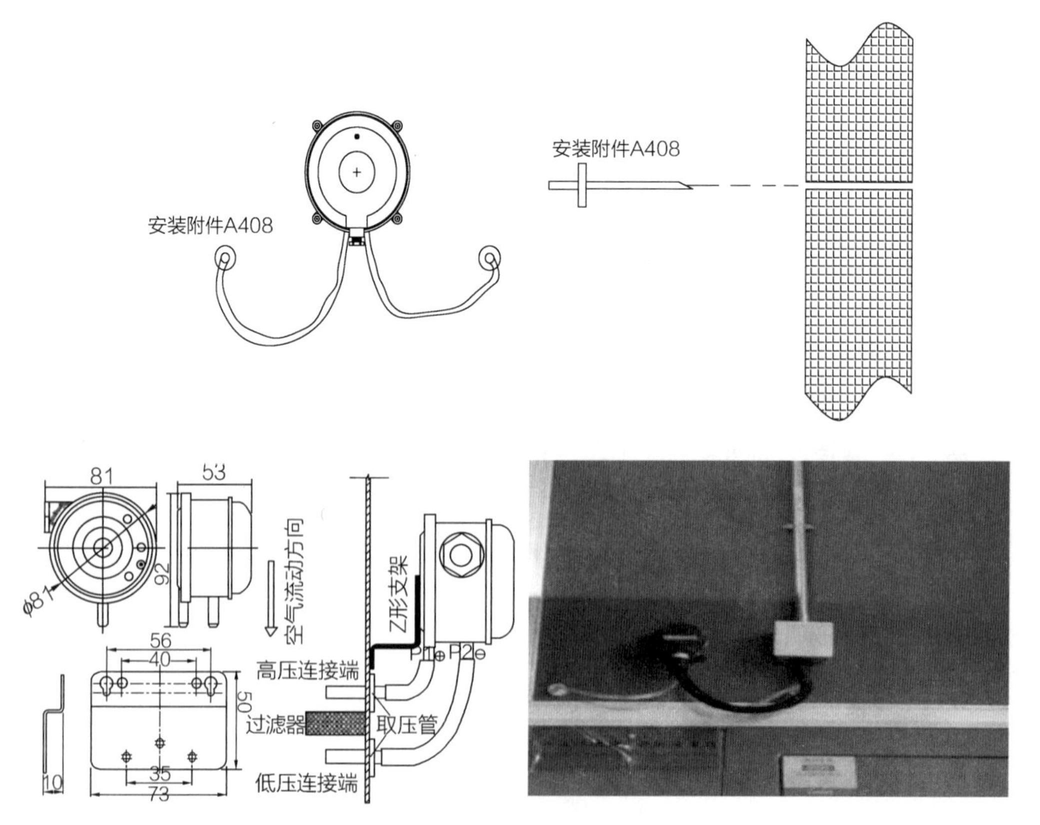

图6-94 压差开关安装图

12. 电动水阀、风阀执行器安装

1）安装步骤

工具材料准备就绪—现场定位—安装执行器。

2）准备工具材料

螺丝刀，手枪钻，记号笔，卷尺，执行器，扳手。

3）现场定位

根据执行器平面布置图安装风阀、水阀执行器，执行器安装在固定支架上。

4）安装执行器

电动调节阀应垂直安装在水平管道上，并应考虑到手动操作及维修拆装的方便，安装调节时一般应考虑设置旁通管路，以便在检修或自控发生故障时可以进行手动操作，不致影响空调系统的正常工作。

大口径的调节阀安装时应避免倾斜，因阀芯自重较大，将偏向一侧，加大阀芯与衬套之间的机械磨损，填料部分易泄漏，对此应特别注意。

电动调节阀安装时应使介质流向与阀体流向标志一致，如阀的公称通径与管道通径不一致时，应采用渐缩管件，安装时，接合处不允许有松动间隙。

电动调节阀安装时，应避免给调节阀带来附加应力，以免因自重的影响使调节阀变形及破损，当调节阀安装在管道较长的地方时，应安装支承架，特别是用在振动剧烈的场合必须辅以支撑或采取相应的避振措施，如图6-95～图6-98所示。

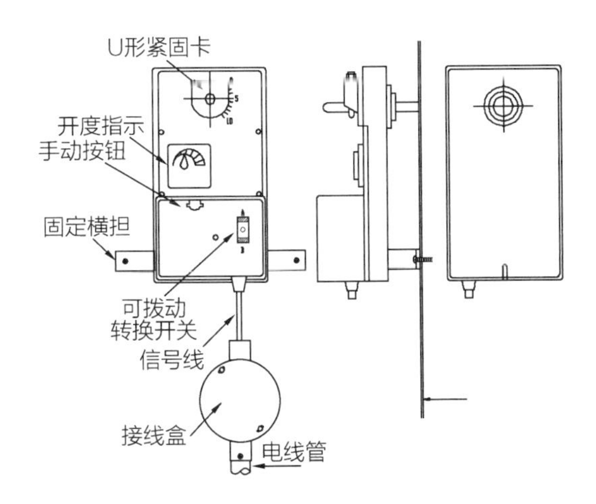

图6-95　电动风阀执行器安装示意图

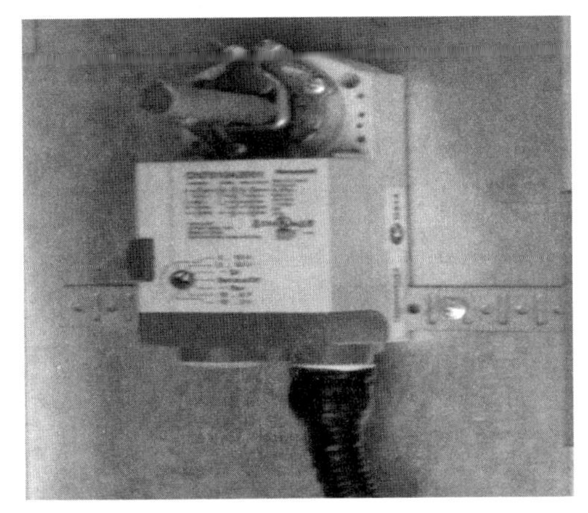

图6-96　电动风阀执行器安装实例图

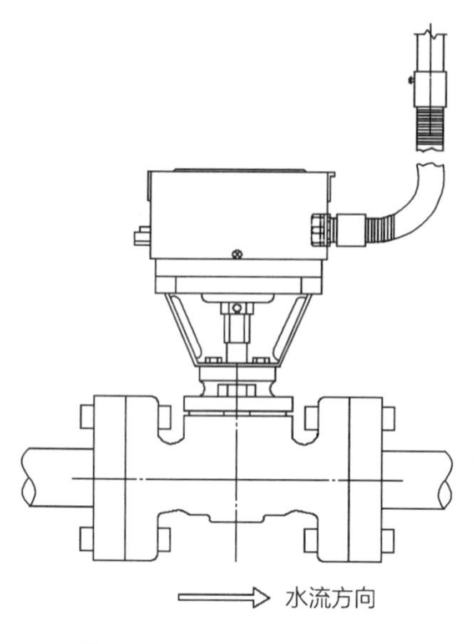

图6-97　电动水阀安装示意图

图6-98　电动水阀安装实例图

6.5　洁净管道施工控制技术

6.5.1　镀锌风管施工技术

新风系统、排风系统、空调系统、消防排烟系统、加压补风系统均选用角钢法兰镀锌钢板风管，风管厚度按照《通风与空调工程施工质量验收规范》GB 50243—2016 规定严格执行。

6.5.1.1　风管厚度选择

风管厚度的选择见表6-12。

风管厚度的选择　　表6-12

风管直径或长边尺寸 b (mm)	板材厚度(mm)				
	微压、低压系统风管	中压系统风管		高压系统风管	除尘系统风管
		圆形	矩形		
$b \leqslant 320$	0.5	0.5	0.5	0.75	2.0
$320 < b \leqslant 450$	0.5	0.6	0.6	0.75	2.0

续表

风管直径或长边尺寸 b (mm)	板材厚度(mm)				
	微压、低压系统风管	中压系统风管		高压系统风管	除尘系统风管
		圆形	矩形		
$450<b\leq630$	0.6	0.75	0.75	1.0	3.0
$630<b\leq1000$	0.75	0.75	0.75	1.0	4.0
$1000<b\leq1500$	1.0	1.0	1.0	1.2	5.0
$1500<b\leq2000$	1.0	1.2	1.2	1.5	按设计要求
$2000<b\leq4000$	1.2	按设计要求	1.2	按设计要求	按设计要求

注：1. 螺旋风管的钢板厚度可按圆形风管减少10%~15%。
2. 排烟系统风管钢板厚度可按高压系统选择。
3. 不适用于地下人防与防火隔墙的预埋管。

6.5.1.2　角钢法兰风管制作

1. 风管加工工艺流程

具体流程见图6-99。

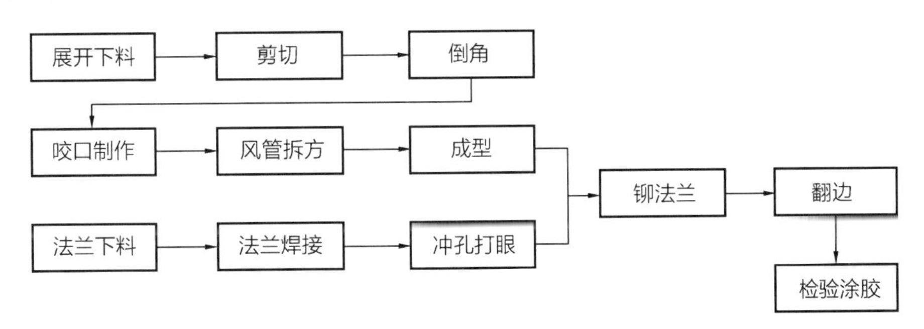

图6-99　风管加工工艺流程

2. 操作要点

1）选材

按照《通风与空调工程施工质量验收规范》GB 50243—2016规定严格执行。

2）下料剪切

根据加工单的尺寸进行下料，剪切前角钢表面必须进行镀锌处理并复核尺寸，以免有误。

3）法兰加工

（1）法兰由四根角钢组焊而成，下料时要注意使法兰的长边夹住短边，长边两端倒角45°，且焊成的法兰内径要比风管外径大2～3mm。

（2）下料调直后为法兰配铆钉孔，孔距不大于120mm且均布，四角的铆钉孔应尽量靠近转角，一般不应大于30mm。

（3）同规格的法兰角钢在钻孔后用模型法兰紧固进行点焊，成型后再焊接牢固。

（4）法兰螺栓间距应≤150mm，长边端部必须配有螺孔，且同一规格法兰的螺孔布置必须严格一致，确保其互换性。

4）铆接法兰

（1）风管与法兰铆接前要认真校核规格，铆接后要做到风管折角平直、端面平行。

（2）翻边宽度6～9mm，翻边平整、宽窄一致。

3. 风管加固

矩形风管边长大于630mm，保温风管边长大于800mm，管段长度大于1250mm或低压风管单边平面面积大于1.2m^2，中、高压风管面积大于1.0m^2，均需采取加固措施。

项目洁净风管采用加固框外加固。

4. 风管清洗

1）清洗棚

风管清洗需在独立、封闭的清洁间进行。

2）清洁剂

清洁剂应为中性和环保的产品，不对人体和风管材料产生任何有害作用。

3）风管清洗和密封流程

（1）风管清洗：采用中性清洁剂擦拭（图6-100）。

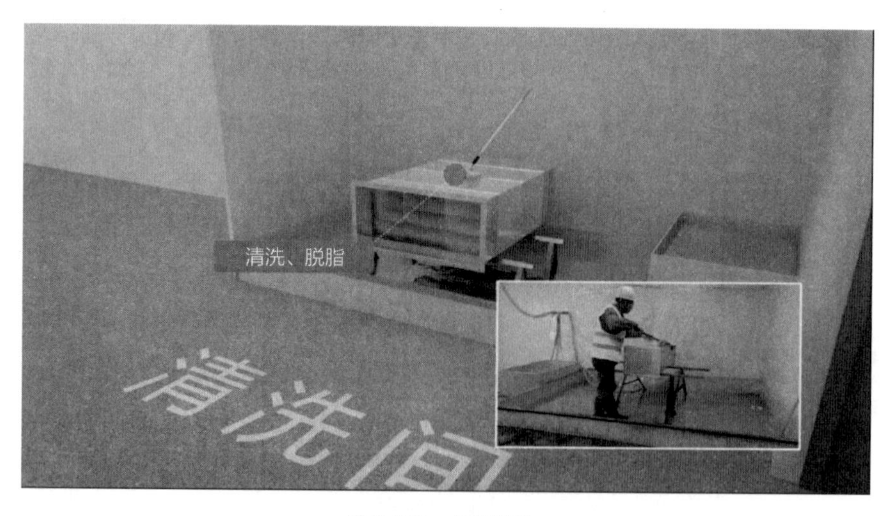

图6-100　风管清洗

(2) 风管冲洗：采用高压水枪将泡沫清除（图6-101）。

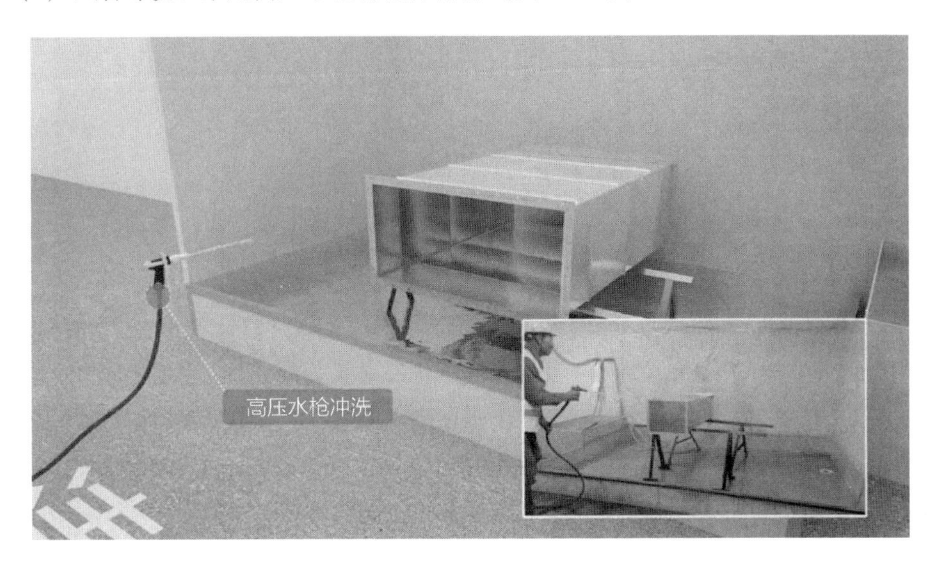

图6-101　风管冲洗

(3) 风管擦干：采用洁净布擦干（图6-102）。

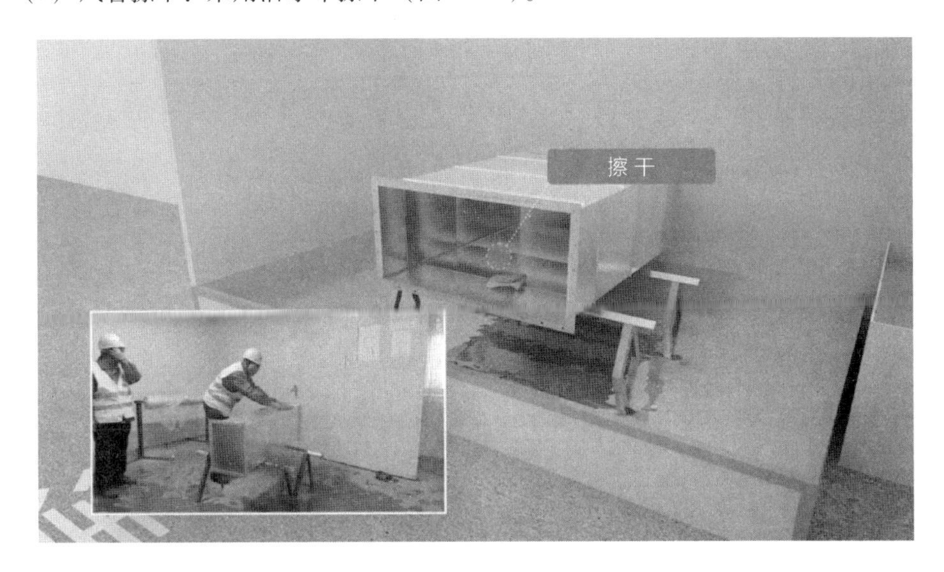

图6-102　风管擦干

(4) 风管密封：风管密封要在风管正压侧打胶；打胶要平整、严密，不出现凹凸不平、漏打等不合格现象；风管清洗打胶完成后，进行风管端口密封（图6-103）。

(5) 风管封口：采用塑料布密封。

风管堆放、搬运全程需要保持塑料布风口密封良好，保证过程不受产尘污染(图6-104)。

(6) 铆钉间距检查，见图6-105。

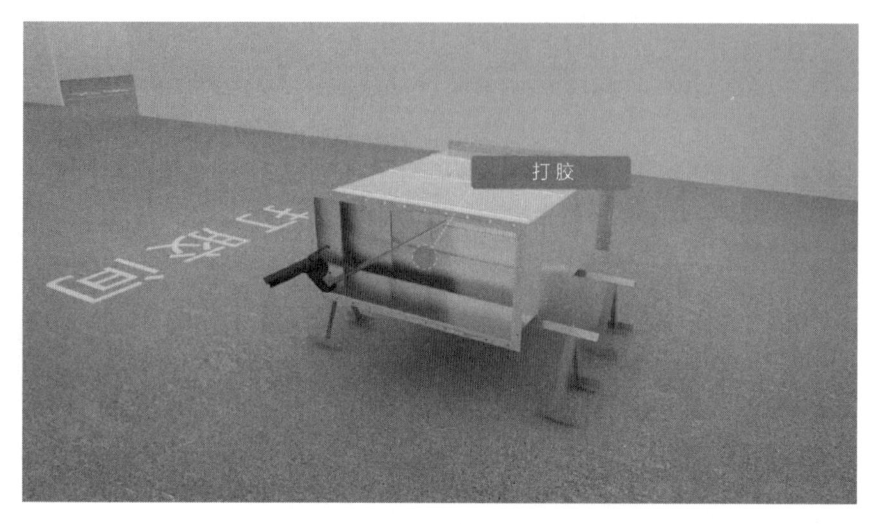

图6-103　风管端口密封

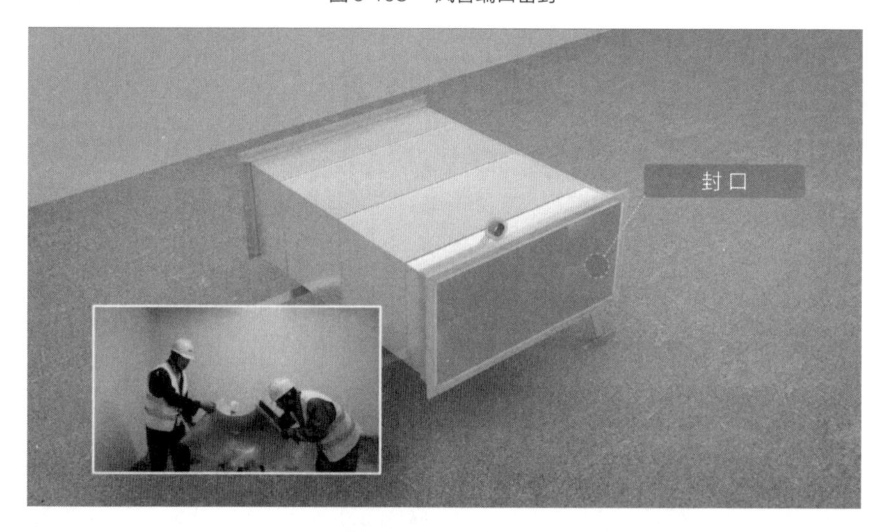

图6-104　风管封口

图6-105　铆钉间距检查

（7）法兰检查，见图6-106。

制作完成的法兰应平整，无焊穿或未融合现象，法兰对角线误差不超过3mm。

铆钉间距应均匀，并且不超过规范要求。中低压系统风管法兰铆钉孔的孔距不得大于150mm，高压系统孔距不得大于100mm，第一个铆钉孔距法兰角的距离应为40mm；洁净风管法兰铆钉孔的间距，当系统洁净度等级为1～5级时，不应大于65mm；6～9级时，不应大于100mm；洁净风管不得采用抽芯铆钉。

图6-106　法兰检查

（8）风管扣合检查，见图6-107。

风管扣合应牢固可靠，扣合后翻边均匀、平整，无大小边或者翘边情况。

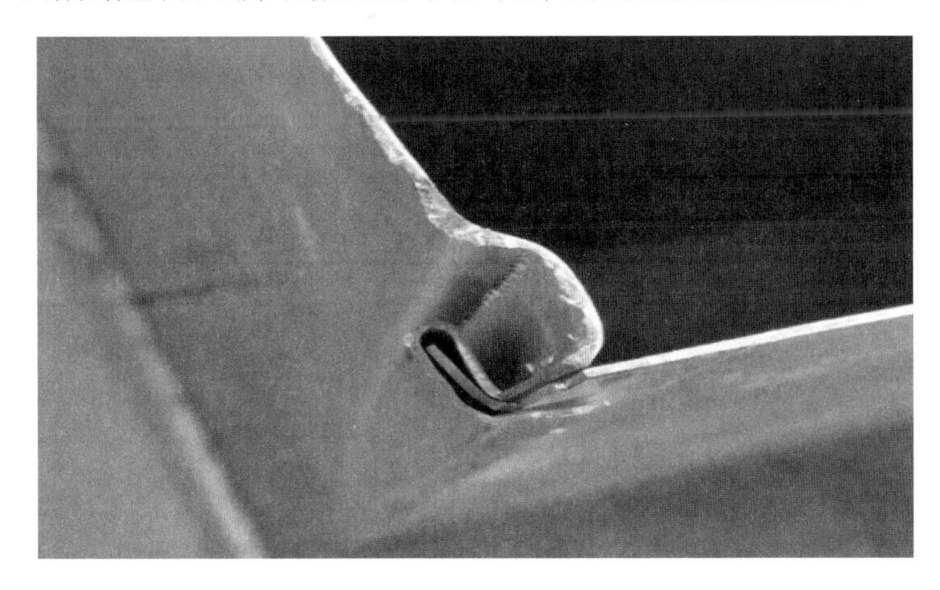

图6-107　风管扣合检查

（9）法兰翻边检查，见图6-108。

法兰翻边应均匀、平整，无大小边或者翘边情况。

图6-108 法兰翻边检查

(10) 风管打胶检查

风管接缝处都应打胶，打胶要平整、严密，不出现凹凸不平、漏打等不合格现象。

风管清洗后用洁净白布擦拭，白布上无污渍为合格。

6.5.1.3 风管系统安装

1. 施工工艺

安装流程见图6-109。

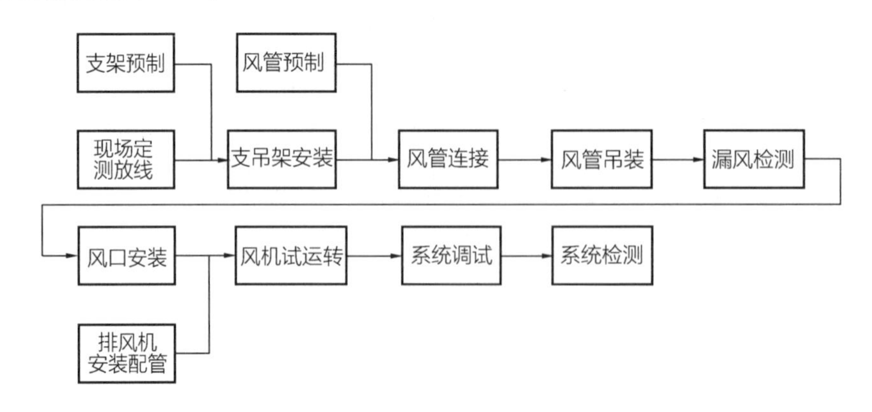

图6-109 风管系统安装流程

2. 确定标高

按照设计图纸并参照土建基准线，利用激光水准仪找出风管标高。

3. 制作吊架

（1）标高确定后，按照风管系统所在的空间位置，确定风管支吊架。其形式见表6-13。

穿楼板立管或管井的立管支吊架示意　　表6-13

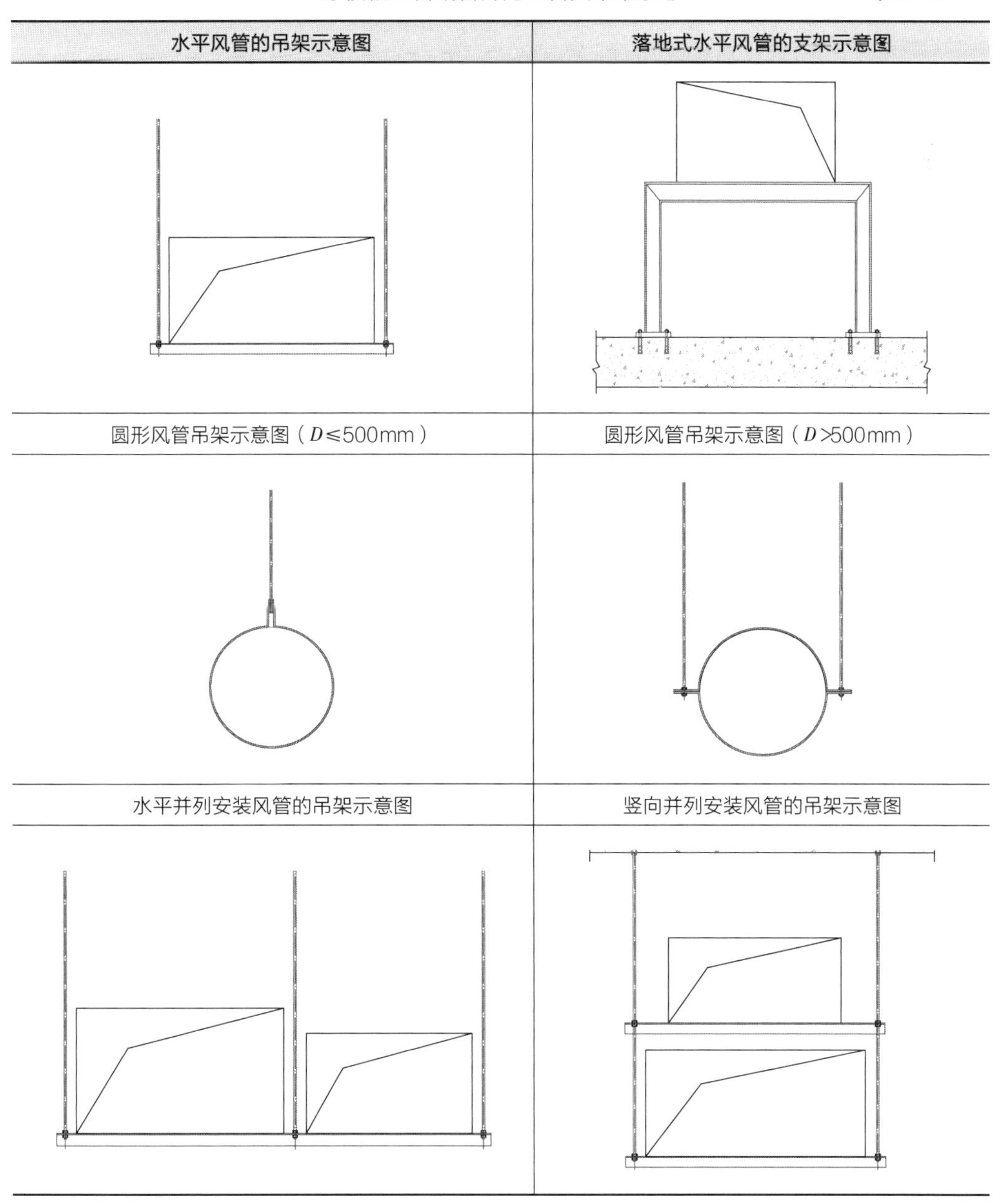

水平风管的吊架示意图	落地式水平风管的支架示意图
圆形风管吊架示意图（$D\leq500mm$）	圆形风管吊架示意图（$D>500mm$）
水平并列安装风管的吊架示意图	竖向并列安装风管的吊架示意图

（2）支架间距，见表6-14。

支架间距 表6-14

圆形风管直径或矩形风管长边尺寸	水平风管间距	垂直风管间距	最少吊架数
≤400mm	不大于4m	不大于4m	2副
>400mm	不大于3m	不大于4m	2副

4. 风管排列法兰连接

为保证法兰接口的严密性，法兰之间应有垫料，法兰垫料按表6-15选用。

法兰垫料 表6-15

应用系统	垫料材质及厚度（mm）
空调系统及送、排风系统	3~5mm闭孔海绵橡胶板
排烟系统	9501密封胶条

5. 风管吊装

（1）风管安装时，据施工现场情况，可以在地面连成一定长度，采用吊装的方法就位，也可以把风管一节一节地放在支架上逐节连接（图6-110）。

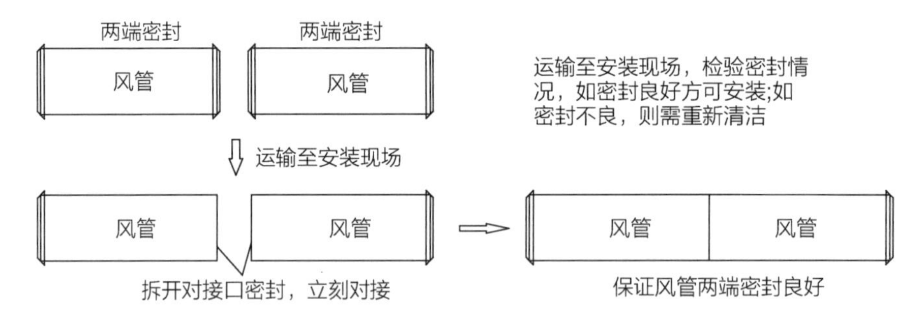

图6-110 风管现场安装示意图

（2）风管安装后，水平风管的不平度允许偏差，每米不大于3mm，总偏差不大于10mm；立管的垂直度允许偏差每米不大于2mm，总偏差不大于10mm。

（3）闭孔海绵粘贴不出现直拼缝，尽量减少风管直边上的接头，接头必须采用榫形或楔形连接。法兰均匀压紧后的垫料宽度，应与风管内壁齐平。

6. 安装质量

（1）风管安装后，水平风管的不平度允许偏差，每米不大于3mm，总偏差不大于10mm。

（2）立管的垂直度允许偏差，每米不大于2mm，总偏差不大于10mm。

（3）吊架安装完毕，经确认位置、标高无误后，将风管和部件按加工草图编号预排。

（4）为保证法兰接口的严密性，法兰之间加垫料。

（5）风管安装时，根据施工现场情况，可以在地面连成一定长度，采用吊装的方法就位，也可以把风管一节一节地放在支架上逐节连接。

（6）阀件安装在便于操作的位置。

（7）连接好的风管，检查其是否平直，若不平应调整，找平找正，直至符合要求为止。

（8）风管与配件可拆卸的接口及调节机构，不得设在墙或楼板内；支吊架不得设置在风口、阀门、检查门及自控机构处；各种调节装置应安装在便于操作的部位。

7. 管部件安装

1）风口

（1）应采购成品风口，验收合格后运至现场安装。

（2）在安装中，与装修密切配合，风口装上后，应保证平、直、正和美观。

（3）风口与风管的连接应严密、牢固，与装饰面紧贴；表面平整、不变形，开启灵活、可靠。

（4）风口水平安装，水平度的偏差不应大于3/1000。

（5）风口垂直安装，垂直度的偏差不应大于3/1000。

（6）回风口安装高度离底面150mm。

2）风管阀门的安装

（1）阀门安装应单独设吊架，阀门安装在吊顶或墙体内侧时，要在易于检查阀门开启状态和进行手动复位的位置开设检查口，并定期检查。

（2）风管穿越防火区需安装防火阀时，阀门与防火墙之间的风管应用1.6mm或以上的钢板制作，并在风管与防护套管之间采用不燃柔性材料封堵。防火阀安装时，注意熔断器应设在阀门入气口，即迎气流方向。

（3）防火阀过墙过楼板做法，如图6-111所示。

6.5.2 通风设备安装技术

6.5.2.1 通风机的安装

整体安装的风机，搬运和吊装的绳索不得捆缚在转子和机壳或轴承盖的吊环上；现场组装的风机，绳索的捆缚不得损伤机件表面，转子、轴颈和轴封等处均不应作为捆缚部

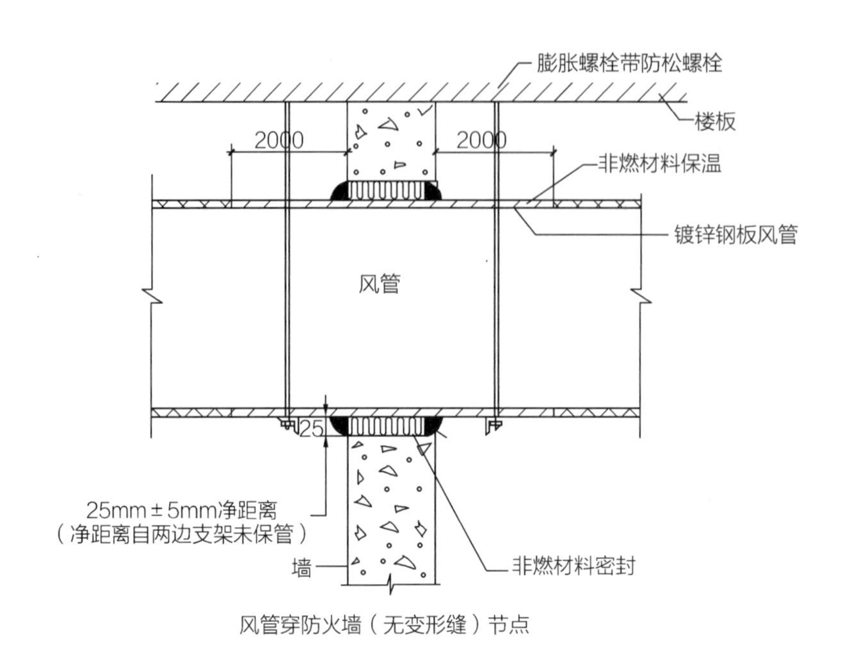

风管穿防火墙（无变形缝）节点

图6-111　防火阀过墙过楼板时安装图

位；输送特殊介质的通风机转子和机壳内如涂有保护层，应严加保护，不得损伤；皮带传动的通风机和电动机轴的中心线间距与皮带的规格应符合设计要求。

通风机的进风管、出风管等装置应有单独的支撑，并与基础或其他建筑物连接牢固；风管与风机连接时，不得强迫对口，机壳不应承受其他机件的重量；通风机的传动装置外露部分应有防护罩；当通风机的进风口或进风管路直通大气时，应加装保护网或采取其他安全措施；通风机底座若不用隔振装置而直接安装在基础上，应用垫铁找平；通风机的基础各部位尺寸应符合设计要求。

预留孔灌浆前应清除杂物，灌浆应用细石混凝土，其强度等级应比基础的混凝土高一级，并应捣固密实，地脚螺栓不得歪斜；电动机应水平安装在滑座上或固定在基础上，找正应以通风机为准，安装在室外的电动机应设防雨罩。

6.5.2.2　相关规定与要求

应将机壳和轴承箱拆开后再清洗，对直联传动的风机可不拆卸清洗；清洗和检查调节机构，其转动应灵活；各部件的装配精度应符合产品技术文件的要求。

滚动轴承风机，两轴承架上轴承孔的同轴度，可以叶轮和轴承装好后转动灵活为准；通风机的叶轮旋转后，每次都不应停留在原来的位置上，并不得碰壳；固定通风机的地脚螺栓，除带有垫圈外，还应有防松装置；安装隔振器的地面应平整，各组隔振器承受荷载的压缩量应均匀，不得偏心；隔振器安装完毕，在其使用前应采取防止位移及过载等保护措施；通风机安装的允许偏差应符合表6-16的规定。

通风机安装的允许偏差　表6-16

中心线的平面位移（mm）	标高（mm）	皮带轮轮宽中央平面位移（mm）	传动轴水平度		联轴器同心度	
			纵向	横向	径向位移（mm）	轴向倾斜
10	±10	1	0.2/1000	0.3/1000	0.05	0.2/1000

6.5.2.3　隔振支吊架的安装

隔振支吊架的结构形式和外形尺寸应符合设计要求或设备技术文件规定；钢隔振支架焊接应符合现行国家标准《钢结构工程施工质量验收标准》GB 50205—2020 的有关规定。

焊接后必须矫正；隔振支架应水平安装于隔振器上，各组隔振器承受荷载的压缩量应均匀，高度误差应小于2mm；使用隔振吊架不得超过其最大额定载荷量。

6.5.3　DCC 安装及封堵技术

6.5.3.1　施工准备

安装前需要与 DCC 厂家仔细确认尺寸以及型号，确保相同尺寸不同型号安装位置不出现混淆状况。安装前还需确认现场洁净条件是否满足 DCC 安装要求，施工前做好技术交底工作。然后根据技术要求与图纸设计要求，准备所需材料及工机具。

6.5.3.2　DCC 安装流程

1. 测量放线

项目下技术夹层干盘管全部采用立式安装，支架材料选用 C 型钢作为立柱。首先要进行基准线确认，保证地面水平，确保干盘管安装后处于稳定状态。

项目采用红外线激光水准仪放线，根据现场实际情况采用统一角度，保证所有末端在同一个垂直平面。

2. 支架安装

（1）立地式 DCC 支架是由 200×70×20×3 的 C 型钢作为立柱，利用 L 形角钢打膨胀螺栓将 C 型钢作天地固定；再用 100×50×20×3 的 C 型钢作为横担，利用 L 形角钢将其与立柱 C 型钢侧面采用螺栓连接在一起。为防止支架晃动，在立柱背后采用角钢在 1.6m 高处作固定斜撑（图 6-112）。

（2）注意要点：

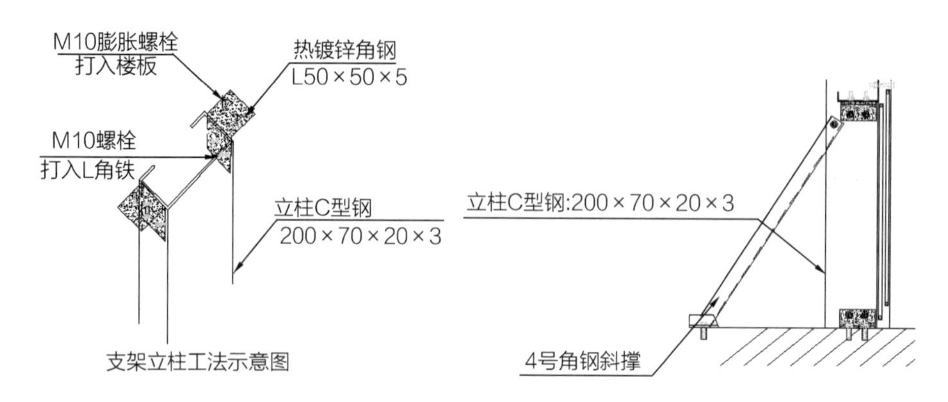

图6-112 支架安装

DCC 支架组装，这是 DCC 支架安装过程中最重要的一环，如果组装不合格，DCC 承受面不能保证在一个水平面上，那么 DCC 就不能很好地贴合安装在 DCC 支架上。即便是安装成功也会留有很大的缝隙，从回风夹道经过的风就不能全部通过 DCC，对 DCC 的整个调节作用产生不利因素。

6.5.3.3 DCC 安装

DCC 支架安装完毕后，就是 DCC 的安装。DCC 由钢制边框、盘管、翅片及保护网等组成。安装过程中不能使盘管和翅片受损，因此，整个安装过程只能由边框来承受外部力量。

安装步骤：DCC 搬运到位→DCC 安装→DCC 固定→DCC 调整→DCC 塑料膜保护。

注意要点：DCC 安装是整个安装过程的核心部分。DCC 安装过程中需要 6～7 个人共同完成，4～5人搬运，2 人固定。DCC 安装必须使支架上的多台 DCC 边框对齐，处于同一个平面。

6.5.3.4 气密封堵

（1）DCC 气密封堵是 DCC 安装过程的最后一步，也是保证回风夹道的风通过干盘管而不通过其他缝隙的保证措施，因此，封堵的效果至关重要。

（2）DCC 与建筑结构之间用 1.0mm 厚镀锌钢板封堵，缝隙处根据实际情况采用铝箔胶带和密封胶处理。DCC 在安装前，事先要在 DCC 与支架接触的地方贴上密封条，以确保不会由于材料本身的平整度不足而引起漏风现象。

6.5.3.5 质量保证

由质量部牵头配合建立工程质量管理小组。

根据设计和施工规范要求，科学地组织施工生产，合理地将材料、机械、设备和专业技术组织起来，做好施工准备工作，杜绝返工现象。

加强施工过程控制，落实现场质量责任制，奖罚分明，严明纪律，进行文明施工与生产。

加强材料验收工作，主要材料必须经技术人员验收后方可使用控制。对不符合要求的材料坚决退货。

在施工过程中，坚持技术交底制度，每道工序施工前必须进行各级技术交底。严格执行“三检制”，每道工序自检、互检后再进行交接检、隐检、报检等工作。及时解决施工中出现的任何质量问题。

6.5.3.6 成品保护

DCC安装完毕后，立即进行保护，避免人为因素对翅片以及铜管进行破坏，覆盖塑料保护膜，悬挂警示标语，对接管法兰进行硬性保护，防止由于其他施工造成的碰撞损坏，DCC的存放要避免杂物污染，需覆盖保护膜，安排专人看管。

6.5.4 UPVC管道施工技术

6.5.4.1 施工准备

1. 设备材料的准备

（1）UPVC管：规格型号必须符合设计要求，并有产品合格证、相关检验报告及说明书。管材内外表层应光滑，无气泡、裂纹，管壁厚度均匀，色泽一致。管子堆放时地面要平整，如果上架应多设几个支点防止管子变形。冬季防止冻坏，夏季防止太阳晒。

（2）UPVC管件：规格型号必须符合设计要求，并有产品合格证。管件造型应规矩、光滑，无毛刺。承口应有梢度，并与插口配套。

（3）其他材料：胶粘剂、型钢、圆钢、卡件、螺栓、螺母等。

2. 施工工具的准备

（1）安装工具：手锯、铣刀、刮刀、扳手、毛刷、棉布等。

（2）检测测量工具：卷尺、水平尺、线坠。

3. 施工条件的准备

（1）工程施工图纸及相关审图记录的准备。

（2）埋设管道，应挖好槽沟，槽沟要平直，必须有坡度，沟底夯实。

（3）安装管道（包括设备层、竖井、吊顶内的管道）首先应核对各种管道的标高、坐标的排列有无矛盾。预留孔洞、预埋件已配合完成。土建模板已拆除，操作场地清理干净，安装高度超过3.5m应搭好架子。

（4）室内明装管道要在与结构进度相隔两层的条件下进行安装。室内地坪线应弹好，粗装修抹灰工程已完成。安装场地无障碍物。

6.5.4.2 施工工艺

1. 工艺流程

安装准备→预制加工→干管安装→立管安装→支管安装→卡件固定→封口堵洞→闭水试验→通水试验→通球试验。

2. 预制加工

（1）用手锯将管道锯断至所需长度，端口要平齐。

（2）用铣刀或锉刀除去管内外飞刺，外棱铣出15°角。

（3）粘结前应对承插口进行插入实验，不得全部插入，一般为承插口的3/4（表6-17），试插合格后，用棉布将承插口需粘结部位的水分、灰尘擦拭干净。如有油污需用丙酮除掉。

（4）用胶水先涂承口，后涂插口，涂抹承口时应由里向外，胶粘剂应涂抹均匀且适量，不得漏涂。

（5）承插口涂抹胶粘剂后，应立即找正方向将管子插入承口，施压使管端插至预先划出的插入深度，再将管子旋转90°，以利胶粘剂分布均匀，30s至1min粘结牢固。

（6）粘牢后立即将溢出和多余的胶粘剂擦拭干净。

UPVC管材插入管件承口深度（mm） 表6-17

序号	外径	插入承口深度
1	50	25
2	75	40
3	110	50
4	160	65

3. 干管安装

（1）根据图纸要求的标高预留槽洞或预埋套管，埋地管道安装时按设计标高、坡向、坡度（坡度按设计要求，采用重力流排放，冷凝水、一般生产排水横管的坡度为0.01，一般生活排水横管的坡度均为0.026，图上有特别标注的以图示为准）开挖槽沟并夯实，吊装时应按标高、坡向、坡度做好吊架（吊架采用抱卡、通丝、膨胀螺栓直接组合形式）（表6-18）。

UPVC排水塑料管最大支承间距 表6-18

管径	*DN*50	*DN*75	*DN*100	*DN*150	*DN*200
立管（m）	2.0	2.0	2.0	2.0	2.0
横管（m）	0.5	0.75	1.1	1.6	1.6

（2）将预制加工好的管段运至安装部位进行安装，各管段粘结时必须按粘结工艺一次进行。全部粘连后，管道要直，坡度均匀，各预留口位置要准确。

（3）干管安装完后，做闭水实验，出口用充气橡胶胆封闭，达到不渗漏、水位不下降为合格。

（4）埋地管道在确认各项实验已完成且无相关问题后，应先用细砂回填至管上皮100mm，上覆过筛土，夯实时勿损坏管道。

（5）将预留口封严，将各洞口封堵好。

4. 支管安装

剔除吊卡空洞或复查预埋管件是否合适，将预制好的支管管道运至安装位置，接入预留口，根据管段长度调整好坡度，合适后固定卡架，封闭各预留管口及堵洞。

闭水实验：排水出口用可充气橡胶胆封堵，管道无渗漏，5min内水位不下降。

6.5.4.3 质量标准

管道的材质、规格、尺寸、胶粘剂的技术性能必须符合设计要求。

隐蔽的排水管的灌水试验结果必须符合设计要求和施工规范规定。

检验方法：检查区（段）灌水试验记录、管材出厂证明及胶粘剂合格证。

管道的坡度必须符合设计要求或施工规范规定。

检验方法：检查隐蔽工程记录或用水准仪（水平尺）、接线和尺量检查。

排水系统竣工后的通水试验结果，必须符合设计要求和施工规范规定。

检验方法：通水检查或检查通水试验记录。

6.5.4.4 成品保护及安全环保措施

管道安装完成后，应将所有管口封闭严密，防止杂物进入，造成管道堵塞。

安装完的管道应加强保护，尤其立管距地2m以下时，应用木板捆绑保护。

严禁利用塑料管道作为脚手架的支点或安全带的拉点、吊顶的吊点。严禁火烧塑料管，以防管道变形。

油漆粉刷前应将管道用纸包裹，以免污染管道。

6.5.4.5 施工注意事项

预制好的管段弯曲或断裂，原因是直管堆放未垫实，或暴晒所致。

接口处外观不清洁、不美观，粘结后外溢胶粘剂应及时除掉。

粘结口漏水。原因是胶粘剂涂刷不均匀，或粘结处未处理干净所致。

6.5.5 碳钢管道施工技术

6.5.5.1 碳钢管道安装流程

图纸会审→材料到厂→除锈→刷漆防腐→支吊架制作→下料切割→打磨坡口和钝边→管道组对→定位焊→焊接→打压→吹扫→焊缝防腐→保温。

6.5.5.2 材料检测

材料进场时需做材料进场验收，对进场材料参数及质量进行复核，合格后才能进场。

6.5.5.3 管道除锈及油漆

（1）检验合格后的碳钢管道应进行机械除锈，在堆料区涂刷第一遍底漆。

（2）第一遍底漆要均匀，不要使油漆出现流痕，除锈后、刷油前用油性布擦去表面浮锈。

（3）在管道安装完毕，水压试验合格后，保温之前，对焊口进行补漆。

（4）应注意不要污染地面，以及周围环境的物品。

（5）未干的漆要做警示标记。

6.5.5.4 管道支架制作安装

（1）管道支架制作应用机械钻孔切割，端头导角，并做防腐处理；

（2）安装点的位置，应依照设计图正确安装。安装时应注意与结构物相连接端是否固定，与管线连接端如使用管夹应注意是否锁紧。

6.5.5.5 碳钢管道切割

1）坡口可采用坡口机、手提砂轮机、角磨机、锉刀等进行加工，对于大直径管道也可采用氧-乙炔火焰切割进行预加工，但是氧-乙炔火焰切割后必须经过打磨，去除火焰切割表面的氧化层，使坡口整齐。

2）焊接坡口的形式：

（1）当管道壁厚≤3mm时，留I形口（不开坡口），对口间隙为2～3mm。

（2）当管道壁厚＞3mm时，开65°（60°～70°）V形坡口，钝边为1～1.5mm，对口间隙为3～4mm。

6.5.5.6　管道安装

1. 安装前的准备

（1）项目将最大限度使用预制管道以控制质量和进度。

（2）认真阅读施工图纸，以及招标书、施工规范等技术文件，掌握本系统的安装要领：比如管道的走向、坡度，阀门的种类位置，管道材质的转换接点。

（3）根据图纸选用相应品种规格的管材。

（4）安装前必须检查管内有无杂物，发现杂物必须及时清理。

（5）管道安装的坐标位置要准确，变径管及弯管、三通的位置、朝向要准确。

（6）管道安装要平直，并行的管道间距要一致。

（7）在最终连接之前，一定要将管口及时封堵。

（8）做好防晃支架，然后调整其他活动支架。

2. 放线

（1）管道放线由总管到干管再到支管，放线前逐层进行细部会审，使各管线互不交叉，同时留出保温及其他操作空间。

（2）空调水管道在室内安装以建筑轴线定位，同时又以墙柱为依托。定位时，按施工图确定的走向和轴线位置，在墙（柱）上弹画出管道安装的定位坡度线，冷热水及凝结水管道坡度按照图纸标注执行；坡度线宜取管底标高作为管道坡度的基准。

（3）立管放线时，打穿各楼层总立管预留孔洞，自上而下吊线坠，弹画出总立管安装的垂直中心线，作为总立管定位与安装的基准线。

3. 管道安装

1）管道安装

分三个步骤：管道组对→定位焊→焊接。

2）焊接质量管理流程

（1）焊工管理：焊工考试前应进行培训，通过焊工考试并通过业主审批后发放焊工许可证。对持证焊工建立档案登记存档。焊工在有效期持证才可上岗。

（2）焊接工艺评定：文件报审、焊接试验、检验与审核、更改。

（3）现场焊接：焊工施焊时焊接符合环境的有关规定，且按工艺文件内容执行、填写施焊记录，焊缝经外观检验合格后，打上焊工钢印，然后进行无损检测。

（4）焊接设备及焊材管理：焊接设备定人操作，定人定期维护保养和校验，经验收合格的焊接材料才可入库编号、记录使用。

（5）焊缝返修：拟定返修工艺，经审核批准后实施。

3）管道穿越墙、楼板的安装（图6-113）

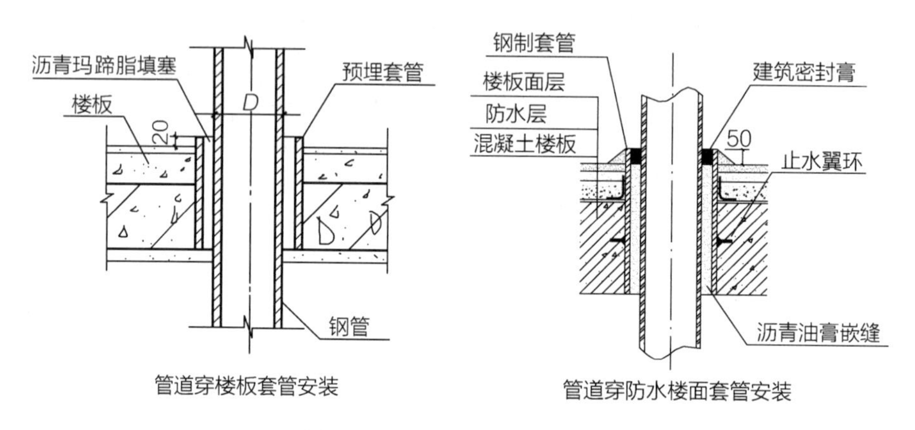

图6-113 管道穿越墙、楼板的安装

6.5.5.7 管道阀门安装

（1）安装前按规范进行试压。截止阀、止回阀和过滤器的方向均有一定的规定，在安装时按介质流向确定其安装方向，并应清扫连接管道内的灰尘、沙土以及焊接时喷漏的焊渣；安装丝扣阀门时，保证螺纹完整无缺，并以聚四氟乙烯生料带缠绕。安全阀须在系统运行前及运行后分别调校，开启和回座压力须符合设计文件的规定。

（2）安装时阀门必须在关闭状态下，严禁管道受力于阀门；阀门和管道设备须避免强力连接，松开紧固件时阀门处于自由状态；伸缩软管连接时需保持伸缩自如，不可将其压缩或延伸，否则将失去其效用。

6.5.5.8 软接安装

（1）必须根据管线的工作压力、连接方式、介质和补偿量选择合适的型号，其数量根据减噪位移要求选择。

（2）当管道产生瞬间压力且大于工作压力时应选用高于工作压力一个档位的接头（如：管道启动瞬间压力 >1.0MPa时，应选用1.6MPa的接头。瞬间压力 >1.6MPa时，应选用2.5MPa的接头）。

（3）软接头使用在水泵进出口时，应位于近水泵一侧，与水泵之间应安装金属变径接头，且安装在变径的大口径处。

（4）安装不锈钢接头时，螺栓的螺杆应伸向接头外侧，每一法兰端面的螺栓按对角加压的方法反复均匀拧紧，防止压偏。丝口接头应使用标准扳手均匀用力拧紧，不要用加力杆加力使活接头滑丝、滑棱和断裂，而且要定期检查，以免松动造成脱盘或渗水。

（5）不锈钢软接头在初次承受压力后（如：安装试压等）或长期停用再次启用前，应将螺栓重新加压拧紧再投入运行。

（6）使用或储存不锈钢软接头，应避免高温、臭氧、油及酸碱环境。用在室外或向阳迎风的管道应搭建遮阳架，严禁暴晒、雨淋、风蚀。接头表面严禁刷漆和缠绕保温材料。

6.5.5.9 调节阀安装

（1）在安装阀门之前，检查阀和相关设备，查看是否有损坏和异物。

（2）管线中的砂粒、水垢、金属屑及其他杂物会损坏调节阀的表面，使其关闭不严。因此，在安装调节阀之前，全部安装管线和管件都要吹扫并彻底净化，确保阀内部清洁干净，管线中无异物。

（3）阀门应正确定位，使管线流向与阀体或阀体法兰上介质流向箭头方向一致。

（4）控制阀组件可以安装在任何方位上，除非受到防震准则的限制。正常的方式是将执行机构垂直安装在阀的上方。其他位置可能导致阀芯和阀座的不均匀磨损。对于某些阀，当执行机构不垂直时，它可能还需要用支持物支持。

（5）在管线中安装阀门时，采用公认的配管和焊接方法。对于法兰连接型阀门，在阀门和管线法兰之间应使用一个合适的密封圈。

（6）调节阀安装时，必须考虑到调节阀在现场维修或日常拆卸维修的可能性，维修费用的高低取决于接近阀门的方便性。尤其是一些高位置的阀门，更需要考虑维护调节阀所需的空间、间隙和方便性。

6.5.5.10 过滤器安装

过滤器安装方向应和介质流向一致，过滤器滤网拆除前应考虑是否方便拆除、便于检修。

6.5.5.11 静态平衡阀安装

（1）该阀门应安装在干燥、清洁的地方，并且应该防止损伤和腐蚀。

（2）在安装阀门前，应检查：阀门是否清洁且未遭受损伤；管路系统是否已经被清洁，密封处是否清洁且未遭损伤。

（3）如图6-114所示，静态平衡阀可以安装在水平或者垂直的直管上。阀后离水泵的出口距离至少需要10D，距离弯头至少需要5D。阀前离弯头的距离至少需要2D，距离分流管至少需要2D。如图6-114所示。

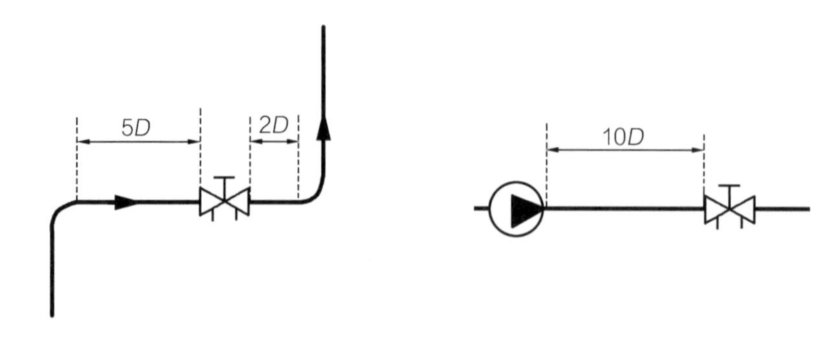

图6-114 静态平衡阀的安装

（4）注意在安装前法兰必须对中；螺杆和配合垫圈须经润滑，交叉上紧螺栓；检查平面密封符合法兰要求，法兰准确对中。注意阀体上水流方向。

6.5.5.12 质量控制

不得在焊接表面引弧或试验电流，焊接中应该注意起弧和收弧处的焊接质量；除工艺特殊要求外，每条焊缝应一次连续焊完，若因故被迫中断，应根据工艺要求采取措施防裂痕。对不合格焊缝，应进行质量分析，制定出措施后，方可返修，同一部位翻修次数不应超过2次。

焊件在组装前，应将焊口表面及内外壁的油、漆、垢、锈清除干净，直至发出金属光泽，并检查有无裂纹、夹渣等缺陷。

6.5.6 不锈钢管道施工技术

本工艺适用于循环冷却水系统管道的焊接施工。当不锈钢的壁厚超过1.2mm时，可使用普通直流焊接，使用反极法连接。

6.5.6.1 施工工艺流程

不锈钢管道施工工艺流程见图6-115。

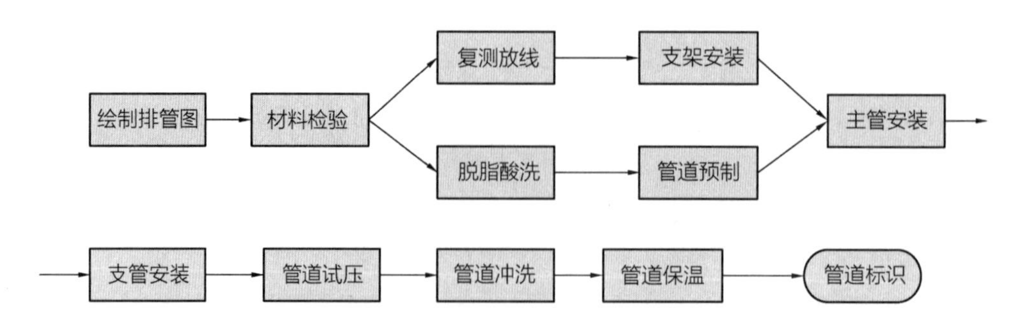

图6-115 不锈钢管道施工工艺流程

施工环境要求较高，在工程中不锈钢材料要有专门的存放场地；到场的不锈钢管均密封完好；搬运人员要戴专用橡胶手套；不锈钢管的预制要在相对密封、清洁的环境下进行；这是不影响不锈钢管施工质量的基础条件。

6.5.6.2　材料检验

钢管母材和焊接材料必须具有有效的质量合格证明书，证明数据不全时，应进行复检。

通常是选择与母材化学成分相近且能够保证焊缝金属性能和晶间腐蚀性能不低于母材的焊接材料。工程选择的焊丝应符合《惰性气体保护焊用不锈钢丝》YB/T 5091—2016 的要求，焊条的选用应符合《不锈钢焊条》GB/T 983—2012 的要求。

焊材应放在环境温度0℃以上且干燥通风的地方。焊条使用前应进行烘烤（烘烤温度为150～200℃，保温时间为1h），焊丝使用前必须去除表面的油污和氧化物。

手工钨极氩弧焊所使用的氩气纯度要求不得低于99.99%，所采用的钨棒应选用杜钨极或铈钨极，但尽量选用铈钨极。磨削时，应尽量保持钨极端头几何形状的均匀性。

6.5.6.3　切割、坡口

不锈钢管道的切割工具有角磨机、带锯和等离子切割机。其中带锯用于切割 *DN*150 以下的管道，*DN*200 以上的管道可用角磨机和等离子切割机进行切割。

用角磨机切割时，由于不锈钢硬度大，需用较薄的角磨片。切割完后，需用不锈钢钢丝刷清除割口内表面的角膜片残留物。

用带锯切割时，应选用细齿带锯条。粗齿易断齿，锯条寿命短。

用等离子切割时，切割速度快，但内部易被氧化破坏。切割完后，应用酸洗钝化膏对切割口进行处理。

6.5.6.4　不锈钢管道安装及充氩焊接

1. 技术特点

管道安装前应逐件清理管段内的沙土、铁屑、熔渣及其他杂物。管道开孔应在管道安装前完成。当在已安装的管段上开孔时，管内因切割产生的异物应清理干净。清理合格后，应及时封闭。

相对于传统的充氩方式，现场制作的局部充氩设备保证了焊接所需要的氩气浓度。因为是局部充氩，大大减少了氩气的用量，减少了此部分施工的成本。现场制作的局部充氩设备体积小、结构简单、移动方便，可以提高焊接工作的效率，所以使用此制作设备对项目工期有利。

大量 PCW 大口径管道，大口径（≥*DN*100）管线不锈钢管道焊接，使用本工艺方法可以在保证质量的前提下，经济高效地进行。

2. 工艺原理

1）传统的大口径（≥*DN*100）管线不锈钢管道焊接方式为定位焊接一段长输管线后用胶带封住待焊接焊口，然后统一充氩并集中进行焊接工作。传统的焊接方法在项目上使用会出现管线较长导致焊口漏气点过多等问题，普通的氩气瓶很难提供足够排量和压力的氩气。

2）对于大口径（≥*DN*100）长输管线管道，在焊接过程中很难满足 99.99% 的氩气纯度，可能导致焊口氧化，严重影响焊接质量。

3）传统焊接方式造成大量的氩气浪费。项目计划现场制作焊接焊口处局部充氩设备，在所需焊接焊口周边一倍的管径范围内进行局部充氩，密封所用的硬质海绵可塑性、密封性较强，能满足焊接要求的 99.99% 的氩气纯度。此局部充氩设备使焊接充氩工作定点到位，精确地进行焊接充氩，而且此设备制作简单，非常适合在现场制作。

4）施工工艺流程及操作要点：

（1）不锈钢焊接施工工艺流程：对接—打底—填充—盖面（大口径）。

（2）工艺要求：①对接前内壁用氩气保护（距管口 10cm），使用现场制作的局部充氩设备。②对接时两管口留 1～2mm 间隙进行点焊（留缝大小根据管径大小而定，在对缝之前需对管口做坡口处理）。③外管焊缝处用纸胶带进行密封。④按照已选定焊接工艺评定进行焊接施工，对于大口径管道盖面应在打底及填充后 30min 内进行，打底层及填充层强度不够，盖面管道易变型。

5）现场制作焊接焊口处局部充氩设备：

（1）焊口局部充氩设备制作示意见图 6-116。

（2）局部充氩设备尺寸参数见表 6-19。

局部充氩设备尺寸参数　　表 6-19

序号	使用焊接部位	L	DL_1	DL_2
1	直管焊缝	$2d$（管道内径）	比被焊接管道小一个口径	d（管道内径）
2	弯头处焊缝	适当即可	比被焊接管道小一个口径	d（管道内径）

3. 材料与设备

主要材料与设备见表 6-20。

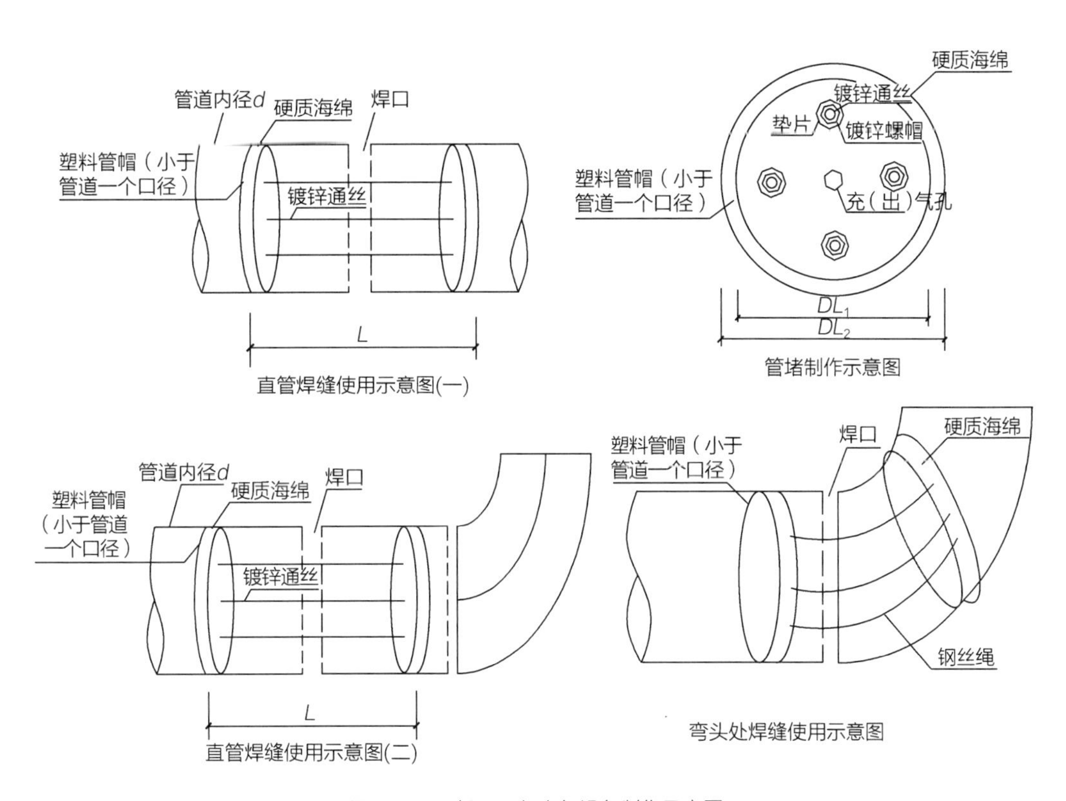

图 6-116　焊口局部充氩设备制作示意图

主要材料与设备　　表 6-20

序号	材料与设备名称	规格型号	数量	备注
1	镀锌通丝	ϕ8	4m	
2	镀锌螺母	M8	10 个	
3	塑料管帽	比被焊接管道小一个口径	4 个	硬质管帽
4	硬质海绵	厚度 20~30mm	$2m^2$	
5	钢丝绳	ϕ8	10m	
6	棉绳	ϕ10	50m	
7	PU 管	ϕ10	50m	
8	美纹胶带	适当即可	若干	

1）不锈钢管充氩焊接施工

（1）当管壁厚度小于 4mm 时，宜采用手工钨极氩弧焊；当管壁厚度≥4mm 时，宜采用手工电弧焊或手工钨极氩弧焊（当管外径≤108mm 时，宜采用手工钨极氩弧焊；当管外径＞108mm 时，宜采用手工电弧焊或手工钨极氩弧焊打底，手工电弧焊盖面）。工程全部采用手工钨极氩弧焊。接头的坡口形式如表 6-21 所示。

接头坡口形式 表6-21

坡口形式	壁厚 σ（mm）	间隙 c(mm)	钝边 b(mm)	坡口角度 α
（I形坡口示意图，标注 c、σ）	<4	0~1	—	—
（V形坡口示意图，标注 α、c、b、σ）	4~10	1~3	1~2	60°~70°

（2）施焊焊工应持有劳动部门颁发的“锅炉压力容器焊工考试合格证”中相应的合格项目证书，方可上岗操作。

（3）施焊环境温度要求一般不低于0℃，氩弧焊风速不大于2m/s，手工焊风速不大于8m/s，相对湿度不大于90%；如果达不到上述要求，且又无有效保护措施时，禁止施焊。

（4）不锈钢管道充氩焊接注意：①焊口坡口打磨必须满足规范要求，坡口打磨是复合管道分层焊接处理的基础；打底焊接时充氩必须保证氩气浓度，打底层不锈钢管道焊接必须无沙眼、无氧化现象。②硬质海绵必须和管道内壁保持密封，在使用过程中如发现硬质海绵被摩擦破损，应及时更换。③局部充氩设备充氩过程中，应保证氩气的充入量。焊接过程中，应观察焊口成形效果，观察有无焊口氧化现象，如有焊口氧化现象应立即停止，检查原因。

2）手工钨极氩弧焊

（1）手工钨极氩弧焊使用的各种型号的氩弧焊机应经检验合格、完备无损；氩弧焊机的高频引弧、衰减电流、提前送气、延时停气性能必须良好。

（2）手工钨极氩弧焊采用直流正接法（即：工件接正极，电极接负极）。

（3）焊前应将焊缝两侧15~20mm宽度范围内的油污、脏物清除干净，焊丝必须打磨光，并用丙酮擦洗干净。

（4）焊接时管内必须充入足够的氩气进行保护，采用引弧极或高频引弧装置，严禁在管壁上直接接触引弧，焊炬移动以保持平稳，尽量不作横向摆动。当焊缝较宽时，焊炬宜略横向摆动，移动速度缓慢，摆动形式为锯齿形，不宜后退焊炬，送丝速度应均匀，送丝摆动幅度不宜过大，焊丝端部应自始至终处于氩气保护区域内以防止被氧化。

焊炬与焊丝、工件倾角如图6-117所示。

（5）由于手工钨极氩弧焊的电弧集中穿透能力强，因此，应随时注意观察熔池下陷情况，以免熔透过大或烧穿，应采用左向焊法，在保证焊接质量的前提下，焊接速度应尽量快些，收弧时应将弧坑处多加一些焊丝。

（6）其焊接参数如表6-22所示。

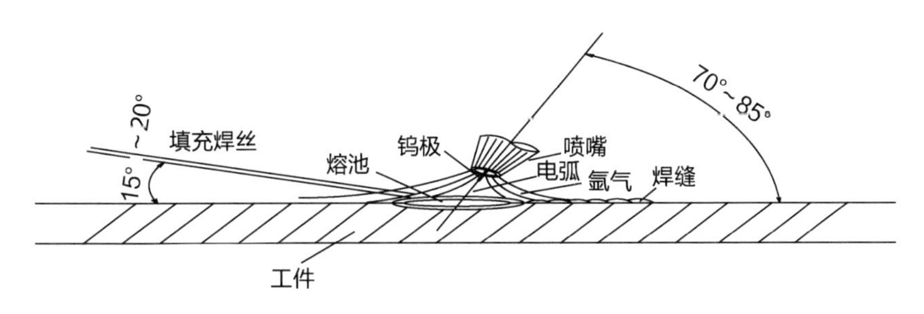

图6-117　焊炬与焊丝、工件倾角

焊接参数　表6-22

管壁厚度(mm)	极直径(mm)	喷嘴直径(mm)	焊丝直径(mm)	焊接电流(mm)	氩气流量(l/min)
0.5	1	6	0.5	18~28	6
0.8~1	1.5	6	1.5	25~35	6
1.2~1.5	1.5	8~9	1.5	40~60	7
2~3	2	8~9	2	60~90	8
4~6	3	10~11	2.5	90~150	10
6~8	4	11~13	3	160~200	12

（7）焊接时必须采用定位焊：①$D\leqslant 89$mm 时，采用两点定位；②89mm $< D <$ 219mm 时，采用三点定位。

第7章

数字化建造技术应用

7.1 数字化建造技术在土建中的应用

7.1.1 数字化建造技术应用背景介绍

7.1.1.1 数字化建造技术发展的必然性

数字化建造技术将给建筑业带来一场革命，虽然在国内推行过程还颇具争议，但其作为趋势已经得到国际工程界认可。

7.1.1.2 BIM 技术较传统施工方法的优势

基于 BIM 技术搭建的 3D 投标文件，可以将拟建工程的各道工序以 3D 直观地展示，并通过 4D 方案演示和虚拟建造来提高招标人和评标专家对投标文件的接受程度，具体、形象地展示了投标单位的实力。不仅如此，后续通过不断进行深化和信息收集，模型将会延伸出更多维度，深度服务于施工乃至后续运维阶段。

建筑的三维模型来源于图纸，因图纸产生的错误在模型搭建初期就可以部分消除，此外建筑模型为多专业结合，模型之间相互参照，各专业的交互既能发现内部碰撞，也能看到表面错误。变更修改直接在模型中进行构件自动更新，并且可以借助辅助的交互系统达到信息即时共享。

BIM 技术将传统的三维模型增加时间维度，将施工进度计划和三维构件关联起来。可以在任意一个施工节点上模拟施工过程，追踪构件状态。并且虚拟模型能对施工组织给出每天的安排，呈现出潜在问题，并给出优化建议。

完整的施工模型可以提供材料的准确数量和设计中的所有构件。这些数量、规格、性能信息可以帮助现场施工人员快速获取图纸和设计信息，并且将现场收集到的施工信息反馈给模型，形成信息收集闭环，赋予建筑模型更完整的信息。

BIM 技术能够提供一个准确的建筑设计模型，针对任何一个流程都可以提供一份所需的材料需求计划表，这样可以为分包商的进度安排提供依据，让其在正确的时间上安排好合适的人员、设备、材料。从而强化了沟通协调，降低了施工成本。

不仅如此，BIM 技术能用多维度结构化的数据库来描述一个复杂工程，改变了只能用线条在二维图纸上描述工程的现状。真正解决了复杂工程的大数据创建、管理和共享应用，在数据、技术和协同管理三大层面提供了新的理念。

7.1.2 超级工程 BIM 技术使用的必要性

工程体量超大，大型机械集中作业数量多，庞大的材料用量，任何一个环节的材料浪费造成的损失都是不可估量的。

工期超紧，涉及钢结构专业、土建专业、机电安装专业和园林绿化专业等，多专业需协调作业，在保证工期的前提下如何使各专业间工序有序穿插忙而不乱？

技术难度高，大体量和高标准的华夫板浇筑更是一项巨大挑战；成品保护要求高，多专业工序穿插紧密，如何保证其他专业工序施工方案合理减少对已完成工程的破坏？

资源管理要求高，运输管理环环相扣。为此采用BIM技术（图7-1、图7-2）参与到项目施工管理中，利用大数据的建立、管理和共享应用，在数据、技术和协同管理三大层面提供了技术支持，使现场施工更智能更高效。

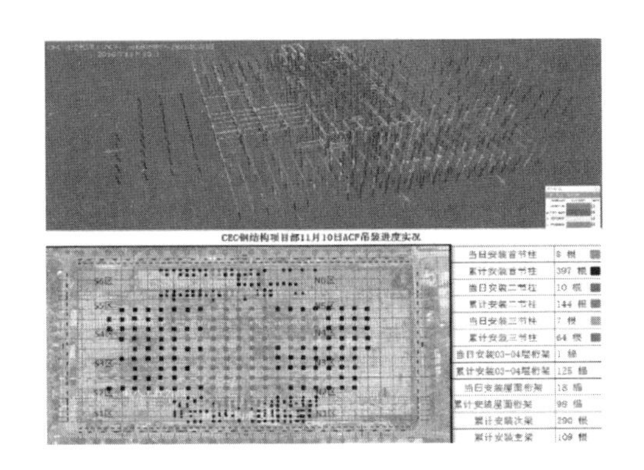

图7-1　BIM土建和钢结构施工模拟

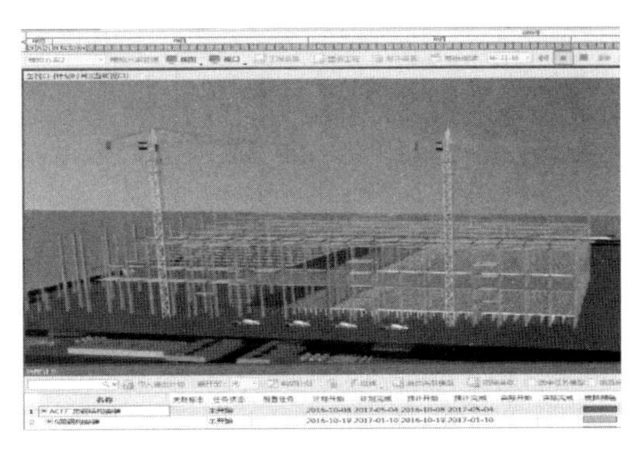

图7-2　施工现场物料追踪

7.1.3　BIM技术应用内容

7.1.3.1　团队成员及分工简介

BIM应用以公司发展纲要为方向，项目部为核心，根据人员岗位和BIM应用需求，分梯队打造BIM团队，将团队与BIM技术互通，明确岗位职责和责任分工，如表7-1所示，将BIM技术逐渐融入施工过程，最后达到全员参与的目的。

BIM人员分工表　　表7-1

组别	项目职务	BIM实施主要职责
实施决策层	项目经理	项目负责人，总指挥，参与BIM项目决策，制定BIM工作计划
	项目总工	技术负责人，审核BIM实施方案，检查指导项目BIM方案落实情况

续表

组别	项目职务	BIM 实施主要职责
方案组	生产部、技术部、安全部、质量部、商务部、BIM 组相关人员	项目投标、实施、结算 BIM 方案的策划和编写工作
实施组	BIM 组组长	项目范围内 BIM 应用培训、各小组组织安排和调度、BIM 实施联络、模型审核
	生产经理、技术经理、安全经理、质量经理	组织施工现场进行进度、质量、安全、资料等信息收集和传输，现场 BIM 应用监管考核
	BIM 建模人员	负责项目模型搭建及信息维护

7.1.3.2　BIM 技术应用软硬件配置

项目 BIM 技术应用专业多，需求广，现阶段单一的软件或平台无法满足施工 BIM 技术应用需求。为保证实施效果，在各实施阶段分别采用不同软件配合 BIM 技术实施，BIM 软硬件配置如表 7-2 所示。

BIM 软硬件配置　　表 7-2

序号	软件或硬件名称	完成工作	软硬件优点	备注
1	Autodesk Revit	施工模拟模型搭建，配合各主流专业平台之间的互导和信息传输	拥有良好的使用性能，可以完整地输出多种文件格式	项目策划阶段及施工方案阶段 BIM 技术软件及应用
2	Navisworks Manage	施工模拟模型集合，碰撞检查	各专业模型轻量化处理集合	
3	广联达 5D	进度模拟，方案模拟	软件格式包容性强，轻量化	
4	Lumion、Fuzor	施工模拟、方案优化、形象展示	可视化、展示效果好	
5	鲁班土建和钢筋	项目后期协作，精细化管理模型搭建	模型量准确，有内嵌计算规则和检查标准，建模速度快	项目实施过程中信息化及施工精细化管理阶段 BIM 技术软件及应用
6	Luban Plan	施工现场进度管理	可以和鲁班云平台实时同步，并与其他软件信息关联	
7	Luban Explorer	施工现场信息收集、协作、管理、传输、存储	施工现场应用集成平台，轻量化、多专业、分权限，形成系统管理层级	

续表

序号	软件或硬件名称	完成工作	软硬件优点	备注
8	Luban View	施工现场人员信息收集传输	手机便携端，信息同步更新共享交流	项目实施过程中信息化及施工精细化管理阶段 BIM 技术软件及应用
9	Luban Govern	材料费用管理	可以和鲁班云平台实时同步，并与其他软件信息关联，多项目上传管理	
10	Inter I7 处理器； 32GB 安装内存； 64 位操作系统	模型搭建、平台维护、渲染	支撑软件运行	硬件配置，除建模及渲染，信息存储使用高配置电脑，项目部其他人员均使用本来配置就可满足应用需求

7.1.3.3　BIM 技术应用准备阶段一般性规定

BIM 工作初期在综合考虑参与人员、工程体量、施工应用、软硬件等情况后从项目实际出发，考虑到工程体量大且分区明显，在考察了现有软件承载力和运行速率情况下，将模型进行了分块搭建，并通过轻量化处理导出应用。为了保证 BIM 应用规范化、标准化，提高工作质量和效率，在模型搭建初期进行了统一的部署和规定。

7.1.3.4　BIM 技术应用及创新

高科技电子厂房施工工艺复杂，可借鉴施工案例少，工期短，多专业交叉作业，使原本复杂的工程又增加了难度。施工前期在了解项目具体情况的前提下可制定项目 BIM 技术应用目标。具体应用包括三维场地布置、4D 施工模拟、重要施工方案论证模拟及形象施工技术交底、施工过程信息动态化管理及施工现场材料用量精细化管理探索。

1. 三维场地布置

项目工期紧、施工速度快，现场人员车辆流动大，使用 BIM 技术依据工程所处不同阶段对施工现场的施工道路、临时设施等进行合理规划布置，如图 7-3 所示。

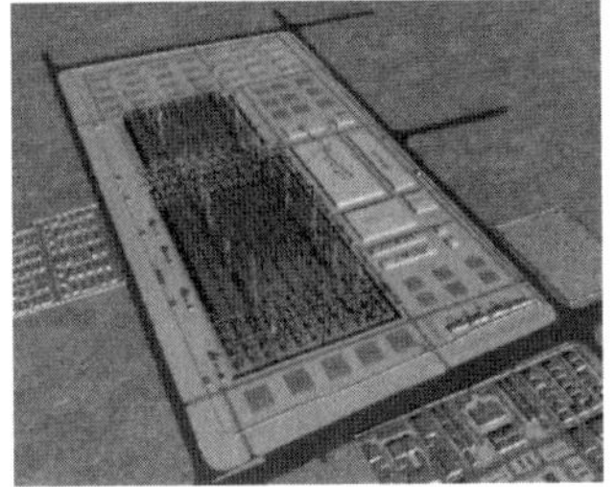

图 7-3　三阶段场地布置

在过程中不断积累形成固定化模型模块和族文件（图 7-4），统一建立公共链接，由专人负责进行不定期更新及维护，并与其他项目参数共享。

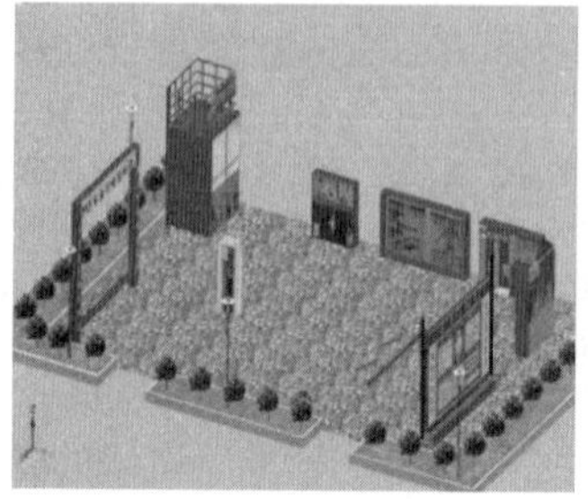

图 7-4 模块与族文件

2. 4D 施工模拟

钢结构和土建必须进行穿插作业才能满足工期要求，专业间有效的协调配合十分重要。施工前期必须对施工中主要关键工序进行合理编排，但传统的 Project 进度计划很难发现工序间的碰撞，BIM 技术的 4D 施工模拟恰好能弥补这一缺陷，钢结构与土建搭接模型如图 7-5 所示。

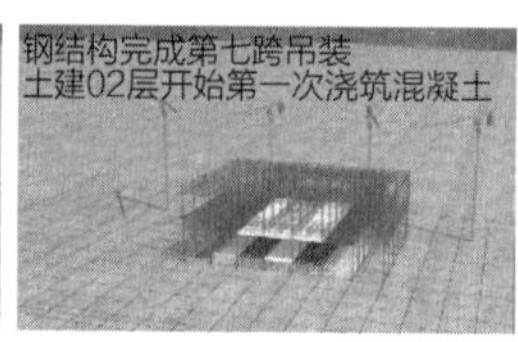

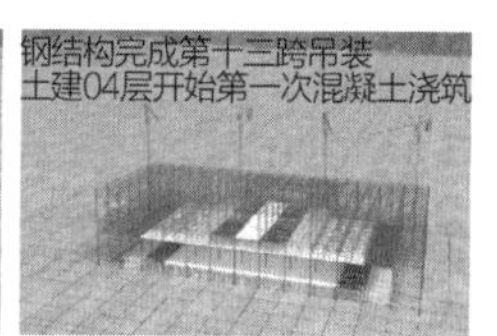

图 7-5 钢结构与土建搭接

1）施工进度模拟具体实施方式：

将厂房的钢结构和土建模型与预先编排好的 Project 进度计划关联，进行施工工序模拟。考虑到各个软件平台偏向的表达效果和功能有所不同，因此需要多平台协同完成。首先将 Revit 和 Tekla 模型通过 NWC 格式轻量化处理后，导入 Navisworks 中简单合图，碰撞检查，粗略排除内部碰撞和表面错误，导入进度模拟软件，与 Project 进度计划相关联。进行施工工序形象进度模拟，并与各方进度管理和编制人员讨论分析，优化后找出最合理的工序逻辑顺序和穿插时机，并在施工过程中将模拟进度与现场实际进度进行对比，如图 7-6 所示，不断修正形成进度模拟实时闭环。

2）模型种类及精细度，见表 7-3。

图7-6 模拟进度与实际进度对比

模型种类及精细度 表7-3

编码	名称	模型元素	几何信息	备注
001	钢结构 主体模型	钢柱 主次钢梁 钢桁架 钢屋面檩条	构件具体尺寸及定位信息 按照施工方法分层建模 截面尺寸为外轮廓尺寸 几何精度宜为10mm	因其主要为进度模拟，所以模型精细度要求较低，需保证主体框架结构
002	土建模型	基础 混凝土微震柱 华夫板 钢承板 脚手架	构件具体尺寸及定位信息 标高信息准确 截面尺寸为外轮廓尺寸 几何精度宜为10mm	主要包含核心区、支持区模型； 模型以16.8m ×18.6m为最小单元格； 华夫板、脚手架可不按实际量建模，仅用作识别示意

3. 重要施工方案论证模拟

在施工准备和方案策划阶段，将施工中遇到的施工方案进行筛选，最终确定BIM技术可协助的方案：施工材料运输浇筑方案、华夫板钢筋绑扎优化方案、女儿墙预制加工实施方案。

1）施工材料运输浇筑方案

工程主体施工工期短，从施工工序关键节点可以看出03层钢承板先于02层和04层华夫板施工，02层材料吊装空间被割裂无法使用塔式起重机垂直运输，并且04层华夫板施工时钢结构屋架已基本安装结束，材料运输犹如鸟笼掏运，对大型材料物资如钢管、钢筋、华夫板等的运输造成了极大的困难，钢结构的提前施工对后期华夫板混凝土浇筑也造成了很大的约束。

在运输方案讨论阶段，用BIM模型将建筑物内的空间位置关系明确，给方案讨论人员楼内空间位置最直观的预判。在方案模拟前，将要用于方案模拟的模型构件及主要部位进行参数化模型搭建，便于方案讨论时的快速调整优化。从而规划合理运输路径，有效规避与模型间的硬碰撞。最终确定了可移动轨道式布料机浇筑方法，KBK 单轨吊配合材料水平运输，并且利用 BIM 模型对浇筑布料机构架进行拆解（图 7-7），自行优化加工成新型布料机。

考虑到各个软件平台偏向的表达效果和功能有所不同，因此需要多平台协同完成方案模拟（图 7-8）。首先将 Revit 和 Tekla 模型通过 NWC 格式轻量化处理后，导入 Navisworks 中简单合图、碰撞检查，粗略排除内部碰撞和表面错误，然后导入进度模拟软件中与施工进度关联，从而可以直观了解不同方案在模拟时的施工状态，最后导入 Lumion，进行各方案模拟。

图 7-7　浇筑布料机构架拆解示意

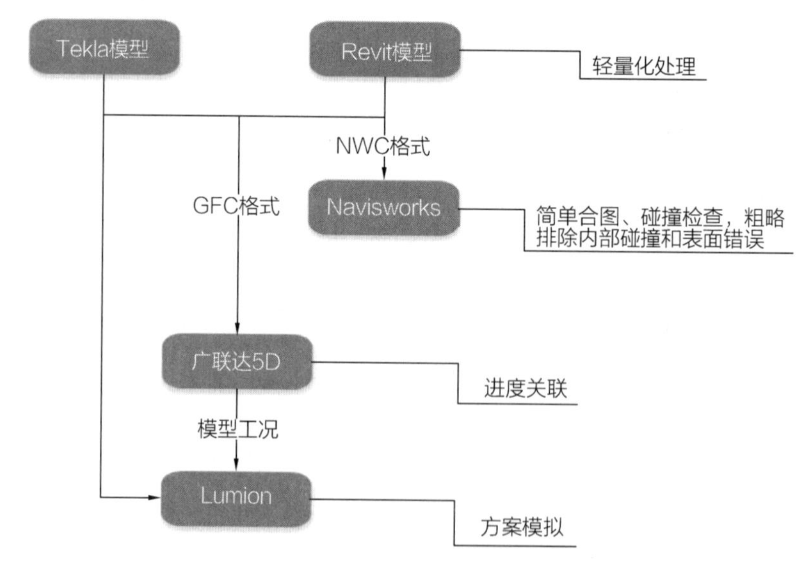

图 7-8　多平台协同

施工材料运输浇筑方案模型种类及精度，见表 7-4。

施工材料运输浇筑方案模型种类及精度　表7-4

编码	名称	模型元素	几何信息	备注
001	钢结构主体模型	钢柱 主次钢梁 钢桁架 钢屋面檩条	构件具体尺寸及定位信息 按照施工方法分层建模 截面尺寸为外轮廓尺寸 几何精度宜为10mm	因其主要为方案土建模拟的框架，所以模型精细度要求较低,只需保证主体形式存在就可以
002	土建模型	基础 混凝土微震柱 华夫板 钢承板 脚手架	构件具体尺寸及定位信息 标高信息准确 截面尺寸为外轮廓尺寸 几何精度宜为10mm	主要包含核心区模型； 模型以16.8m ×18.6m为最小单元格； 华夫板、脚手架可不按实际量建模，仅用作识别示意
003	其他辅助模型	塔式起重机 吊车 方案涉及材料示意	构件基本形状 方案模拟功能部位，尺寸精准 几何精度宜为50mm	例如塔式起重机臂长、高度，吊车长宽高符合要求
		布料机	构件形状准确 构件尺寸精准 几何精度宜为10mm	满足单构件拆解、加工要求

2）华夫板钢筋绑扎优化方案

02层华夫板由框架梁和间距600mm的密肋梁组成；结构设计中框架梁钢筋与钢柱连接；为确保精准连接，依据图纸挑选需要细化的钢筋节点类型，在Revit软件中与钢柱模型进行整合，依据施工方案和图纸设计要求将牛腿和钢筋进行碰撞检查，校核钢筋穿孔（套筒）的位置、间距、数量和节点。

导出钢筋详图，指导钢筋加工制作和施工，并生成CAD图纸，交构件加工厂加工。

华夫板密肋梁钢筋密度大，操作空间局促，绑扎困难，为提高钢筋绑扎效率可有效规避钢筋安装碰撞及排布不合理的情况。以华夫板标准单元格为对象对钢筋的排布绑扎顺序与流程进行优化模拟，调整绑扎顺序，排除其他构件和钢筋干扰，确定最优安装顺序后，与现场交底，进行样板模拟绑扎，最终完善模拟方案（图7-9）。

采用Autodesk Revit软件进行钢筋模型搭建，与钢结构钢柱模型合图，查找构件碰撞、钢筋排布，用Navisworks进行密肋梁钢筋绑扎排布优化模拟，最后CAD节点出图。

华夫板钢筋绑扎优化方案模型种类及精度如表7-5所示。

3）女儿墙预制加工实施方案

由于厂房为钢结构主体，单为女儿墙施工搭设外架或悬挑架，成本高、费工费时；并且按传统施工方法难以满足工期要求，经方案探讨决定采用装配式女儿墙工艺。

图 7-9　华夫板钢筋绑扎优化方案实施流程

优化方案模型种类及精度　　表 7-5

<table>
<tr><th>编码</th><th>名称</th><th>模型元素</th><th>几何信息</th><th>备注</th></tr>
<tr><td rowspan="4">004</td><td rowspan="4">土建模型</td><td>钢柱</td><td>构件具体尺寸
截面尺寸为外轮廓尺寸
几何精度宜为 10mm</td><td>钢柱每个连接面必须以三维形式展示，并统计连接点的混凝土量与尺寸</td></tr>
<tr><td>钢柱连接牛腿</td><td>与钢柱连接位置、高度准确
截面尺寸为外轮廓尺寸
与钢筋连接类型、尺寸、定位准确
钢筋穿孔留洞位置和孔径准确
几何精度宜为 3mm</td><td rowspan="3">因有出图要求，模型精细度要求高</td></tr>
<tr><td>节点钢筋</td><td>钢筋直径尺寸严格按照规格设置锚固
保护层厚度按规范或施工方案设置
箍筋间距严格按照图纸设置
几何精度宜为 5mm</td></tr>
<tr><td>方案模拟钢筋</td><td>钢筋排布、尺寸、锚固、箍筋间距严格按照图纸设计，构件位置准确
几何精度宜为 10mm</td></tr>
</table>

对女儿墙进行了模数排布→节点深化→吊装模拟，依据图纸确定女儿墙和模型的位置关系，通过女儿墙的参数化族设置，对女儿墙的模数进行快速优化排布模拟，最终确定最优模数组合方案，根据模数进行钢筋排布，将细化后的女儿墙模数、钢筋排布、灌浆孔道位置和拼装连接点进行细化并出图，便于预制场生产加工，并在进场前将拼装连接点和现场预留钢筋进行预拼装模拟。

采用 Autodesk Revit 软件进行女儿墙模型搭建和模数排布，CAD 处理 Revit 模型的节点出图，导出后采用 Lumion 对女儿墙预制吊装施工模拟（图 7-10）。

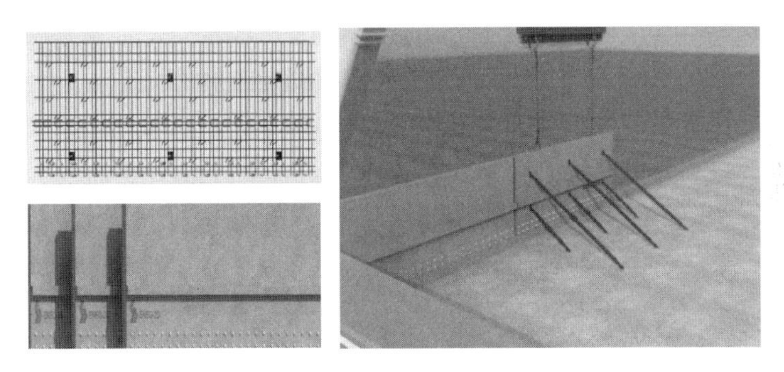

图 7-10　女儿墙模数优化及方案模拟

女儿墙预制加工实施方案模型种类及精度，见表 7-6。

女儿墙预制加工实施方案模型种类及精度　　表 7-6

编码	名称	模型元素	几何信息	备注
005	土建模型	主体构件	构件具体尺寸及定位信息 按照施工方法分层建模 截面尺寸为外轮廓尺寸 几何精度宜为 10mm	包含钢结构和土建所有主体结构构件
		女儿墙参数族	女儿墙的模数必须为参数化，可快速修改 外轮廓尺寸准确 灌浆孔道和拼装连接点可联动女儿墙进行尺寸调整 穿孔留洞位置和孔径准确可调整 几何精度宜为 2mm	因有出图要求，模型精细度要求高
		节点钢筋	钢筋直径尺寸严格按照规格设置锚固 搭接保护层厚度按规范或施工方案设置 箍筋间距严格按照图纸设置 几何精度宜为 3mm	

4. 施工过程信息动态化管理

高科技电子厂房项目施工工艺复杂，可借鉴的施工经验少；期间设计图纸多次优化，形成了大量技术方案和施工资料；如此庞大的信息量和更新速度，极易在信息传递过程中出现滞后和遗失，从而导致质量偏差、进度拖延、成本增加等问题；为此项目组建了信息化管理团队，进行信息数据管理，信息化管理团队如表7-11所示。

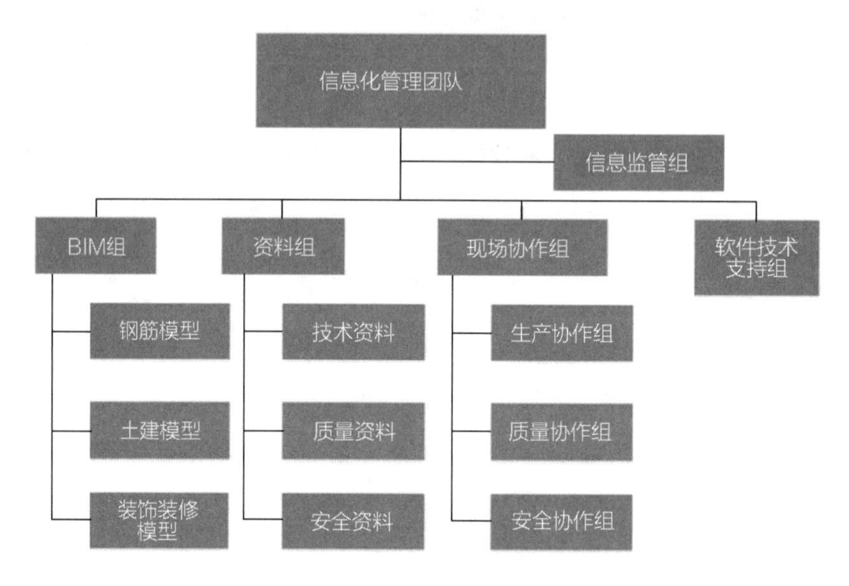

图7-11 信息化管理团队

1）BIM信息动态化实施准备

（1）软件选择：模型主要以鲁班土建和钢筋软件分别进行搭建，信息应用由Luban Explorer BIM云平台和Luban View便携手机端组成。

（2）模型种类及精细度如表7-7所示。

信息动态化模型种类及精细度 表7-7

编码	名称	模型元素	几何信息	非几何信息	备注
006	钢筋模型	基础钢筋 密肋梁钢筋 微震柱钢筋 钢承板钢筋	构件具体尺寸及定位信息准确 锚固、搭接保护层厚度按规范或图纸设计设置 箍筋间距严格按照图纸设置	构件名称命名与图纸一致 构件信息（材质、强度等）准确	
007	土建模型	基础、 微震柱混凝土、 钢柱内灌混凝土、 华夫板和钢承板混凝土、 砌体墙、 轻钢龙骨墙	构件具体尺寸及定位信息准确 标高信息准确 砌体墙中包含构造柱、构造钢筋、圈过梁等 几何精度宜为10mm	构件名称与图纸一致 构件信息（材质、强度等）准确 基层、面层、保温层、防水层做法及材质信息准确	柱内灌混凝土，按浇筑标高建模
008	装饰装修	门窗、 墙面、地面 顶棚装饰	构件基本形状，设计的所有装饰元素信息准确 尺寸及定位信息准确 几何精度宜为10mm	应输入外门窗、内门窗、天窗、各级防火门窗、百叶窗等门窗类别名称 构件信息（材质、强度等）准确	

2）具体应用及实施流程

BIM 组将采集的图纸信息通过模型整合轻量化处理后以 PDS 格式上传至 Luban Explorer BIM 云平台上，现场施工管理人员通过移动端获取构件位置、种类、材质信息等，在信息查阅的同时，现场生产组将作业班组及施工状态同步反馈给模型，最终保证模型信息的完整性。

（1）施工资料信息管理传输

考虑到现场资料种类多、类型复杂，将现场资料具体分类，并储存在 Luban Explorer BIM 云平台上，专门制定信息更新收集管理制度，防止资料信息更新不及时造成信息滞后问题，现场施工管理人员可以通过手机端直接进行资料信息的读取，保证了信息传递的时效性。

（2）现场协作管理

将现场协作划分为安全、质量、进度、变更、图纸问题、联系单和其他自定义七个种类，把施工现场发生的质量、安全、变更等问题分别上传于相关模型，不同的协作种类分别对应一种模型类别，防止信息上传内容繁杂相互覆盖。

依据协作内容的不同将其划分优先级，等级越高，事件越紧急。协作内容将以手机端的形式进行传递，包含协作负责人、协作状态、整改期限、创建时间等，如图 7-12 所示。与模型相关的协作与模型构件相关联，并且可以进行模型反查，直接定位在模型位置查看模型构件信息；无法与模型关联的协作可以进行文字图片或语音描述，并发给问题相关管理人员，管理人员直接进行线上交流，提出并解决相关问题，最终所有的协作内容会在模型平台上整合归档生成现场记录资料文档。

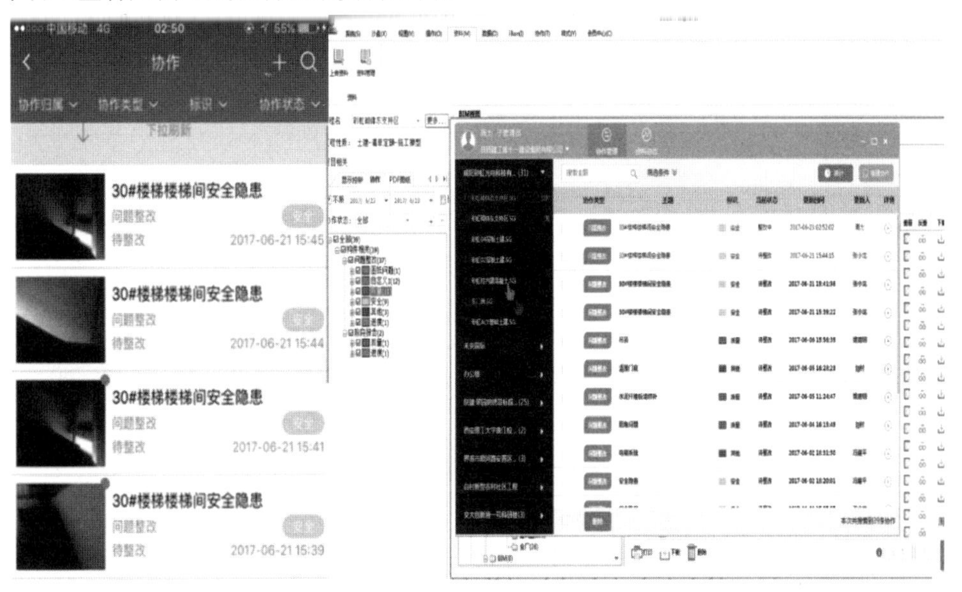

图 7-12　现场协作管理

5. 施工现场材料用量精细化管理探索

项目所需材料量巨大，须短时间内投入使用，所以，过程中的科学管理和有效使用尤为重要（表7-8）。

主要材料用量统计表 表7-8

钢结构钢材	模板	钢筋	混凝土	钢管	大型机械
13.5万t	19万m^2	5.2万t	41.5万m^3	7170km	130台

1）材料管理实施准备

（1）软件选择：模型使用鲁班土建和钢筋软件，应用平台为Luban Gover。

（2）模型种类和精细度除满足本书相关章节要求外还进行了不同程度的深化，使模型达到依据计算规则出具工程量的精细程度。

2）材料精细化具体应用及实施过程

（1）资源调配

工程因体量大、工期紧，主要材料要在极短时间内到位并投入使用。材料供应压力巨大，前期做好资源调配工作才能在最大限度上保证现场的有效实施。

将承载了工程量的模型和时间进度进行挂接上传至鲁班平台，在施工前期资源调配工作开始时选择主要时间节点，相应模型部位就会统计出不同时间点所需材料用量，为工程前期主要材料的采购调配工作提供参考依据，材料精细化管理如图7-13所示。

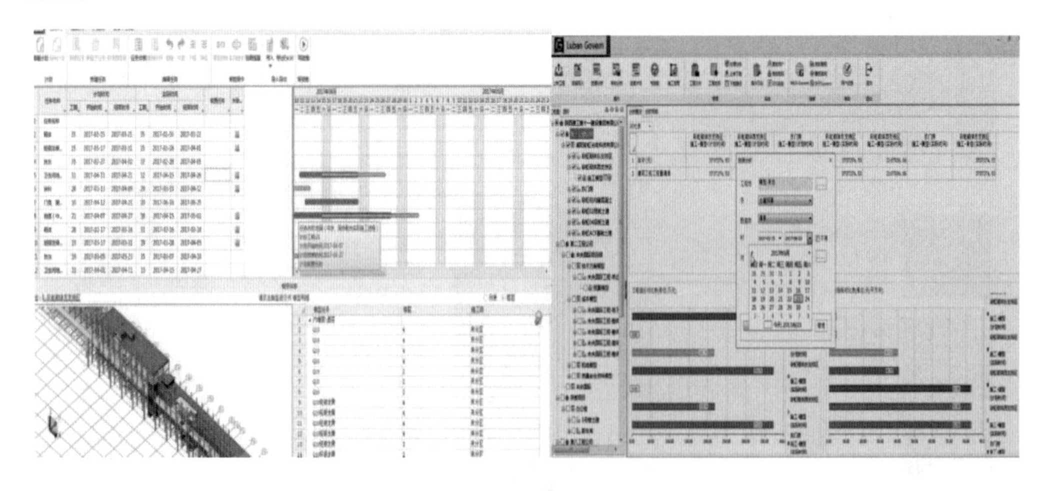

图7-13 材料精细化管理

（2）材料管理

不仅在前期材料准备阶段，后续施工中材料的精细化管理也显得尤为重要。

以混凝土为例，首先通过模型量、现场材料用量、预算统计量进行首次对比，发现差异，查找原因发现问题，修正问题的同时调整模型，使得模型更加贴合现场实际使用。通过多次调整后模型量与现场的误差越来越小，从而真正达到指导施工的目的。

7.2　数字化建造在钢结构中的应用

面对工期超短、体量超大的超级工程，在如此紧的时间内安装大吨位构件必然对现场管理、信息集成、资源调度等要求高。为实现标准化统一管理，确保人员安全、工期安排及质量目标，鼓励项目采用数字化建造技术，并将互联网技术、远程视频监控技术、构件追踪技术等融入施工管理，对施工过程中的各类资源信息进行有效统计，快速调度。

7.2.1　三维可视化模型创建技术研究

为保证项目在设计、建造及运营过程中的沟通、讨论、决策都在可视化状态下进行，工程以模型为信息载体，以信息为模型内容，建立可视化BIM模型。通过对模型某一参数信息的改变，自动完成模型相关部分的参变驱动，从而实现信息对模型的驱动，完成参数化信息模型构件的创建。并根据其可视化、模拟性特征，以参数化模型构件信息关联协调来指导现场生产施工。

7.2.1.1　场布模型的创建

采用Revit Architecture作为场布建模平台，如图7-14所示，结合二维图纸对施工现场临时道路、设施设备、材料堆放等进行仿真模拟，合理安排办公、生活区临建设施。以无

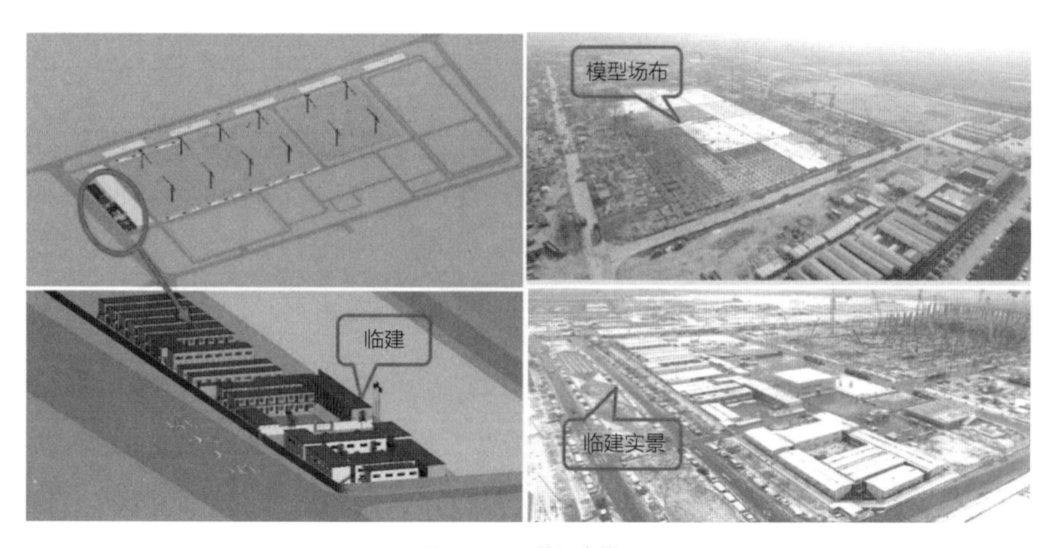

图7-14　三维场布模型

人机航拍实景进行模型与现实对比，实时调整并合理划分工作面，以达到绿色施工“节地”目标。

7.2.1.2　钢结构模型的创建

从功能需求及操作的便捷性、稳定性、专业针对性等方面考虑，工程采用 Tekla 平台进行钢结构模型的创建。钢结构施工中的资源需求、材料库存等信息，通过 BIM 模型（图 7-15）的归集，按材质、类型等进行筛分、汇总，实现施工过程中的资源需求分析、订单下达、资源接收、存量分析等集约化管理，并进一步实现施工资源的有效调度。

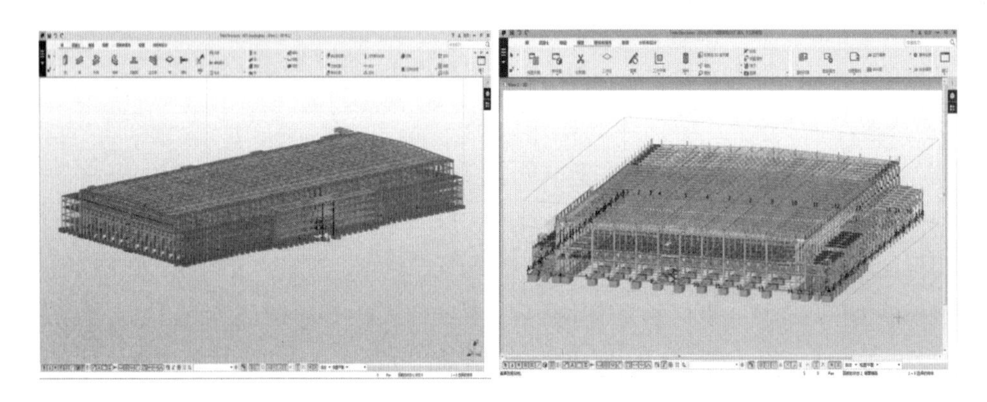

图 7-15　钢结构 BIM 模型

根据施工现场模拟布置（图 7-16），从平面和三维角度分别展示了施工区段的划分、吊装行走路线及资源调度，为施工方案的确定提供有效参考依据。

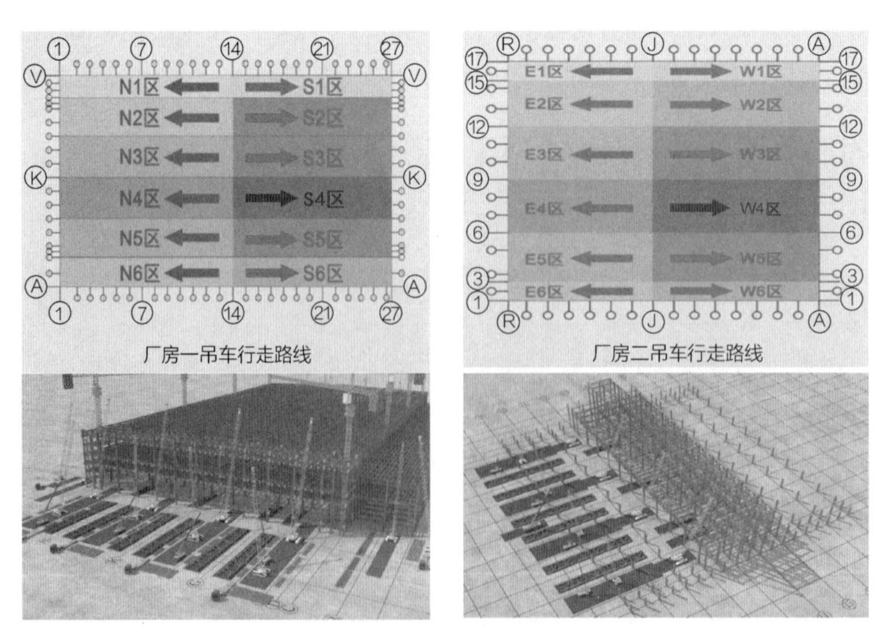

图 7-16　现场模拟布置

7.2.2　钢结构深化设计研究

针对工程特点及安装顺序策划构件分区及命名规则。由于工程体量大，详图设计周期短，安装工期紧，故无法在同一个模型中完成模型创建，因此，根据施工顺序划分厂房详图设计分区，如图7-17所示，采用多用户协同工作模式，尽可能快速完成模型并创建图纸。

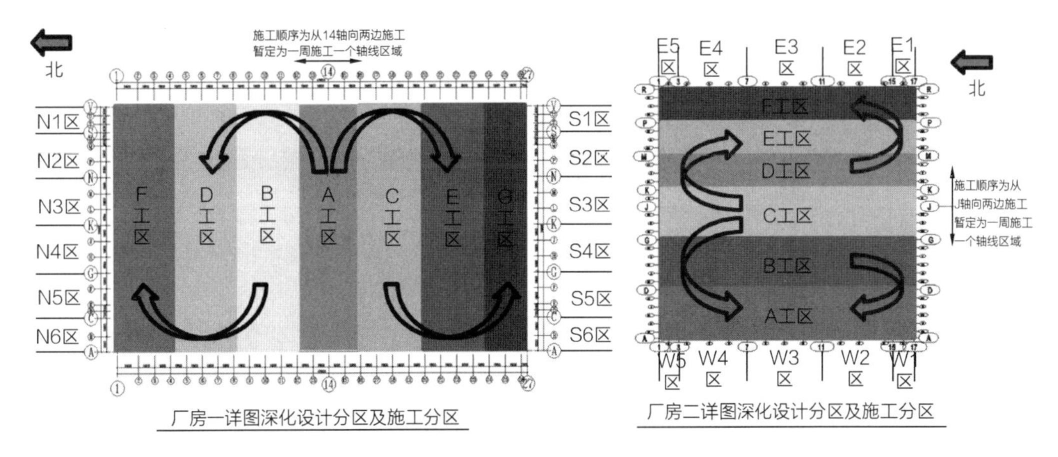

图7-17　详图设计分区

采用统一的Tekla平台创建模型、制定安装方向、生成图纸、导出报表，并将其作为整个工程BIM工作的基础，在深化设计中考虑安全、安装措施、连接板件的设计，使得到场构件直接安装，节省现场安装工期。同时在生产加工、材料采购和运输管理等过程中应用，保证了数据的准确性和完整性，复杂节点深化设计如图7-18所示。

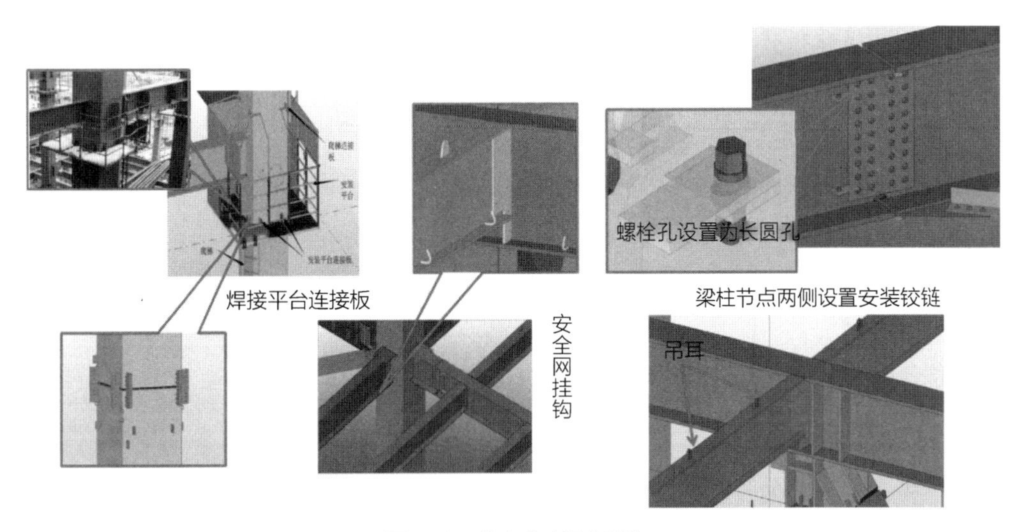

图7-18　复杂节点深化设计

7.2.3 EBIM 云平台现场协同管理

EBIM 云平台作为连接 BIM 模型与施工现场的桥梁，以二维码为信息载体，通过扫码读取 BIM 信息完成对构件的追踪、状态更新，同时将现场信息反馈给 BIM 模型实现对构件安装、到场情况的实时统计，如图 7-19 所示。

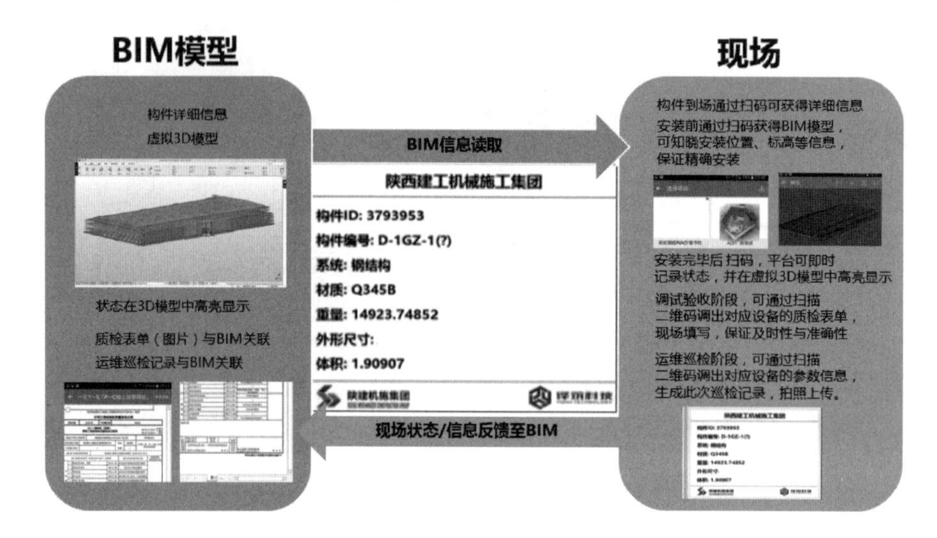

图 7-19 BIM 模型与现场的结合

7.2.3.1 材料管理

工程构件数量统计如表 7-9 所示。项目采用 EBIM 云平台进行材料跟踪，如图 7-20 所示，利用移动设备对构件的生产、运输、进场、安装、验收等环节进行扫码记录，以二维码信息为纽带将材料状态与 BIM 模型实时关联，实现各端口对材料跟踪的全方位动态监控。

构件数量统计一览表　　表 7-9

构件类型	厂房一	厂房二	合计
钢柱（根）	2291	1158	3449
桁架弦杆（支）	2932	1810	4742
桁架腹杆（支）	12609	6335	18944
主梁（支）	4222	1202	5424
次梁（支）	15692	7108	22800
屋面葡萄架（支）	9935	7393	17328

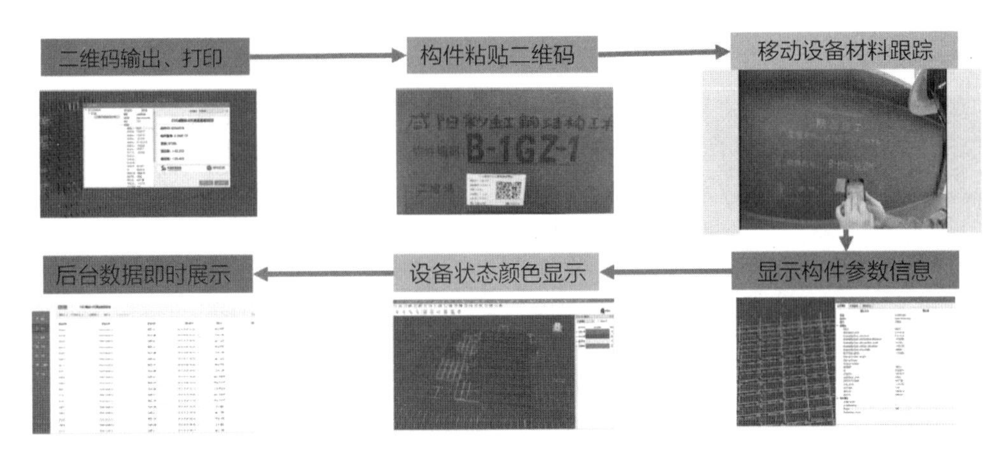

图 7-20　EBIM 材料管理流程

7.2.3.2　现场施工管理

管理人员使用移动端进行现场检查，通过扫描构件二维码可随时定位构件并查询构件信息，以二维码为信息载体，对扫码过程中所发现的问题，可在模型上直接批注，同步到云端，实时发送问题、下达任务，共享视图、视口及图片等，彻底解决内业与外业工作脱节，信息传递慢、丢失等问题，实现信息的迅速协调沟通与管理，满足超大型钢结构工程对信息的时效性需求（图 7-21）。

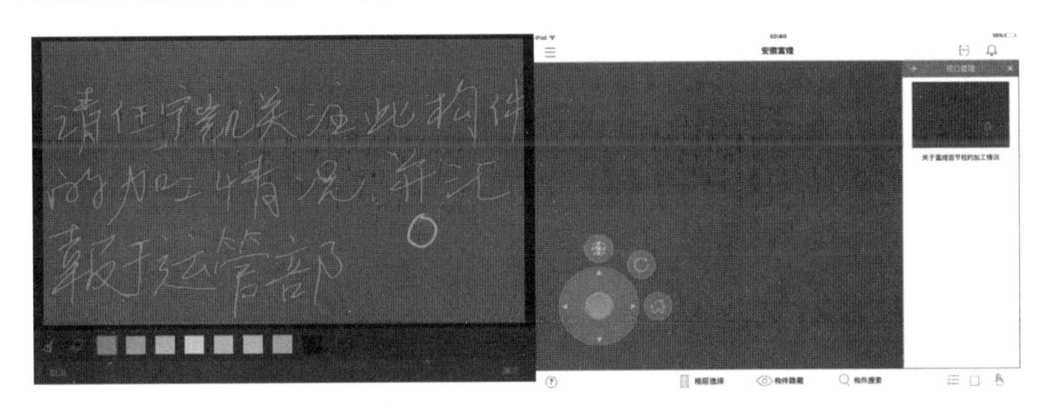

图 7-21　现场施工问题反馈

7.2.3.3　档案管理

传统的工程表单都是以打印的纸质文件进行信息的传递、事件的处理、文件的签署与归档，针对项目施工管理人员众多、管理层级复杂、管理难度大等特点，EBIM 云平台借助“表单管理”模块将材料表单、档案、报表等电子文档与相应 BIM 模型直接关联，通过模型的修改实时反馈材料信息，使每个构件质量、每份工程变更、每种工程资料都能得到及时有效记录、永久保存和随时查阅，同时还提供了一个无纸化、移动化的档案管理方案，其管理流程如图 7-22 所示。

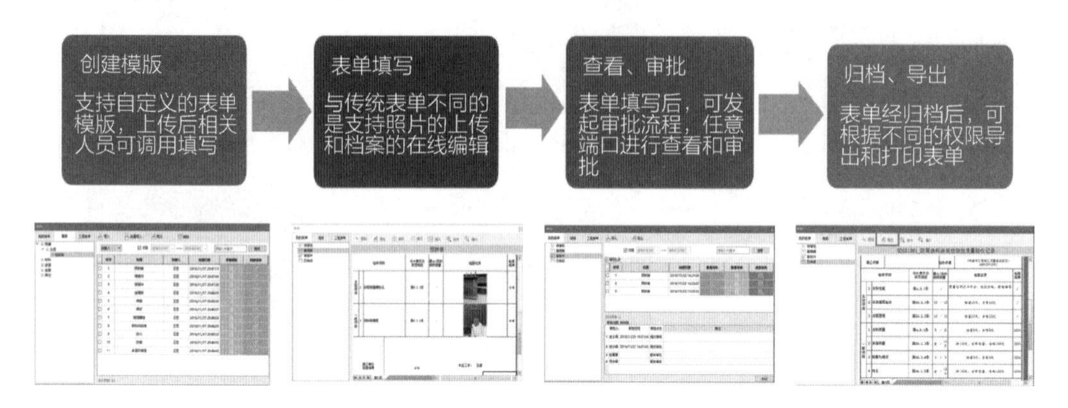

图 7-22　档案管理流程

7.2.4　可视化模拟协调进度管理

项目采用 Synchro 软件进行施工模拟，Synchro 支持多方参与、数据共享的虚拟施工平台，同时可以将施工模型与计划任务关联，实现可视化进度模拟，在模拟过程中能够识别潜在作业次序错误和冲突问题。

7.2.4.1　进度调整与细化

计划人员通过建立 WBS 层级，任务搭接关系，将 Project 进度计划导入 Synchro 软件，并使其与 BIM 模型关联。在可视化模拟过程中发现吊装作业次序错误和冲突问题，完成对进度计划的校验，并以虚拟建造为基准，细化进度导出作为现场指导性文件，如图 7-23 所示。

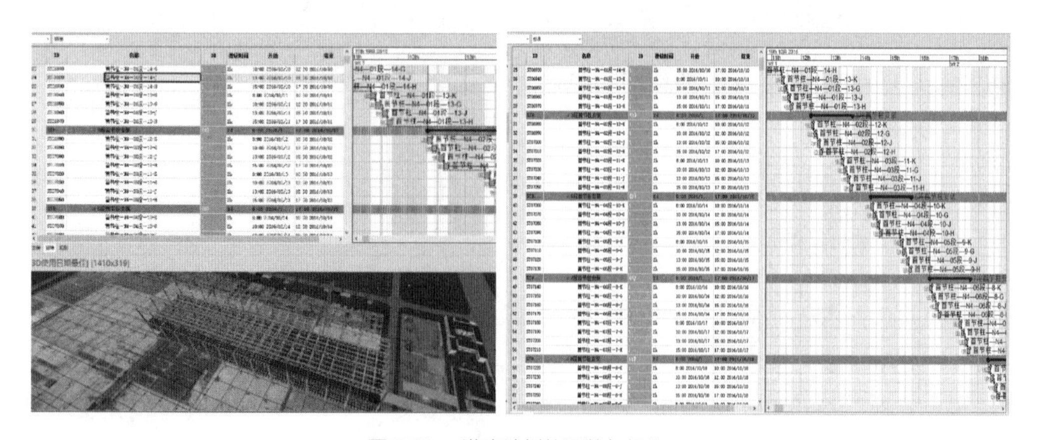

图 7-23　进度计划的调整与细化

7.2.4.2　可视化模拟

为解决加工厂与信息化管理部门对构件命名规则的差异，实现同类构件、信息数据的快速自动匹配，项目采用VBA编程提取后台数据，将现场构件的安装时间、数量、类型进行分类匹配，如图7-24所示，并形成每日实际安装量统计，如图7-25所示。

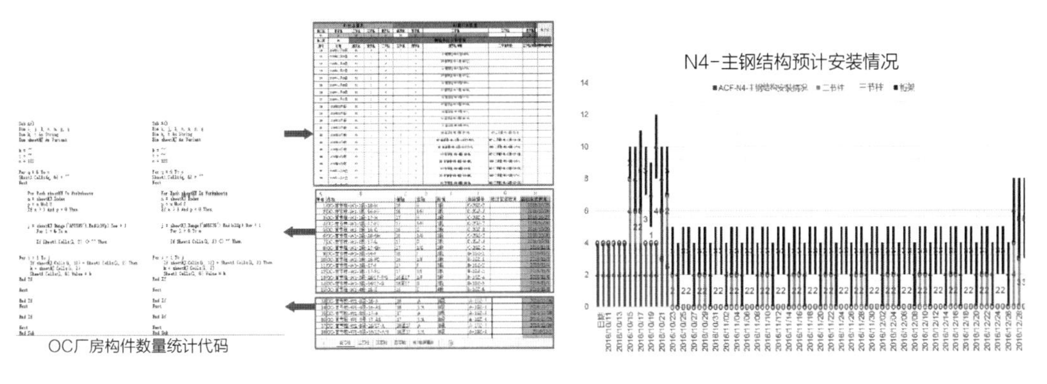

图7-24　利用VBA编程实现数据匹配　　图7-25　每日实际安装量统计

在可视化模拟过程中实时更新现场实际进度，寻找关键路径，调整浮动时间，完成对施工方案的虚拟预演，最终以形成的直观进度、方案模拟视频来查看各专业施工模拟过程中协调、配合情况，便于例会中各专业施工方案的讨论（图7-26）。同时进行实际进度与计划进度对比，及时发现问题，并采取补救措施，保证实际进度符合计划需求。

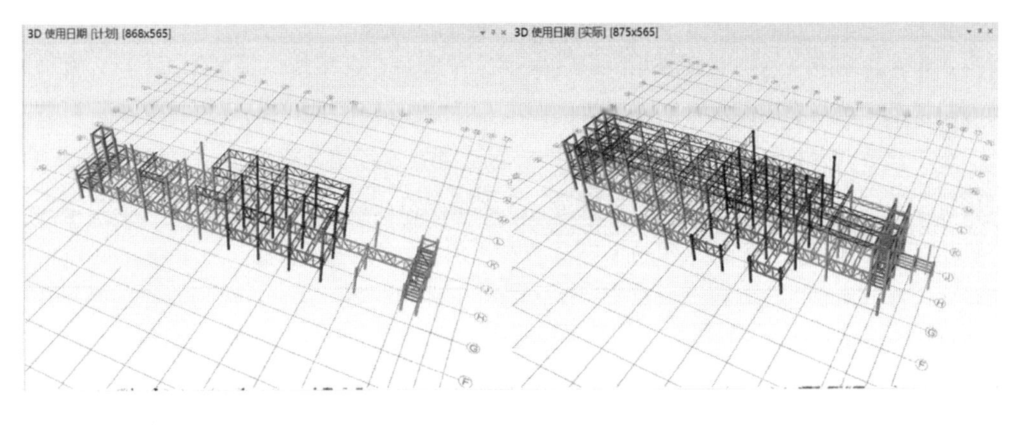

图7-26　计划与实际模型对比

7.2.5　实施效果总结

1）通过该项目施工全生命周期BIM技术应用，为企业族库数据的收集、完善，BIM人才培养模式探索，企业BIM标准的起草与修订，企业BIM团队的发展战略规划等提供了珍贵的经验参考与实践依据，为助力企业向技术引领型转型提供动力。

2）基于云平台技术实现的材料构件的物料跟踪，结合二维码应用，创建构件运输状态，提前规划物料堆场，完成构件的合理调度，使得材料构件基于BIM技术的现场管理真正落地。

3）采用可视化模拟技术，完成虚拟建造、施工模拟，指导现场施工，同时将计划任务与实际任务对比发现并及时解决问题，节约了施工工期，以保证此大体量钢结构工程按期完成，创下了目前国内单体钢结构工程高密度吊装速度的纪录。

4）无人机拍摄影像与BIM施工模拟进行对比分析，助力项目实时掌控和调整施工部署，最终获得整个项目的建造影像资料，提高工作效率，并借助其强大的视觉和空间无约束优势指导施工管理。

7.3 数字化建造技术在机电安装工程中的应用

7.3.1 管廊数字化建造技术的应用

室外管廊空调水管道施工存在管道长度长（总长4900m）、管道口径大（主要有*DN*1400、*DN*1000、*DN*800、*DN*600、*DN*500等多种管径）、管道安装高度高（+14.3m层管架、+11.3m层管架）、施工空间狭小（管道安装净施工空间仅2.5m），同时施工承包商多、交叉作业多（同时存在管道安装、电气桥架安装、电缆敷设等多项工作）、施工难度大的特点，这些难点无疑将室外管桥空调水管道施工提升为项目的重点技术攻克对象。

室外管桥共有6层，全长约965m，排布有各类管道系统、电缆桥架及风管系统，连接化学品供应站、特气供应站、甲类库房、废水站、柴油罐区、固废回收站、冷库等多个建筑，涉及的管道系统复杂，几乎由室外管桥主管连接所有小建筑，利用强大的BIM技术软件对管道系统进行空间上的建模，让人对该项目的空间布置有整体的宏观认识，有助于项目的前期策划和施工安排，如图7-27所示。通过BIM技术的应用，共发现碰撞点54

图7-27 管道系统节点详图

处，小建筑内外管道图纸接反共涉及OC南侧17轴、1F化学品供应站、1G特气供应站、1J甲类库房等4个位置，提出合理化布管建议。深化设计结合各平行承包商、各专业的施工图纸，对室外综合管廊和配电室的各类机电管线、桥架等进行综合建模、二次深化设计、碰撞检查和调整，确定综合布置，如图7-28所示；对照核查各平行承包商室内外系统的界面衔接，避免错碰漏接。

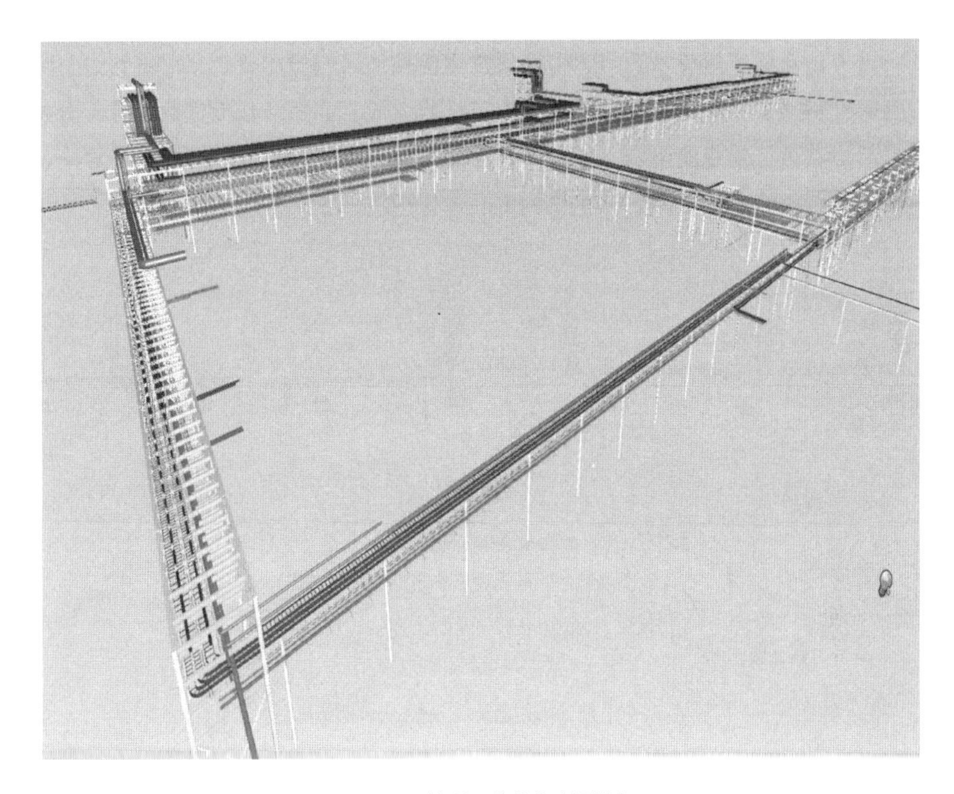

图7-28　管道系统总体空间排布

BIM技术的应用流程：使用BIM软件将管道系统、电缆桥架等由二维平面转化为三维空间图形→发现碰撞点及不合理之处→提出优化方案→报设计方、项目管理方批准→通过后组织相关人员对新方案进行学习，明确最终的空间布置→新方案指导施工→工程竣工。

通过BIM技术在项目中的应用，可以在工程前期准备阶段发现设计中的不足之处，有充足的时间提出合理化建议或方案，避免传统平面图施工中遇到问题后再想办法弥补过失的缺点，大大节约了施工时间，提高工作效率，节省施工财力物力人力，对项目的正常运行做出了非常大的帮助。

7.3.1.1　管道焊口排列

通过以上对BIM技术的应用得到最终的方案后，为了最大限度地节省材料，使项目的利润实现最大化，对室外管廊的管道进行焊口排布，避免了班组在施工过程中对整根管道盲目下料，浪费材料，增加焊接量的问题发生。

焊口排布的基本过程如下：①通过查阅《钢制对焊管件 技术规范》GB/T 13401—2017、《钢制对焊管件 类型与参数》GB/T 12459—2017 等该工程中使用的相关规范，明确弯头、三通、变径、长度等；②结合管道布置图去掉管件所占的长度，得到直管总长；③该项目使用的镀锌钢管为定尺 12m/根，运用 CAD 按此长度对直管总长进行排列；④每根直管排列完成后需要注意检查焊口是否与管廊横梁发生碰撞，若碰撞需要重新对直管进行焊口排列，直到避开横梁；⑤对每根直管用整支管道排列完成后的短节长度进行统计，分析短节长度数据后对其进行最优的组合，使若干短节的长度总和最接近 12m 为宜；⑥确定最终的管道系统焊口排布图（图 7-29 ~ 图 7-31），组织班组学习并按此图实施。

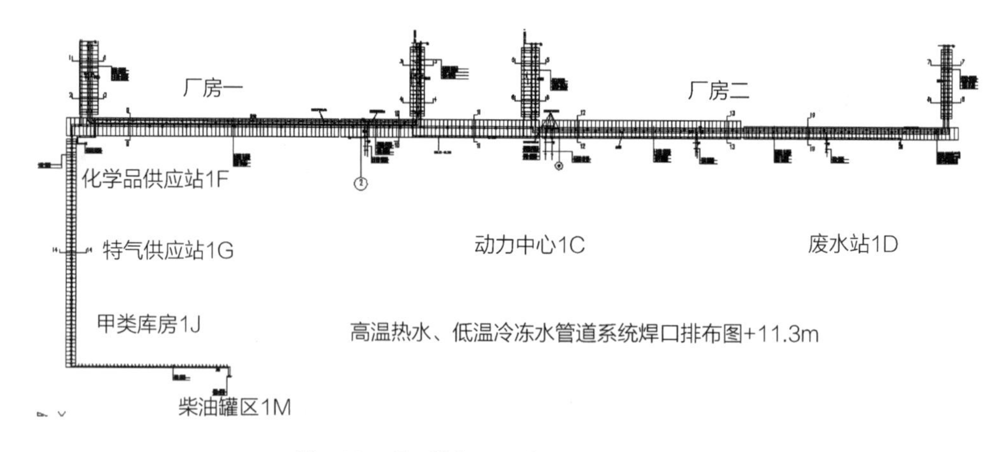

图 7-29 焊口排布图 1 （+11.3m 层管廊）

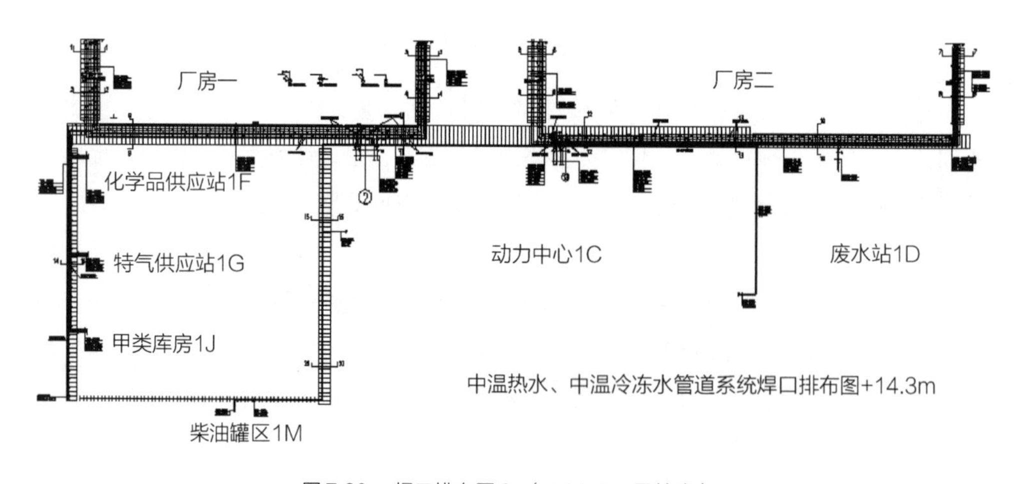

图 7-30 焊口排布图 2 （+14.3m 层管廊）

发现通过焊口排布后的管道安装损耗率仅为 0.5%，远远低于定额规定的 3%，这给

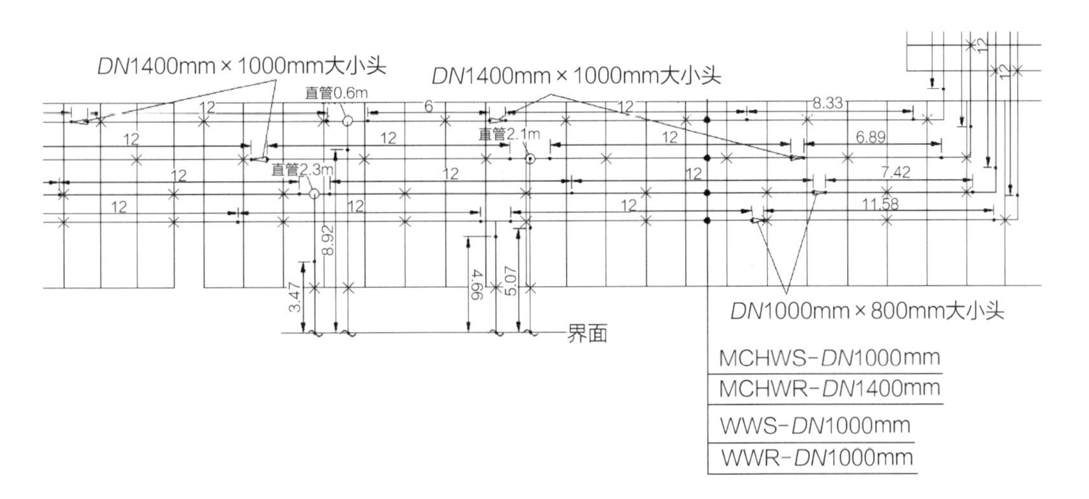

图 7-31　管道焊口排布细节详图（图中数据单位：m）

项目的材料成本节约了很大一部分。

7.3.1.2　管廊空间管理

空间管理：利用 BIM 管线综合布置，确定各平行承包商、各专业机电管线的标高和施工顺序，对关键施工节点、设备机房等重点复杂部位进行三维可视化技术交底，减少交叉影响，避免返工，缩短工期；对室外管廊 6656m 工艺管道和 448 个管件进行排布，精确定位 1980 道焊缝位置，使材料加工更加精准，结合自主创新的管廊管道施工输送装置一次运输到位，提高了施工效率，管廊施工 BIM 模型如图 7-32 所示。

图 7-32　管廊施工 BIM 模型

该项目管廊施工最大特点是施工承包商多，空间狭小，工期紧张。为了更好地组织所有施工单位顺利完成管廊作业，业主委托建设方对管廊的施工进行空间管理。对整个管廊施工的参与单位及区域进行了系统的研究分析，根据业主要求的各管道系统的完成时间，将整个管廊在纵向空间上分为第一梯队和第二梯队，尽量避免多个承包商同时在同一层管廊上施工，保证足够的施工空间。同时为了能够容纳更多的施工班组，将每个梯队在同一施工区域的施工行进路线进行了调整，要求从每个区域的两端相向进行施工，可以保证更大的施工空间，同时可以满足多个班组施工，增大了同时施工空间，节约时间，保证每个施工单位都可以同时进入管廊进行相关作业。

管廊施工梯队空间划分见图 7-33。

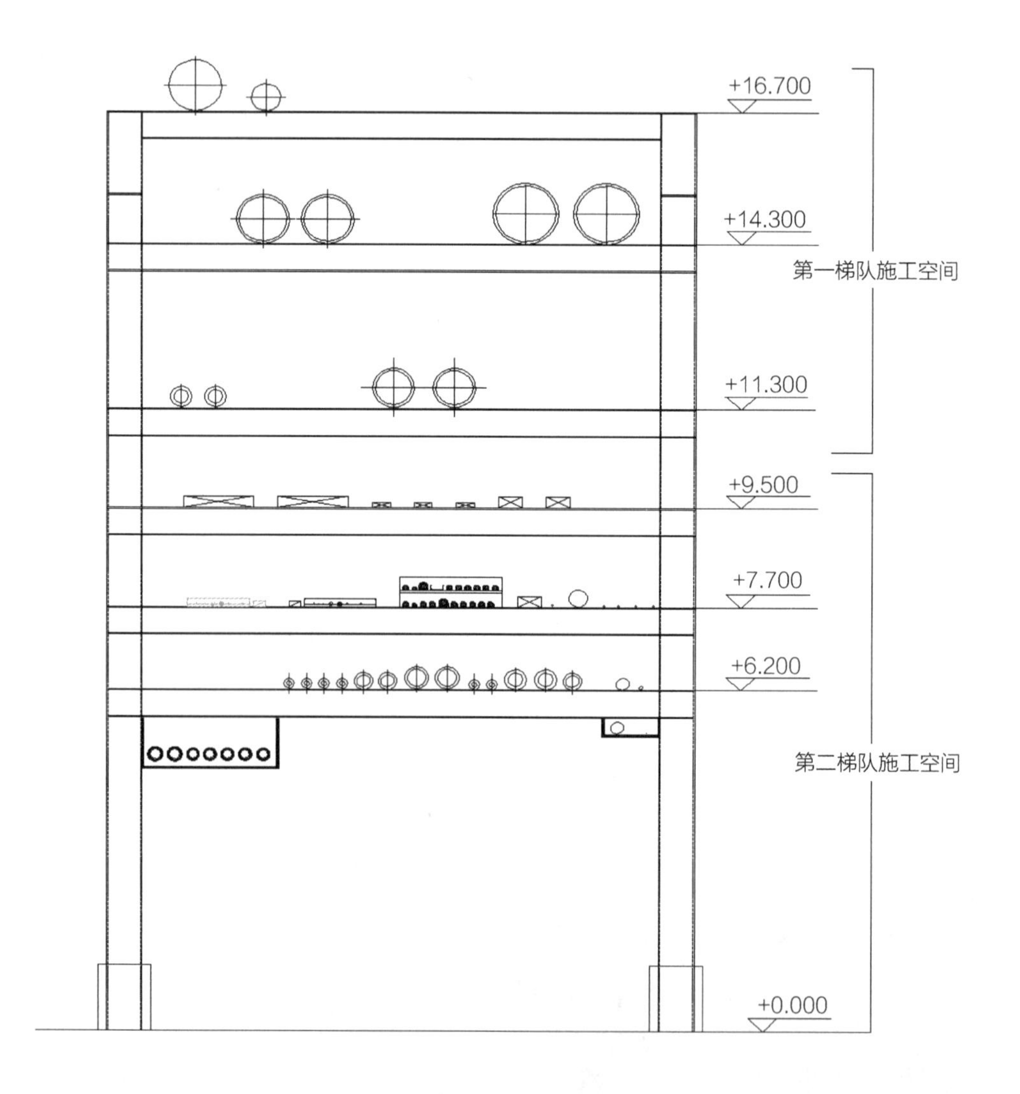

图 7-33　管廊施工梯队空间划分

通过 BIM 技术的应用及空间管理工作，保证了多个单位的有序施工，达到业主要求的工期目标，大大节约了施工时间及成本，避免了因施工组织结构不合理造成的混乱，收到了良好的效果。

7.3.2 装饰工程BIM技术应用

办公楼装修工程BIM实施过程中遇到的难题：

（1）管线复杂，参建单位多，沟通协调难度大。

（2）第一次接触钢结构工程，管线支吊架设置难度大。隔墙为轻钢龙骨墙，增大了支吊架设置难度。

（3）楼层层高为6.2m，吊顶内空间大，有利于管线空间布置，但支吊架设置难度大，联合支架无法实现。

（4）吊顶内风机盘管设计尺寸太大，且数量多，设置难度大。

施工现场成立BIM中心，购买了相应的软硬件设施，抽调技术人员先期建模。通过碰撞检查、系统调整、出图，向施工班组进行三维可视化施工交底，最后再组织施工，办公楼BIM漫游视图如图7-34所示，办公楼施工现场图如7-35所示。

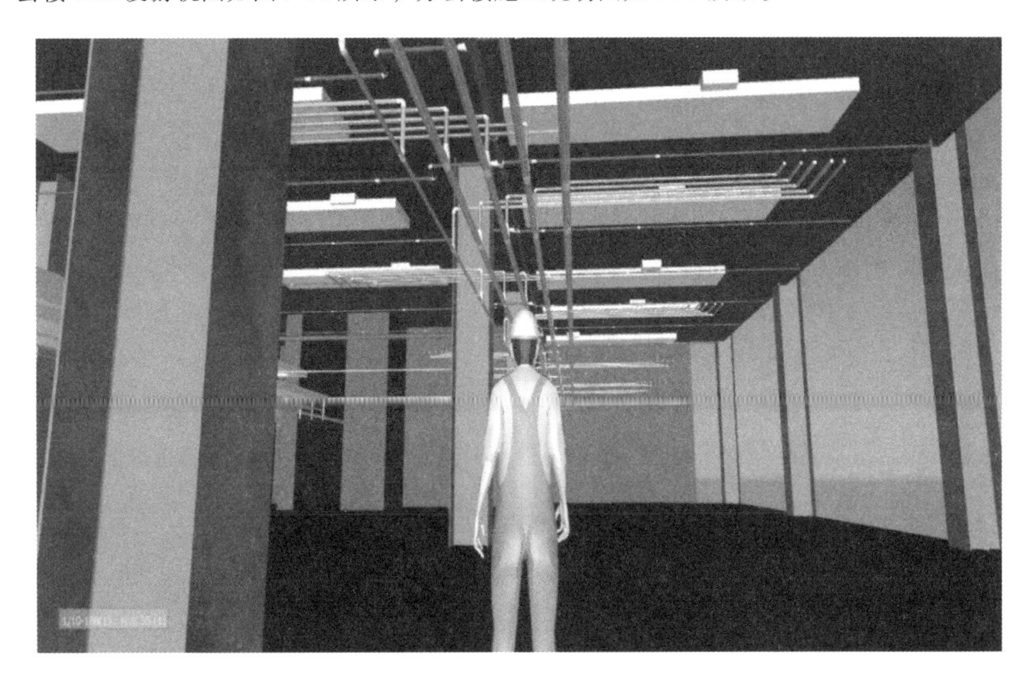

图7-34 办公楼BIM漫游视图

办公楼BIM应用取得的成果：

（1）实时进度模拟，保证工期节点；

（2）三维可视化技术交底，准确直观；

（3）突破技术难点，优化技术方案；

（4）关键工艺模拟，减少质量通病；

（5）精确下料与预制，提高安装精度；

图 7-35　办公楼施工现场图

（6）辅助材料采购，控制采购数量和质量；

（7）支吊架精确计算与精细化排布，助力微空间管理；

（8）精确预留开孔，降低成本。

办公楼 BIM 应用不足：

（1）由于所有墙体为轻钢龙骨墙，支吊架无法生根，导致支吊架只能在顶板上生根。装修进场施工后增加了转换层，严重影响吊顶内管线排布，管线与转换层大量碰撞。

（2）由于装修方案变更，吊顶设备点位发生变化，吊顶内设备点位预留误差较大，造成大量翻弯。

（3）图纸变更及后期增加，导致部分不能按模型空间管理方案指导施工。

7.3.3　配电室 BIM 技术应用

利用 BIM 软件对桥架内敷设的 5 万 m 高压电缆进行细化排布，确定每一根电缆长度及电缆敷设顺序，从而尽量避免电缆的扭曲缠绕，确保了 1560 根 16kV/20kV 高压电缆无一中间头，配电室桥架 BIM 模型如图 7-36 所示，配电室实物如图 7-37 所示，配电室桥架深化如图 7-38 所示，配电室电缆模拟敷设如图 7-39 所示。

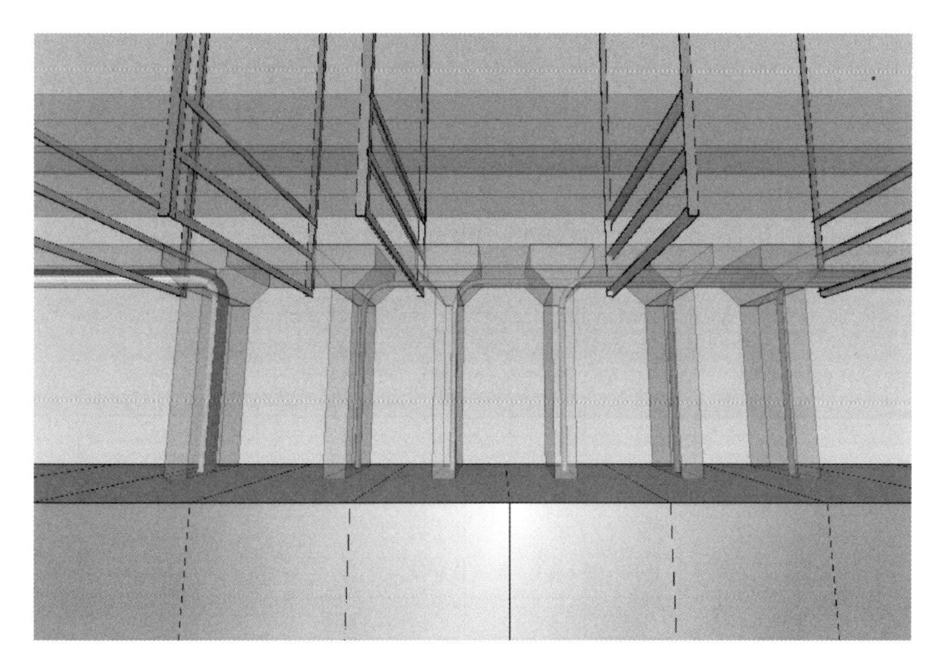

图 7-36　配电室桥架 BIM 模型

图 7-37　配电室实物图

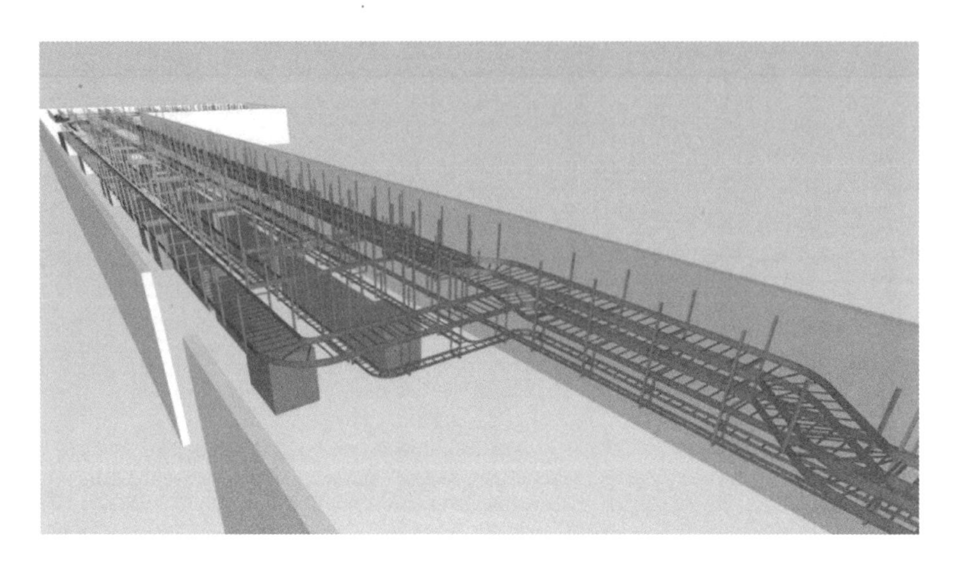

图7-38 配电室桥架深化图

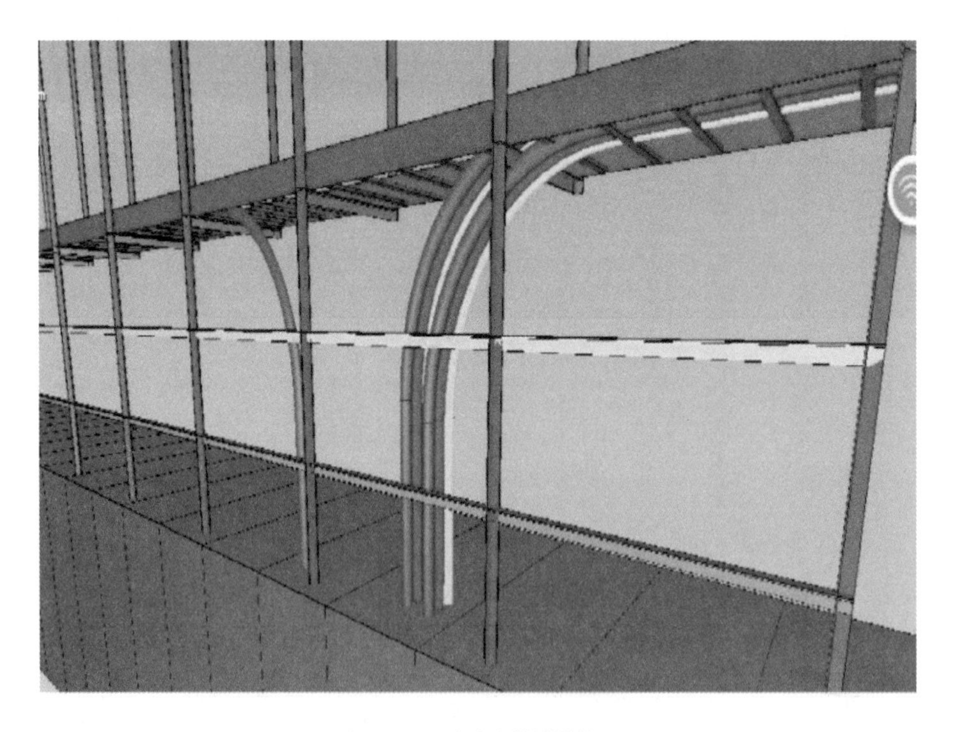

图7-39 配电室电缆模拟敷设

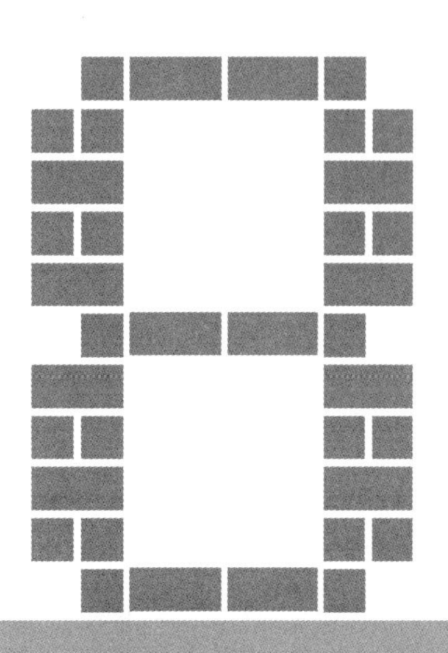

第 8 章

工程实际案例——咸阳彩虹第 8.6 代薄膜晶体管液晶显示器件项目

8.1 工程概况

咸阳彩虹第8.6代薄膜晶体管液晶显示器件（TFT-LCD）项目是陕西省落实习近平总书记“追赶超越”指示精神的重点项目，是液晶面板行业落实《中国制造2025》计划的重要项目之一，是“一带一路”外向型工业产业体系的主要项目之一，是均衡东西部面板产业布局的关键项目，对推动我国高端面板的自主创新和国际化进程，具有重要的战略意义（图8-1、图8-2）。

图8-1　项目东南视角全貌图

图8-2　项目功能分区图

项目设计产能12万张/月，产品规格2250mm×2610mm，面积比业界主流的8.5代线增加6.7%，可混切为32″-100″液晶面板，种类涵盖超高分辨率（8K、4K）、曲面、窄边框（无边框）等。

项目位于陕西省咸阳市高新区，占地面积860.78亩，建筑面积71.20万m^2，分为生产区、动力区、办公区、配套区、停车区，包括ACF厂房、OC厂房、动力中心等单体（表8-1、表8-2）。主厂房钢结构总用量13.5万t，是国内规模最大的钢结构电子工业厂房。

主要单体概况一览表　　表8-1

序号	名称	层数	建筑面积(m^2)	功能
1	ACF厂房	4/5	479550	生产区为阵列光刻区、ACF生产区、CF光刻区；东西支持区为变电站等动力用房及洁净生产辅助区；办公区为办公室、会议室、活动室等
2	OC厂房	2/3	166840	生产区为模组、成盒生产区；南北支持区为变电站等动力用房及物流配送区；办公区为办公室、会议室等
3	动力中心	2/3	42074	生产区为水泵房与水池、FMCS、纯水站、锅炉房、换热站、柴油发电机房、冷冻站、空压站、MCC间、空调机房、变电站等；办公区为办公室、会议室等
4	废水站	1/2	11177	含污泥浓缩间、鼓风机房、废水沉淀池、中和反应池、应急水池等废水池，局部布置压滤机房、变配电间及电气室等
5	110kV变电站	2	2999	含主变压器室、110kV GIS室、6kV及20kV配电装置室、二次设备机房、主控制室、20kV电容器室、蓄电池间等
6	化学品供应	1	1492	含化学品供应间、废液收集间、控制室、空调机房、电气室、报警阀室等
7	特气供应	1	1441	含1%PH_3/99%H_2室（防爆泄爆）、NH_3室（防爆泄爆）、N_2O室、NF_3室、SF_6室、Cl_2室、HCl室、控制室、空调机房、报警阀室等
8	固废回收站	1	2453	含固废仓库、值班室等

项目建设内容一览表　　表8-2

组成	概述
地基与基础	预制管桩、筏板基础，防水等级Ⅱ级；0.8mm厚SBC－120聚乙烯丙纶复合高分子防水卷材
主体结构	钢框架＋钢桁架＋钢管混凝土柱结构；Q345B钢材、箱形钢柱、焊接和轧制H型钢梁，梁柱节点采用栓焊连接；主要柱网间距：18.6m×16.8m、16.8m×16.8m；内灌C40自密实混凝土；550mm、600mmC30华夫板；200mm压型钢板-混凝土组合楼板

续表

组成	概述
建筑装饰装修	楼地面：导静电环氧自流平、环氧自流平面层、防油耐磨细石混凝土面层、环氧玻璃钢面层、PVC 面层等；外墙：夹芯金属壁板墙、金属岩棉夹芯板、烧结多孔砖等；内墙：铝蜂窝壁板、烧结空心砖、轻钢龙骨水泥纤维板等；顶棚：导静电夹芯金属板吊顶、矿棉板吊顶、石膏板吊顶、铝合金吊顶、乳胶漆顶棚等；门窗：钢制电动防火卷帘门、普通铝合金电动卷帘门、甲级防火平开钢门、双轨双帘无机布基防火卷帘门、铝合金平开窗、推拉窗、百叶窗等
屋面	防水等级：Ⅰ级；轻钢柔性屋面：增强型 PVC 防水卷材；混凝土屋面：SBS 改性沥青防水卷材 +L 形 TPO 卷材
安装	生活用水市政供给，场内设环状管网，采用不锈钢水箱 + 恒压变频泵组的给水系统；屋面雨水采用虹吸排水系统及重力排水系统；生活污水采用重力排水系统。 通风与空调采用正压送风系统、排风兼排烟系统、新风系统补风。所有未设置可开启外窗的楼梯间、防烟楼梯间、安全通道设置加压送风系统。 采用两路 110kV 市电电源供电，厂内设 20kV、6kV 配电系统，柴油发电机系统，低压配电系统（成套变电站、开关柜、静态 UPS、电动机控制中心、配电盘电机启动器、变频器和隔离开关），接地/防雷系统，照明系统，电力监控系统，厂区内相关的室外线路及道路照明系统等。 智能建筑包括：综合布线系统、计算机网络系统、语音通信系统、智能照明系统、安全防范系统、火灾自动报警及消防联动系统、楼宇自动控制系统、视频会议系统。 电梯包含 9 部客梯，13 部货梯
建筑节能	墙体：金属夹芯板；门窗：断桥铝合金窗；屋面：挤塑聚苯乙烯板；幕墙：断桥铝合金玻璃、铝单板组合幕墙；采暖：橡塑保温管壳；空调：可变流量空调机组
工艺设备	阵列工序(Array)、彩色滤光片工序(CF)、成盒工序(Cell)、实装工序(OC)：PECVD、溅射、清洗、涂胶、显影、曝光、剥离、刻蚀、退火、涂布、光配向、ODF、切割、磨边角、磨边后洗净、盒测试、自动偏光板贴附、自动偏光板加压脱泡、TCP 压接、PCB 压接、组装、自动化传输、研发中心等设备
工艺服务系统	工艺排风、压缩空气供应、工艺真空、大宗气体供应、天然气供应、特殊气体供应、化学品供应、纯水供应、工艺设备循环冷却水供应、废液收集、生产废水处理、化学药液供给等系统

8.2 项目设计的先进性、特点及技术创新性

8.2.1 项目设计的先进性、特点

8.2.1.1 首次在 8.6 代线集成配套众多国际先进工艺技术

首次将 a-Si 技术（非晶硅制程）、Cu 技术（铜制程）、GOA 技术（阵列基板栅极驱

动)、COA 技术（色彩滤镜矩阵）等关键技术系统集成在 8.6 代线上，使产品规格达到高亮度、低耗能、高分辨率，并呈现高精细画质（图 8-3）。

图 8-3　先进工艺技术

8.2.1.2　集群式布置国际先进生产设备

集成国际先进的光刻机、成膜机、溅镀机等 788 台（套）微电子级核心设备，按照生产流程的主要工艺段集群式布置，充分发挥产线生产效率（图 8-4）。

图 8-4　设备集群式布置

8.2.1.3　国内最大规模超长超宽无缝钢框架结构

传统电子厂房多设缝将生产区和支持区分隔开，主厂房整体不设缝。主厂房 478m × 259m，为超长超宽无缝钢框架结构，钢结构用量 13.5 万 t，国内规模最大（图 8-5）。

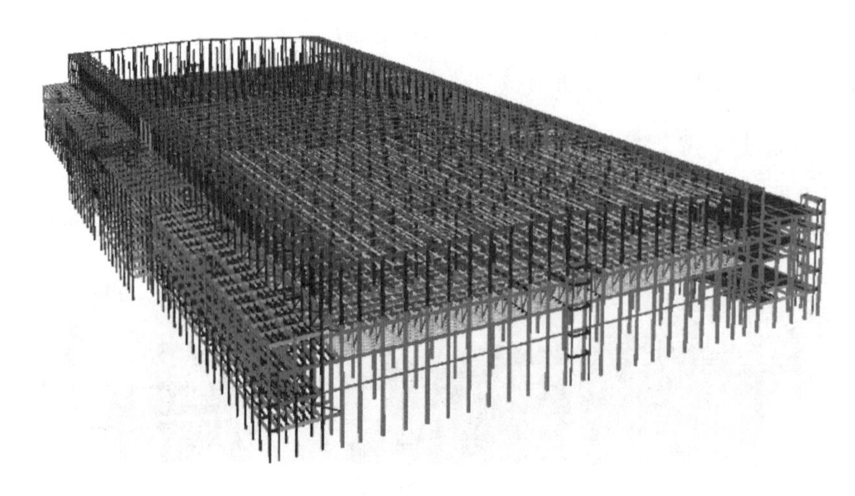

图8-5 厂房模型示意图

8.2.1.4 超大规模双生产层高洁净度厂房

主厂房集核心工艺于一体，并采用双生产层设计，STK 区域洁净等级达到 4 级@0.3μm，其余生产区的洁净等级分别为 5 级、6 级、6.5 级@0.3μm。通过 CFD 气流模拟，采用“几”形布置干盘管、干盘管与旁通风阀组合等方式，配合调整不同开孔率的奇氏筒盖板，有效保证高洁净度要求。

8.2.1.5 定制设计众多动力配套系统

根据项目工艺的特殊需求，定制设计各种高精度、运行可靠的动力配套系统，包括纯水系统、废水系统、工艺冷却水系统、工艺排风系统、化学品供应系统、能源管理系统等，耗水率、耗电量处于同类工厂的先进水平，为项目的优良率及达产提供可靠保障。

8.2.1.6 化学污染物浓度控制系统设计

咸阳地区冬季室外空气中分子态化学污染物浓度较大，采用喷淋 + 两级湿膜 + 化学过滤器的方式处理洁净室新风，特别是末级湿膜采用 2 倍 RO 水直流洗涤，很好地解决了高污染区新风中分子态化学物质高浓度的问题；同时为每台光刻机单独设置一台内循环化学空调机组，深度去除送风中的高沸点有机化学品及 TMAH，为产品优良率提升提供了保障。

8.2.2 项目设计的技术创新性

8.2.2.1 自主创新混切技术

首创 70″+50″MMG 技术（混切），利用双曝光机 + 双光罩混切设计搭配，解决了单光罩混切路线下产品组合范围小、容易产生亮度不均匀等问题，有效提高了产线的竞争力，使得生产的尺寸搭配性最佳化；在两个不同尺寸面板中共用加电压曲线，解决预倾角差异；利用新的白平衡调整方法解决了色彩混乱问题（图8-6）。

图8-6 混切工艺

8.2.2.2 超大型钢结构防微振厂房

首创液晶面板厂房技术夹层钢桁架结构体系，改变了传统的钢筋混凝土框架-支撑体系，并结合华夫板结构形式，结构设计分析计算变为一层，同时根据功能优化桁架高度，提高防微振所需的竖向和水平刚度的同时，解决了刚度突变问题，楼层水平刚度可提高50%，节省钢材用量。

8.2.2.3 一体化智能制造系统

设计智能化的生产控制设备、工业物联网等智能感知系统，集成企业资源计划系统（ERP）、制造执行系统（MES）、仓库管理系统（WMS）、AI不良判定系统、数据采集与监控系统等，深度融合新型显示产品的设计生产，形成实时交互的信息物理系统（CPS），实现车间管理的智能化决策，构建液晶面板产品研发制造一体化（图8-7）。

8.2.2.4 二次开发国际先进技术，形成自主知识产权体系

在引进消化吸收国际先进技术的基础上，二次开发创新。针对液晶面板生产，在玻璃基板、液晶材料、偏光板、背光模组、驱动IC、元器件等方面积极开展科研攻关，首次在液晶节能玻璃、像素矩阵显示和驱动方法、驱动和共电极电压补偿、自发光显示结构、改善液晶面板制程的装置等方面取得突破。

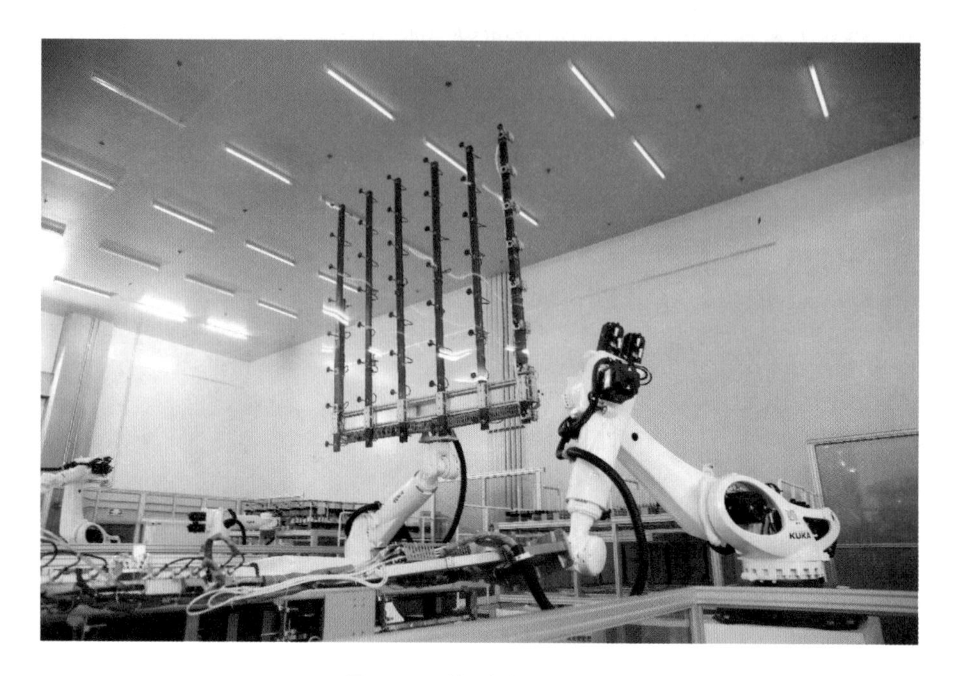

图 8-7 一体化智能制造系统

8.3 项目施工特点、难点及技术创新

8.3.1 项目施工特点、难点

8.3.1.1 工程体量大、工期紧、参建单位多、总承包管理难度大

项目需 93d 完成 13.5 万 t 钢结构安装，国内规模最大；272d 完成 71 万 m^2 土建施工，60d 完成 31 万 m^2 洁净系统施工，138d 完成核心及配套设备安装；系统共有 28 个施工承包商、20 个设备承包商，总承包管理难度大。

措施：采取一体化项目管理团队模式，建立了完善的项目管理体系和以业主为核心的协调解决机制，全面实施矩阵式管理。从前期策划、施工准备、实施过程、收尾验收等各个环节责任明确到人，过程检查，结果反馈，确保项目整体工期目标实现。

8.3.1.2 超大型钢结构厂房洁净等级高，过程管控难度大

工期紧，需要对整个洁净室进行分级管制，管理难度大、工序繁杂。洁净区局部洁净等级为 4 级@0.3μm ，洁净度极高，须保证洁净室有效封尘及密封性。

措施：洁净室施工分阶段实行四级管制。洁净区地面进行环氧施工，有效封尘；过程中对所有原材料持续保洁，完成后对所有的孔洞及缝隙采用不产尘的西卡胶打胶密封；用纯水、酒精和无尘布对洁净室内所有机电管线进行擦拭。

8.3.1.3 超长超宽无缝钢框架结构合龙

主厂房均为超长超宽无缝钢框架结构，具有合龙点多、窗口期短、工作量大的特点，合龙缝的预留数量、位置和施工时间影响工程总工期，其中屋面合龙缝影响整体结构封闭与断水。

措施：校企合作，采用 MIDAS/DEN 软件进行施工全过程力学分析计算，取消了屋面结构合龙，降低了合龙基准温度 5℃，缩短了整体工期，保证了结构质量［设计合龙基准温度为 15℃，合龙温度为（15 ±2）℃］。

8.3.1.4 大面积高精度华夫板施工

21.7 万 m^2 核心区华夫板混凝土表面平整度要求 2mm/2m，并达到清水混凝土效果；49.8 万个华夫孔、31 万 m^2 导静电环氧地坪施工工艺复杂，静电电阻保持在 2.5×10^4 ~ $1.0\times10^6\Omega$。

措施：采用高精度电子水准仪全过程标高控制；配合自主研发的可移动轻型布料机及压筒器，通过四道收面工序，高标准满足质量要求；采用圆形盖板和 SMC 套环成套预加工方法的新工艺代替传统套袋工艺，提高效率；施工中及时测试导静电值，优化施工工艺，提高施工质量。

8.3.1.5 大型厂房冬期混凝土施工难度大

工期仅 272d，其中冬期施工占 120d。尤其 ACF 厂房 03 层作为 04 层的支撑层，高度为 18.8m，单层体量大，四周难以围挡，下表面保温措施难以实施，散热快。

措施：在传统覆盖养护的基础上，针对不同层结构制定不同方法。对于华夫板，采用暖棚养护法，利用蒸汽锅炉以及暖风机进行养护；对于组合楼板，创新内置循环水管加热养护方法，快速提高混凝土强度。

8.3.1.6 超大型钢结构厂房信息化智能管控建造

工期超短、体量超大的钢结构项目施工过程信息数据量巨大（图 8-8、图 8-9）。

措施：提出先离散再整合的方法，形成建筑信息模型标准化，同时将信息模型与设计平台协同融合，开发了钢结构工程量自动分类统计系统，并且整合管理资源，融合物联网、无线传感、识别定位、数据采集技术手段打造物资智能管理平台，使信息传递与分析协同化、智能化、可视化，全方位实现智能建造。

图 8-8　建设规模超大

图 8-9　高精度华夫板

8.3.2　项目施工技术创新

8.3.2.1　超大平面多层钢桁架电子厂房钢结构梯次安装技术

多层钢结构电子厂房具有平面尺寸超大、建造工期短的特点，其安装方法不同于传统安装方法。项目对整体结构进行平面划分和竖向划分，考虑影响因素（机械性能及数量、构件重量及数量、工序搭接技术间歇、工种配比、人员水平、安装效率、过程监测等)，提出施工过程平面差异、楼面流水原则，制定关键线路及节拍时间区间，改进节点和安装工艺，施工连续，工效提高 2 倍以上，93d 完成 13.5 万 t 钢结构的安装（图 8-10)。

图 8-10　梯次安装技术示意图

8.3.2.2　高气密性金属节能风管技术

首次研发高气密性金属节能风管技术，系统化地从设计理论、加工装备、产品结构、检测方法为行业进步提供了理论依据和工艺保障，是通风空调行业“智造”的一个突破点，系统实测漏风量优于规范允许漏风量 30%，提升通风空调行业的装备和施工水平（图 8-11)。

图 8-11　高气密性金属节能风管技术设备及结构

8.3.2.3　多层封闭式管廊管道输送安装施工技术

传统工艺施工不连续、安全投入大、作业工效低。本创新技术利用管道焊缝层间允许的时间间隔（$LAG=5\text{min}$，$v=6\text{m/min}$），将安装工序线性拉开，通过研制的驱动－牵引系统、输送系统，实现固定节拍的模块化流水建造，减少通道和工作面防护措施投入50%，实现施工连续、安全高效的效果。

8.3.2.4　超大面积高洁净度电子厂房气流诊断与控制技术

因洁净厂房气流组织不良，导致粉尘粒子污染产品，良品率下降。本技术首创差别化区域离散建模及网格处理，模拟预知生产全过程、多维度的气流动态细节，实现FFU、高架地板设计及工艺布置的设计优化校核，解决了气流扰流和交叉污染，满足了工艺要求，降低了系统能耗。

8.3.2.5　高表面系数压型钢板－混凝土组合楼板冬期施工养护技术

首次研发内置低温循环水管加热养护技术，在组合楼板内埋设PE－RT管道，通过蒸汽供应系统、自动换热系统、热水循环系统通入35～45℃的低温热水，保持混凝土内部温度≥15℃，提高冬期混凝土强度增长速度。根据实验及现场实测数据统计，C30混凝土7d强度可达到25MPa（83%设计强度）。

8.4　项目质量特色与亮点

（1）788台（套）光刻机、成膜机、溅镀机等核心设备，根据主要工艺段以设备组集群式布置，各设备组之间由机械手、自动传送带、AGV（自动导引小车）或OHS（高空穿梭车）组成的AMHS（全自动物料搬运系统）和Stocker（自动存储系统）精密连接与配合，设备集群式布置、科学合理，安装精细、定位精准、微振控制措施有效，设备的利用率、工序加工能力、设备总体效率得到充分发挥，优良率得到有力保障（图8-12）。

图8-12　设备平稳运行

（2）ISO 4级洁净施工：洁净区噪声工艺要求≤70dB，实测噪声平均值60～64dB；洁净区导电率工艺要求 106 ~ 109Ω，实测导电率平均值 106 ~ 107Ω；洁净室温度工艺要求 (20 ±2)℃，实测平均值 19.5 ~21.5℃；洁净室相对湿度工艺要求 50% ±5%，实测相对湿度平均值 49.5% ~53.3%；洁净室洁净度工艺要求 ISO 4 级@0.3μm/cf≤ 10 个，实测最多 9 个（图 8-13）。

图 8-13　防静电地面及洁净空调系统

（3）大宗气体、特气和纯水系统采用管道 BA 级、EP 级的 SS304L、SUS316L 不锈钢管道，采用 GF 锯、割刀、平口机、倒角器等专用工具，保证成型精度，全过程采用高纯氩气保护焊，防止管材氧化，焊缝饱满、洁净美观。

（4）工艺设备二次配管，布局匀称、整齐美观。阀门仪表标高一致，标识标牌悬挂到位。

（5）1 所 110kV 变电站和 16 所终端变电站组成全厂电力系统，15 台 UPS、9 台 2500kVA 备用柴油发电机作为应急保障电源，曝光机等核心特殊的工艺机台设备配备 28 台防电压暂降装置，通过 SCADA 实现全厂电力的智能远程监控，确保核心设备及生产生活设施的正常稳定使用。

（6）244 台变压器、2951 台高低压柜、6495 台各类盘柜安装牢固规范，布线整齐，相序正确，接地可靠（图 8-14）。

图 8-14　变压器、盘柜安装整齐，牢固规范

（7）11.9 万 m 槽盒、梯架安装层次分明，175.5 万 m 电缆排布合理、整齐美观、绑扎牢固、标识清晰，便于检查维护。

（8）1 个 10200m^2 制冷机房、7 个空调机房，精心策划、布局合理；空调水管道采用 BIM 技术模块化设计，工厂化自动化预制，现场单元化安装。

（9）43 台冷冻机、12 台冷却塔、46 台空调机组、166 台循环泵，设备安装规范、减振有效，运行平稳，为全厂空调和工艺设备的冷却、预热、加热、再热持续精准提供恒温恒湿的生产环境（图 8-15）。

图 8-15　设备安装规范、成行成线

（10）回风夹道干盘管（DCC）配管布局合理，管道保温严密，FFU 和盲板安装平整，与龙骨接触严密、干净整洁。

（11）1320 根钢柱采用杯口内免限位安装技术，精度高；2547 榀桁架连接可靠；5.7 万 m 现场焊缝均匀、饱满，成形美观，无损检测合格；117.6 万套高强度螺栓排列整齐，连接板紧密贴合；防腐、防火涂层均匀，无流坠、观感好。

（12）21.7 万 m^2 华夫板内实外光、表面平整、梁板色泽一致，平整度满足 2mm/2m 的要求；49.8 万个奇氏筒定位精准，成排成线；4618 根微振柱表面平整，棱角方正。

（13）结合电子企业特点，一层大堂 925m^2 大理石按照集成电路拼花设计，工业元素浓郁。异形拼花套割吻合；铺贴平整，粘贴牢固，无空鼓，石材结晶处理、色泽均匀。

（14）31 万 m^2 环氧自流平地面平整光洁、色泽均匀，无起皮、开裂。49.8 万个华夫孔铝合金盖板排列整齐划一（图 8-16）。

图 8-16　自流平地面及华夫孔铝合金盖板

（15）33 万 m^2 金属壁板吊顶综合排版布局合理，61600 套龙骨灯具成行成线，末端设施排布均匀，浑然一体，视觉效果震撼（图 8-17）。

图8-17　金属壁板吊顶布局合理，末端设施排布均匀

（16）9.6万m^2金属夹芯外墙板，工厂定尺加工，整体拼接安装；方管龙骨分布均匀，焊接牢固；收口压条安装严密、无翘曲，大角方正顺直，全高垂直度偏差≤9mm。

（17）核心区14.70万m^2轻钢柔性屋面，2.0mm增强型PVC防水卷材铺贴平整，焊接牢固，泛水构造规范；支持区3.63万m^2混凝土屋面坡度及坡向正确，排水通畅，无空鼓裂缝；保护层切缝顺直，颜色均匀，嵌缝密实、平直，使用至今无积水渗漏。

8.5　节能环保与绿色施工

8.5.1　节能环保

生产厂房的能耗决定了液晶显示器厂房的竞争力，打造全生命周期、全产业链绿色项目，积极采取多方面节能措施，耗水率、耗电量处于同类工厂的领先水平（表8-3）。

主要节能环保措施一览表　　表8-3

序号	节能环保措施		产生效果
1	洁净温湿度调控	FFU吊顶上方增加一层UP-Ceiling	每年节约用电2346万kWh；节约天然气4205万m^3
2		MAU热盘管使用45℃/60℃热水改为38℃/31℃热回收水	
3		STOCK下方干盘管改为风阀控制	
4	超纯水及废水回收系统	超纯水RO浓水：调整为超纯水RO浓水回用系统	每年节省自来水消耗988万m^3
5		工艺低负荷清洗水：调整为纯水回收水系统	
6		工艺一定负荷清洗废水：调整为废水回收水系统	
7	空压机余热利用	冷却水从冷却塔通过冷却水泵加压至空压机	每年节省能耗198万kWh
8		空压机热交换后的冷却水通往原水池更换	
9	6万盏智能LED灯一体化应用	部分免布线	每年可节约电量1905万kWh
10		所有灯具可以任意组合，通过编码一个开关可同时控制不同区域的灯具	
11		软启动	

续表

序号	节能措施		产生效果
12	高可靠性供电系统	采用20kV代替10kV作为主要配电电压	减少配变电站数量、室外管廊的管线，降低大电机启动时对系统的冲击性
13		利用主变的第三绕组为大量6kV设备提供电源，减少一级配电	
14	高效率环保设施	有机废气系统采用浓缩沸石转轮加热力氧化装置	对VOC破坏率大于99%，处理效率达到98%
15		CVD工艺尾气经过热力氧化、静电吸附、湿式洗涤工艺处理后排入洗涤塔进一步处理	
16		废水系统精细划分，含氟废水、含铜废水、含磷废水、彩膜废水、有机废水、中和处理系统等	
17	产品良率提升	像素修复工艺提升，开发新型修复技术，提高不良品检修能力	产品良率提升至94.1%
18		偏光板贴附工艺优化，避免产生气泡以及对面板的划伤，减少不良品发生率	
19		上下玻璃基板贴合技术，优化图像处理算法，提高贴合效率和精度，提升面板可靠性	
20		驱动电路绑定工艺优化，缩小基板板边需要预留的绑定空间及对位误差空间	
21		模组组装工艺优化，简化组装工序，减少杂质颗粒带入概率	

8.5.2 绿色施工

项目建设过程中通过方法、工艺和设备研发，统筹平衡、周转利用，贯彻了绿色建造的理念，应用《绿色施工推广应用技术公告》中9大项、31个子项，有效降低物耗能耗，建筑垃圾排放量为86t/万 m^2，仅为住房和城乡建设部绿色施工科技示范工程指标的29%；施工能源消耗为39kWh/万元，仅为定额用量的46%（图8-18、图8-19）。

图8-18 废气排放与处理设备

图 8-19　显示器件产业园区全景

附录一

1）准备工作：建立协同工作网络（局域网）和文件存储路径，设置软件协作各项参数，规定模型传输格式及人员具体分工。

2）样板文件建立：建立样板文件，包含项目基点、定位轴线、统一命名规则、绘图比例等。

3）模型材质颜色标准：考虑到模型分块搭建和各平台应用输出情况，为避免因模型展示颜色混乱导致的理解差异，将每个主要构件进行颜色统一分类规定（附表 1-1）。

各构件颜色分类　　附表 1-1

<table>
<tr><th>阶段</th><th>名称</th><th>颜色</th><th>备注</th></tr>
<tr><td rowspan="17">方案准备策划阶段</td><td>钢结构主体</td><td>（0、0、128）</td><td>透明度 45%</td></tr>
<tr><td>华夫板</td><td>（255、255、0）</td><td rowspan="15">方案阶段统一按照模型颜色分类识别，不包含任何实体材质信息</td></tr>
<tr><td>钢承板</td><td>（255、255、0）</td></tr>
<tr><td>华夫筒</td><td>（255、251、240）</td></tr>
<tr><td>钢承板模板</td><td>（255、0、0）</td></tr>
<tr><td>华夫板模板</td><td>（134、67、0）</td></tr>
<tr><td>脚手架</td><td>（255、0、0）</td></tr>
<tr><td>钢柱节点</td><td>（102、102、102）</td></tr>
<tr><td>钢牛腿</td><td>（255、139、23）</td></tr>
<tr><td>连接点钢筋</td><td>（252、252、252）</td></tr>
<tr><td>绑扎模拟主梁横向钢筋</td><td>（255、0、0）</td></tr>
<tr><td>绑扎模拟主梁纵向钢筋</td><td>（255、255、0）</td></tr>
<tr><td>绑扎模拟次梁横向钢筋</td><td>（0、255、0）</td></tr>
<tr><td>绑扎模拟次梁纵向钢筋</td><td>（255、0、255）</td></tr>
<tr><td>女儿墙钢筋</td><td>（28、28、28）</td></tr>
<tr><td>灌浆孔道、拼装点</td><td>（251、251、251）</td></tr>
<tr><td>预制女儿墙</td><td>（108、108、108）</td><td>添加水泥实体材质</td></tr>
</table>

续表

阶段	名称	颜色		备注
		平面	三维	
现场协作和精细化管理阶段	砖内墙	72	21	此阶段以鲁班软件进行模型搭建，以鲁班内置色号选择
	轻钢龙骨纤维板墙	31	62	
	叠层墙	122	30	
	框架梁	4	2	
	次梁	253	110	
	圈梁	40	255	
	华夫板	120	6	
	楼梯	120	104	
	梯段	104	104	
	混凝土柱	1	254	
	构造柱	116	116	
	门	3	181	
	窗	3	122	
	房间	6	6	
	楼地面	41	41	
	顶棚	30	30	
	内墙面	6	6	
	外墙面	6	6	
	墙裙	215	215	
	踢脚线	237	237	
	保温层	244	244	
	吊顶	106	106	

4）模型精细度：

鉴于 BIM 模型在不同阶段对精细度需求不同，在具体应用时会进行详细介绍，此处不再一一赘述。

5）CAD 出图一般性规则：

项目施工难点多，过程中方案进行多次模拟验证和讨论交底，细化后的施工模型要进行二维出图或细部标注，为保证图纸准确表达方案意图，对二维出图常规点进行了统一规范化要求。

（1）尺寸标注：

- 直线箭头颜色线宽随层
- 线型比例：1
- 标注样式：DIM-100
- 箭头：建筑标记
- 箭头大小：150
- 尺寸线范围：100
- 尺寸线偏移：100
- 文字颜色：随层
- 文字高度：300

• 文字偏移：60　　• 文字样式：ROMANS

• 标注全局比例：1　　• 标注线性比例：1

（2）字体设置：

• 字体—仿宋—《信息交换用汉字编码字符集　基本集》GB/T 2312—1980，字高—400，字宽—0.8（1∶150；1∶200）

• 字体—仿宋—《信息交换用汉字编码字符集　基本集》GB/T 2312—1980，字高—300，字宽—0.8（1∶100）

附录二

所有未涉及的一般性出图规则参照附录一制图规则中的 CAD 出图一般性规则。

1）必须体现钢柱和混凝土梁的位置关系，并标注构件尺寸。

2）节点命名以连接点梁宽顺时针方向排序（例如，1400 × 800 × 1100 × 600）。

3）必须体现钢柱连接点的模型定位轴线。

4）模型中体现的构件必须全部体现在 CAD 图纸中，并标注详细尺寸。

5）平面图形中涉及使用功能和深化制作的主要构件和位置必须以文字表述（如构件位置过小可用引线引出名称和尺寸），包含名称、尺寸、标高和必要的文字解释等主要信息。

6）Revit 生成的平面图中必须包含平面俯视图和所有连接位置的剖面图，要求平面、剖面所有构件都必须有自身构件尺寸标注，预留孔洞、焊板、螺栓连接点必须有相对位置尺寸标注。

附表 2-1 为模型深化后的 CAD 部分节点出图。

模型深化后的 CAD 部分节点出图　　附表 2-1

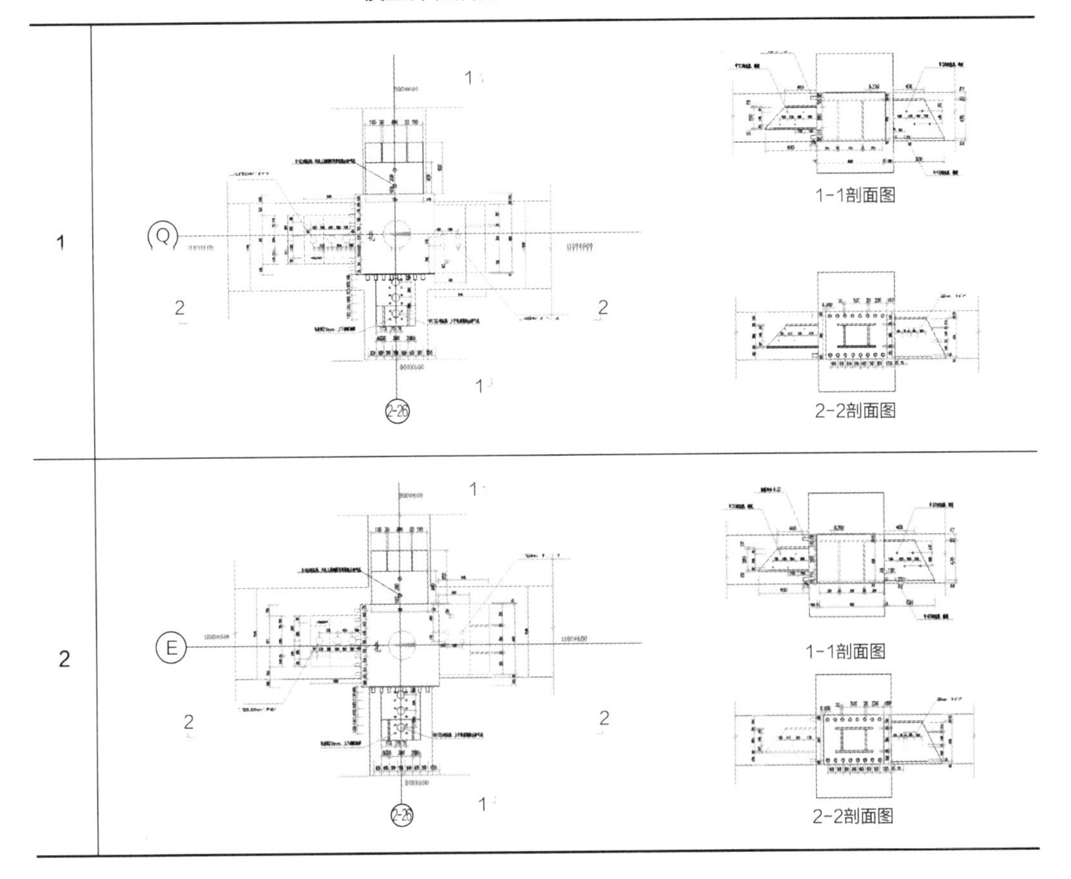

续表

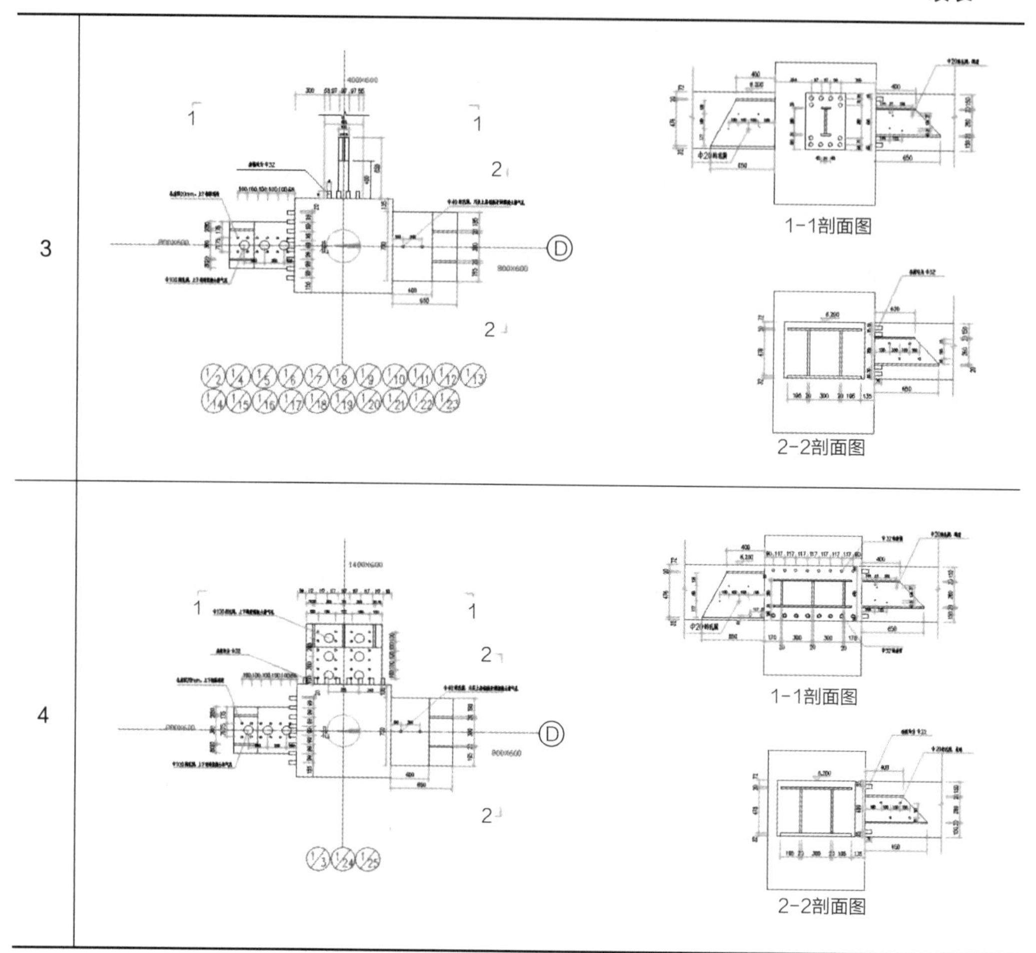

附录三

所有未涉及的一般性出图规则参照附录一制图规则中的 CAD 出图一般性规则。

1）必须体现女儿墙及灌浆孔道和拼装连接点的具体尺寸及相对位置关系。

2）平面图形中涉及使用功能和深化制作的主要构件和位置必须以文字表述（如构件位置过小可用引线引出名称和尺寸），包含名称、尺寸、标高和必要的文字解释等主要信息。

3）钢筋排布间距、型号、尺寸、保护层厚度都必须在图中标注或以文字说明。

附图 3-1 为模型深化后的 CAD 节点出图。

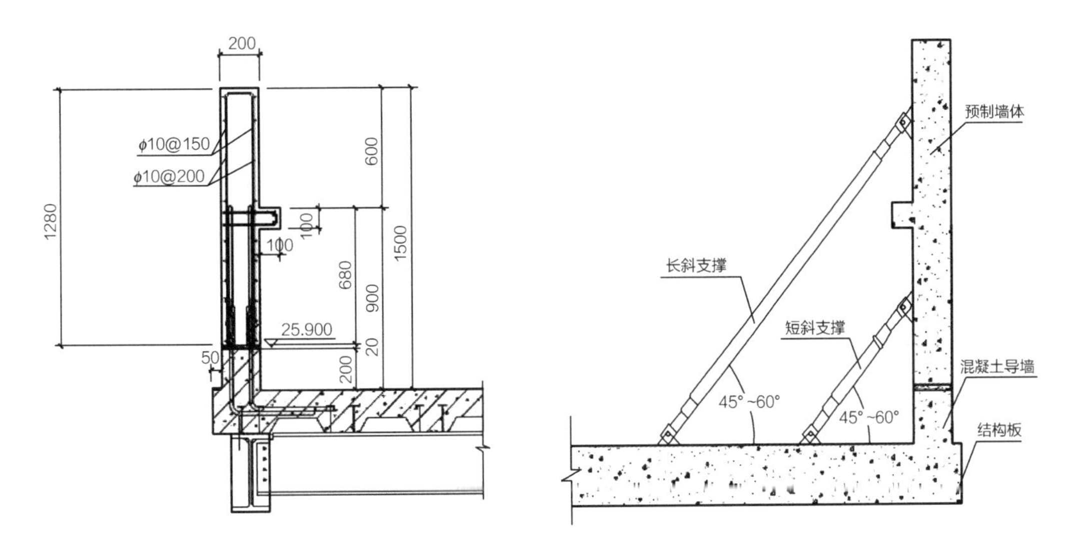

附图 3-1　模型深化后的 CAD 节点图